기본 열역학

권영필 저

Fundamentals of classical THERMODYNAMICS

진샘미디어
JINSAEM

머리말

다년간 기계공학과에서 열에너지 관련 과목의 강의를 하면서 학생들이 열역학을 매우 어려워하고 개념을 잘 잡지 못하는 것을 보아 왔다. 이에 열역학의 핵심 원리를 중심으로 한 도서를 편찬하여 후학들에게 도움을 주어야하겠다는 생각으로 본서를 집필하게 되었다.

본서는 열역학의 원리 이해와 엔진이나 냉동기와 같은 에너지 변환장치의 응용에 중점을 두고 공업열역학의 기본 사항을 다루었다. 복잡한 수식 보다는 물리적인 개념에 중점을 두었으며 이상기체의 성질과 내부에너지와 엔트로피 등은 통계역학적 설명을 포함시켰다. 본서는 한 학기에 다룰 수 있는 분량이지만 상황에 따라서 취사선택할 수 있도록 장절을 구성하였다.

간결하면서도 개념 이해를 쉽게 하려는 의도로 집필하였지만 막상 끝내고 보니 기존에 많은 열역학 도서와 차별이 어려운 또 하나의 열역학 책이 되지 않았나 싶다. 부분적인 차별성마저도 오류가 없지 않을 것으로 사료되는 바 독자들의 기탄없는 비판과 충고를 구한다. 아울러 졸저의 출판을 격려하여 주고 편집에 심혈을 기울려 준 진샘미디어 관계자 여러분들에게 심심한 사의를 표한다.

상도동에서　권영필

차 례

Chapter 1 기본 개념

Chapter 2 순수물질의 상태량

Chapter 3 열과 일

차 례

차 례

차 례

Chapter 1

기본 개념

열역학 이론의 전개에 앞서 열역학이란 어떤 학문인지를 개괄하고, 열역학에서 다루는 에너지, 시스템, 상태량과 상태원리 등의 기본 개념을 소개한다. 또 밀도, 압력, 온도 등 기본 상태량의 의미와 준평형 과정과 비평형 과정 등 상태변화의 과정에 대하여 소개한다. 이러한 기본 개념과 용어의 이해는 열역학을 이해하는데 매우 중요한 역할을 하게 된다.

1-1 열역학이란?

1) 공업열역학

열역학(thermodynamics)은 물질의 상태변화와 열과 일의 관계를 다루는 과학이다. 넓게는 물질과 에너지를 다루는 학문으로서 자연현상의 기본 법칙에 관한 것이다. 따라서 열역학은 거의 모든 과학과 공학의 기초가 된다. 물론 학문에 따라서 열역학의 주된 관심 분야를 달리 한다. 물리나 화학 또는 화학공학과 재료공학에서는 물질의 성질과 상태변화를 주로 다룬다. 그러나 기계공학에서는 주안점을 열기관이나 냉동기 같은 에너지 변환 장치에 두고 있으며 이를 공업열역학이라고 한다. 본서는 공업열역학의 기본적인 개념 및 응용을 다룬 것이다.

인류가 사람이나 가축이 아닌 수력과 같이 자연에서 동력을 얻으려고 한 건 오래전 일이지만 열을 이용한 동력장치를 실용화한 것은 18세기 산업혁명 때이다. 산업이 발달하면서 동력 수요가 늘어나자 효율적인 동력장치에 대한 관심이 고조되었고 James Watt(1736~1819)가 개발한 증기기관은 획기적인 발명품으로서 산업혁명의 원동력이 되었다. 이 과정에서 물질과 에너지에 대한 과학적 고찰이 본격화 되면서 열역학이란 학문이 싹트기 시작하였다. 그러나 열역학의 기본 법칙이 정립된 것은 그로부터 한참 후인 1850년대이다.

그 후 자동차, 선박, 항공기 등 교통수단과 화력, 원자력, 각종 플랜트 등 에너지 변환장치와 관련된 기술의 비약적인 발전은 현대문명의 기반이 되었다고 할 수 있다. 그러나 오늘날 에너지 과소비의 부산물로 에너지 자원의 고갈과 지구온난화를 비롯한 환경오염 문제가 지구적인 과제로 대두되었다. 이로 인하여 대체에너지의 개발과 아울러 더 효율적이며 환경 친화적인 에너지 변환장치의 개발에 대한 요구가 거세지고 있다. 따라서 공업열역학은 현재도 중요하지만 앞으로도 인류문명이 존속되는 한 중요한 학문으로 자리하게 될 것이다.

2) 열역학 제1, 2법칙

열역학 이론은 열역학 제1, 2법칙에 의하여 정립되었으며 이 두 법칙은 1850년대를 전후하여 거의 동시에 나온 것이다.

열역학 제1법칙은 에너지보존법칙을 말하며 모든 자연 현상에서 에너지는 그 모양을 바꿀 뿐 총량은 변화가 없다는 것이다. 이를테면 태양은 핵융합을 통하여 핵에너지를 복사하고 식물은 그것을 광합성작용에 의하여 화학에너지로 저장한다. 또 화학에너지를 저장하고 있던 석탄이나 석유를 연료로 사용하여 그 연소열로 난방이나 취사에 활용하거나 열기관에 의하여 동력을 얻어서 전력을 생산하고 일상생활을 영위한다. 이와 같이 에너지는 저장 또는 이동되면서 형태를 바꾸지만 소멸되거나 생성됨이 없이 그 양이 보존되는 것이다.

에너지보존법칙만으로 자연현상을 온전히 설명할 수는 없다. 연료를 태워 화학에너지를 열에너지로 바꾸고 재를 얻을 수는 있으나 타고난 재에서 연료를 생성할 수는 없다. 화석연료는 재생 불가능한 것이다. 이와 같이 모든 자연현상은 원래 상태로 돌아갈 수 없다. 즉 자연현상에는 방향이 있으며 비가역적이다. 이와 같은 에너지변환의 방향성에 관한 법칙이 열역학 제2법칙이다. 열역학 제1법칙이 에너지의 양에 관한 법칙이라면 열역학 제2법칙은 그 질에 관한 법칙이다. 연료가 갖는 에너지는 열기관을 통하여 일을 할 수 있는 능력을 갖는 유용한 에너지이지만 연소에 의하여 대기에 방출된 열에너지는 무용의 에너지인 것이다. 우리가 에너지를 절약한다고 할 때 그 양이 동일하다고 하여 그 가치가 같은 것이 아님을 열역학 제2법칙으로 설명할 수 있다.

3) 거시적 관점과 미시적 관점

열역학의 접근 방법에는 거시적(macroscopic)인 관점과 미시적(microscopic)인 관점이 있다. 거시적인 접근 방법은 온도, 압력 등과 같이 겉으로 나타나는 현상을 바탕으로 하는 반면에 미시적인 접근 방법은 물질 내부의 분자나 원자의 미시적인 거동을 바탕으로 한다. 미시적인 관점은 무수히 많은 입자를 대상으로 하므로 통계적인 해석을 하게 된다. 따라서 거시적인 관점의 열역학을 고전열역학(classical thermodynamics)이라고 하고 미시적인 관점의 열역학을 통계열역학(statistical thermodynamics)이라고 한다.

물질의 상태에 주안점을 두는 학문 분야에서는 열역학을 주로 미시적 관점의 통계열역학적으로 접근한다. 그러나 에너지 변환장치에 주안점을 두는 공업열역학에서는 거시적 관점에서 고전열역학적 접근을 하게 된다. 본서는 고전열역학을 바탕으로 하나 필요한 경우 통계열역학적 해석을 추가하여 이해를 돕도록 하였다. 왜냐하면 온도, 내부에너지, 엔트로피 등 고전열역학적으로 이해하기 어려운 개념은 통계열역학적으로 분자의 세계를 보면 보다 분명해지기 때문이다.

1-2 에너지

우주는 물질과 에너지(energy)로 이루어져 있다. 에너지는 물질이 그러하듯이 우리에게 매우 친숙한 용어지만 그 정의를 내리기는 쉽지 않다. 세상의 모든 변화에는 에너지가 필요하며 에너지가 없으면 어떤 변화도 일어날 수 없다. 따라서 에너지는 모든 변화의 원동력이며, 일할 수 있는 능력이라고도 한다.

에너지의 SI 단위는 Joule(J) 또는 kJ이며 동력이나 소비전력과 같이 시간당 생산, 소비 또는 전달되는 에너지의 단위로 Watt(W) 또는 kW를 사용하며 1 kW는 1 kJ/s를 뜻한다.

1) 역학적에너지와 내부에너지

에너지는 열에너지, 운동에너지, 위치에너지, 전자기에너지, 화학에너지, 핵에너지 등의 다양한 형태로 존재할 수 있으나, 크게는 거시적에너지와 미시적에너지로 나눌 수 있다. 기계적인 시스템에서 거시적인 에너지는 어떤 외부 좌표계에 대하여 시스템이 가지고 있는 에너지로서 운동에너지와 위치에너지가 있다.

공중에 던져 올린 공을 생각하자. 공이 운동할 수 있는 것은 에너지를 가지고 있기 때문이며 기초 물리학을 배운 학생이면 그 에너지는 운동에너지(kinetic energy)와 위치에너지(potential energy)라고 말한다. 질량이 m인 물체의 속도를 $\boldsymbol{V}$, 중력가속도가 g인 중력장에서 높이를 Z라고 할 때 운동에너지 KE와 위치에너지 PE는 각각 다음 식과 같다.

$$KE = \frac{m}{2}\boldsymbol{V}^2 \tag{1.1a}$$

$$PE = mgZ \tag{1.1b}$$

이 에너지를 역학적에너지(mechanical energy)라고 하며 기계적에너지라고도 할 수 있다. 물체의 운동을 다루는 역학에서는 물체의 운동에너지와 위치에너지를 고려하면 충분하다. 그러나 열역학에서는 공의 내부에 있는 물질 입자(분자, 원자 등)가 갖고 있는 미시적 형태의 에너지까지 고려해야 한다. 이를 내부에너지라고 한다.

내부에너지(internal energy)는 물질을 구성하는 분자들이 갖는 에너지로서 분자의 운동에너지, 위치에너지 및 내부에너지의 합과 같다. 분자의 운동 에너지는 병진(translation)운동에너지를 말하고 위치에너지는 분자의 위치에 관련된 에너지다. 분자의 내부에너지는 회전운동(rotation) 에너지와 원자의 진동운동(vibration) 에너지, 원자의 배열에 관계된 위치에너지 및 원자를 구성하는 전자와 핵이 갖는 에너지가 있다. 핵분열이나 융합이 일어나는 경우를 제외하면 핵에너지의 변화는 무시할 수 있다. 또 전자가 갖는 전기적 에너지는 분자의 병진운동에너지에 비하면 무시할 수 있다. 또한 원자의 배열도 화학적 반응이 없는 기계적인 시스템에서는 변화가 없다. 따라서 기계적인 시스템에서 내부에너지 U는 분자의 운동에너지(병진운동 U_{tr}과 회전운동 U_{rot} 및 진동운동에너지 U_{vib}의 합)와 분자의 배열에 관련된 위치에너지 U_{inter}를 합한 것으로 다음과 같이 쓸 수 있다.

$$U = U_{tr} + U_{rot} + U_{vib} + U_{inter} \tag{1.2}$$

공을 가열하면 뜨거워지는 것은 공에 에너지가 들어가서 입자의 운동에너지가 증가하기 때문이다. 공을 가열한다고 하여 공의 운동이 빨라지지는 않는다. 공의 온도와 공의 운동은 관계가 없다. 즉 역학적에너지와 내부에너지는 완전히 별개의 에너지며 그 특성을 요약하여 비교하면 |표 1.1|과 같다. 물체의 속도와 위치에 관계된 역학적에너지는 물체의 밖에서 관찰할 수 있으므로 좌표와 관계가 있다. 그러나 내부에너지는 좌표와 무관한 물체 내부의 입자들과 관계가 있다(|그림 1-1| 참조). 공의 운동에는 일정한 방향성이 있지만 물질 입자의 운동은 매우 무질서하여 방향성을 갖지 않는다. 즉 역학적인 에너지는 조직적(organized)에너지인 반면 내부에너지는 비조직적인 에너지다. 조직적인 에너지는 비조직적인 에너지로 모두 변환될 수 있으나, 그 반대로는 될 수 없다는 것이 열역학 제2법칙이다.

따라서 질량 m인 시스템이 갖는 (총)에너지 E는 내부에너지 U와 역학적에너지인 운동에너지 KE와 위치에너지 PE의 합과 같다.

$$E = U + KE + PE = m(u + ke + pe) \tag{1.3}$$

총에너지를 시스템이 보유하고 있는 에너지이므로 저장에너지라고도 한다. 식에서 소문자는 단위질량당 값을 나타낸다.

|표 1.1| 역학적에너지와 내부에너지

역학적에너지	내부에너지
물체의 좌표와 관련됨	물체의 좌표와 무관함
거시적	미시적
조직적	비조직적
모두 내부에너지로 변환이 가능함	역학적에너지로 변환에 한계가 있음
물체의 운동에너지 물체의 위치에너지	분자의 운동에너지 분자의 위치에너지 분자의 내부에너지

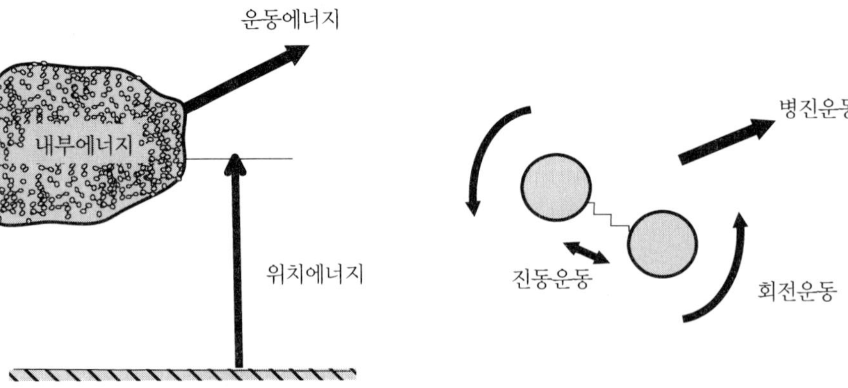

(a) 물체의 에너지 (b) 분자의 운동에너지

| 그림 1-1 | 물체의 에너지와 분자의 운동에너지

2) 열과 일

열(heat)과 일(work)도 에너지의 한 형태이기는 하나 물질이 갖고 있는 에너지가 아니라 물질 사이에서 이동중에 있는 에너지를 뜻한다. 물질을 가열하면 모두 내부에너지로 저장되며, 냉각하면 그만큼 내부에너지가 감소하기 때문에, 내부에너지를 열에너지라고도 한다. 뜨거운 물체를 보고 열이 많다고 흔히 말하지만 내부에너지 또는 열에너지가 많다고 하는 것이 옳다. 열이란 뜨거운 물체에서 차가운 물체로, 즉 온도가 높은 입자에서 온도가 낮은 입자로 입자의 무질서한 운동에 의하여 전달되는 비조직적인 에너지다. 열역학에서 열은 열전달량 또는 열전달률의 의미로 사용된다.

열이 아닌 형태로 전달되는 에너지를 일이라고 하며, 기계적인 시스템에서 일이란 힘과 변위를 통해 전달되는 조직적인 에너지를 뜻한다. 열과 일은 모두 이동 중인 동적인 에너지이다. 그러나 열이 미시적이고 비조직적인 반면 일은 거시적이고 조직적적인 에너지다. 일로 전달되는 에너지는 마찰 등에 의하여 모두 열로 바뀔 수 있다. 그러나 열기관에서 볼 수 있듯이 열로 전달되는 에너지는 모두 일로 변환될 수는 없으며 변환에 한계가 있다.

예제 1-1

다음 각 경우의 에너지를 구하라.

a. 질량 2000 kg인 자동차가 시속 144 km로 달릴 때 운동에너지

b. 50 m 높이의 건물 옥상에 놓인 질량 10 t인 물탱크의 위치에너지

풀이

a. $KE = \frac{m}{2}V^2 = (1/2)(2000\ \text{kg})(144\ \text{km/h})^2 = (1/2)(2000\ \text{kg})(144000\ \text{m}/3600\ \text{s})^2$

$= 1600000\ \text{kgm}^2/\text{s}^2 = 1600000\ \text{J} = 1600\ \text{kJ}$

b. $PE = mgZ = (10000\ \text{kg})(9.8\ \text{m/s}^2)(50\ \text{m}) = 4900000\ \text{J} = 4900\ \text{kJ}$

1-3 시스템

시스템(system) 또는 계란 연구의 대상이 되는 제한된 물질이나 공간을 말하며 경계(boundary)에 의하여 주위(surroundings) 또는 외부와 구분된다. 경계를 통하여 물질의 출입이 없는, 제한된 물질로 된 계를 밀폐계(closed system)라고 하며 그 물질을 검사질량(control mass)이라고 한다. |그림 1-2|의 피스톤-실린더 시스템에서 보듯이 일반적으로 밀폐계의 경계는 물질과 함께 움직이며 물질을 통과시키지는 않지만 일이나 열의 형태로 에너지를 통과시킨다. 물질뿐 아니라 에너지도 통과시키지 않는 시스템을 고립계(isolated system)라고 한다.

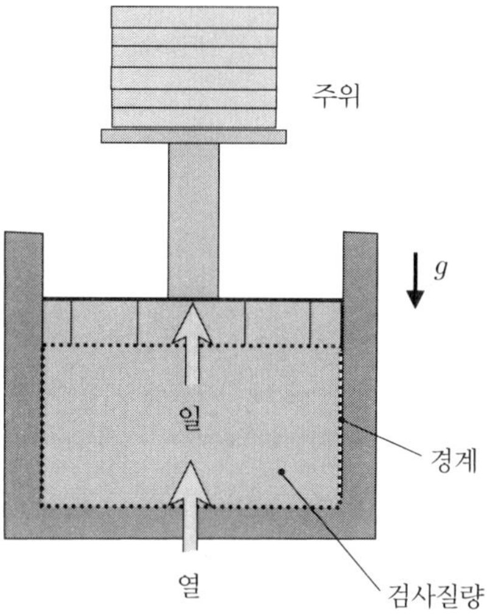

| 그림 1-2 | 밀폐계

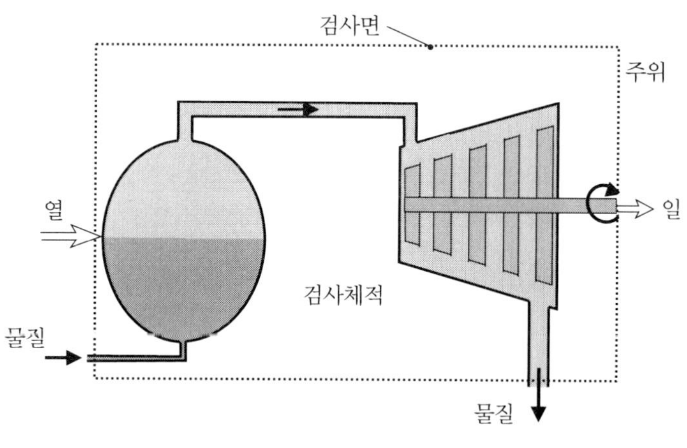

| 그림 1-3 | 개방계

한편 |그림 1-3|과 같이 경계를 통하여 물질의 출입이 있는 제한된 공간을 개방계(open system)라고 하며 그 체적을 검사체적(control volume), 경계면을 검사면(control surface)이라고 한다. 보일러, 터빈, 압축기, 열교환기, 노즐 등 대부분의 공학적 시스템은 물질이 흘러 들어가서 일과 열의 작용으로 상태가 변화된 다음 계를 나가는 개방시스템이다. 계의 경계는 물체의 경계와 같을 필요가 없으므로 가상의 면으로 이루어지며 질량과 에너지 모두 경계를 통과할 수 있다.

검사질량이나 검사체적 모두 운동을 할 수도 있으며 그 운동효과를 무시할 수 있는 경우를 정지계라고 한다.

1-4 상태량과 상태원리

1) 상태량

열역학적으로 물질의 상태(state)는 온도, 압력, 내부에너지 등에 의하여 규정된다. 이와 같이 상태를 규정하는 양을 상태량(property), 성질 또는 상태변수라고 한다. 열역학적 상태량은 강성적(intensive) 상태량과 종량적(extensive) 상태량으로 나눌 수 있다. 강성적 상태량은 온도 T, 압력 P, 밀도 ρ와 같이 총체적과 관계없이 한 점(연속체로 볼 수 있는 한계 내)에서 정의된 것이다. 한편 종량적 상태량은 체적 V, 질량 m과 내부에너지 U, 앞으로 다룰 엔탈피 H, 엔트로피 S 등과 같이 물질의 양에 의존하는 상태량으로서 점에서의 값은 0이 된다.

종량적 상태량도 단위질량당 값인 비체적 v, 비내부에너지 u 등의 비상태량(specific property)은 강성적 상태량으로 볼 수 있다. 비를 접두사로 붙이지 않고 비상태량을 뜻하는 경우가 많으므로 문맥으로 구분해야 한다.

열역학은 상태량의 변화에 따른 열과 일을 다루므로 상태량의 정확한 이해가 필요하며 내부에너지, 엔탈피 및 엔트로피의 이해가 곧 열역학 이해의 핵심이라고도 할 수 있다. 내부에너지와 엔탈피는 열역학 제1법칙에서 정의된 에너지의 양에 관한 상태량이고 엔트로피는 열역학 제2법칙에서 정의된 에너지의 질에 관련된 상태량이다. 그러나 열과 일은 계의 경계를 넘어서 이동중인 에너지일 뿐 계가 갖는 상태량이 아니다.

2) 상태원리

열역학이 어렵게 생각되는 이유는 열역학이 에너지라는 눈에 보이지 않는 대상을 다루기도 하지만 열역학을 기술하기 위한 변수인 상태량이 매우 많기 때문이다. 그러나 수많은 상태량이 모두 독립적으로 변할 수는 없으며 순수물질의 경우 다음과 같은 상태원리(state principle)가 존재한다.

• 단순압축성 순수물질은 2개의 독립된 강성적 상태량을 갖는다.

단순압축성(simple compressible) 물질이란 압력과 체적변화 외에 다른 방법으로 일을 할 수 없는 물질을 말한다. 즉 운동, 중력, 유체 전단력, 표면장력, 전자기력 등의 효과를 무시할 수 있는 물질이다. 운동과 중력 효과를 제외하면 열역학에서 다루는 대부분의 물질이 여기에 속한다. 따라서 순수물질의 강성적 상태를 규정하기 위해서 독립된 2개의 강성적 상태량만 알면 된다. 이를 자유도가 2라고도 말한다. 외부 효과인 운동을 고려하면 물체의 속도를, 또 중력을 고려하면 그 위치를 추가로 알면 된다. 속도나 위치는 계의 외부 상태량이라고 할 수 있으며 압력, 온도 등과 같은 계의 내부 상태량과는 별도로 생각할 수 있다. 따라서 점성이나 표면장력 및 전자기 효과를 무시할 수 있는 순수물질의 내부 상태량은 외부 효과에 관계없이 2개의 내부적 상태량에 의하여 결정된다고 할 수 있다.

예를 들어 순수물질로 된 기체의 온도와 압력은 서로 독립이므로 이 두 강성적 상태량으로부터 비체적, 비내부에너지, 비엔탈피, 비엔트로피 등 나머지 모든 강성적 상태량을 알 수 있다. 그러나 비체적과 밀도는 서로 역수 관계이므로 독립이 아니다. 마찬가지로 포화상태에서 온도와 압력은 서로 독립이 아니다(2장 참고). 이처럼 독립이 아닌 두 상태량으로는 다른 강성적 상태량을 구할 수 없다.

상태원리는 열역학 문제를 해결하는데 매우 유용한 원리를 제공한다. 많은 열역학 문제가 2개의 상태량을 주고 나머지 상태량을 구하는 것이 열쇠가 되는 문제들이다. 상태량은 상태방정식이나 상태량표를 이용하여 구할 수 있다.

1-5 SI 단위계

물리량을 나타내는 단위계는 여러 종류가 있으나 현재 국제적으로 널리 사용되는 단위계는 국제 미터계(metric International System), 간단히 SI(Systéme International)단위계이다. SI단위계에서는 시간, 길이 및 질량의 기본 단위로 second(s), meter(m) 및 kilogram(kg)을 사용한다.

힘의 기본 단위는 Newton(N)으로서 1 N은 1 kg의 질량이 1 m/s^{2}의 가속도를 내는데 필요한 힘이다. 에너지 단위는 Joule(J)을 사용한다. 1 J은 1 N의 힘으로 1 m를 움직일 때 한 일로서 1 J=1 Nm이다. 이와 같이 고유명사에서 유래한 SI단위는 대문자를 사용하고, 그렇지 않는 단위는 소문자를 사용한다. 다만 0.001 m^{3}를 나타내는 리터(litter)의 기호 L은 예외이다. 실용적으로는 기본 단위의 천배인 kN, kPa, kJ 등을 많이 사용한다. 기타 접두어와 배율 관계는 |표 1.2|와 같다.

그러나 현장에서는 아직도 SI단위 외의 실용단위가 널리 사용되며 중요 단위의 환산표는 부록 A.1과 같다.

|표 1.2| 단위의 표준 접두어

배율	기호	배율	기호
10^{12}	tera, T	10^{-2}	centi, c
10^{9}	giga. G	10^{-3}	mili, m
10^{6}	mega, M	10^{-6}	micro, μ
10^{3}	kilo, k	10^{-9}	nano, n
10^{2}	hecto, h	10^{-12}	pico, p

예|제|1-2

a. 로켓의 추진력이 80 ton이면 대륙간 탄도탄이 될 수도 있다고 한다. 이 추진력을 N 및 lb(파운드)단위로 나타내라.

b. 어떤 승용차 엔진의 최대출력이 140 PS(프랑스마력)이라고 할 때 kW와 HP(영국마력)으로 나타내라.

c. 소비전력 500 W인 전열기에 의한 열공급을 kcal/h, Btu/h 단위로 표시하라.

d. c의 전열기를 10시간 사용할 때 소비한 에너지를 kWh, kJ, kcal, Btu 단위로 구하라.

풀이

부록 A.1의 단위환산표를 참고하여

a. 80ton의 힘 = 80×10^3 kgf = (80×10^3 kgf)(9.8 N/ kgf) = 784×10^3 N = 784 kN
(784×10^3 N)(0.225 lbf/N) = 176000 lbf
b. (140 PS)(0.735 kW/PS) = 103 kW
(103 kW)(1.34 HP/kW) = 138 HP
c. 500 W = (500 J/s)(3600 s/h)(0.24 kcal/1000 J) = 432 kcal/h
(500 J/s)(0.95×10^{-3} Btu/J)(3600 s/h) = 1710 Btu/h
d. (500 W)(10 h) = 5000Wh = 5.0 kWh
(500 J/s)(10×3600 s) = 18000000 J = 18000 kJ = 18 MJ
(18000 kJ)(0.24 kcal/kJ) = 4320 kcal
(18000 kJ)(0.948 Btu/kJ) = 17100 Btu

1-6 밀도와 비체적

밀도(density) ρ는 단위부피당 질량을 말한다. 한 점을 포함하는 미소 공간의 질량을 체적으로 나눈 값으로서, 그 체적이 무한히 작은 경우, 그 점에서 밀도라고 한다. 이와 같이 밀도는 점에서 정의된 상태량이기 때문에 강성적 상태량이다. 여기서 체적이 무한히 작다고 하여도 분자들이 수없이 많아서 각 분자의 거동을 고려할 필요가 없이 물질이 연속된 것처럼 볼 수 있는 연속체 범위 내에 있다고 봐야 한다.

비체적(specific volume) v는 단위질량당 부피로서 밀도와 역수 관계이다.

$$v = \frac{1}{\rho} \tag{1.4}$$

밀도와 비체적의 SI단위는

$$[\rho] = \mathrm{kg/m^3}, \quad [v] = \mathrm{m^3/kg}$$

이며 모든 물질의 비체적이나 밀도는 온도와 압력의 영향을 받는다. 그런데 고체나 액체는 기체에 비하여 그 영향이 매우 작은 편이다. 중력장에서 기체나 액체의 압력은 위로 갈수록 낮아지므로 밀도는 작아지고 비체적은 커진다. 그러나 대부분의 계에서 그 차이는 무시할 수 있다.

비체적에 미치는 압력의 영향을 무시할 수 있는 물질을 비압축성(incompressible) 물질이라고 한다. 엄밀한 의미에서 비압축성 물질은 없다. 그러나 대부분의 고체나 액체는 압력에 따른 밀도 변화의 영향을 무시할 수 있으므로 비압축성으로 가정한다. 또 고체나 액체의 경우에도 온도가 상승하면 팽창하여 비체적이 증가한다. 건물, 교량, 선로 등의 구조물은 기온 변화에 따른 신축작용을 흡수할 수 있어야 하며, 탱크나 배관 등도 가열이나 냉각에 따른 유체의 팽창과 수축을 흡수할 수 있도록 장치하지 않으면 사고의 위험이 따르게 된다.

1-7 압력

압력(pressure)은 유체에 의한 단위면적당 힘을 말하며 고체의 경우는 이를 응력(stress)이라고 한다. 유체 내부에서 한 점을 포함하는 미소 면에 수직으로 작용하는 힘을 면적으로 나눈 값을 그 점에서 압력이라고 한다. 따라서 압력은 점에서 정의된 강성적 상태량이며 밀도에서 언급했듯이 연속체를 전제로 한다.

압력은 SI단위로 pascal(Pa)과 bar가 있다.

$$1\text{Pa} = 1\text{N/m}^2,\ \ 1\text{ bar} = 10^5\text{ Pa}$$

표준대기압 1 atm은 다음과 같다.

$$1\text{ atm} = 101.3\text{ kPa} = 1.033\text{ at} = 14.7\text{ psi}$$

여기서, $1\text{ at} = 1\text{ kgf/cm}^2$, $1\text{ psi} = 1\text{ lbf/in}^2$

정지한 유체의 경우 한 점에서 압력은 모든 방향으로 같은 크기로 작용하며 중력의 영향으로 깊이가 깊어질수록 증가한다. 그러나 밀폐용기에 들어있는 기체는 압력이 균일하다고 할 수 있다. 왜냐하면 기체는 밀도가 낮아서 중력의 영향을 무시할 수 있기 때문이다.

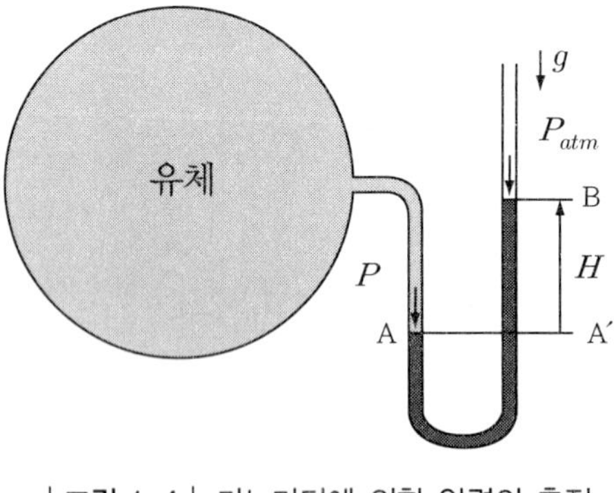

| 그림 1-4 | 마노미터에 의한 압력의 측정

대기압보다 낮거나 다소 높은 압력이나 차압은 |그림 1-4|에 보인 바와 같이 액체가 담겨진 U자관 액주계(manometer)로 측정한다. 액주계는 양 쪽 액면에 작용하는 압력의 차에 해당하는 차압을 표시하며 액체(물, 수은, 알콜 등)의 밀도가 ρ, 액주의 높이가 H일 때, A점의 압력(A′점의 압력과 같음) P_A는 B점에서 압력 P_B(그림의 경우는 대기압 P_{atm}과 동일함)보다, 액주의 무게를 단면적으로 나눈, $\rho g H$ 만큼 더 높으므로 차압은

$$P_A - P_B = \rho g H \tag{1.5}$$

용기 내 유체의 중력 효과를 무시할 수 있다면 용기 내부의 압력은 P_A와 같이 균일하다고 할 수 있다. 액주의 높이로 압력을 표시할 수 있으며 물기둥일 때 mAq, 수은 기둥일 때 mmHg 등으로 표시하고 표준대기압은

$$1\ \text{atm} = 10.3\ \text{mAq} = 760\ \text{mmHg}$$

로서 물기둥으로는 약 10 m, 수은기둥으로는 760 mm에 해당하는 압력이다.

액주계의 한 쪽이 대기 중에 개방되어 있으면 계측된 압력은 대기압과의 차를 표시하게 된다. 이와 같이 대부분의 압력계는 대기압과의 차이를 표시하기 때문에 이를 계기(gage) 압력 P_{gage}이라고 한다. 실제 압력을 절대(absolute)압력 P_{abs}이라고 하며, 절대압력에서 대기압을 뺀 압력이 계기압력이다. 절대압력이 대기압보다 낮은 경우를 진공(vacuum)이라고 하며 대기압과의 차이를 진공압력 P_{vac}이라고 한다.

$$P_{gage} = P_{abs} - P_{atm} \tag{1.6a}$$

$$P_{vac} = P_{atm} - P_{abs} \tag{1.6b}$$

계기압력과 절대압력을 구분할 필요가 있을 때 단위에 계기압력은 “g”, 절대압력은 “a”를 붙여 사용한다.

예제 1-3

압력 용기에 담긴 어떤 가스의 압력을 |그림 1-4|와 같이 물을 사용한 액주계로 측정한 결과 액주의 높이차가 82.0 cm를 가리켰다. 이 때 대기압은 96.0 kPa이다. 이 가스 압력의 계기압과 절대압을 구하라. 단, 중력가속도는 9.807 m/s^2, 물의 밀도는 1000 kg/m^{3}이다.

풀이

계기압은

$P_{gage} = P_{abs} - P_{atm} = \rho g H$

$= (1000\ kg/m^3)(9.807\ m/s^2)(0.82\ m)$

$= 8042\ kgm/s^2/m^2 = 8042\ Pa = 8.04\ kPa$

절대압은

$P_{abs} = P_{atm} + P_{gage}$

$= 96.0 + 8.04 = 104.0\ kPa$

예 | 제 | 1-4

진공 용기에 부착된 진공압력계의 눈금이 500 mmHg를 가리켰다. 대기압이 1000 mbar일 때 절대압력은 몇 kPa인가?

풀이

$P_{abs} = P_{atm} - P_{vac}$

$= 1000\ mbar - 500\ mmHg = (1000 \times 10^{-3} bar)(100 \times 10^3 Pa/bar) - (500\ mmHg)(133.322\ Pa/mmHg)$

$= 10^5 - 66661 = 33300\ Pa = 33.3\ kPa$

예 | 제 | 1-5

인간의 스킨다이빙 기록은 수심 100 m를 초과한다. 수심 100 m에서 계기압력을 여러 압력 단위로 구하라. 단, 물의 밀도는 1000 kg/m^{3}으로 본다.

풀이

$P_g = 100\ mAq$

$= (100\ mAq)(9.8\ kPa/mAq) = 980\ kPa$

$= (980\ kPa)(0.0102\ at/kPa) = 10\ atg$

$= (980\ kPa)(0.145\ psi/kPa) = 142\ psig$

고도에 따른 기압의 변화

대기압은 그 위치의 상공에 있는 공기가 누르는 무게에 의한 것이므로 위치와 기상 상태에 따라서 다르다. 평균대기압은 해수면에서 101.3 kPa이나, 고도가 1000, 2000, 5000, 10000 m로 증가할 때 각각 89.9, 79.5, 54.1, 26.5 kPa로 낮아진다. 표준대기압은 해수면에서 평균 대기압인 101.3 kPa을 말한다. 평균 기압을 고도 z(km)의 개략적인 함수로 나타내면 다음 식과 같다.

$$P = P_0(1 - 0.02256z)^{5.256}, \quad P_0 = 101.325\ kPa$$

1-8 온도

1) 온도란?

온도(temperature)는 우리에게 매우 친숙한 용어지만 그 정의를 내리기는 쉽지 않으며 사전적으로 온도는 뜨겁고 찬 정도를 나타낸다. 그러나 뜨거움과 차가움은 열에 대한 인체의 주관적 감각으로서 뜨거움은 우리 몸으로 열이 유입되는 속도와 관계되고 차가움은 우리 몸에서 열이 빠져나가는 속도에 관계된다. 추운 날 쇠와 나무는 열적으로 같은 상태, 다시 말하여 같은 온도에 있더라도 쇠가 나무보다 더 찬 것은 쇠의 열전도 능력이 나무보다 훨씬 크기 때문이다.

2) 열역학 제0법칙

열역학 제0법칙은 열평형에 관한 법칙으로서, 어떤 물체가 물체A와 접촉하여 열적 평형을 이루고, 물체B와도 열적 평형을 이룬다면, 물체A와 물체B 사이에도 열적 평형이 이루어진다는 것이다. 이 법칙은 매우 당연한 것처럼 보이나 다른 법칙으로 설명할 수 없으며, 온도라는 상태량이 존재한다는 근거를 제시한 법칙이다. 이는 열역학 제1, 2법칙이 발표된 후인 1930년대에 명명되었지만 열역학 제0법칙(the zeroth law of thermodynamics)이라고 한 것은 논리상 열역학 제1, 2법칙을 앞선 원리이기 때문이다. 열은 온도가 다를 때 이동하는 에너지다. 열역학 제0법칙은 열적 평형의 조건은 오로지 온도가 같아지는 것임을 암시하는 것이다. 어떤 기준이 되는 물체에 의하여 온도계의 눈금을 정하면 이 온도계로 임의의 물체의 온도를 측정할 수 있다는 것은 바로 열평형의 원리인 열역학 제0법칙에 근거한 것이다.

3) 온도의 측정 방법

온도의 측정방법은 수은 온도계나 알코올 온도계처럼 온도에 따른 액체의 부피 증가량을 이용한 열팽창식 온도계, 기체의 부피 변화를 이용한 기체온도계, 두 금속선을 접합하고 두 접점에 온도차가 있을 때 발생하는 기전력을 이용한 열전대(thermocouple), 금속이 온도에 따라서 열저항이 변하는 것을 이용한 저항온도계, 복사열의 파장을 이용하여 복사체의 표면온도를 구하는 복사온도계 등이 있다. 이와 같이 물질의 성질을 이용한 온도계의 눈금은 물질의 영향을 받을 수 있다.

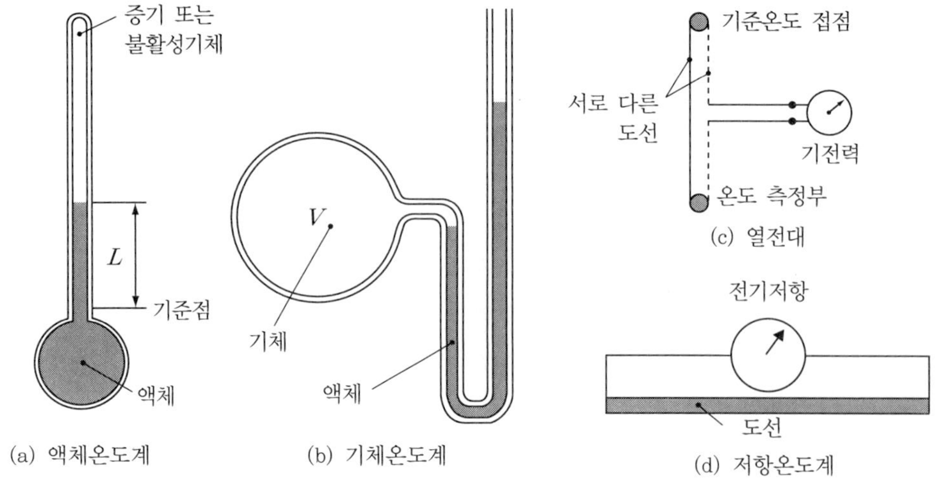

| 그림 1-5 | 온도계의 종류

4) 온도 척도

오늘날 널리 사용하는 섭씨(centigrade 또는 Celsius)온도는 A. Celsius(1701~1744)가 고안한 온도로서 1 atm하의 물이 어는 온도를 0℃, 증발하는 온도를 100℃로 정한 온도 척도이다. 화씨(Fahrenheit)온도는 이를 32°F와 212°F로 정한 온도로서 고안자 G. Fahrenheit(1688~1736)의 이름을 딴 온도이다. 화씨온도 t_F와 섭씨온도 t_C사이의 관계는 다음과 같다.

$$t_C = \frac{5}{9}(t_F - 32^\circ) \tag{1.7a}$$

$$t_F = \frac{9}{5}t_C + 32^\circ \tag{1.7b}$$

온도도 부피나 압력과 같이 측정방법에 관계없이 1점을 기준으로 눈금을 정할 수 있는 절대치를 갖는 물리량이라는 의미에서 정의된 온도를 절대온도라고 한다. 절대온도(absolute temperature) 척도에는 이상기체온도와 열역학적온도가 있다. 열역학적온도는 물질의 성질에 영향을 받지 않는 온도로서 6장에서 자세히 다룬다.

열역학적온도의 SI 단위를 K(K°가 아님)로 표시하고 후에 Kelvin경이 된 William Thomson의 이름을 따서 Kelvin으로 읽는다. Kelvin온도 T와 섭씨온도 t는 다음 식과 같은 관계를 갖는다.

$$T(\text{K}) = t(℃) + 273.15 \tag{1.8a}$$

화씨온도의 눈금에 기초한 절대온도 눈금은 R로 표시하고 Rankine으로 읽으며 화씨온도와의 관계는 다음과 같다.

$$T(\mathrm{R}) = t(^{\circ}\mathrm{F}) + 459.67 \tag{1.8b}$$

가끔 열역학 공식에 사용한 온도가 섭씨온도인지 Kelvin온도인지 불분명한 경우가 있다. 1°C차이와 1 K 차이는 동일하므로 비열과 같이 온도차를 뜻하는 경우는 둘 다 사용 가능하나 엔트로피와 같이 Kelvin온도를 써야하는 단위에 섭씨온도를 쓸 수는 없다.

5) 이상기체온도

이상기체온도는 이상기체의 성질을 이용하여 압력이나 체적의 측정으로 구한 온도다. 즉 이상기체의 체적이 일정한 경우 압력은 온도에 비례하므로 압력 측정으로 온도를 구할 수 있다. 이 경우 하나의 기준만 정하면 온도가 정해지므로 물의 3중점에서의 온도를 T_3 (=273.16 K)를 정하면 다음 식과 같이 이상기체 절대온도 눈금을 매길 수 있다.

$$T = \frac{P}{P_3} T_3 \tag{1.9}$$

이상기체온도계로 온도를 측정하는 것은 기체가 이상기체로 거동하는 범위 내에서만 가능하므로 물질에 따라서 측정 온도 범위가 제한될 수밖에 없다. 그 최저온도는 액화점(1 atm에서 4.215 K)이 가장 낮은 헬륨(He)을 사용할 때 20 K이다.

열역학적온도는 열역학 제2법칙에서 정의된, 온도측정 물질의 성질과 관계없는, 온도 눈금이다. 그런데 이상기체온도는, 측정 범위는 제한되지만, 열역학적온도와 같은 값임을 알게 될 것이다.

예|제|1-6

건강한 사람의 몸 내부의 온도는 37°C다. 이를 화씨온도와 Kelvin온도 및 Rankine온도로 구하라.

풀이

$$t_F = \frac{9}{5} t_C + 32^{\circ} = 1.8(37) + 32 = 98.6^{\circ}\mathrm{F}$$

$$\begin{aligned} T(\mathrm{K}) &= t(^{\circ}\mathrm{C}) + 273.15 \\ &= 37 + 273.15 = 310\ \mathrm{K} \end{aligned}$$

$$T(\mathrm{R}) = t(^{\circ}\mathrm{F}) + 459.67 = 98.6 + 459.67 = 558\ \mathrm{R}$$

1-9 열역학적 평형과 과정

1) 평형

밀폐시스템을 주위와 분리시킬 때 그 상태를 유지하고 변화가 일어나지 않으면 그 시스템은 평형(equilibrium)상태에 있다고 한다. 계 내부의 온도가 위치에 따라서 다르다면 외부와 단절시킬 때 그 상태를 유지하지 못하며 온도가 균일하게 될 때까지 변화가 일어난다. 이와 같이 온도가 균일한 상태를 열적 평형상태라고 한다. 마찬가지로 계의 압력이 균일하면 외부와 단절되어도 그 압력 상태를 계속 유지할 수 있으므로 역학적인 평형상태에 있다고 한다. 또한 화학적인 변화를 일으키지 않고 물질의 조성 상태를 유지하는 경우를 화학적 평형상태라고 한다. 어떤 시스템이 열적, 역학적 및 화학적으로 평형을 유지하고 있을 때 열역학적 평형상태에 있다고 한다.

2) 과정

시스템의 상태 변화를 과정(process)이라고 하며, 과정 동안 상태 변화의 자취를 경로(path)라고 한다. 과정은 상태량의 변화로 기술되며, 상태량은 상태변화의 경로를 구성하는 점에서 정의되는 양이므로 점함수(point function)라고 한다. 그러나 열과 일은 시스템의 경계를 넘어 전달되는 에너지이며 시스템이 갖는 상태량이 아니라 상태량이 변화하는 경로에 따라서 결정되기 때문에 경로함수(path function)라고 한다.

과정 중 어떤 상태량은 변화가 없이 일정한 경우가 있다. 이러한 경우에는 온도가 일정한 등온(isothermal)과정, 압력이 일정한 등압(isobaric)과정, 체적이 일정한 등적(isometric) 과정 등이 있다. 또한 과정의 처음 상태와 최종 상태가 동일한 경우 시스템은 사이클(cycle) 또는 순환을 이룬다고 한다.

3) 준평형 과정

시스템은 평형상태를 유지하면서 변화할 수 없으며, 변화가 있으면 그 계는 평형상태를 벗어난 것이다. 그러나 변화가 평형상태와 무한히 근접한 상태를 유지하면서 진행될 수 있다. 이러한 과정을 준정적(quasi-static) 또는 준평형(quasi-equilibrium) 과정이라고 한다. 반면에 과정중에 계의 상태가 평형에서 현저히 벗어난 경우를 비평형(nonequilibrium) 과정이라고 한다.

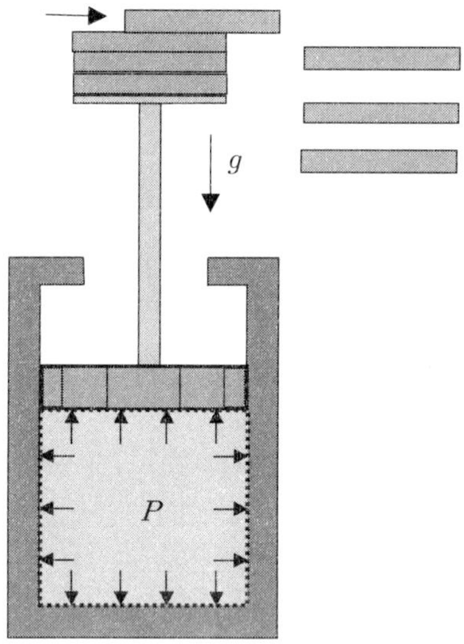

| 그림 1-6 | 준평형 과정

| 그림 1-6 | 은 피스톤 위에 놓인 질량이 무한히 작은 추를 하나씩 수평으로 밀어냄으로써 기체가 팽창하는 과정을 나타낸다. 피스톤이 계의 기체에 작용하는 압력은 피스톤과 추에 의한 압력(무게/단면적)과 대기압의 합과 같다. 하나의 추를 밀어내는 순간 피스톤을 누르는 힘이 그만큼 저하하므로 피스톤에 힘의 불균형이 작용하면서 피스톤은 운동을 하게 된다. 피스톤이 움직여 미소 체적만큼 부피가 늘어나는 동안 피스톤에 인접한 기체의 압력은 나머지 부분의 압력보다 낮아진다. 즉 기체는 역학적으로 평형이 아닌 상태로 팽창한다. 피스톤이 정지할 때 다시 압력은 평형을 찾게 된다. 다음에 또 하나의 추를 밀어내면 비슷한 과정이 반복되면서 기체는 팽창한다. 이 과정에서 계는 역학적으로 평형을 약간 이탈하였으나 추가 매우 가볍다면, 또 평형을 회복할 충분한 시간을 갖도록 서서히 일어나면 과정은 거의 평형에 가까운 상태로 진행된다고 볼 수 있다. 이와 같이 평형에 가까운 상태를 유지하는 변화 과정을 준평형 또는 준정적 과정이라고 한다.

준평형 과정은 내부적 가역과정이라고 할 수 있다. | 그림 1-6 | 의 팽창과정에서 추를 밀어 내면 계가 팽창을 하지만 그 추를 다시 밀어 넣으면 계는 압축을 하여 원래 상태에 가까운 상태로 돌아가므로 내부적으로는 가역적이 되는 것이다. 그런데 가역과정은 계의 내부와 외부가 모두 가역적인 경우를 뜻한다. 따라서 준평형 과정은 계의 외부 상태에 관계없이 내부 상태에 대하여 정의된 것이므로 내부적 가역과정이다.

4) 비평형 과정

|그림 1-7|에서 무게추를 한꺼번에 제거하면 피스톤에는 큰 힘이 작용하여 매우 빠른 속도로 가속 운동을 하게 되며 다시 평형을 이룰 때까지 기체는 급격한 팽창을 한다. 팽창 과정에서 계 내부의 압력은 피스톤으로 가까이 갈수록 크게 감소하므로 완전한 비평형 상태를 나타내게 된다. 이와 같이 계가 비평형인 상태로 일어나는 과정을 비평형 과정이라고 한다.

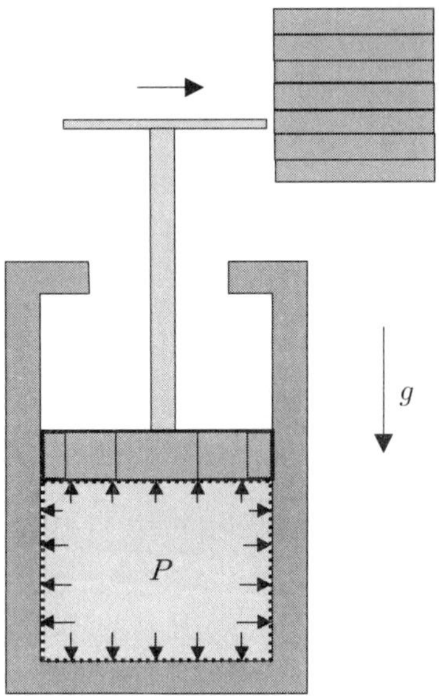

|그림 1-7| 비평형 과정

1-10 계의 상태량과 상태선도

1) 계의 상태량

계가 평형상태에 있을 때 계의 온도, 압력 등 강성적 상태량은 위치에 관계없이 균일하다고 할 수 있다. 준평형 과정중에 이들 상태량은 평형상태에 있는 것으로 볼 수 있으며 경로는 평형상태의 연속으로 이루어진다고 본다. 즉 준평형 과정에서는 과정중 모든 계의 상태량들이 정의된다.

그런데 비평형 과정에서는 정의하기 어려운 계의 상태량이 있다. 질량, 체적, 내부에너지와 같은 종량적 상태량은 과정과 관계없이 정의된다. 그러나 압력, 온도, 밀도와 같은 강성적 상태량은 위치에 따라서 다를 수 있다. 자유팽창의 경우는 계 내부의 위치에 따라서 압력 및 밀도가 다르고, 계가 가열 또는 냉각 될 때는 온도가 다를 수 있다. 이 경우 과정 중에 압력이나 온도와 같은 상태량을 정의할 수 없다.

그러나 비평형, 즉 비가역 과정에 대해서도 압력, 온도 등의 강성적 상태량을 사용한 미분 또는 적분형의 수식을 쓰고 있다. 정의할 수 없는 상태량을 사용하는 모순이 따르게 된다. 이 경우 강성적 상태량은 위치에 따라서 다를 수 있지만 계의 상태량을 그 질량평균값이라고 생각하면 무리 없이 적용될 수 있다.

2) 상태선도

상태선도는 계의 상태변화를 선도에 나타낸 것이다. 상태원리에서 순수물질은 두 개의 독립된 강성적 상태량을 갖는다. 따라서 두 상태량을 변수로 하는 2차원 좌표평면에 어떤 상태든 표시할 수 있다. 예를 들면 |그림 1-6|의 준평형 과정에 대한 계의 압력과 부피 변화를 도시하면 |그림 1-8|의 실선과 같은 $P-V$선도가 된다. 선도를 통하여 압력 P_1, 부피 V_1인 상태 1에서 시작하여 그림과 같은 상태변화를 거쳐 압력 P_2, 부피 V_2인 상태 2에서 끝나는 것을 알 수 있다. 마찬가지로 온도와 부피 등 어떤 두 상태량의 변화라도 상태선도 상에 나타낼 수 있다. 그러나 비평형 과정의 경우는 |그림 1-8|과 같이 점선으로 표시하여 준평형 과정과 구분한다.

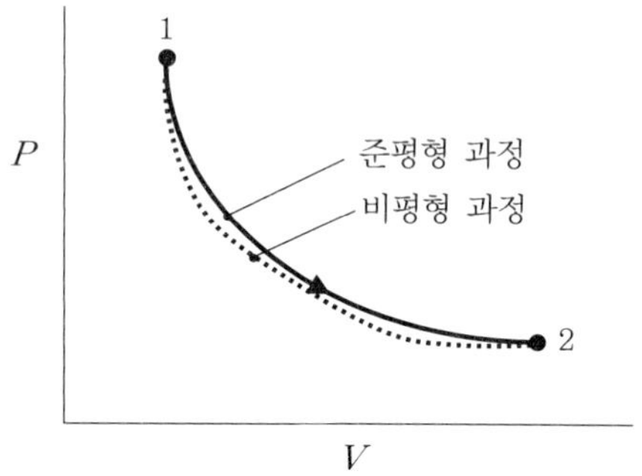

|그림 1-8| 과정의 $P-V$선도

연습문제

1.1 다음 용어를 설명하라.

a. 거시적, 미시적, 고전열역학, 통계열역학

b. 저장에너지, 내부에너지, 역학적에너지, 조직적, 비조직적

c. 열, 일

d. 시스템, 주위, 밀폐시스템, 개방시스템, 고립계, 검사질량, 검사체적

e. 상태량, 종량적 상태량, 강성적 상태량, 상태원리, 단순압축성 물질

f. 절대압력, 계기압력, 절대온도, 이상기체 온도, 열역학 제0법칙

g. 열역학적 평형, 과정, 경로, 준평형 과정, 비평형 과정, 사이클

1.2 역학적에너지가 열에너지로 변환되는 예를 들어 보라.

1.3 열에너지를 역학적에너지로 변환하는 장치의 예를 들어 보라.

1.4 인체의 에너지 대사를 해석하기 위한 계를 정하여 보라.

1.5 주택의 에너지 해석을 위한 계를 정하여 보라.

1.6 열역학적 상태량을 아는 대로 열거하고 그 의미를 말해 보라.

1.7 계의 상태량으로서 속도와 위치가 필요한 경우에도 계 내부의 상태량은 2개의 독립된 내부 상태량으로 결정됨을 설명하라.

1.8 비평형 과정과 계의 상태량에 대하여 설명하라.

1.9 역학적에너지와 내부에너지의 차이를 설명하라.

1.10 분자의 운동에너지와 물체의 운동에너지의 차이를 설명하라.

1.11 1 HP는 말 한 마리의 평균 일률이다. 엔진 출력이 500 kW인 자동차는 말 몇 마리가 끄는 마차와 같은가?

1.12 물의 비열 1 kcal/kg K는 1 kg의 물을 1 K 가열하는데 1 kcal가 필요하다는 뜻이다. 500 W 전열기로 10°C의 물 2 L를 100°C로 가열하는데 걸리는 시간을 구하라. 비열의 온도에 따른 변화는 무시할 수 있다.

1.13 총 1000 kg인 자동차가 정지상태에서 시속 70 km로 가속하는데 필요한 일을 구하라. 동력 전달과정이나 노면과 마찰, 공기 저항 등에 의한 일의 손실을 무시한다.

1.14 열 명이 탄 엘리베이터를 100 m 높이까지 30초 안에 올라가게 할 때 필요한 동력을 kW 및 PS 단위로 구하라. 사람의 평균 체중은 60 kg, 엘리베이터 자체 무게는 200 kg이다. 단, 엘리베이터의 자체 무게는 |그림 P1-1| 과 같이 평형추에 의하여 상쇄되도록 되어 있다.

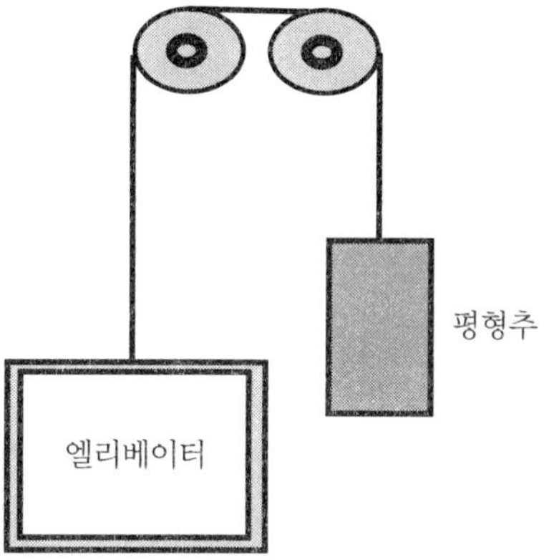

| **그림 P1-1** | 문제 1.14

1.15 표준상태(0°C, 1 atm) 하에서 공기의 밀도는 1.3 kg/m^{3}이다. 1 m^{3}의 물과 공기의 질량을 비교하라.

1.16 얼음의 비체적은 물보다 약 10% 크다. 빙산이 해수면 위로 보이는 부피는 전체 부피의 약 몇 %인가? 또 빙산이 녹으면 해수면의 상승은 어떻게 되는가?

1.17 진공 용기에 부착된 진공압력계의 눈금이 500 mmHg를 가리켰다. 대기압이 1000 mbar일 때 절대압력은 몇 kPa인가?

1.18 압력 용기에 부착된 압력계의 눈금이 1.0 at를 가리켰다. 대기압이 100 kPa일 때 절대압력은 몇 kPa인가? 몇 psia인가?

1.19 압력 용기에 담긴 어떤 가스의 압력을 물을 사용한 액주계로 측정한 결과 액주의 높이가 55cm를 가리켰다. 이 때 대기압은 101.0 kPa이다. 이 가스 압력의 계기압과 절대압을 구하라. 단, 중력가속도는 g =9.807 m/s^2, 물의 밀도는 1000 kg/m^{3}이다.

1.20 키 180 cm인 사람이 서 있을 때 머리 끝과 발끝 사이의 대기 압력차를 구하라. 단, 공기의 밀도는 1.2 kg/m^{3}이다.

1.21 기압계로 측정한 압력이 바닥에서 760 mmHg, 건물 꼭대기에서 730 mmHg일 때 건물의 높이를 구하라. 단, 공기의 밀도는 1.2 kg/m^{3}이다.

1.22 해저 20 m에서 절대압력을 구하라. 단, 대기압은 1 bar, 바닷물의 밀도는 1030 kg/m^3.

1.23 배기 팬을 가동하면 실내의 압력은 대기압 이하로 내려간다. 그 진공 압력이 20 mmAq일 때 면적 2.0 m^{2}인 문에 작용하는 힘을 구하라.

1.24 지름이 200 mm인 피스톤이 설치된 수직 실린더에 들어 있는 기체의 압력이 1500 kPa이면 피스톤의 질량은? 단, 대기압은 1 bar이며 g=9.807 m/s^2.

1.25 | 그림 P1-2 | 와 같이 두 개의 실린더를 연결하는 질량 150 kg의 수직 피스톤이 있다. 펌프로 실린더A의 압력을 500 kPa로 만들 때 실린더 B의 압력은 얼마인가? 단, 실린더 A의 지름은 100 mm, B의 지름은 30 mm이며 공간 C의 압력은 100 kPa이다.

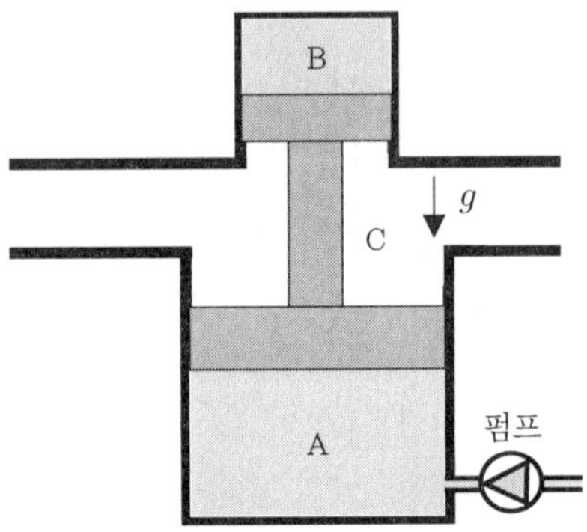

| 그림 P1-2 | 문제 1.25

1.26 50°C를 화씨온도와 켈빈온도로 구하라.

1.27 1 Btu는 물 1 lb를 1°F 가열하는데 필요한 열량을 말한다. 100 lb의 물을 150°F 가열하는데 필요한 열량은 몇 Btu인가?

1.28 대기 온도는 고도가 높아질수록 낮아지며 일반적으로 고도가 z(m)일 때 표준대기의 온도는

$$T_{atm}[\mathrm{K}] = 288 - 6.5 \times 10^{-3} z$$

로 구할 수 있다. 비행기가 1500 m 고도로 순항할 때 비행기 외부의 온도를 섭씨온도와 켈빈온도로 구하라.

Chapter 2

순수물질의 상태량

순수물질(pure substance)이란 화학적 조성이 일정하고 균질인 물질을 말한다. 예를 들면 물, 질소, 이산화탄소 등은 순수물질로서 하나의 원소나 화합물로 되어 있다. 순수물질은 고체, 액체, 기체로 상변화를 하더라도 그 화학적 조성은 변하지 않는다. 기체상의 건공기(수증기를 제외한 공기)는 질소, 산소 등의 여러 원소가 섞인 혼합물이지만 상태변화 과정에서 화학적 조성이 변하지 않으므로 순수물질처럼 다룰 수 있다. 그러나 액체공기와 섞인 기체공기는 혼합물로 다루어야 한다. 성분 기체마다 액화온도가 달라서 기체공기와 액체공기의 화학적 조성이 다르기 때문이다.

이 장에서는 순수물질의 상태량과 그 변화를 다룬다. 모든 에너지 변환장치는 작동물질의 상태변화를 동반한다. 또 증기원동소나 냉동기에서는 시스템을 순환하는 물질이 액체와 기체 사이에서 상변화를 일으키면서 효율적으로 에너지를 전달한다. 따라서 물질의 상변화를 포함한 상태변화에 대한 이해는 열역학적 시스템을 해석하고 응용하는데 기반이 된다. 특히 여기서는 물과 공기의 상태변화에 주안점을 둔다. 보일러, 터빈, 압축기, 엔진 등에서 보듯이 열역학적 시스템에서 작동물질의 대부분이 물과 공기이기 때문이다. 또 물은 상변화를 하는 대표적인 물질이고, 공기는 이상기체로 볼 수 있는 대표적인 기체이므로 이 두 물질을 이해하면 다른 모든 순수 물질을 이해할 수 있다.

2-1 상변화

모든 물질은 온도와 압력에 따라서 고체, 액체, 기체 등의 다른 모습으로 나타나며 이들을 상(phase)이라고 한다. 얼음과 물에서 볼 수 있듯이 같은 상의 물질은 분자의 배열이 같고 균일하며 다른 상의 물질과는 뚜렷한 경계를 나타낸다. 같은 고체 내에서도 분자 구조의 차이로 인하여 다른 상이 존재할 수 있다. 예를 들면 탄소에는 흑연과 금강석 같이 상이 다른 고체가 있다. 얼음도 압력이 높을 때 일곱 종류의 상이 나타난다.

고체(solid)에서 분자들은 매우 가까운 거리에서 평형을 유지하고 있다. 거리가 더 멀어지면 인력이 작용하고 더 가까워지면 척력이 작용하므로 분자나 원자는 자유로운 운동을 할 수 없고 평형 위치를 중심으로 진동할 뿐이다. 온도가 높을수록 이 운동에너지가 증가하여 어떤 한계를 넘어서면 액체나 기체로 상변화를 하게 된다. 고체에서 액체로의 상변화를 융해(fusion), 액체에서 고체로의 상변화를 응고(solidification)라고 하며, 고체에서 기체 또는 기체에서 고체로의 상변화를 승화(sublimation)라고 한다.

액체(liquid)는 정의하기 가장 어려운 상태에 있으며 분자들이 개별적이 아닌 집단으로 분리되어 거동한다. 마치 고체 부스러기 같다고 할 수 있으나 우리가 감각적으로는 식별할 수 없기 때문에 균일한 물질로 보인다.

액체가 가열되어 운동이 매우 활발해진 분자는 인력을 벗어나 기체(gas)로 증발(evaporation)하게 된다. 기체를 증기(vapor)라고도 한다. 기체에서 분자들은 그 사이의 거리가 매우 멀어서 인력이 약하기 때문에 자유롭게 무질서한 운동을 한다. 기체 분자들은 용기의 벽에 충돌할 뿐 아니라 서로 충돌하며 에너지를 교환하고, 사이 거리가 충분히 멀어지면 이상기체의 특성을 띠게 된다. 기체가 열을 빼앗겨 액체로 변하는 것을 응축(condensation), 고체로 되는 것을 승화라고 한다.

안개는 기체인가? 액체인가?

구름과 안개는 공기 중의 수증기가 응축한 작은 액체 방울이며 기체가 아니다. 냉각탑이나 굴뚝에서 나오는 백연(흰 연기)도 역시 물방울이다. 초음파 가습기는 작은 물방울을 공기 중에 분사시키고 그 물방울은 공기 중에서 열을 흡수하여 증발한다. 분자가 단독으로 거동할 때 기체라고 하며 물방울이 아무리 작아도 수많은 분자 덩어리기 때문에 기체가 될 수는 없다. 물 1몰인 18 g의 부피는 18cm^{3}에 불과하나 Avogadro수에 해당하는 6.03×10^{23}개의 분자가 있음을 생각할 때 아무리 작은 물방울이라도 무수히 많은 물 분자 덩어리의 액체인 것이다.

2-2 상평형과 $P-T$선도

|그림 2-1|과 같이 압력을 일정하게 유지하면서 실린더에 채워진 영하의 얼음을 가열하는 경우를 생각해 보자. 가열에 의하여 얼음의 온도는 서서히 상승하며 부피 또한 팽창한다. 1 atm 하에서라면 0°C에 도달할 때 온도는 더 이상 상승하지 않고 융해현상이 일어난다. 이 때 얼음과 물은 상평형을 이루고 있으며 가열하면 융해, 냉각하면 응고현상이 나타난다. 이와 같이 두 상이 평형을 이루고 상변화가 일어나는 상태를 포화(saturation)상태라고 한다. 1 atm 하에서 물을 다시 가열하면 온도는 상승하며, 100°C에 도달할 때 물과 수증기가 평형을 이루는 포화상태가 된다. 이 상태에서 가열하면 증발이 일어나서 증발이 끝날 때까지 온도는 일정한 상태를 유지한다. 반대로 냉각하면 온도는 변함없이 수증기가 물로 응축된다. 매우 낮은 압력 하에서는 얼음을 가열하면 녹는 현상 대신에 바로 증발하는 승화가 나타난다. 즉 고체와 기체가 평형을 이루는 포화상태가 된다.

포화상태에 있는 얼음을 포화고체, 물을 포화액체, 증기를 포화증기라고 한다. 이때의 온도를 포화온도라고 하고 압력을 포화압력 또는 증기압이라고 한다. 물의 경우 상평형을 $P-T$선도에 도시하면 |그림 2-2|와 같다.

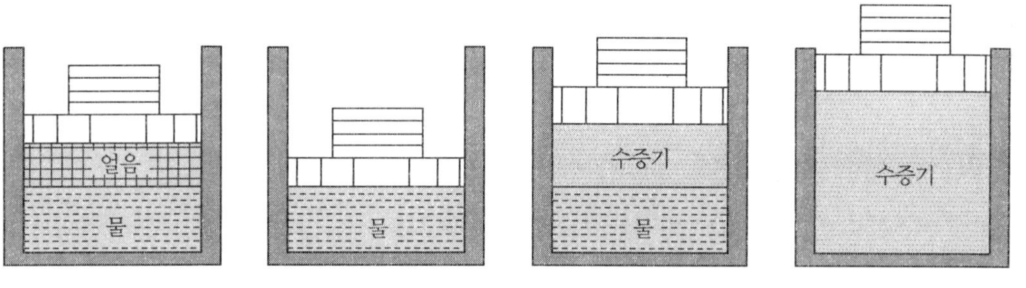

|그림 2-1| 일정 압력 하에서 물의 가열과 상태변화

1) 융해곡선

얼음과 물이 평형을 이루어 융해 또는 응고가 일어나는 포화곡선을 융해곡선이라고 한다. 융해곡선을 보면 압력이 올라갈 때 온도가 내려가는 것을 알 수 있다. 이와 같이 압력이 높을수록 융해온도가 낮아지는 것은 물이 갖는 특이한 현상으로서 얼음의 비체적이 물보다 커지는 현상과 같이 얼음의 결정구조와 관련된 특성이다. 대부분의 고체는 압력을 높이면 포화온도도 같이 올라간다. 즉 압력이 높을수록 융해온도는 증가한다.

스케이트가 잘 미끄러지는 이유

빙판위에 스케이트가 칼날 자국을 내면서 잘 미끄러지는 이유는 칼날 아래의 얼음이 녹아서 윤활작용을 하기 때문이다. 칼날에 몸무게가 실리면 얼음과 접촉하는 면적이 좁으므로 얼음을 누르는 압력은 매우 높다. 압력이 높을수록 융해온도는 낮아진다. 따라서 칼날 아래의 얼음은 영하의 온도라도 녹게 되는 것이다. 얼음이 물로 될 때 윤활작용을 하므로 스케이트는 잘 미끄러지게 된다.

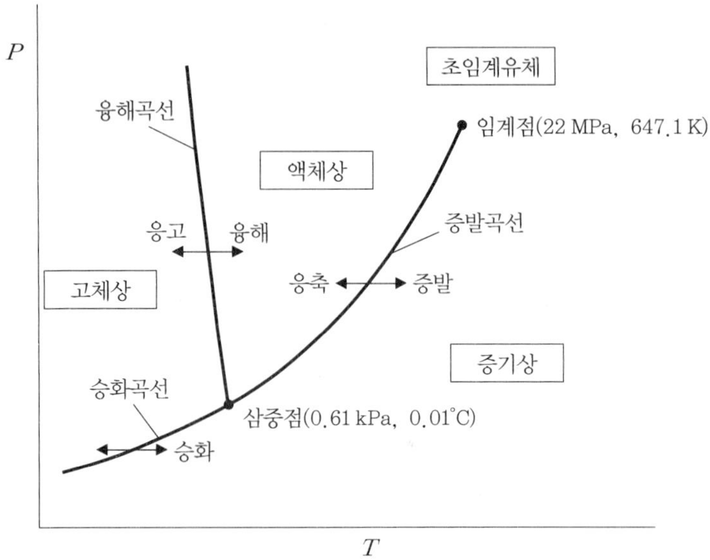

| 그림 2-2 | 물의 $P-T$선도

2) 증발곡선

물의 액(체)상과 (증)기상이 평형을 이루는 포화곡선을 증발곡선이라고 한다. | 그림 2-2 | 에서 보듯이 증발곡선은 압력에 따라서 온도가 증가하는 특성을 보여준다. 즉 포화압력이 높을수록 물의 포화온도도 높아진다. 또는 증발 온도가 높을수록 증기압이 상승한다고 할 수도 있다. 고온수를 얻으려면 고압을 가해야 한다. 저온의 증기를 얻으려면 압력을 낮추어야 한다. 이와 같이 포화상태에서 압력과 온도는 서로 종속적인 관계에 있다.

포화온도의 증기를 포화증기, 포화온도 이상의 증기는 과열증기(superheated steam)라고 한다. 포화온도보다 낮은 온도의 액체는 과냉액이라고도 하지만, 일반적으로 그 온도에서 포화압력보다 압력이 높으므로 압축액(compressed liquid)이라고 한다.

예 | 제 | 2-1

고도 5000 m인 고산의 기압은 약 50 kPa이다. 그곳에서 커피포트의 물이 끓는 온도는 몇 °C 인가?

풀이

부록 B.1.2 물의 압력기준 포화증기표에서 50 kPa에 대한 포화온도는 81.33°C이다. 따라서 81.33°C 에서 물이 끓는다.

예 | 제 | 2-2

우리나라 원자력 발전소는 대부분 |그림 2-3| 과 같이 일반 물인 경수(light water)를 써서 핵반응열을 제거하는 가압경수로(PWR: pressurized water reactor)형이다. 원자로를 나오는 경수의 온도가 330°C 가까이 올라가지만 증발이 일어나지 않고 액상이 되려면 가압기에서 어느 정도 압력을 가해야 하는가?

풀이

물이 330°C에서 압축액 상태가 되려면 이 온도에 대한 포화압력 12.84 MPa보다 압력이 더 높아야 한다. 실제 노 내부의 수압은 15 MPa정도가 되도록 가압기에 의하여 압력을 가해 준다.

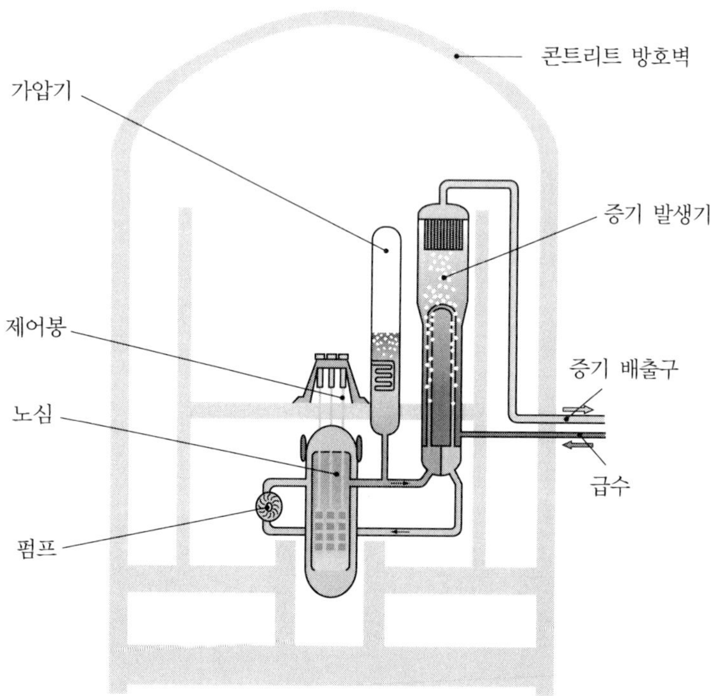

| 그림 2-3 | 가압경수로

고산이나 기내에서 선 밥이 되는 이유

고도가 높을수록 대기압이 저하되기 때문에 증발온도도 저하된다. 고도가 1000 m 증가 시 증발온도 강하는 3°C를 조금 넘는다. 비등 온도가 낮으면 요리 시간이 훨씬 길어지므로 증발온도가 낮은 고산에서는 밥이 잘 되지 않고 선 밥이 된다.
평균고도 10000 m에서 순항중인 비행기 주위의 대기압은 1/4기압 정도에 불과하기 때문에 기내에 압축공기를 불어넣어 2400 m 고도에서 경험하는 3/4기압 정도를 유지한다. 따라서 기내에서 포화온도인 증발온도는 약 92°C가 되므로 직접 취사를 하기 어렵다.
압력 밥솥은 압력을 200 kPa 정도로 높여서 증발 온도를 약 120°C로 되게 한다. 대기압 하에서 1~2시간 소요되는 요리를 압력밥솥으로는 20~30분 만에 할 수 있다.

3) 삼중점

압력이 낮을수록 물의 응고온도는 높아지고 증발온도는 낮아지면서 0.6113 kPa에서 두 온도는 0.01°C로 같아진다. 이보다 압력이 낮아지면 액체는 안정된 평형상태로 존재하지 못하며 고체인 얼음 아니면 기체인 수증기로만 존재한다. 따라서 0.6113 kPa, 0.01°C에서는 고체, 액체 및 기체 3상이 공존하는 3중점(triple point)이 된다. 순수 물질의 3중점은 |표 2.1|과 같다.

|표 2.1| 몇 가지 물질의 3중점

물질	온도, °C	압력, kPa
헬륨	−271	5.1
수소	−259	7.194
산소	−219	0.16
질소	−210	12.53
메테인	−182.5	11.7
이산화탄소	−56.4	520.8
수은	−39	0.00000013
물	0.01	0.6113
아연	419	5.066
은	961	0.01
구리	1083	0.000079

4) 승화곡선

삼중점 이하의 압력에서 얼음을 가열하면 액체를 거치지 않고 바로 수증기로 변하는 승화(sublimination)현상이 일어나게 된다. 얼음과 수증기가 평형을 이루는 포화곡선을 승화곡선이라고 한다. 대기 중의 수증기 분압이 0.6113 kPa보다 작은 경우 얼음이나 눈이 가열되면 녹지 않고 바로 수증기로 되며, 냉각되면 그 반대 현상이 일어난다.

5) 현열과 잠열

물질의 상변화가 없이 온도 변화에 필요한 열을 현열(sensible heat)이라고 한다. 한편 온도 변화는 없으면서 물질의 상변화에 필요한 열을 잠열(latent heat)이라고 한다. 물은 다른 물질에 비하여 현열과 잠열이 매우 큰 물질이다. 1기압 하에서 수온 1°C상승에 필요한 현열은 약 4.2 kJ/kg이고, 응고잠열은 333.5 kJ/kg, 증발잠열은 2257 kJ/kg이다.

육지보다 바다가 넓은 지구

물은 매우 흔한 물질이면서 생명 유지에 필수 요소인 동시에 환경 친화적이다. 또한 물은 다른 물질에 비하여 잠열이나 현열이 매우 크기 때문에 지구의 열 환경의 변화를 억제하고 일정하게 유지해준다. 물은 현열이 커서 온도 변화에 많은 열을 필요로 한다. 또한 잠열이 크므로 상변화에 많은 열을 흡수하거나 방출하게 된다. 기온이 영하로 내려가면 물은 얼음으로 바뀌면서 응고잠열을 방출하여 온도 저하를 막아 주고 기온이 올라가면 물이 증발하여 증발잠열을 빼앗음으로써 온도 상승을 억제한다. 물이 응고 대신 계속 냉각된다면 -80°C가 되며 증발대신 계속 가열된다면 600°C가 넘게 될 것이다.
이러한 열적 특성으로 인하여 물은 공업용수로서도 최적의 물질이다. 원자력이나 화력 발전소의 작동유체로 물이 사용되고 냉난방에서 열을 이송, 저장하는 물질로서 물이 가장 선호된다.
이런 의미에서 본다면 지구의 육지보다 바다가 훨씬 넓은 것이 다행스러운 일이다. 지구표면의 70.8%가 바다이며 그 부피는 13억 7,030만 km^2에 이른다. 우리는 넓은 바다 덕분에 그렇게 춥지도 덥지도 않은 쾌적한 지구환경의 혜택을 누릴 수 있는 것이다. 달과 같이 물이 없는 천체의 극심한 온도변화를 생각하면 그 고마움을 알 수 있다.

2-3 물의 상태선도

1) $T-v$선도

|그림 2-1|의 실험에서 압력을 일정하게 하고 가열할 때 온도와 비체적의 관계를 도시하면 |그림 2-4|와 같다. 삼중점보다 낮은 압력에서 얼음이 가열되면 온도와 함께 약간의 부피 증가가 따르며 포화온도에 이르면 승화가 일어난다. 얼음이 수증기로 바뀌는 승화과정에서 비체적은 크게 증가하나 온도는 변화가 없다. 모두 수증기로 바뀌면 다시 온도가 상승하면서 비체적이 증가하는 기체의 특성을 나타내게 된다.

압력이 3중점 이상인 경우 얼음은 융해온도에 도달하면 녹아서 물이 된다. 물을 가열하면 처음엔 부피가 감소하여 4°C에서 최소가 되고, 다시 온도와 함께 부피가 증가한다. 물이 가열되어 포화온도에 도달하면 증발이 시작된다. 증발이 완료될 때까지 온도는 그대로 있으면서 부피는 크게 증가한다. 증발이 끝나면 다시 기체 상태로 되며 압력이 크게 높지 않으면 이상기체와 같은 거동을 한다.

압력이 증가할 때 포화액의 비체적은 증가하나 포화증기의 비체적은 감소한다. 3중점에서 $v_f =$ 0.0010002 m^3/kg, $v_g =$206.00 m^3/kg이고 1 atm, 100°C에서는 $v_f =$0.0010435 m^3/kg, $v_g =$ 1.6708 m^3/kg이다. 포화액의 비체적은 4% 증가에 그쳤으나 포화증기의 비체적은 1/123로 감소했다. 3중점에서 증기의 비체적은 액체의 206,000배에 달하지만, 100°C에서는 1,600배로 감소한다. 따라서 |그림 2-4|에서 증기의 비체적은 실제보다 매우 작게 표현되고 액체는 과장된 표현임을 알 수 있다. 사실대로 도시하면 액체의 비체적은 거의 온도 축에 겹치게 되고 포화증기의 비체적은 온도 상승과 함께 급격히 감소하는 곡선이 된다.

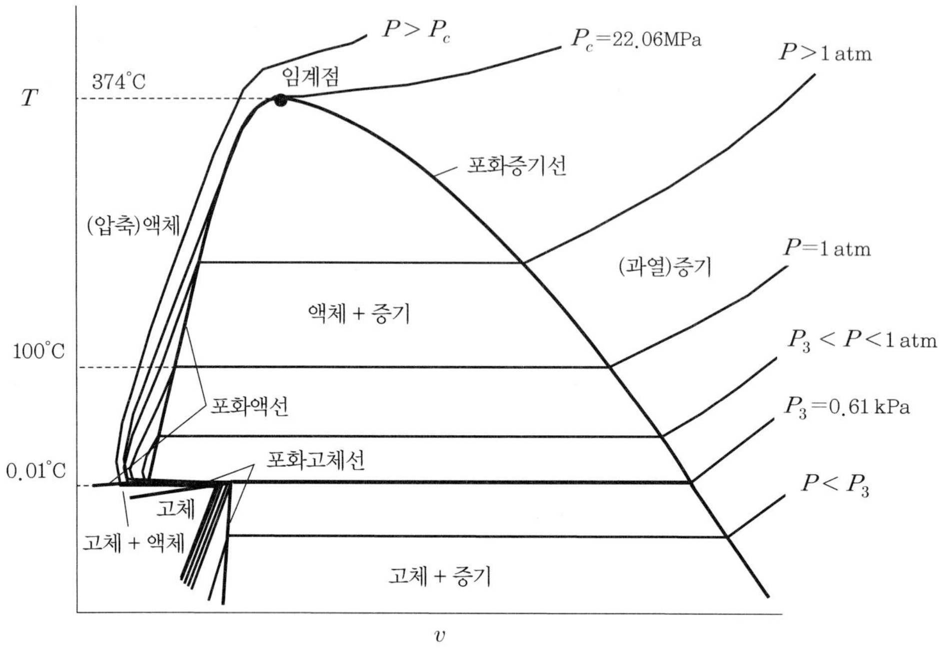

|그림 2-4| 물의 상변화와 $T-v$선도

물은 4°C에서 비체적이 가장 작다.

물의 비체적 1 L/kg은 4°C에서 값이다. 대부분의 순수물질은 온도에 따라서 비체적이 증가할 뿐 아니라 고체에서 액체로 상변화 시에도 비체적이 증가한다. 쇳물은 굳으면서 부피가 줄기 때문에 주형(mold)을 만들 때 특별한 기술을 필요로 한다. 그러나 물은 얼음이 될 때 부피가 감소하는 것이 아니라 오히려 10% 정도 증가한다. 즉 얼음의 비체적이 물의 비체적보다 크기 때문에 얼음은 언제나 물에 뜨며, 빙산은 그 부피의 약 10%를 수면 위로 내놓고 있다. 더욱이 4°C에서 물의 비체적이 가장 작기 때문에 아무리 추운 날도 꽁꽁 언 호수의 얼음 아래에는 물이 있고 바닥의 온도는 4°C에 가까운 온도를 유지할 수 있다. 물의 이러한 독특한 특성 덕분에 추운 지방에서도 해양 생물의 생존이 가능하게 된 것을 생각할 때 자연의 신비로운 일면을 볼 수 있다.

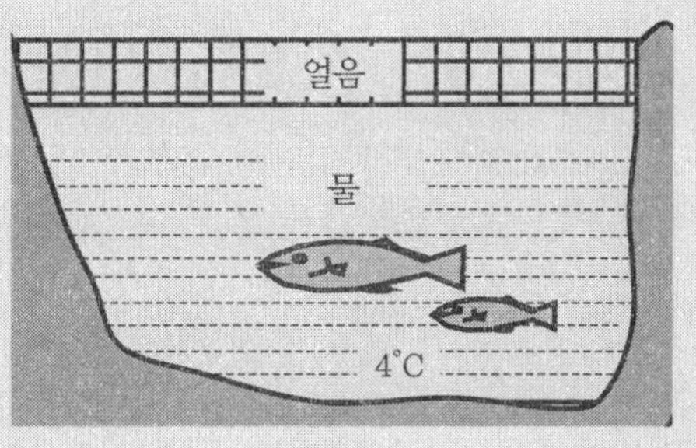

| 그림 2-5 | 얼음과 물

2) 임계점과 초임계 상태

압력이 상승하여 한계점에 이르면 포화액과 포화증기의 비체적이 같아지게 되며 이 점을 임계점(critical point)이라고 한다. 물은 임계점의 온도와 압력이 $T_c = 374.14°C$, $P_c = 22.09$ MPa이며 비체적은 $v_c = 0.003155$ m^3/kg이다. 부록 A.2에 물질의 임계점이 수록되어 있다.

임계점 이상의 압력이나 온도에서는 증발과 응축같은 상변화가 일어나지 않는다. 임계압력보다 높은 압력의 물을 가열하면 서서히 부피가 증가하여 증기로 볼 수 있는 상태로 변화하나 증발과 같은 상변화는 거치지 않는다. 이와 같이 임계압력보다 높은 압력과 임계온도 이상의 유체는 초임계(supercritical)상태에 있으며 액체와 기체의 구분이 명확하지 않으므로 초임계유체라고 한다. 보통 보일러는 기수드럼에 의하여 물과 증기가 구분되며 수면을 볼 수 있어서 수위 제어는 보일러 운전에 중요한 요소가 된다. 그러나 초임계압 보일러에서는 수면이 존재하지 않기 때문에 기수 드럼은 무의미하게 된다.

3) $P-v-T$ 상태면

융해시 비체적이 감소하는 물의 $P-v-T$의 관계를 3차원 공간상에 그리면 | 그림 2-6a | 와 같다. 비체적이 증가하는 물질의 경우는 | 그림 2-6b | 와 같다.

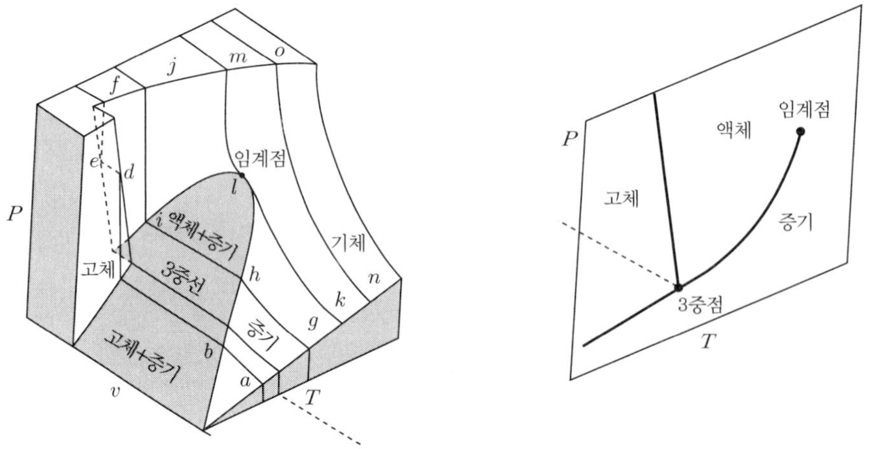

(a) 융해시 비체적이 감소하는 경우

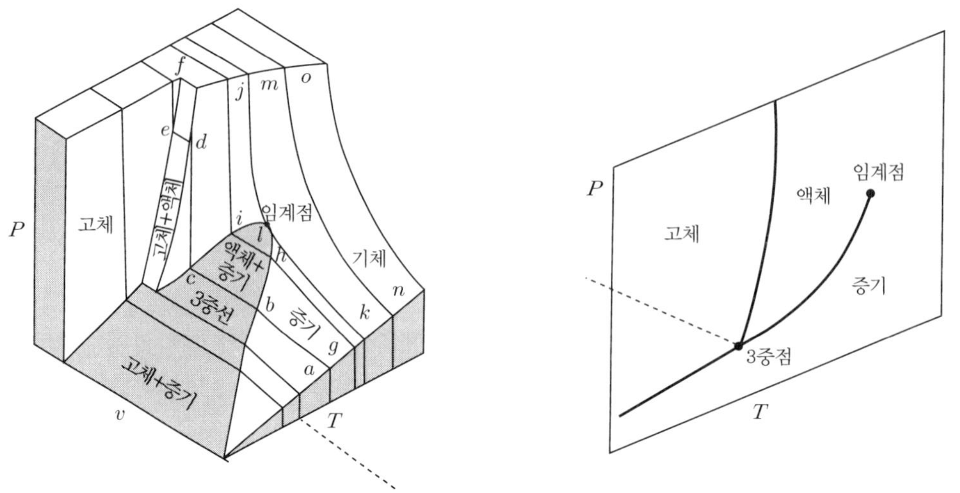

(b) 융해시 비체적이 증가하는 경우

| 그림 2-6 | 물의 상태변화와 $P-v-T$ 상태면

과냉각수는 어떻게 존재하는가?

대기압하의 물이 0°C에서 얼지 않고 영하의 과냉각수가 되는 이유는 물이 응고할 때 공간적으로 동시에 응고되지 않고 응고 핵(nucleus)을 중심으로 진행되기 때문이다. 응고 핵은 액체에 포함된 극미세 입자나 용기면의 요철 부분이 된다. 공기 중에 불순물이 많으면 안개가 더 잘 형성되는 것이나 비등석을 넣으면 물이 잘 끓는 것도 핵의 역할로 설명할 수 있다.
따라서 순수한 물을 정숙한 분위기로 서서히 냉각하면 핵이 만들어 지지 않기 때문에 과냉각수가 된다. 과냉각수에 충격을 가하면 핵이 만들어짐으로써 갑자기 얼음 결정이 생기는 것을 볼 수 있다. 이러한 과냉각수는 과포화상태에 있다고 한다. 과포화에도 한계는 있으며 대기압 하의 용기 내의 물은 -12°C까지 과냉각될 수 있으나 공기 중의 물방울은 -40°C까지 과냉각되기도 한다.

손난로는 나트륨 아세테이트의 과냉각을 이용한 것이다. 금속 단추로 충격을 가하면 고체 상태로 응고가 일어나면서 평형 온도(체온보다 높음)로 상승하기 때문에 손난로 역할을 하게 된다. 이를 다시 사용하려면 끓여서 녹인 다음 조용히 냉각시켜 과냉각 상태로 만들어야 한다.
증기 노즐에서 팽창하는 증기가 포화온도 이하가 되어도 응축이 되지 않는 현상이나 가열면의 액체가 포화 온도 이상으로 과열되어야 비등이 일어나는 현상도 과포화 현상이다.
열역학에서 상변화가 일어나는 포화상태란 이러한 과포화가 없이 평형상태에서 가역적인 상변화가 일어나는 경우의 상태를 의미한다.

2-4 열역학 상태량표

물질의 상태량을 도표화한 것을 열역학 상태량표(property table)또는 열역학표라고 한다. 부록 B.1은 물의 열역학적 상태량표이며 부록 B.2는 냉매 R-22, B.3은 R-134a의 상태량표를 나타낸다.

포화상태에서 포화액이나 포화증기의 강성적 상태량은 오직 하나의 독립된 변수를 갖는다. 따라서 포화상태에 대한 열역학적 상태량은 온도 또는 압력을 변수로 도표화할 수 있으며 이러한 표를 포화증기표라고 하며 물의 경우는 온도를 기준으로 하면 부록 B.1.1, 압력을 기준으로 하면 부록 B.1.2와 같다. 또 얼음과 증기의 포화상태량은 부록 B.1.5와 같다.

압축액이나 과열증기는 상이 하나밖에 없으므로 상태원리에 따라서 2개의 독립된 강성적 상태량이 주어지면 다른 모든 상태량을 찾을 수 있다. 대부분의 표가 온도와 압력을 기준으로 작성되어 있으므로 이 두 값을 구한 다음 나머지 비체적, 내부에너지, 엔탈피, 엔트로피 등의 상태량을 찾는 것이 편리하다. 물의 과열증기표는 부록 B.1.3, 압축액표는 부록 B.1.4와 같다.

포화상태의 액체를 포화액, 증기를 포화증기라고 하며, 습증기는 포화상태의 액체와 증기가 혼합된 기액혼합물(liquid-vapor mixture)을 말한다. 물의 경우는 습증기를 포화수증기라고도 한다. 습증기 중의 증기의 질량 비율을 질(quality), 건도 또는 건조도라고 하여 x로 표시한다. $x=0$면 포화액, $x=1$이면 포화증기를 나타내게 된다. 포화증기를 수분이 없는 증기란 의미를 강조하여 건포화증기라고도 한다. 습증기의 총질량을 m, 증기의 질량을 m_g라고 할 때 건도는

$$x = \frac{m_g}{m} \tag{2.1}$$

포화액과 포화증기의 비체적을 각각 v_f, v_g라고 하며, 습증기의 총체적 V는 액체의 체적과 증기의 체적을 합한 것과 같으므로

$$V=(m-m_g)v_f+m_g v_g \tag{2.2}$$

습증기의 비체적은 총체적을 총질량으로 나눈 값이므로 건도를 이용하여 나타내면

$$\begin{aligned} v &= (1-x)v_f + xv_g \\ &= v_f + x(v_g - v_f) \\ &= v_f + xv_{fg} \end{aligned} \tag{2.3}$$

여기서 $v_{fg}=v_g-v_f$.

이와 같이 건도를 알면 쉽게 습증기의 상태량을 구할 수 있으며, 습증기에서 건도는 강성적 상태량의 하나로 볼 수 있다. 포화액과 포화증기가 혼합된 습증기는 자유도가 2이므로 온도와 엔탈피, 압력과 건도 등 2개의 독립된 강성적 상태량이 주어져야 모든 상태량이 결정된다. 다만 포화상태에서 온도와 압력은 서로 독립이 아니므로 온도 또는 압력이 주어진다면 다른 상태량 하나를 더 필요로 한다는 점을 유의해야 한다.

예제 2-3

|그림 2-7| 과 같이 체적이 0.8 m^{3}인 용기에 평형상태의 물과 증기가 혼합된 습증기 4.0 kg이 들어 있다. 압력이 600 kPa일 때 증기의 질량과 체적을 구하라.

풀이

먼저 비체적을 구하면

$v=V/m=0.8\ \text{m}^3/4.0\ \text{kg}=0.20\ \text{m}^3/\text{kg}$

부록 B.1.2의 수증기표에서 600 kPa일 때 $v_f=0.001101\ \text{m}^3/\text{kg}$, $v_g=0.31567\ \text{m}^3/\text{kg}$

건도를 계산하면

$x=(v-v_f)/v_{fg}=(0.20-0.001101)/(0.31567-0.001101)=0.63$

따라서 증기의 질량은

$m_g=xm=0.63\times4.0=2.5\ \text{kg}$

증기의 부피는

$V_g=m_g v_g=2.534\times0.3157=0.79\ \text{m}^3$

증기의 질량은 총질량의 63%이지만 증기의 부피는 총부피의 99%로서 액체의 부피는 극히 작은 것을 알 수 있다. 증기의 비체적 $v_g=0.31567\ \text{m}^3/\text{kg}$이 액체의 비체적 $v_f=0.001101\ \text{m}^3/\text{kg}$에 비하여 대단히 크기 때문이다.

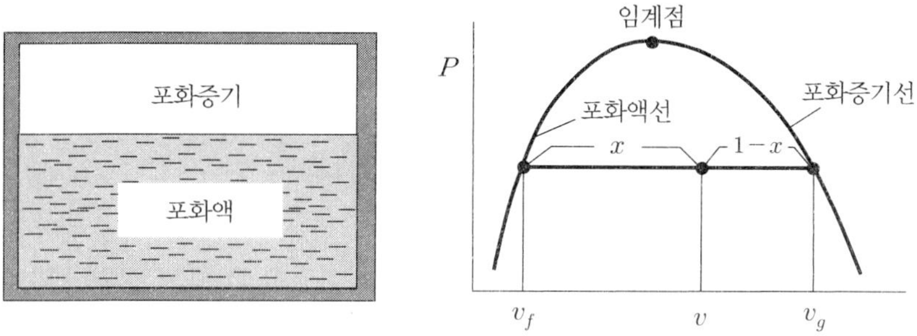

| 그림 2-7 | 예제 2-3

예제 2-4

10.0 m^{3}의 용기에 5 MPa, 400°C의 수증기가 들어 있다. 수증기의 질량을 구하고 용기를 냉각하여 포화증기로 될 때의 수증기의 온도와 압력을 구하라. 또 30°C로 냉각할 때 압력을 구하라.

풀이

이 과정은 부피가 일정한 정적과정이므로 $P-v$선도에 표시하면 | 그림 2-8 | 과 같다.

상태 0에서

과열증기표(부록 B.1.3)로부터 5 MPa, 400°C에서 $v_0 = 0.05781$ m^3/kg, 따라서 증기의 질량은

$m = V/v = (10.0 \text{ m}^3)/(0.05781 \text{ m}^3/\text{kg}) = 173.0 \text{ kg}$

상태 1에서

$v_1 = v_g = v_0 = 0.05781$ m^3/kg. 부록 B.1.2 포화증기표에서 $v_g = 0.05781$ m^3/kg인 상태를 찾으면

$T = 240$°C, $P = 3.344$ MPa에서 $v_g = 0.05976$ m^3/kg

$T = 245$°C, $P = 3.648$ MPa에서 $v_g = 0.0547$ m^3/kg

보간법을 적용하면

$T_1 = 240 + (0.05781 - 0.05976)/(0.0547 - 0.05976)(245 - 240) = 342$°C

$P_1 = 3.344 + (0.05781 - 0.05976)/(0.0547 - 0.05976)(3.648 - 3.344) = 3.46$ MPa

상태 2에서

습증기 상태, 즉 포화상태이므로 포화증기표(부록 B.1.1)로부터 30°C일 때 포화압력은 4.246 kPa

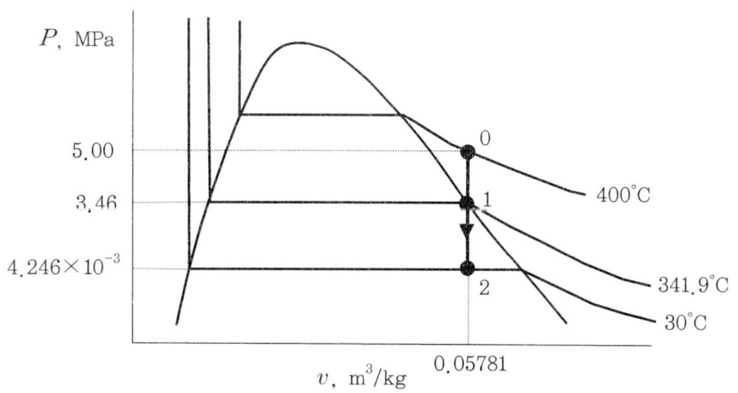

| 그림 2-8 | 예제 2-4

2-5 이상기체 상태방정식

과열증기는 기체를 나타내며 모든 기체는 과열증기라고도 할 수 있다. 이상(ideal)기체란 기체 분자 사이의 거리가 충분히 멀어서 분자 자체의 부피와 분자간 상호작용을 무시할 수 있는 기체를 말하며 완전(perfect)기체라고도 한다. 이러한 기체는 평형상태에서 이상기체 상태방정식을 만족한다.

기체는 일정한 압력 하에서 가열하면 온도가 올라가면서 부피가 증가한다. 또 일정한 부피 하에서 가열하면 온도와 함께 압력이 상승한다. 이상기체의 경우는 압력 P, 부피 V, 절대온도 T 사이에 다음과 같은 상태방정식을 만족한다.

$$PV = n\overline{R}T,\quad P\overline{v} = \overline{R}T \tag{2.4}$$

이 식을 이상기체 상태방정식이라고 하며 식에서 n은 몰(mol)수, $\overline{R}$은 일반기체상수(universal gas constant)를 가리킨다.

$$\overline{R} = 8.3145\ \text{J/mol K} = 8.3145\ \text{kJ/kmol K}$$

1몰이란 Avogadro수 N_A

$$N_A = 6.03 \times 10^{23}/\text{mol} = 6.03 \times 10^{26}/\text{kmol}$$

의 입자(분자, 원자 등)를 말하며 $\overline{v}$는 1몰이 차지하는 체적인 몰비체적을 뜻한다. 이상기체 1몰의 부피는 기체의 종류에 관계없이 표준상태(0°C, 1 atm)에서 22.4 L로 일정하다. 몰질량(molar mass) M은 1몰의 질량으로서 분자량에 g을 붙인 것과 같다. 예를 들면 산소의 몰질량은 M_{O_2}=32 g/mol 또는 32 kg/kmol이다.

이상기체의 질량을 m이라고 하면 몰수는 $n = m/M$이므로 특정 기체에 대한 이상기체 상태방정식은 다음과 같다.

$$PV = mRT,\quad Pv = RT \tag{2.5}$$

식에서 R은 특정기체에 대한 기체상수로서 다음 식과 같다.

$$R = \overline{R}/M \tag{2.6}$$

부록 A.5는 기체의 분자량과 기체상수 및 비열을 정리한 것이다.

이상기체의 조건은 온도가 매우 높거나 압력이 매우 낮을 때, 즉 밀도가 낮은 기체의 경우에 성립한다. 이상이란 실제와 대립되는 개념으로서 현실에 존재하지 않는 기체로 생각하기 쉽다. 그러나 많은 공학적 문제에서 질소, 산소와 같은 기체에 이상기체방정식을 적용할 수 있으며, 질소의 경우 압력이 10 MPa까지 그 오차가 1%를 넘지 않는다. 수증기의 경우에도 압력이 100 kPa보다 낮으면 온도에 관계없이 1.5% 오차 내로 이상기체상태방정식을 적용할 수 있다.

예 제 2-5

20 m × 10 m × 3 m인 교실의 온도와 압력이 25°C, 100 kPa일 때 공기의 질량을 구하라.

풀이

이 상태의 공기는 이상기체로 취급할 수 있다. 먼저 체적 $V = 20\ \text{m} \times 10\ \text{m} \times 3\ \text{m} = 600\ \text{m}^3$와 절대온도 $T = 25 + 273 = 298\ \text{K}$를 구하고 부록 A.5에서 공기의 기체상수 $R = 0.287\ \text{kJ/kg K}$를 이상기체상태방정식에 대입하여 질량을 구하면

$$m = \frac{PV}{RT} = (100\ \text{kPa})(600\ \text{m}^3)/[(0.287\ \text{kJ/kg K})(298\ \text{K})] = 701.5\ \text{kg}$$

2-6 실제기체의 상태방정식

이상기체상태방정식은 매우 간단하게 기체의 $P-v-T$ 관계를 나타낸다. 또한 우리가 일상생활에서 접하는 많은 기체는 이상기체로 보고 이상기체상태방정식을 적용할 수 있다. 그러나 기체가 포화상태 또는 임계상태에 가깝거나 분자량이 큰 기체는 이상기체로 보기 어렵게 된다. 실제기체의 $P-v-T$의 관계를 구하기 위한 여러 가지 상태방정식이 제안되었다.

1) 압축성인자

실제기체의 압력, 비체적 및 온도의 관계를 이상기체방정식과 같은 형태로 표현하기 위하여 다음 식으로 정의된 압축성인자(compressibility) Z를 사용한다.

$$Z = \frac{Pv}{RT} \tag{2.7}$$

Z는 주어진 온도와 압력에서 실제 비체적 v와 이상기체로 거동한다고 볼 때의 비체적 v^{id}의 비와 같다.

$$Z = \frac{v}{v^{id}} \tag{2.8}$$

따라서 이상기체의 경우는 $Z=1$이 된다. Z가 1에서 멀수록 이상기체와는 거리가 먼 기체를 나타내게 된다.

일반적으로 온도가 낮고 압력이 높은, 즉 밀도가 높은 실제기체는 분자 사이 인력의 작용으로 체적이 감소하여 Z는 1이하로 된다. 그러나 밀도가 매우 높아지면 반대로 분자 간에 척력이 작용하여 부피가 증가하므로 Z는 1 이상으로 된다.

임계온도 T_C로 나눈 온도와 임계압력 P_C로 나눈 압력을 각각 환산(reduced)온도 T_r, 환산압력 P_r이라고 한다.

$$P_r \equiv \frac{P}{P_c}, \quad T_r \equiv \frac{T}{T_c} \tag{2.9}$$

환산온도와 환산압력의 함수로 압축성인자를 표시하면 기체의 종류에 관계없이 유사한 특성을 나타내는 |그림 2-9|와 같은 일반선도가 얻어진다. 따라서 개별 기체의 자료가 없다면 일반선도에 의하여 기체의 압력, 부피 및 온도의 관계를 구할 수 있다. |그림 2-9|에서 과열증기의 환산온도가 2 이상이면 환산압력이 4-5에 이를 때까지 거의 이상기체와 같은 특성을 나타냄을 알 수 있다.

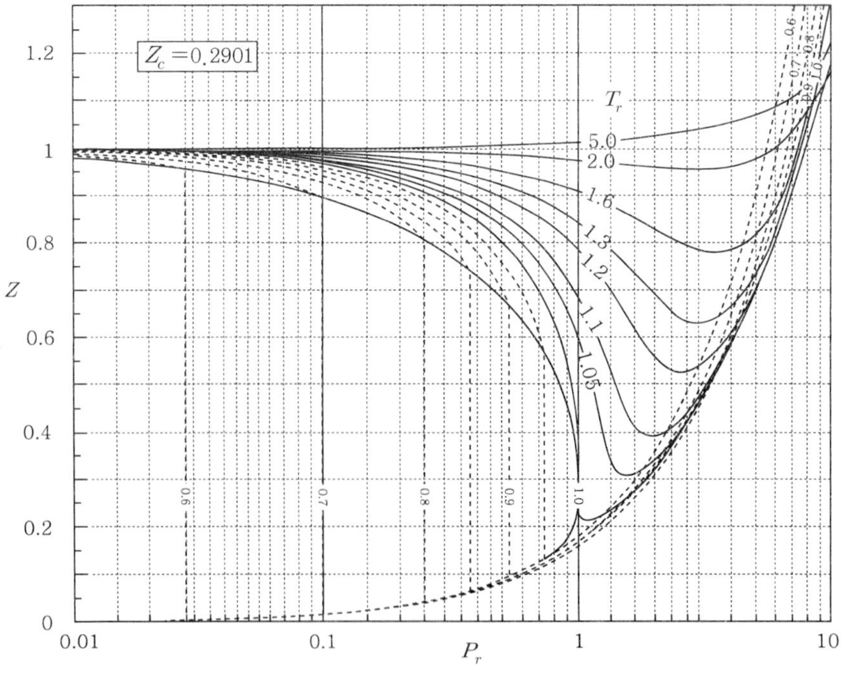

|그림 2-9| 환산 상태량과 압축성 인자

2) 기타 상태방정식

실제기체에 대한 전체 과열증기 영역에서 정확한 P, v, T관계를 구하기 위한 많은 방정식들이 제안되었으며 오늘날은 컴퓨터의 도움으로 그 식이 아무리 복잡하더라도 쉽게 계산할 수 있게 되었다.

실제기체의 상태를 나타내려는 첫 시도는 1873년에 제안된 다음과 같은 van der Waals 방정식이다.

$$\left(P+\frac{a}{v^2}\right)(v-b)=RT \tag{2.10}$$

이 식은 분자간 거리가 가까울 때 상호간 척력의 영향과 분자가 차지하는 부피의 영향을 고려한 것이며 임계점에서 등온선이 변곡점을 나타내는 특성을 만족하도록 두 상수를 결정하면 다음과 같다.

$$a=\frac{27R^2T_c^2}{64P_c},\quad b=\frac{RT_c}{8P_c} \tag{2.11}$$

예제 2-6

50 MPa, 500°C인 수증기의 비체적을 다음 4가지 방식으로 구하라.

a. 수증기표
b. 이상기체 상태방정식
c. 압축성 인자
d. van der Waals 방정식

풀이

$P=50\times10^3$ kPa, $T=500+273=773$ K

a. 과열수증기표(부록 B.1.3)에서 $v=0.00389\ \mathrm{m^3/kg}$

b. $v=\dfrac{RT}{P}=(0.4615\ \mathrm{kJ/kg\ K})(773\ \mathrm{K})/(50\times10^3\ \mathrm{kPa})=0.00713\ \mathrm{m^3/kg}$

c. 환산압력과 환산온도를 구하여 압축성인자를 |그림 2-9|에서 찾으면

$$\left.\begin{aligned}P_r&=\frac{P}{P_c}=\frac{50}{22}=2.27\\ T_r&=\frac{T}{T_c}=\frac{773}{647}=1.19\end{aligned}\right\}\ Z-0.55$$

식(2.7)에 대입하여 비체적을 구하면

$$v=Z\frac{RT}{P}=0.55\times0.00713\ \mathrm{m^3/kg}=0.00392\ \mathrm{m^3/kg}$$

d. 식(2.11)에서 상수 a, b를 구하면

$$a = \frac{27R^2T_c^2}{64P_c} = 27(0.4615\ \text{kJ/kg K})^2(647\ \text{K})^2/[64(22000\ \text{kPa})] = 1.71\ \text{kPa m}^3/\text{kg}^2$$

$$b = \frac{RT_c}{8P_c} = (0.4615\ \text{kJ/kg K})(647\ \text{K})/[8(22000\ \text{kPa})] = 0.0017\ \text{m}^3/\text{kg}$$

식(2.10)에 대입하면

$$\left(50000 + \frac{1.71}{v^2}\right)(v - 0.0017) = 0.4615(773)$$

이 식을 수치적으로 풀면

$v = 0.0039\ \text{m}^3/\text{kg}$

이상에서 이상기체상태방정식을 사용하여 구한 비체적은 증기표에 나타난 값과 상당한 오차가 있다. 그러나 압축성인자나 van der Waals방정식으로 구한 비체적은 증기표와는 거의 일치함을 알 수 있다. 압축성인자가 $Z = 0.55$로서 이상기체와는 상당한 거리가 있기 때문이다.

2-7 이상기체의 운동이론

압력, 온도 등의 상태량은 우리에게 익숙한 물리량이지만 그 본질을 이해하기는 쉽지 않다. 그러나 이상기체의 경우에는 분자의 운동이론(kinetic theory)에 의한 통계열역학적 접근으로 그 물리적인 의미를 쉽게 정량적으로 규명할 수 있다.

이상기체는 무수히 많은 독립된 분자(He, Ar 등과 같은 단원자도 분자로 칭함)들로 구성되어 있다. 분자 사이의 거리는 분자의 크기에 비하여 매우 멀기 때문에 충돌할 때를 제외하고는 서로 힘을 미치지 않는다. 또한 분자의 충돌은 완전 탄성 충돌이므로 충돌 전후에 총운동량과 총운동에너지가 보존된다.

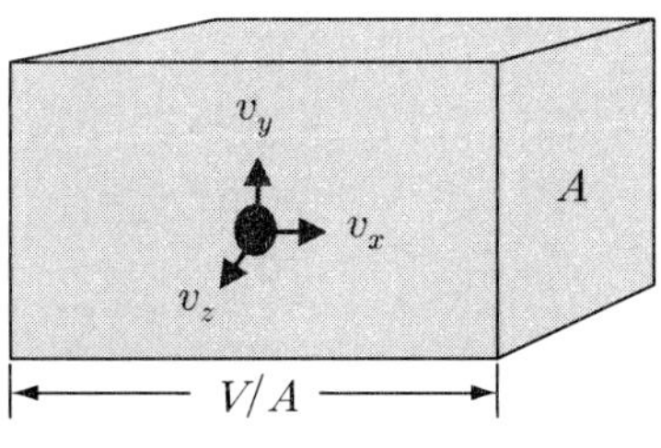

| 그림 2-10 | 이상기체 분자의 운동 모델

1) 압력

기체의 압력은 분자가 용기의 벽에 충돌하여 반발할 때 벽에 가하는 단위면적당 힘을 말한다. | 그림 2-10 | 과 같이 기체를 담고 있는 부피 V인 직육면체 용기에 질량 m_m인 N개의 분자를 생각하자. x방향에 수직인 면의 면적을 A라고 할 때 두 면 사이의 거리는 V/A가 된다. 임의의 분자에 대하여 속도를 v(각 방향 성분 v_x, v_y, v_z)라고 할 때 v_x는 단위시간당 x방향으로 분자의 이동 거리와 같다. 분자는 면 사이 거리의 2배를 이동할 때마다 한 쪽 면에 한 번씩 충돌하므로 시간당 충돌횟수는 $v_x/(2V/A)$가 된다. 1회당 운동량의 변화, 즉 벽에 가하는 충격량은 $2m_m v_x$이므로 시간당 충격량은 앞의 두 값을 곱한 $m_m v_{x^2} A/V$가 된다. 시간당 충격량은 힘과 같고 무질서하게 운동하는 분자의 경우 평균적으로 $v_x^2 = v^2/3$이므로 분자 하나가 벽에 작용하는 평균력은 $m_m v^2 A/3V$가 된다. 힘을 면적으로 나누면 압력이 되므로, 분자 하나에 의한 압력은 $\frac{2}{3}\left(\frac{1}{2}m_m v^2\right)/V$와 같이 표현할 수 있다. 이제 모든 분자에 의한 압력을 다 더하면 실제 압력이 된다. 그런데 분자의 속력은 각각 다르므로 평균운동에너지를 이용하여 표시하면 압력을 다음 식으로 나타낼 수 있다.

$$P = \frac{2}{3}\left(\frac{1}{2}m_m v^2\right)_{av} N/V \tag{2.12}$$

즉 압력은 단위체적당 분자의 수에 분자 병진운동에너지 평균을 곱한 값의 2/3배와 같다.

2) 온도

식(2.12)를 이상기체상태방정식(2.4)에 대입하면 다음 식이 얻어진다.

$$\frac{3k}{2}T = \left(\frac{1}{2}m_m v^2\right)_{av} \tag{2.13}$$

식에서 k는 Boltzmann상수로서 일반기체상수를 Avogadro수로 나눈 값과 같기 때문에 분자 하나에 대한 기체상수라고도 한다.

$$k = \overline{R}/\mathrm{N_A} = 1.381 \times 10^{-23}\,\mathrm{J/K}$$

식(2.13)의 우변은 분자 1개의 평균 병진운동에너지를 나타낸다. 즉 분자 하나의 병진운동에너지의 평균값은 $3kT/2$로서 절대온도에 비례하는 것을 알 수 있다. 따라서 기체 1몰이 갖는 병진 운동에너지는 $3\overline{R}T/2$, 단위질량이 갖는 병진 운동에너지는 $3RT/2$와 같다.

3) 내부에너지

이상기체의 경우 분자간 상호작용은 무시할 수 있다. 따라서 이상기체가 저장하는 내부에너지는 입자의 병진운동, 회전운동 및 진동운동과 관련된 운동에너지밖에 없다. He과 같은 단원자 분자는 x,y,z 세 방향(자유도 3)으로 병진운동만 한다. 그러나 O_2와 같은 2원자 분자는 병진운동과 더불어 회전운동도 할 수 있다. 회전운동 방법에는 회전축에 따라서 3종류가 있다. 산소분자 구조를 |그림 2-11|과 같은 아령 모양으로 볼 때 아령 축(z축)을 회전축으로 하는 회전운동과 거기에 수직인 두 x, y 회전축이 있다. 또한 산소 분자는 스프링으로 연결된 2개의 물체와 같이 원자가 진동 운동을 할 수 있다. 이와 같은 운동의 방법은 에너지를 저장하는 방법과 같으며 그 방법의 수를 자유도라고 한다.

이상기체의 내부에너지가 많을 때는 병진운동, 회전운동 및 진동운동으로 에너지를 저장한다. 그러나 에너지가 적으면 병진운동으로만 저장한다. 이유는 저장방법에 따라서 에너지 단위가 다르기 때문이다. 즉 병진운동보다는 회전운동이 더 큰 에너지 단위로 저장을 한다. 회전운동에서도 회전축이 아령 축과 같이 관성모멘트가 작은 회전축일수록 에너지 단위가 크다. 이와 같이 에너지의 저장단위를 에너지의 양자(quantum)화라고 한다. 가진 에너지가 작은 경우에는 에너지 단위가 큰 운동은 나타날 수 없다.

일단 어떤 운동 방법들이 사용되면 각 방법마다 비슷한 크기의 에너지를 저장하려고 하는데 이를 에너지의 등분배 원리라고 하며 각 자유도에서 분자당 저장 에너지는 $\frac{1}{2}kT$이다. 따라서 병진운동만 사용되는 경우 자유도가 3이므로 분자 하나당 에너지는 $\frac{3}{2}kT$로서 식(2.13)과 일치한다. 따라서 단위질량당 내부에너지 u 및 단위몰당 내부에너지 $\bar{u}$는

$$u = \frac{3}{2}RT,\ \ \bar{u} = \frac{3}{2}\bar{R}T \tag{2.14}$$

단원자 기체의 경우는 병진운동밖에 다른 형태의 운동은 없다. 회전운동도 생각할 수 있으나 관성모멘트가 매우 작기 때문에 에너지 단위가 너무 커서 나타나지 않는다.

그러나 다원자 기체는 온도가 높아짐에 따라서 에너지가 많아지면 에너지 단위가 높은 운동 방법들을 에너지 저장에 사용할 수 있게 된다. 즉 자유도가 증가한다. O_2, N_2와 같은 2원자 분자의 경우 상온에서는 병진운동 외에 관성모멘트가 작은 x,y축을 회전축으로 하는 회전운동이 나타나게 된다. 이 때 병진운동 3자유도와 회전운동 2자유도를 합하면 자유도가 5이므로 내부에너지는 다음과 같이 된다.

$$u = \frac{5}{2}RT,\ \ \bar{u} = \frac{5}{2}\bar{R}T \tag{2.15}$$

이와 같이 2원자 분자는 온도가 상승함에 따라서 자유도가 증가한다. 그러나 기체 분자를 이루는 원자가 진동을 할 정도로 고온이 되면 분자는 원자로 분리되는 해리(dissociation) 현상이 나타나고 그 이상으로 온도가 올라가면 원자마저 핵과 전자로 분리되어 플라즈마(plasma) 상태로 된다.

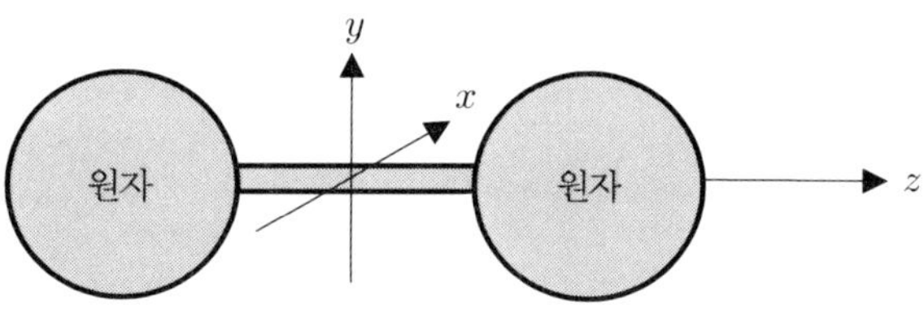

| 그림 2-11 | 2원자 분자 모형

연습문제

2.1 다음 용어를 설명하라.

a. 상, 증발, 응축, 융해, 응고, 승화, 현열, 잠열

b. 포화상태, 포화온도, 포화압력, 증기압, 포화증기, 포화액, 포화고체

c. 압축액, 과열증기, 습증기, 건도

d. 삼중점, 임계점, 초임계

e. 열역학 상태량표, $P-v$, $T-v$ 및 $P-T$선도

f. 이상기체, 이상기체상태방정식, 기체상수, 일반기체상수, 몰, 몰비체적, 아보가드로수, 볼츠만상수

g. 실제기체, 압축성인자, 환산압력, 환산온도

2.2 물의 끓는 온도와 압력의 관계를 설명하라.

2.3 물의 어는 온도와 압력의 관계를 설명하라.

2.4 얼음의 승화 온도와 압력의 관계를 설명하라.

2.5 대기압 하에서 −10°C의 과냉각된 물이 존재하고 120°C의 과열된 물이 존재하는 이유를 설명하라.

2.6 표준 상태 하에서 이상기체 분자 하나가 차지하는 부피는 얼마인가?

2.7 대기압 하에서 호수의 물이 포화온도인 100°C 미만에서도 표면증발이 일어나는 이유를 설명하라.

2.8 휴대용 가스레인지에서 가스를 뽑아 써도 가스의 압력이 떨어지지 않고 일정한 이유를 설명하라.

2.9 밀폐된 용기에 물과 증기의 혼합물이 들어 있을 때 가열하면 액체가 늘어날 수도 줄어들 수도 있다. 어떤 조건에서 액체가 모두 증기로 바뀔 수 있는가?

2.10 물(액체) 1 cc는 몇 몰인가? 또 물 분자 몇 개가 모인 것인가?

2.11 진공 게이지 압력이 70 kPa인 진공 보일러에서 물이 끓는 온도는 몇 °C인가? 단, 대기압은 100 kPa이다.

2.12 200°C의 고온수를 얻으려면 최소한 몇 MPa의 압력이 필요한가?

2.13 공기 중 수증기의 분압이 1.2 kPa일 때 온도 15°C인 호수면의 물은 증발을 하는가? 또 표면 온도 5°C인 벽에 결로가 일어나는가?

2.14 다음 상태의 물을 $P-v$, $T-v$ 및 $P-T$선도에 표시하라.

a. 150°C, 500 kPa

b. 150°C, 0.2 m^3/kg

c. 1000 kPa, 0.5 m^3/kg

2.15 다음 상태의 R-134a를 $P-v$, $T-v$ 및 $P-T$선도에 표시하라.

a. −20°C, 200 kPa

b. −20°C, 0.1 m^3/kg

c. 500 kPa, 0.05 m^3/kg

2.16 다음 상태에서 물의 건도와 온도를 구하라.

a. 500 kPa, 0.3 m^3/kg

b. 500 kPa, 0.5 m^3/kg

2.17 체적이 0.8 m^3인 용기에 평형상태의 물과 증기가 혼합된 습증기 300 kg이 들어 있다. 가열하면 최종적으로 모두 증기로 바뀔 수 있는가?

2.18 10.0 m^3용기에 건도 5%, 온도 150°C 물이 들어 있을 때 액체의 체적과 증기의 체적을 구하라.

2.19 체적이 0.8 m^3인 용기에 평형상태의 R-134a 습증기 6.0 kg이 들어 있다. 온도가 −20°C일 때 R-134a 증기의 질량과 체적을 구하라.

2.20 20.0 m^3의 용기에 5 MPa, 400°C의 수증기가 들어 있다. 수증기의 질량을 구하고 용기를 냉각하여 포화증기로 될 때의 수증기의 온도와 압력을 구하라. 또 30°C로 냉각할 때 압력을 구하라.

2.21 10.0 m^3의 용기에 400°C의 수증기 500 kg이 들어 있다. 수증기의 압력을 구하고 용기를 냉각하여 포화증기로 될 때의 수증기의 온도와 압력을 구하라. 또 20°C로 냉각할 때 압력을 구하리. 이 과징을 $P-v$빛 $T-v$선도에 도시하라.

2.22 온도 100°C, 건도 25%인 습증기를 압력을 일정하게 하고 150°C로 가열할 때 비체적을 구하라. 이 과정을 $P-v$및 $T-v$선도에 도시하라.

2.23 용적 300 m^3인 교실의 온도와 압력이 20°C, 100 kPa일 때 공기의 질량을 구하라.

2.24 지름 10 m인 헬륨 풍선으로 상자를 들어 올린다. 헬륨의 온도와 압력은 각각 15°C, 100 kPa이다. 헬륨의 질량을 구하고 이 풍선으로 들어 올릴 수 있는 상자의 질량은? 단, 공기의 밀도는 1.2 kg/m^3

2.25 30°C, 1 MPa 상태의 다음 물질을 이상기체로 볼 수 있는가?

a. 산소

b. 메테인(CH_4)

c. 물

d. R-134a

2.26 30 MPa, 400°C인 수증기의 비체적을 다음 4가지 방식으로 구하라.

a. 수증기표

b. 이상기체 상태방정식

c. 압축성 인자

d. van der Waals 방정식

2.27 출발하기 전 자동차 타이어 온도는 -10°C였으나 한참을 주행한 후의 온도는 10°C로 상승했다. 타이어의 처음 압력이 190 kPa일 때 현재 압력을 구하라. 또 여기서 적용한 가정들은 무엇인가?

2.28 |그림 P2|는 단면적이 50 cm^2인 원통 용기에 130°C의 물과 증기가 평형을 이루고 있다. 밸브를 열어 서서히 5 kg의 증기를 배출시켰다면 수면은 얼마나 내려가는가? 이 과정에서 온도는 130°C로 일정하고 증기는 물이 섞이지 않은 건포화증기라고 가정하라.

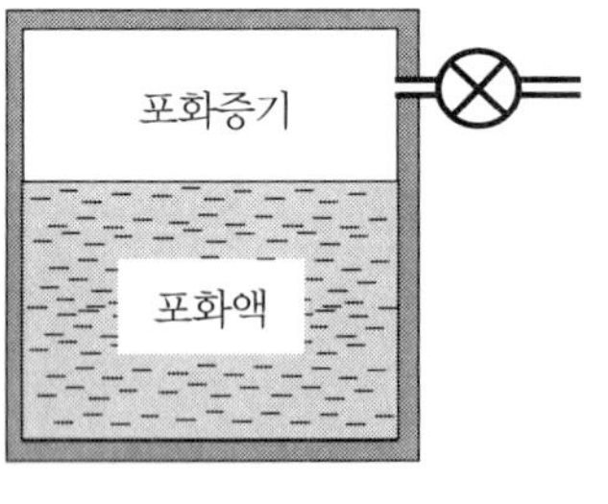

|**그림 P2**| 문제 2.28

Chapter 3

열과 일

열과 일에 대한 개념은 열역학 이해의 기본이다. 열과 일 사이의 에너지 변환장치에 주된 관심을 갖는 공업열역학에서는 더욱 그러하다. 열과 일은 다 같이 에너지의 전달 현상이다. 그러나 열은 분자들의 무질서한 운동을 통하여 전달되는 미시적에너지인 반면에 일은 물체의 변형 또는 운동을 통한 거시적인 에너지의 전달이다. 열은 눈으로 볼 수 없으나 일은 볼 수 있다. 열과 일을 이와 같이 에너지 전달 현상으로 이해한 것은 열역학 제1법칙의 정립과 거의 동시에 이루어진 일이다.

3-1 열

열역학에서 열(heat)은 계와 주위 사이에서 온도차에 의하여 경계를 넘어 전달되는 에너지인 열전달량을 뜻한다. 열은 계가 가지고 있는 에너지가 아니라 계의 경계에서 관찰되는 전달 상태의 에너지이다. 따라서 열은 정적 개념이 아닌 동적 개념이므로 보유할 수 있는 것이 아니다. 일반적으로 사용되는 반응열, 마찰열, 현열, 잠열, 열원 등은 열을 보유 개념인 열에너지(thermal energy)의 의미로 사용한 것이다.

열은 항상 온도가 높은 물질에서 낮은 물질로 전달된다. 온도가 높다는 것은 분자의 운동에너지가 크다는 의미이므로 온도가 높은 분자와 낮은 분자가 충돌과 같은 상호작용을 할 때 온도가 높은 쪽은 에너지를 빼앗기고 낮은 쪽은 그만큼 에너지를 얻게 된다. 즉 온도가 높은 쪽에서 낮은 쪽으로 에너지가 전달되는 것이다. 이와 같이 열은 분자의 운동으로 설명할 수 있는 미시적으로 전달되는 에너지다. 분자의 운동은 매우 무질서하기 때문에 열은 비조직적인 에너지다.

열은 Q로 표시하며 통상 주위에서 계로 전달되는 경우 양(+)으로 나타내고 계에서 주위로 전달되는 경우는 음(−)으로 나타낸다. 열의 단위는 에너지의 단위와 같으며 SI단위로는 kJ을 사용한다. 열전달률이란 단위시간당 전달된 열량으로서 $\dot{Q}$로 표시하며 SI단위는 kJ/s 또는 kW를 사용한다. 또 단위질량에 대한 열은 소문자 q 또는 $\dot{q}$로 표시한다.

3-2 일

어떤 과정이 무게를 들어 올리는 효과와 동등한 효과를 낼 때 계는 일을 했다고 한다. 이 효과는 힘을 가하여 물체를 이동시킬 때 전달되는 에너지를 말한다. 따라서 계가 하는 일은 힘과 변위에 의하여 경계를 넘어 주위로 전달되는 에너지를 가리킨다. 열과 마찬가지로 일도 계가 갖는 양이 아니다. 계는 일을 할 수 있어도 일을 가질 수는 없다.

열이 분자 수준의 미시적 형태의 에너지 전달인 반면 일은 물체의 변형이나 이동을 동반하는 조직적이며 거시적 형태의 에너지 전달이다. 일로 전달되는 에너지는 모두 역학적 에너지로 변환될 수 있다. 그러나 열을 통하여 전달되는 에너지는 역학적에너지로의 변환에 한계가 있다.

일은 W(단위질량당 일은 w)로 표시하고 계가 주위에 하는 일은 양(+), 계가 받는 일은 음(−)으로 나타낸다. 일은 열과 반대로 계에서 나가는 에너지를 양, 계로 들어오는 에너지를 음으로 한다. 이러한 부호의 약속은 열역학이 열기관을 대상으로 하여 이론적인 틀이 만들어졌기 때문이다. 일의 단위도 열의 단위와 같이 SI단위는 J, kJ을 쓰고 일률(동력) $\dot{W}$의 단위는 W 또는 kW를 쓴다.

대상에 가한 힘을 F, 힘의 방향으로 변위를 $\triangle x$라고 할 때 일은 힘과 변위를 곱한 값이다.

$$W = F \triangle x \tag{3.1}$$

힘에는 여러 형태가 있으나 보존력과 비보존력으로 분류할 수 있다. 보존력은 중력이나 스프링에 의한 힘과 같이 운동에너지와 위치에너지를 합한 총역학적에너지를 보존시키는 힘을 말하며 비보존력은 그 외의 힘을 말한다. 변위에는 계의 변형과 관련된 경계이동과 계의 운동에 관련된 질량 중심의 이동을 생각할 수 있다. 계의 변형과 관련된 일을 경계이동일이라고 한다면 계의 중심 이동과 관련된 일을 역학적일 또는 기계적 일이라고 할 수 있다.

열과 일을 비교하면 |표 3.1|과 같다.

|표 3.1| 열과 일의 다른 점

구분	열	일
에너지 전달 수단	온도차	힘과 변위
에너지의 상태	비조직적인 미시적에너지	조직적인 거시적에너지
계의 에너지 변화	내부에너지	경계이동일: 내부에너지 역학적일: 역학적에너지
부호	계로 들어갈 때 +	계를 나갈 때 +

3-3 경계이동일

경계이동일은 검사질량의 좌표, 즉 중심 이동과 관계없이 경계에 작용하는 국소적인 힘과 그 변형에 관계된 일이다. 단순압축성 물질의 경우 경계에 작용하는 힘은 압력이고 변형은 부피 변화이므로 경계이동일은 압력과 부피 변화에 의한 일을 말한다.

1) 준평형 과정

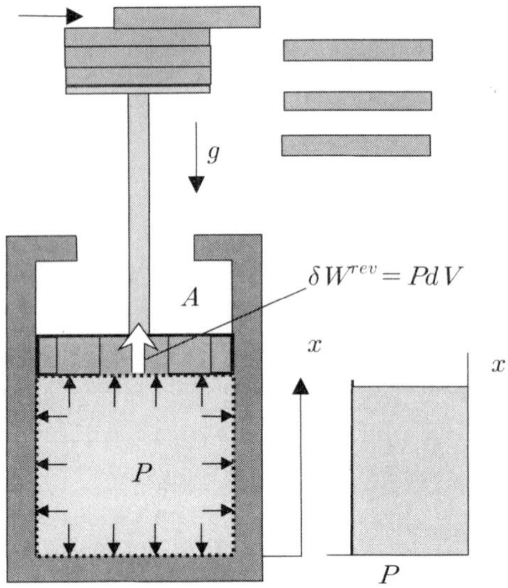

| 그림 3-1 | 준평형 과정의 경계이동일

| 그림 3-1 | 과 같이 피스톤-실린더 시스템으로 밀폐된 단순압축성 물질의 준평형 과정에 대하여 생각해보자. 피스톤 위의 추는 피스톤에 압력을 가하여 힘의 평형을 유지하고 있으므로 계의 모든 점에서 압력은 균일하여 역학적 평형을 이루고 있다. 이제 작은 추 하나를 수평으로 천천히 밀어내면 피스톤은 미소거리 dx만큼 밀려 올라간 후 정지하게 된다. 이 과정에서 계의 압력은 거의 균일한 평형상태를 유지한다고 볼 수 있으며 이를 P라고 하자. 피스톤의 단면적을 A라고 하면 기체가 피스톤을 미는 힘은 $F = PA$이므로 계가 한 일은 힘과 변위를 곱한 $Fdx = PAdx$가 된다. Adx는 부피의 증분 dV와 같으므로, 준평형 과정에서 계가 한 미소 일 δW^{rev}은 다음 식으로 표시할 수 있다.

$$\delta W^{rev} = PdV, \quad \delta w^{rev} = Pdv \tag{3.2}$$

미소 일을 dW^{rev}로 나타내지 않는 이유는 일은 열과 마찬가지로 경로함수로서 불완전 미분이기 때문이다. 이 과정을 통하여 추 하나의 무게를 피스톤 면적으로 나눈 값만큼 압력은 감소되었다. 이제 다시 추를 하나 더 밀어내면 같은 과정을 통하여 미소 일을 하고 다시 평형에 도달하게 된다. 이 과정에서 압력과 부피의 변화는 |그림 3-2|와 같이 $P-V$선도로 나타낼 수 있으며 계가 한 일은 다음과 같이 적분하여 구할 수 있다.

$$W^{rev} = \int_1^2 PdV, \quad w^{rev} = \int_1^2 Pdv \tag{3.3}$$

식(3.2)와 (3.3)에서 단순 압축성 물질의 경계이동일은 압력과 부피변화에 의함을 알 수 있으며 PdV일이라고도 한다. 부피변화가 없이는 경계이동일이 있을 수 없다.

계가 한 경계이동일은 $P-V$선도에서 V축과 이루는 면적과 같으며 $P-V$의 관계, 즉 상태변화의 경로만 알려지면 쉽게 일을 구할 수 있다. 팽창 과정에서는 위 식의 적분 값이 +로 되므로 계가 일을 주위에 대하여 행하는 것을 나타내고, 압축 과정에서는 −가 되므로 계가 일을 주위에서 받는 것을 나타낸다. 또 과정이 사이클을 이루는 경우에 $P-V$선도는 |그림 3-3|과 같이 되며 사이클당 일은 $P-V$선도에서 사이클 내부의 면적과 같다. 사이클이 시계 방향으로 돌면 열기관과 같이 계가 주위에 일을 행하는 경우이고, 반시계 방향으로 돌면 반대로 압축기와 같이 계가 일을 받는 경우에 해당한다.

$$W_{cycle}^{rev} = \oint PdV \tag{3.4}$$

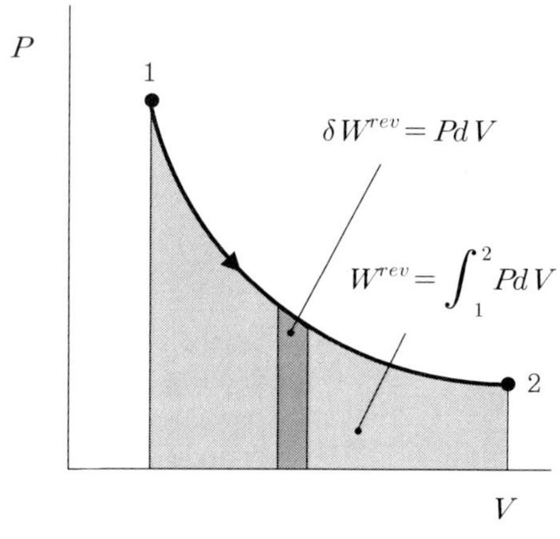

|그림 3-2| 경계이동일과 $P-V$선도

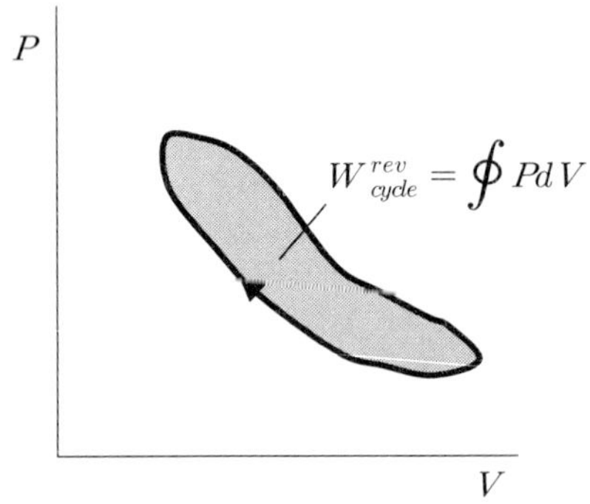

| 그림 3-3 | 사이클 일과 $P-V$선도

단위시간에 한 일인 일률 또는 동력(power)은 식(3.2)를 미분하면 압력과 체적팽창속도의 곱과 같다.

$$\dot{W}^{rev} = P\dot{V} \tag{3.5}$$

기체의 압력은 단위면적당 기체 분자의 충격력이다. 피스톤의 온도가 기체의 온도와 같고 피스톤이 고정된 경우는 충돌 전후의 분자 운동에너지는 보존된다. 그러나 |그림 3-4a|와 같이 계의 온도가 주위보다 높다면 충돌 후의 계의 분자 운동에너지는 감소하고 감소된 에너지는 피스톤 분자들의 운동에너지로 전달되어 결국 외부 물질 분자의 에너지로 전달된다. 이렇게 전달된 에너지가 열이다.

한편 |그림 3-4b|와 같이 기체가 팽창하면서 피스톤이 뒤로 밀려나가면 충돌 후 분자의 에너지는 감소하게 된다. 이 감소된 분자 운동에너지, 즉 감소된 내부에너지는 경계를 넘어 피스톤의 위치에너지로 전달된 것이다. 이렇게 전달된 에너지는 일이다. 일은 열과 마찬가지로 경계를 넘어 전달되는 에너지이다.

열이 분자 운동을 통한 미시적에너지의 전달인 반면 일은 계의 경계이동이라는 거시적 현상을 통한 역학적에너지의 전달이다. 열의 효과는 주위에 미시적에너지의 변화로 나타나지만 일의 효과는 역학적에너지의 변화(또는 그와 동등한 효과)로 나타난다.

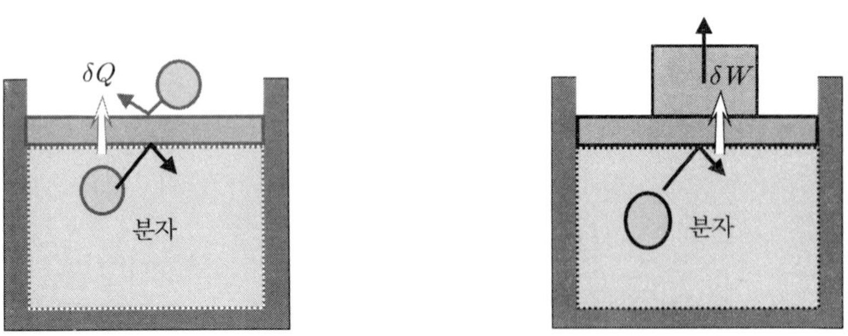

(a) 열 (b) 일

| 그림 3-4 | 계의 분자 거동과 열과 일

일반적인 검사질량의 경우 경계이동(전하이동 포함)일에는 압력 외에 장력 $\mathfrak{J}$, 표면장력 σ, 기전력 ε 등에 의한 일이 있다. 길이 변화를 dL, 면적변화를 dA, 이동 전하량을 dZ라고 할 때 모든 형태의 경계이동일의 증분을 한꺼번에 표현하면 다음 식과 같다.

$$\delta W^{rev} = PdV - \mathfrak{J}dL - \sigma dA - \varepsilon dZ \ldots \tag{3.6}$$

여기서 모든 일의 증분은 강성적 상태량에 종량적 상태량의 증분을 곱한 형태를 취하는 것을 알 수 있다.

계의 경계이동을 통하여 계가 한 일은 계 내부의 상태 변화뿐 아니라 외부 물체의 위치 변화와 같은 계 외부의 변화로도 구할 수 있다. 그러나 열역학은 계 외부가 아닌 내부의 상태변화에 관심을 두기 때문에 언제나 위의 식과 같이 계의 상태량 변화를 사용하여 구하게 된다.

예제 3-1

피스톤-실린더 시스템에서 처음 압력과 부피가 P_1=500 kPa, V_1=0.025 m^{3}이다. 계가 평형에 가까운 상태를 유지하면서 최종 부피가 V_2=0.075 m^{3}일 때까지 압력과 부피 사이의 관계가 다음 3가지로 변한다고 하자. 각 경우에 대하여 계가 한 경계이동일을 구하라.

a. $P = const$

b. $PV = const$

c. $PV^{1.4} = const$

풀이

준평형 과정을 통한 경계이동일은 식(3.3)에 $P-V$관계를 대입하여 적분하면 구할 수 있다.

a. $P = P_1$이므로

$$W^{rev} = \int_1^2 PdV = \int_{V_1}^{V_2} P_1 dV = P_1(V_2 - V_1) = (500\ \text{kPa})[(0.075 - 0.025)\ \text{m}^3] = 25\ \text{kJ}$$

b. $PV = P_1V_1$ 이므로

$$W^{rev} = \int_1^2 PdV = \int_1^2 \frac{P_1V_1}{V}dV = P_1V_1 \ln V]_1^2 = P_1V_1 \ln\frac{V_2}{V_1} = (500\ \text{kPa})(0.025\ \text{m}^3)\ \ln\frac{0.075}{0.025}$$

$$= 13.7\ \text{kJ}$$

c. $PV^{1.4} = P_1V_1^{1.4}$이므로

$$W^{rev} = \int_1^2 PdV = \int_{V_1}^{V_2} \frac{P_1V_1^{1.4}}{V^{1.4}}dV = \frac{P_1V_1^{1.4}}{-0.4}(V_2^{-0.4} - V_1^{-0.4})$$

$$= (500\ \text{kPa})[(0.025^{1.4})(0.075^{-0.4} - 0.025^{-0.4})\text{m}^3]/(-0.4) = 11.1\ \text{kJ}$$

각 경우를 도시하면 |그림 3-5|와 같으며 일의 크기는 선도가 V축과 이루는 면적과 동일하다.

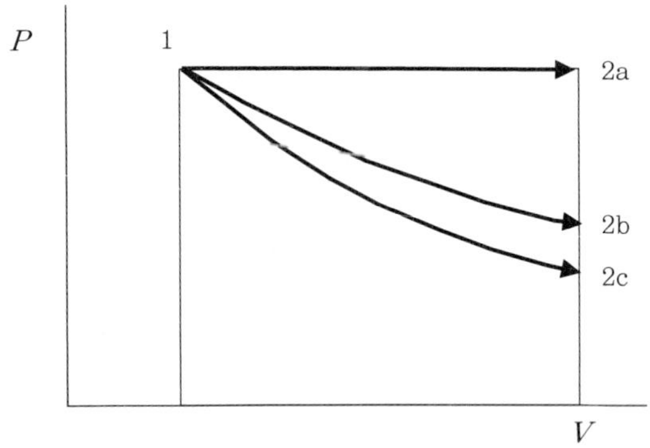

|그림 3-5| 예제 3-1

예|제|3-2

|그림 3-6|과 같이 스프링이 장착된 피스톤-실린더 시스템에서 기체의 처음 체적과 압력은 각각 0.10 m^3, 200 kPa이며 스프링은 인장이나 압축이 되지 않은 평형상태에 있었다. 이 실린더를 가열했더니 스프링이 선형 범위 내에서 12 cm 압축되었다. 스프링의 스프링상수를 180 kN/m, 피스톤의 단면적을 0.05 m^2이라고 할 때 이 과정에서 계가 한 일을 구하라.

풀이

스프링이 평형위치에서 x만큼 압축될 때 피스톤을 누르는 힘은 스프링상수 k에 변위를 곱한 kx와 같다. 따라서 피스톤의 단면적을 A라고 할 때 기체에 작용하는 압력 P는

$$P = P_0 + \frac{kx}{A}$$

여기서 P_0는 스프링이 평형 상태일 때($x = 0$) 대기압과 피스톤의 하중에 의한 계의 압력을 나타낸다. 가열에 의한 기체의 팽창은 준평형 과정으로 볼 수 있으므로 계가 한 일은

$$W^{rev} = \int_1^2 P\,dV = \int_1^2 \left(P_0 + \frac{kx}{A}\right) A\,dx = P_0 A(x_2 - x_1) + \frac{k}{2}(x_2^2 - x_1^2)$$

계가 한 일은 대기의 압축과 피스톤의 위치에너지 증가에 사용된 $P_0 A(x_2 - x_1)$와 스프링의 압축에 사용된 일 $\frac{k}{2}(x_2^2 - x_1^2)$의 합과 같다. 계산하면

$$W^{rev} = (200\ \text{kPa})(0.05\ \text{m}^2)(0.12\ \text{m}) + (0.5)(180\ \text{kN/m})[(0.12^2 - 0)\ \text{m}^2] = 1.2\ \text{kJ} + 1.3\ \text{kJ} = 2.5\ \text{kJ}$$

이 과정을 $P-V$선도에 도시하면 |그림 3-6(b)|와 같다.

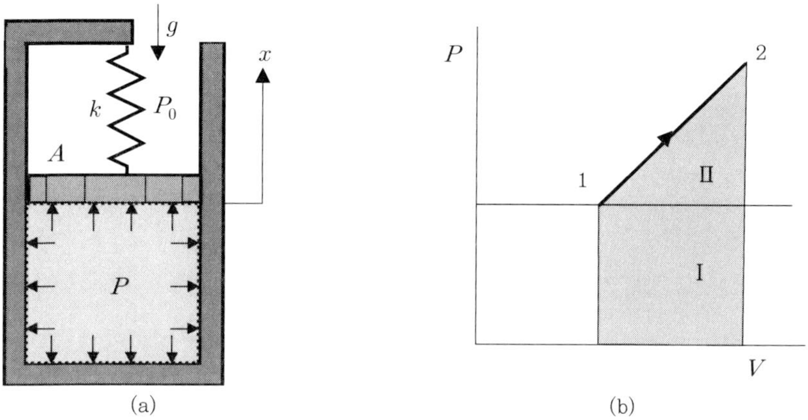

| 그림 3-6 | 예제 3-2

평형상태일 때 계의 부피를 V_0라고 하면 스프링의 변위와 부피의 관계는 $V = V_0 + Ax$ 또는 $x = (V - V_0)/A$이므로 압력과 부피의 관계는 다음과 같다.

$$P = P_0 + \frac{k(V - V_0)}{A^2}$$

처음 부피는 $V_1 = V_0 = 0.10\ \mathrm{m}^3$, 최종 부피는 $V_2 = V_0 + A\Delta x = 0.1 + (0.05)(0.12) = 0.106\ \mathrm{m}^2$이며 최종 압력은 $P_2 = 200 + (180)(0.12)/(0.05) = 632$ kPa. |그림 3-6(b)|에서 4각형면적 I은 대기와 피스톤에 대한 일로서 (200)(0.006) = 1.2 kJ, 3각형면적 II는 스프링에 대한 일로서 0.5(432)(0.006) = 1.3 kJ. 이 결과는 위에서 구한 값과 동일함을 알 수 있다.

2) 비평형 과정

평형상태에서 추 하나를 내려놓거나 올려놓는 과정에서 계의 미소 일을 다시 생각해 보자. 처음에 계는 평형상태를 유지하고 있었으나 추를 밀어내는 순간 그 부위에서 압력의 균형이 무너지면서 경계가 팽창($dV > 0$)하고, 경계에 작용하는 압력 P_{ext}는 계의 압력보다 낮다($P_{ext} \le P$). 또한 추를 올려놓아서 계를 압축($dV < 0$)하는 경우에는 반대로 경계에 작용하는 압력이 계의 압력보다 높다($P_{ext} \ge P$). 과정이 끝나고 다시 계가 평형 상태에 도달할 때 계의 압력은 원래의 평형 압력과 무한히 가까운 값을 회복한다고 보면 어느 경우에든지 계가 하는 미소 경계이동일은 경계에 작용하는 압력과 부피 변화의 곱으로 구할 수 있다.

$$\delta W = P_{ext} dV \tag{3.7}$$

팽창 시 $dV > 0$, $P_{ext} \le P$, 압축 시 $dV < 0$, $P_{ext} \ge P$이므로 과정에 관계없이 계의 상태변화와 경계이동일의 관계는 다음과 같다.

$$\delta W \leq PdV \tag{3.8}$$

식에서 등식은 준평형 과정, 부등식은 비평형 과정에 대한 것이다. 준평형 과정에서는 계의 압력이 계속 평형을 회복하면서 서서히 진행되고 비평형 과정에서는 압력 평형이 무너진 상태로 급격하게 과정이 진행된다.

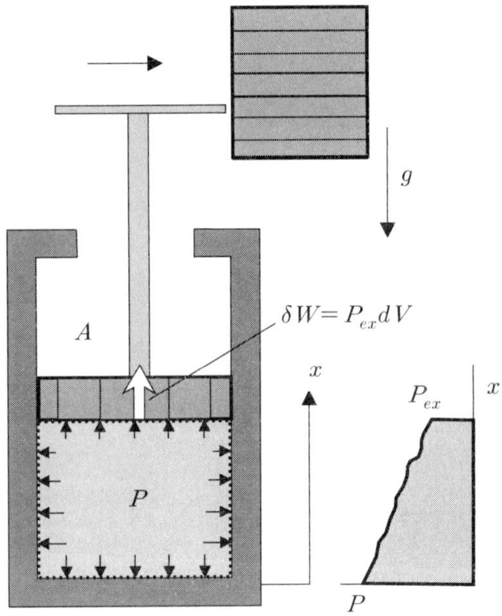

| 그림 3-7 | 비평형 과정의 경계이동일

예 | 제 | 3-3

| 그림 3-7 | 과 같은 피스톤-실린더 시스템에서 무게추를 한꺼번에 제거할 때 피스톤이 멈추개까지 급격히 팽창하였다. 실린더의 처음 압력과 부피는 P_1 =500 kPa, V_1 =0.025 m^{3}이고 최종 부피는 V_2 =0.075 m^{3}이다. 피스톤의 무게는 120 N, 단면적은 0.002 m^{2}이고 대기압은 100 kPa일 때 계가 한 일을 구하라.

풀이

비평형 과정이므로 경계이동일은 식(3.7)을 적분하면 구할 수 있다. 먼저 경계에 작용하는 압력은

$$P_{ext} = P_{atm} + \frac{mg}{A} = 100\text{ kPa} + (120\text{ N})/(0.002\text{ m}^2) = 100\text{ kPa} + 60{,}000\text{ Pa} = 160\text{ kPa}$$

로서 일정하므로 식(3.7)에 대입하여 적분하면

$$W = \int_1^2 P_{ext} dV = P_{ext}(V_2 - V_1) = (160\text{ kPa})[(0.075 - 0.025)\text{ m}^3] = 8.0\text{ kJ}$$

3-4 역학적일

역학적일은 외력에 의한 질량 중심의 변위와 운동을 통하여 역학적인 에너지를 전달하는 일을 말한다. 변형이 없는 강체의 경우는 이 일밖에 없다.

검사질량의 질량을 m, 속도를 $\boldsymbol{V}$, 높이를 Z라고 할 때, 물체에 작용하는 모든 힘을 합한 외력 F_{net}이 미소변위 dr를 통하여 물체의 가속을 위해서 한 일은, $F_{net} = m\frac{d\boldsymbol{V}}{dt}$, $dr = \boldsymbol{V}dt$ 관계를 적용하여 구할 수 있다.

$$F_{net}dr = m\frac{d\boldsymbol{V}}{dt}\boldsymbol{V}dt = m\boldsymbol{V}d\boldsymbol{V} = d\left(\frac{m\boldsymbol{V}^2}{2}\right) \qquad (3.9a)$$

따라서 물체의 가속에 사용된 일은 그 물체의 운동에너지의 증가량과 같다.

또한 중력을 극복하고 물체의 이동에 필요한 일은 연직방향 높이를 Z라고 할 때 다음과 같다.

$$mgdZ = d(mgZ) \qquad (3.9b)$$

따라서 중력에 대해 한 일은 물체의 위치에너지의 증가량과 같다.

이상의 두 일은 독립적인 일이기 때문에 총일은 이 둘을 합해야 한다. 총역학적에너지 E_{mech}는 운동에너지와 위치에너지의 합으로서 다음과 같이 나타낼 수 있다.

$$E_{mech} = \frac{m\boldsymbol{V}^2}{2} + mgZ \qquad (3.10)$$

외력이 계의 가속과 위치이동을 위해서 한 일은 계의 역학적에너지의 증가와 같다. 따라서 외부에 대하여 계가 한 역학적일 W_{mech}은 계의 역학적에너지 감소와 같으므로 그 증분은 다음과 같이 표현할 수 있다.

$$\delta W_{mech} = -d\left(\frac{m\boldsymbol{V}^2}{2} + mgZ\right) \qquad (3.11)$$

역학적일은 계의 외부에너지라고 하는 운동에너지와 위치에너지의 변화에 관계된다. 역학적일은 계의 내부 상태의 변화와는 무관한 일이다. 보존력인 중력은 역학적에너지를 보존시키므로 역학적 일에 영향을 미칠 수 없다. 역학적일은 보존력을 제외한 비보존력에 대한 일이라고 할 수 있다.

계가 한 총일은 경계이동일과 역학적일을 합한 일이다. 따라서 준평형 과정의 경우 계가 한 총일은

$$\delta W^{rev} = PdV - d\left(\frac{m\boldsymbol{V}^2}{2} + mgZ\right) \tag{3.12a}$$

$$W^{rev} = \int_1^2 PdV - \frac{m(\boldsymbol{V}_2^2 - \boldsymbol{V}_1^2)}{2} - mg(Z_1 - Z_2) \tag{3.12b}$$

경계이동일과 역학적일을 비교하여 보면 |표 3.2|와 같다. 경계이동일은 압력과 같이 경계에 작용하는 국소적인 힘과 경계의 이동에 따른 변형인 부피변화에 관련된 일이다. 따라서 경계이동일은 외력(계에 작용하는 모든 외부 힘의 합)이나 계의 위치변화, 즉 좌표와 상관없는 일이다. 운동하는 계라도 계에 고정된 좌표계로 경계이동일은 구할 수 있다. 그러나 역학적일은 강체에 대한 일과 같이 검사질량에 작용하는 외력과 질량중심의 이동(속도와 높이 변화)에 관계되므로 정지된 관성좌표계에서 구해야 한다. 경계이동일은 계의 내부 상태량(온도, 압력, 내부에너지 등)의 변화를 가져오나 역학적일은 외부 상태량(속도와 높이)의 변화만 관계될 뿐 내부 상태량과는 무관하다. 경계이동일은 내부에너지의 증감으로 나타나나 역학적일은 계의 역학적에너지(외부에너지라고도 함)의 증감으로 나타난다.

| 표 3.2 | 경계이동일과 역학적일의 비교

	경계이동일	역학적일
관찰 좌표계	질량중심의 상대좌표계	관성좌표계
힘	경계에 작용하는 국소 힘(압력)	계에 작용하는 비보존적인 외력
변위	계의 경계 이동, 변형(부피 변화)	계의 중심 이동
계의 상태 변화	내부상태량(내부에너지, 온도, 압력 등)	외부상태량(위치, 속도)
변화되는 계의 에너지	내부에너지	역학적에너지

역학적에너지 보존법칙

동역학에서 강체의 운동에너지와 위치에너지의 합은 일정하다는 역학적에너지 보존법칙을 자주 사용한다. 자유낙하 물체의 경우 낙하 거리에 따라서 속도는 빨라지므로 운동에너지는 증가한다. 그러나 운동에너지와 위치에너지의 합은 일정하다. 이것이 역학적에너지 보존법칙이다. 이 법칙이 성립하려면 보존력인 중력만 존재하고 비보존력인 마찰이나 다른 힘이 있으면 안 된다. 역학적에너지를 보존시키는 힘이 보존력(conservative force)이다. 따라서 비보존력이 없는 경우 역학적에너지는 보존된다. 실제 낙하하는 물체는 마찰과 같은 비보존력에 대하여 일을 하므로 역학적에너지는 감소하며 일정거리 낙하 후에는 등속운동을 하게 된다. 이 때의 속도를 종속도(terminal velocity)라고 한다.

3-5 정상상태 유동계의 일

식(3.12)에서 구한 일은 검사질량, 즉 밀폐계가 하는 총일이라고 할 수 있다. 그러나 공학적 시스템은 대부분 유동이 있는 개방계로 구성되고 일은 회전축을 통하여 전달된다. 이러한 개방계의 일을 축일(shaft work) 또는 그대로 공업적으로 활용할 수 있기에 공업일이라고도 한다. 유체가 회전 날개의 전면을 밀면서 일을 하고 후면에 의하여 밀리면서 일을 받는다. 그런데 전면의 작용 압력이 후면의 압력보다 크면 축일이 나오고 그 반대로 되면 축일이 들어가게 된다. 전자를 터빈이라고 하고 후자를 압축기 또는 펌프라고 한다.

1) 정상상태와 정상유동

검사체적 내 물질의 상태량은 일반적으로 시간과 공간의 함수가 된다. 정상상태(steady state)란 임의의 위치에서 상태량이 시간에 따른 변화가 없는 경우를 말하며 수학적으로는

$$\frac{\partial q(x,y,z,t)}{\partial t}=0 \tag{3.13}$$

로 나타낼 수 있다. 식에서 q는 온도, 압력, 속도 등의 변수를 나타낸다. 이런 변수가 시간에 대한 편미분이 0라는 의미는 한 점을 고정해 놓고 상태량을 관찰할 때 시간에 따른 변화가 없이 일정하다는 것을 뜻한다. 따라서 정상상태란 검사체적에서 열역학적 상태량들의 공간분포가 시간에 따라서 변하지 않는 상태를 뜻한다.

유속은 열역학적 계의 내부 상태량과 다르게 외부에서 관찰되는 상태량이므로, 유속 분포가 일정한 경우를 정상유동(steady flow)이라고 구분하기도 한다. 정상유동은 |그림 3-8|에 도시한 바와 같이 위치에 따라서 유속이 다를지라도 한 점에서의 유속은 시간에 관계없이 일정한 유동을 말한다. 따라서 정상상태인 개방계를 정상상태 정상유동계(SSSF; steady state steady flow)라고 한다. 이와 같은 SSSF계를 단순히 정상상태계 또는 정상유동계라고도 한다. 맥동류를 갖는 왕복압축기나 왕복기관도 순간적인 상태는 비정상상태지만 사이클 평균을 취하면 SSSF계와 같이 생각할 수 있다.

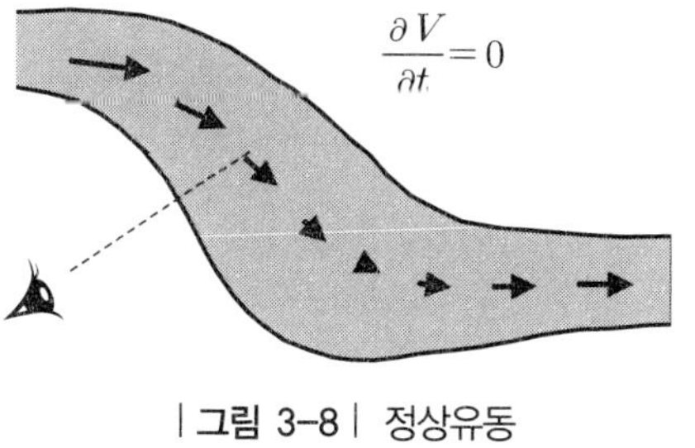

|그림 3-8| 정상유동

2) 유동일

|그림 3-9|와 같은 SSSF계를 통하여 유동하는 물질이 하는 일은 회전체의 날개를 밀면 시 축일을 할 뿐 아니라 관로의 유체를 미는 일을 한다. 이와 같이 유체를 미는 일을 유동일(flow work)이라고 한다.

미소 질량 δm의 유체가 계의 내부로 들어가는 과정에서 검사체적의 밖에 있는 유체가 이 유체(압력과 비체적이 각각 P_i, v_i)를 밀면서 해준 유동일은 $\delta m P_i v_i$가 된다. 한편 미소 질량 δm이 계의 출구를 통해 계를 나갈 때 검사체적 내부의 유체가 이 유체(압력과 비체적이 각각 P_e, v_e)에 대하여 행한 유동일은 $\delta m P_e v_e$이다. 전자는 주위에서 검사면을 통하여 계에 행한 일과 같고 후자는 계가 검사면을 통하여 주위에 행한 일과 같다. 유체가 계로 흘러 들어올 때는 계의 유체가 압축되므로 일을 받고 유체가 빠져나갈 때는 유체가 팽창되므로 일을 하는 것이다.

따라서 질량유량이 $\dot{m}$인 SSSF계에서 물질이 개방계를 들어가고 나가는 과정에서 계가 외부에 대하여 행한 유동일률 $\dot{W}_f$는 다음과 같다.

$$\dot{W}_f = \dot{m}(P_e v_e - P_i v_i) \tag{3.14a}$$

단위질량당 유동일은

$$w_f = (P_e v_e - P_i v_i) \tag{3.14b}$$

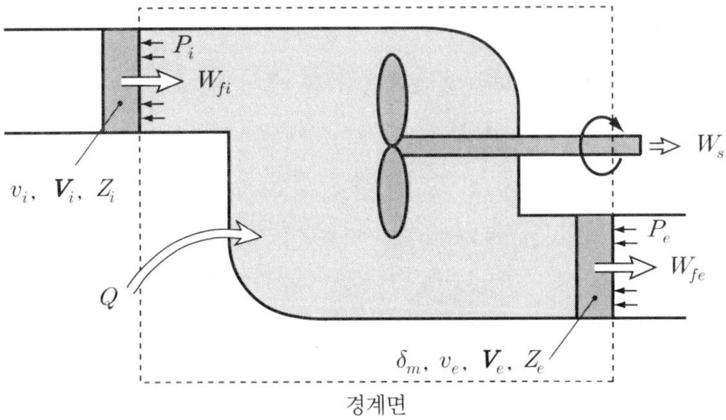

|그림 3-9| SSSF계의 일

3) 축일

물질이 검사체적을 통과하는 과정에 수행한 총일은 축일과 유동일을 합한 것이다. 그런데 유체를 밀어서 유동을 일으키는데 사용된 유동일은 이용할 수 없고 오직 축일만 이용할 수 있다. 이런 이유로 축일을 공업일이라고도 한다. 축일 w_s는 총일 w에서 유동일 w_f을 제외한 일이므로

$$w_s = w - w_f \tag{3.15}$$

여기에 식(3.12)에서 일 및 식(3.14)에서 유동일을 대입하면, 준평형 과정에서 축일 w_s^{rev}을 구할 수 있다.

$$w_s^{rev} = \int_i^e Pdv - (P_e v_e - P_i v_i) - (\boldsymbol{V}_e^2 - \boldsymbol{V}_i^2)/2 - g(Z_e - Z_i) \tag{3.16}$$

식에서 미분 공식 $Pdv = d(Pv) - vdP$를 적용하여 적분하면

$$w_s^{rev} = -\int_i^e vdP - (\boldsymbol{V}_e^2 - \boldsymbol{V}_i^2)/2 - g(Z_e - Z_i) \tag{3.17}$$

이 식은 개방계에서 준평형 과정으로 정상유동하는 검사질량의 단위질량당 축일을 구하는 식이다. 식(3.17)은 정상유동계에 대한 에너지식이기 때문에 터빈, 압축기, 펌프 등 축일이 관계된 경우 뿐 아니라 축일이 0인 노즐에도 적용할 수 있다.

입출구에서 역학적에너지의 변화를 무시할 수 있는 경우의 축일은

$$w_s^{rev} = -\int_i^e vdP \tag{3.18}$$

위의 식을 $P-v$선도에서 도시해 보면 |그림 3-10|과 같다. 일이 부피 축과 이루는 면적인 반면, 축일은 압력 축과 이루는 면적임을 알 수 있다.

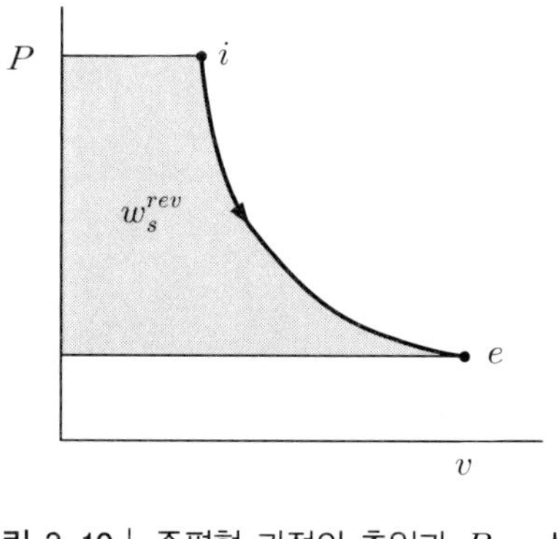

| 그림 3-10 | 준평형 과정의 축일과 $P-v$선도

축일은 반드시 압력 변화를 필요로 한다. 터빈의 출력 또는 압축기나 펌프의 소요 동력은 압력차와 비체적이 클수록 커지게 된다. 가스 터빈이나 스팀 터빈에서 작동유체를 가열하는 이유는 작동물질의 비체적을 키워서 터빈에서 출력을 높이기 위해서다. 한편 압축기에서는 작동유체의 비체적이 작을수록 소요 동력이 감소하게 된다.

비압축성 유체의 경우 식(3.17)에서 단위질량당 축일 w_s^{rev}은 다음 식으로 표현할 수 있다.

$$w_s^{rev} = [(P_i + \rho V_i^2/2 + \rho g Z_i) - (P_e + \rho V_e^2/2 + \rho g Z_e)]v \tag{3.19a}$$

식에서 압력은 단위체적당 유동일이다. 유동일은 유체가 보유한 에너지가 아니라 유체 유동에 동반하는 일에너지다. 따라서 유동일과 역학적에너지를 합한 총에너지(물질이 보유한 저장에너지인 내부에너지와 역학적에너지의 합과는 다름)는 역학적에너지와 다름없는 조직적에너지라 할 수 있다. 총에너지는 내부에너지와 관계없이 일로 변환이 가능한 에너지이므로 마찰이 없는 준평형 과정에서 그 변화량은 터빈일 또는 펌프일과 같다. 역학적에너지 변화를 무시할 수 있는 경우라면 축일은 다음 식과 같다.

$$w_s = v(P_i - P_e) \tag{3.19b}$$

즉 수력 터빈은 유동일이 축일로 바뀌는 경우이고, 펌프는 축일이 유동일로 바뀌는 경우라고 할 수 있다.

펌프의 경우는 물의 비체적이 거의 일정하므로 식(3.19)에 질량유량율을 곱하면 소요 동력을 구할 수 있다. 대개 펌프 입출구의 역학적에너지의 변화는 무시할 수 있으므로 체적유량율을 $\dot{V}$로 표시할 때 펌프 동력 $\dot{W}_p$는 다음과 같다.

$$\dot{W}_p^{rev} = \dot{V} \Delta P \tag{3.20}$$

펌프일은 유동일과 같다. 비압축성유체의 경우 경계이동일이 없기 때문에 축일과 유동일의 합은 0이 된다. 즉 펌프의 경우 축으로 받은 일은 모두 유체의 유동일로 사용된다. 반면에 수력터빈의 경우는 유동일로 받은 일을 축일로 내보낸다고 할 수 있다.

동력과 회전동력

단위 시간에 하는 일을 동력이라고 하고 직선운동의 경우 물체에 전달한 동력은 힘과 속도를 곱한 값이다.

$\dot{W} = F\boldsymbol{V}$

그런데 회전체에 전달한 동력은 작용점의 선속도 V보다 회전축에서의 거리r과 회전각속도 ω_{rot}를 사용하는 게 편리하다. 즉

$\boldsymbol{V} = r\,\omega_{rot}$

$\dot{W}_s = F\boldsymbol{V} = Fr\omega_{rot}$

Fr은 토크(torque) τ라고 하므로 $\tau = Fr$

따라서 회전동력은 다음과 같이 토크와 각속도의 곱으로 표시된다.

$\dot{W}_s = \tau w_{rot}$

예 | 제 | 3-4

SSSF로 작동하는 압축기 입구에서 압력과 온도는 각각 100 kPa, 20°C이고 출구에서 압력은 500 kPa이다. 압축과정을 준평형 과정으로 볼 때 다음 두 가지 압력과 비체적의 관계에 대한 단위질량당 축일을 구하라.

a. $Pv = const$

b. $Pv^{1.4} = const$

풀이

압력이 크지 않으므로 공기를 이상기체로 볼 수 있다.
운동에너지와 위치에너지의 변화를 무시할 때 정상유동 준평형 과정에서 축일은 식(3.18)에 의하여 구할 수 있다.

a. $Pv = P_i v_i$ 이므로

$$w_s^{rev} = -\int_i^e v dP = -\int_i^e \frac{P_i v_i}{P} dP = -P_i v_i \ln P]_i^e = -RT_i \ln\frac{P_e}{P_i} = -(0.287\ \text{kJ/kg K})(293\ \text{K})\ \ln\frac{500}{100}$$
$$= -135\ \text{kJ/kg}$$

b. $Pv^{1.4} = P_i v_i^{1.4}$ 이므로

$$w_s^{rev} = -\int_i^e v dP = \int_i^e \frac{P_i^{1/1.4} v_i}{P^{1/1.4}} dP = -\frac{P_i^{1/1.4} v_i}{1-1/1.4}(P_e^{1-1/1.4} - P_i^{1-1/1.4})$$
$$= -\frac{1}{1-1/1.4} P_i v_i \left[\left(\frac{P_e}{P_i}\right)^{1-1/1.4} - 1\right] = -3.5RT_i \left[\left(\frac{P_e}{P_i}\right)^{1-1/1.4} - 1\right]$$
$$= -(3.5)(0.287\ \text{kJ/kg K})(293\ \text{K})[(500/100)^{0.4/1.4} - 1]$$
$$= -172\ \text{kJ/kg}$$

각 경우를 $P-v$선도에 도시하면 |그림 3-11|과 같다. 각 경우의 축일은 선도가 P축과 이루는 면적과 같다. 일의 부호가 -로 되는 것은 압축기는 축일을 받는 시스템이기 때문이다. 그림에서 a의 경우에 b의 경우보다 더 적은 일이 소요되는 것을 알 수 있다.

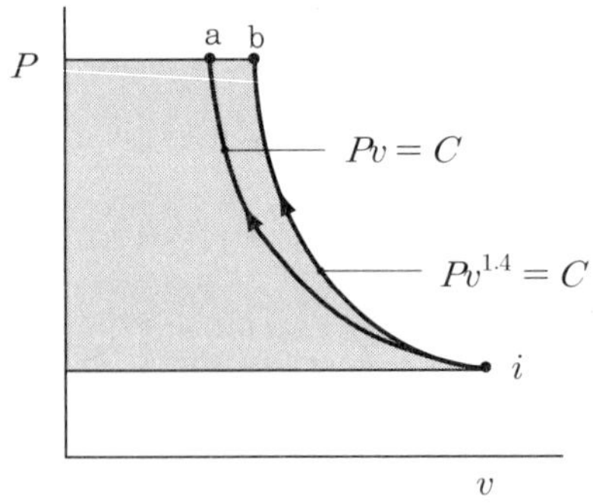

|그림 3-11| 예제 3-4

예|제|3-5

SSSF로 작동하는 펌프의 입구와 출구의 압력차는 200 kPa이며 체적유량이 500 L/min이라고 한다. 준평형 과정으로 볼 때 펌프의 소요 동력을 구하라. 또 펌프 축의 회전 속도가 1000 RPM인 경우 토크를 구하라.

풀이

입구와 출구의 배관 지름이 같다면 유속이 같고, 입구와 출구의 높이 차도 무시할 수 있으므로 역학적에너지의 변화를 무시할 수 있다. 따라서 정상유동계의 준평형 과정에 대한 축일은 $\dot{W}_s^{rev} = -\dot{m}\int_i^e vdP$로 구할 수 있다. 그런데 물의 비체적은 일정하다고 할 수 있으므로 식(3.20)에서

$\dot{W}_s^{rev} = -\dot{V}\Delta P = (500\times0.001\text{m}^3/60\text{s})(200\text{kPa}) = -1.67\text{ kW}$

따라서 토크는

$\tau = \dfrac{\dot{W}_s}{\omega} = 1.67\text{ kW}/[1000\times(2\pi)/\text{min}] = (1670\text{ Nm/s})/(6280/60\text{s}) = 16\text{ Nm}$

그러나 실제 축동력은 이보다 더 커야 한다. 왜냐하면 위의 식은 유체로 전달되어야 할 이론 동력을 의미하며 축으로 들어가는 동력이 모두 물로 전달되지 않고 마찰 등으로 손실되기 때문이다.

4) Bernoulli방정식

비압축성 유체의 SSSF계에 대한 에너지식(3.19)에서 축일이 없는 경우 다음 식을 얻을 수 있다.

$$P_i + \rho\overline{V_i}^2/2 + \rho g Z_i = P_e + \rho\overline{V_e}^2/2 + \rho g Z_e \tag{3.21}$$

이 식을 Bernoulli 방정식이라고 한다. 식에서 P는 정압, $\rho \boldsymbol{V}^2/2$는 동압, $\rho g Z$는 위치압이라고 한다. 정압을 유체역학에서는 압력에너지라고 한다. 따라서 Bernoulli 방정식은 비압축성유체의 경우 유로를 따라서 압력에너지, 운동에너지와 위치에너지를 합한 총에너지는 보존된다는 것을 뜻한다.

Bernoulli 방정식의 유도과정에서 입구와 출구 사이에 마찰은 고려되지 않았다. 마찰이 있는 경우는 마찰을 극복하기 위한 일이 필요하므로 유로에 따라서 총에너지는 감소한다.

예 | 제 | 3-6

| 그림 3-12 | 와 같이 사이펀 장치에 의하여 상부수조에서 높이 h인 턱을 넘겨 수면 높이 차가 H인 아래 수조로 물을 공급한다. H=2.0 m일 때 유속을 구하라. 또 h=1.0 m인 경우 최고점 m에서 수압을 구하고 높이 h의 한계에 대하여 설명하라. 단, 유체의 마찰은 무시한다.

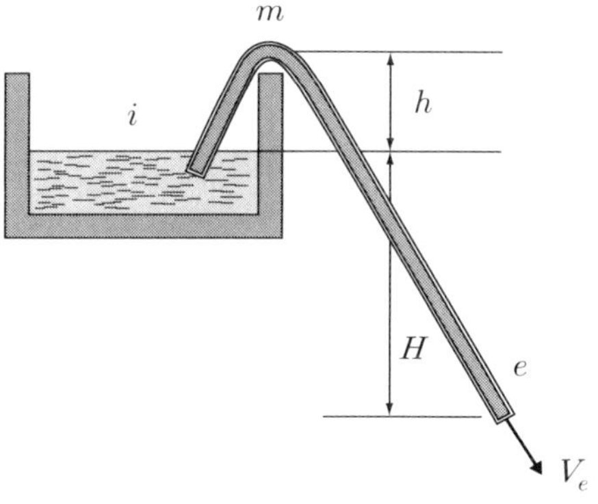

| 그림 3-12 | 사이펀 장치

풀이

- 상부수조 면 i와 사이펀 관 출구 e 사이를 연결하는 유선에 대하여 Bernoulli 방정식을 적용하면

  $P_i + \rho\dfrac{V_i^2}{2} + \rho g Z_i = P_e + \rho\dfrac{V_e^2}{2} + \rho g Z_e$ 에서

  $P_i = P_e = 1\,\text{atm},\ \ V_i = 0,\ \ Z_i - Z_e = H$

  따라서

  $V_e = \sqrt{2gH} = (2\times 9.8\times 2.0)^{1/2} = 6.3\ \text{m/s}$

- 수면 i와 최고점 m 사이에 Bernoulli 방정식을 적용하면

  $P_i + \rho\dfrac{V_i^2}{2} + \rho g Z_i = P_m + \rho\dfrac{V_m^2}{2} + \rho g Z_m$ 에서 $P_i = 1\ \text{atm},\ \ V_i = 0,\ \ Z_i - Z_e = h$ 이므로

  $P_m = 1\ \text{atm} - \left(\rho g h + \dfrac{\rho}{2} V_m^2\right)$

  $h = 1\ \text{m},\ \ V_m = V_e = 6.3\ \text{m/s}$를 대입하면

$P_m = 101300 - (1000 \times 9.8 \times 1.0 + 0.5 \times 1000 \times 6.3^2) = 101300 - (9800 + 19800) = 71700\ \text{Pa}$

• 수압은 0보다 작을 수 없다. 따라서 최고점에서 수압이 0으로 되는 높이 $h_{\max}$를 구하면

$P_m = 1\ \text{atm} - \left(h_{\max} + \frac{\rho}{2} V_m^2\right) = 101300 - (1000 \times 9.8 \times h_{\max} + 0.5 \times 1000 \times 6.3^2) = 0$에서

$h_{\max} = 8.32\ \text{m}$

따라서 h는 8.32 m를 넘을 수 없다. 실제는 압력이 0 이상이 아니라 물의 증기압보다 높아야 한다. 증기압 이하로 되면 기포가 발생하는 공동현상(cavitation)이 나타나게 된다. 따라서 $h_{\max}$은 보다 더 작아진다.

이상에서 마찰은 무시하였으므로 이를 고려하면 유속은 더 낮아지고 $h_{\max}$도 더 작아진다.

3-6 열의 전달

열이 전달되는 방법에는 전도, 대류 및 복사가 있다. 전도는 고체와 같이 정지한 매질을 통한 열전달이고, 대류는 유체와 같이 유동하는 매질을 통한 열전달이며, 복사는 빛과 같이 매질과 관계없이 일어나는 열전달이다.

1) 열전도

열의 전도(conduction)는 고체나 정지한 유체를 통한 열전달에서 볼 수 있는 현상으로서 온도가 높은 곳에서 낮은 곳으로 온도의 기울기에 비례하여 전달되며 x방향으로 단위면적당 전도 열전달률 $\frac{\dot{Q}_x}{A}$는 다음 식으로 나타낼 수 있다.

$$\frac{\dot{Q}_x}{A} = -k\frac{\partial T}{\partial x} \tag{3.22}$$

식에서 k는 열전도계수(thermal conductivity)를 나타내며 일반적으로 기체, 액체, 비금속, 금속의 순으로 그 값이 커지며 온도의 함수이다. 상온에서 물질의 열전도계수는 |표 3.3|과 같다. 기체는 물질의 밀도가 낮아서 입자의 상호작용이 어렵기 때문에 열전도계수가 낮다. 온도에 따라서 기체의 열전도계수는 증가하나, 물을 제외한 액체의 경우는 반대로 감소한다. 금속이나 다이아몬드처럼 결정체인 경우는 격자(lattice)진동에 의하여, 또 구리와 같은 도체(conductor)는 자유전자에 의하여 열전도계수가 매우 높다.

콘크리트보다 목재를 사용한 집이 더 따뜻한 이유는 목재의 열전도계수가 콘크리트보다 더 낮기 때문이다. 또한 추운 날 금속이 나무보다 더 차게 느껴지는 이유는 금속의 열전도

계수가 나무보다 높으므로 몸에서 더 많은 열에너지가 빠져나가기 때문이다. 섬유질이나 발포제가 단열재로 사용되는 이유는 열전도계수가 낮은 기체를 내포하고 있기 때문이다.

| 표 3.3 | 0°C에서 물질의 열전도계수

물질	k, W/(m°C)	물질	k, W/(m°C)
다이아몬드	2300	피부	0.37
은	410	수소	0.175
구리	385	목재	0.17
금	317	경질 고무	0.15
알루미늄	202	헬륨(g)	0.15
철	73	연질 고무	0.13
탄소강, 1%C	43	PVC	0.09
유리	0.78	유리 섬유	0.043
벽돌	0.72	공기(g)	0.026
물(l)	0.613	경질 우레탄 폼	0.026

| 그림 3-13 | 과 같이 두께 L인 평면 벽을 통한 열전달의 경우, 내외면의 온도차가 ΔT이고 시간에 따른 온도의 변화가 없는 정상상태라면 식(3.1)은 다음과 같이 나타낼 수 있다.

$$\dot{Q} = kA\frac{\Delta T}{L} \tag{3.23}$$

열전달률은 벽면의 면적 A와 온도차 $\Delta T = T_1 - T_2$에 비례하고 벽의 두께 L에 반비례하며 열전도계수 k에 비례한다. 같은 온도차라도 벽이 두꺼울수록 열전달이 억제되므로 주택의 냉난방 부하를 작게 하려면 벽을 두껍게 할 필요가 있다. 또 같은 두께라도 열전도계수가 낮은 물질을 쓰면 열전달을 줄일 수 있다.

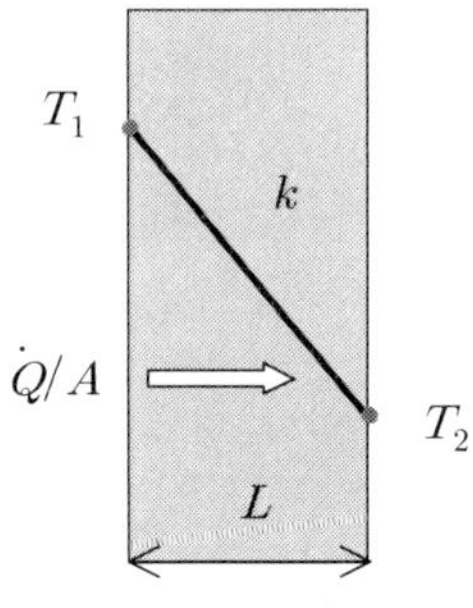

| 그림 3-13 | 평면벽을 통한 정상상태 열전도

예|제|3-7

폭 3 m, 높이 5 m, 두께 0.3 m인 벽의 내외면의 온도는 각각 18°C와 4°C라고 한다. 이 벽의 열전도계수가 0.8 W/m°C일 때 이 벽을 통한 열손실률을 구하라.

풀이

온도 분포의 시간에 따른 변화를 무시할 수 있는 정상상태이며, 두께 방향으로만 열이 흐르는 1차원으로 가정한다. 그러면 식(3.23)에 의하여 전도 열전달률은

$$\dot{Q}=kA\frac{T_1-T_2}{L}=(0.8\ \mathrm{W/m^\circ C})(15\ \mathrm{m^2})[(18-4)^\circ\mathrm{C}]/0.3\ \mathrm{m}=560\ \mathrm{W}$$

2) 열대류

열의 대류(convection)는 고체면과 유체 사이의 열전달을 말한다. |그림 3-14|와 같이 고체의 표면적을 A, 고체면과 유체의 온도를 각각 T_s, T_∞라고 할 때 대류 열전달률은 다음과 같이 구할 수 있다.

$$\dot{Q}=hA(T_s-T_\infty) \tag{3.24}$$

식에서 h를 대류열전달계수라고 한다. 대류열전달계수는 고체면의 형상, 유체의 열전도계수, 점성계수, 밀도 등의 물성과 유동 특성에 의존하는 값이다. 유체의 열전도계수가 높을수록, 유속이 빠를수록 열전달계수는 증가한다. 유동이 팬(fan)이나 펌프와 같은 기계적인 힘에 의하여 일어나는 경우를 강제대류라고 하며, 자연적인 힘인 부력(buoyancy)에 의한 경우를 자연대류 또는 자유대류라고 한다.

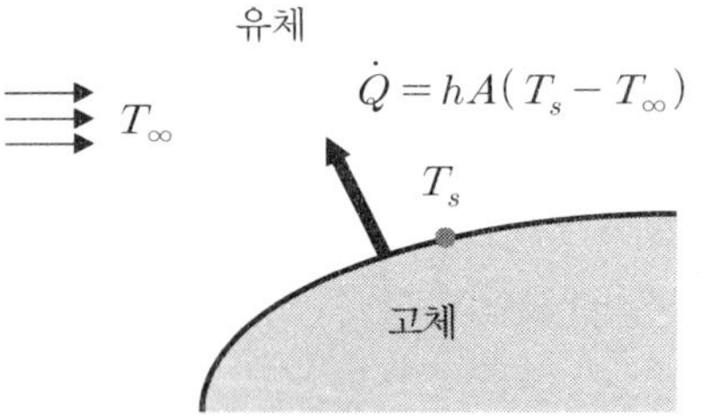

|그림 3-14| 대류열전달

|표 3.4|는 대류열전달계수의 개략치를 보인 것이다. 자연대류보다 강제대류, 기체보다 액체일 때 대류열전달계수가 더 크며, 상변화를 동반한 비등과 응축 열전달은 더욱 높은 열전달계수를 갖는 것을 알 수 있다. 겨울에 바람이 강할수록 더 추운 이유는 대류열전달이 그만큼 잘 일어나서 열을 더 많이 빼앗기기 때문이다. 또한 온도가 같더라도 물에 들어

가면 더 시원하거나 더 뜨거운 이유는 물의 열전도계수가 공기보다 더 높아서 대류열전달이 공기 중에서보다 더 잘되기 때문이다.

대류열전달을 촉진하기 위해서는 식(3.24)에서 알 수 있듯이 표면적을 크게 하거나 대류열전달계수를 크게 하는 것이다. 라디에이터나 전자제품의 냉각 판에 핀(fin)이 달린 이유는 열전도계수가 낮은 공기에 접한 고체 표면적을 확장하여 대류열전달을 촉진시키기기 위한 것이다.

| 표 3.4 | 대류열전달계수의 개략치

구분	h, W/(m²K)
자연대류	
기체	2~25
액체	50~1000
강제대류	
기체	25~250
액체	50~20000
비등 및 응축	2500~100000

물이 공기보다 찬 이유

기체는 분자 밀도가 낮아서 에너지 전달이 어렵기 때문에 열전도계수가 낮다. 솜, 털, 섬유 등이 보온재 또는 단열재로 사용되는 이유는 그 속에 열전도계수가 낮은 공기가 포함되어 있기 때문이다.
물은 공기에 비하여 20배 이상 열전도계수가 높다. 사람은 영하의 기온에도 견딜 수 있으나 영상이라도 저온의 물속에서는 몇 시간 견디지 못하고 저체온증으로 생명을 잃을 수도 있다. 거의 모든 수중 동물이 변온동물인 반면 육상 동물은 정온동물인 이유도 물과 공기의 열전도의 차이 때문으로 볼 수 있다.

3) 열복사

열의 복사(radiation)는 빛과 같은 전자기파의 일종인 복사파에 의한 에너지 전달이다. 태양에너지는 복사파에 의하여 지구로 전달된다. 모든 물체의 표면에서는 복사에너지를 방출하며, 온도가 높을수록 파장이 짧은 복사파를 방사하고, 그 총에너지는 (절대)온도의 4승에 비례한다. 표면은 복사에너지를 방출할 뿐 아니라 입사하는 복사에너지를 흡수한다.

| 그림 3-15 | 와 같이 표면 온도가 T_s 인 볼록한 물체가 벽면 온도 T_{sur} 인 큰 공간 내에 있을 때 물체에서 주위로 복사에 의한 열전달률은 다음 식으로 구할 수 있다.

$$\dot{Q} = \epsilon \sigma A (T_s^4 - T_{sur}^4) \tag{3.25}$$

식에서 $\sigma = 5.67 \times 10^{-8}$ W/m^{2}K^{4}는 Stefan-Boltzmann 상수이고 ϵ은 물체 표면의 방사율(emissivity)을 나타낸다. 실제 표면의 방사율은 파장과 방향에 따라서 다르지만 그 변화를 무시하고 일정하다고 볼 수 있는 면을 회면(gray surface)이라고 한다. $\epsilon = 1$인 물체를 흑체(black body)라고 하며, 흑체는 동일 온도에서 가장 많은 복사에너지를 방출할 뿐 아니라 입사하는 복사에너지를 반사 없이 완전히 흡수하는 이상적인 복사체이다. 실제 표면의 대표적인 방사율은 비금속 표면은 0.92, 산화금속 표면은 0.6에서 0.9, 반짝이는 금속 표면은 0.1 미만이다.

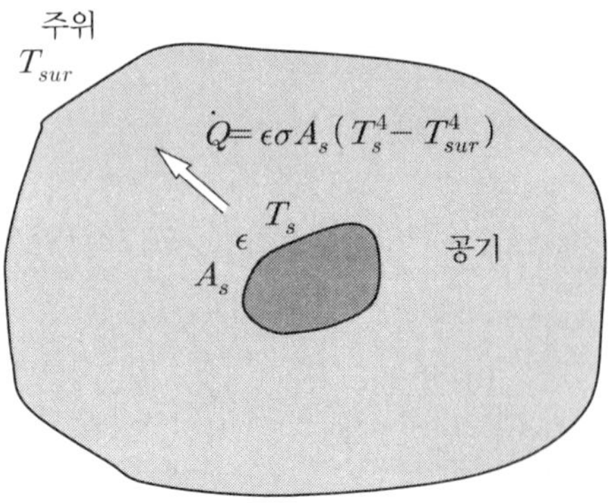

| 그림 3-15 | 큰 공간서 볼록한 물체에 의한 복사 열전달

실제 면은 입사하는 복사파를 일부 흡수하고 그 나머지는 반사하며 투명체의 경우는 |그림 3-16|과 같이 투과도 시킨다. 입사에너지에 대한 각 에너지의 비율을 흡수율(absorptivity) α, 반사율(reflectivity) ρ 및 투과율(transmissivity) τ라고 하며 모두 합하면 1이 된다.

$$\alpha + \rho + \tau = 1 \tag{3.26}$$

검은 페인트보다 흰 페인트가 태양 복사열에 대하여 흡수율이 낮기 때문에 태양열을 덜 받을 수 있다. 유리는 복사파를 투과시키기 때문에 유리창이 많은 건물은 태양열에 의한 냉방부하가 크게 된다. 복사열의 투과를 억제하기 위하여 반사유리를 사용하거나 햇빛을 가리는 차양장치를 설치한다.

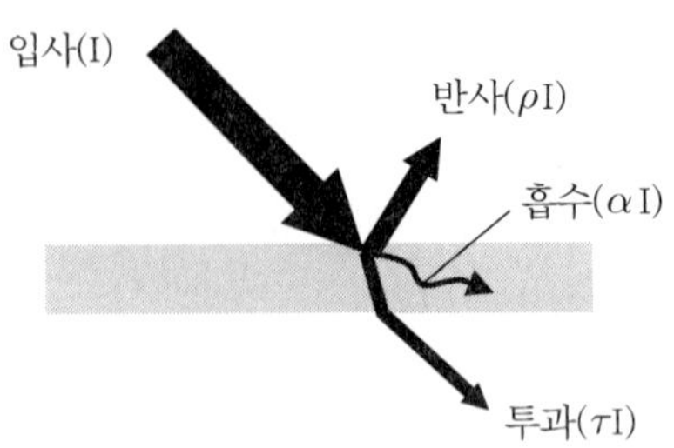

| 그림 3-16 | 투명 물체의 열복사

자연대류 열전달은 언제나 복사열전달을 동반하며, 온도차가 클수록 복사열전달이 중요하게 된다. 온돌과 같이 가열된 판에 의한 난방을 복사난방이라고 하는 이유는 자연대류보다 복사에 의한 열전달이 더 크기 때문이다.

실제 열전달 현상에는 전도, 대류 및 복사가 동시에 관련된다. 건물 외벽의 경우에도 바깥 환경에서 외벽면까지는 대류와 복사, 벽을 통과할 때는 전도, 내벽면에서 실내까지는 다시 대류와 복사에 의하여 이루어진다.

온실효과(green house effect)와 지구온난화(global warming)

온실 내부가 따뜻한 이유 중 하나는 온실을 덮고 있는 유리나 비닐의 복사열 투과특성 때문이다. 유리는 파장이 짧은 태양 복사열은 거의 모두 통과시키지만 온실 안에서 발생하는 파장이 긴 적외선은 통과시키지 않는다. 들어온 복사열이 나갈 수 없으므로 온실 안은 따뜻하게 되며 이를 온실효과라고 한다.

오늘날 지구의 평균기온 상승이라는 지구온난화가 인류의 미래를 위협하는 문제로 되고 있다. 그 주된 이유를 탄산가스와 같은 온실가스에 의한 것으로 보고 있다. 탄산가스는 파장이 짧은 태양 복사열은 통과시키지만 파장이 긴 지구에서 방출하는 복사열은 통과시키지 않고 흡수함으로써 지구에 온실효과를 야기한다.

만약 대기가 없다면 온실효과가 없으므로 열평형을 이루는 지구표면 온도는 대략 −19°C이다. 그런데 대기의 온실효과로 지구온도는 매우 따뜻하며 쾌적하나 온실가스의 증가로 그 온도가 계속 상승한다는 것이 문제다. 태양은 대기권 밖에서 수직인 면에 1340 W/m^{2}의 복사열을 공급하고, 지구 전체로 들어오는 복사열은 10^8 GW에 이른다. 참고로 2015년 대한민국 전력생산 설비용량은 약 10 GW이다.

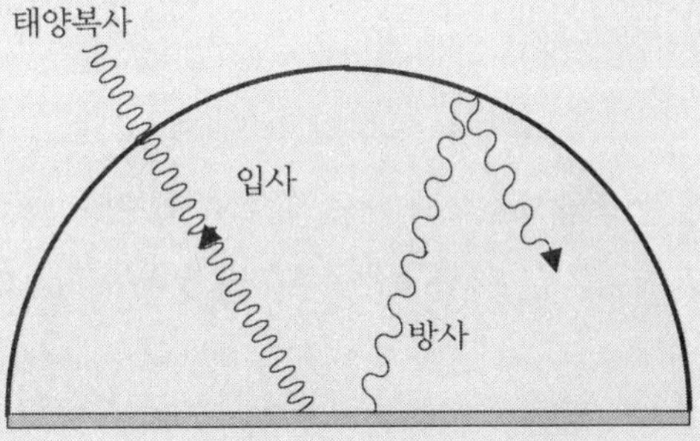

| 그림 3-17 | 온실효과와 지구온난화

단열계(adiabatic system)

계와 주위 사이에 열전달이 없는 계를 단열계라고 한다. 온도차가 있는 경우는 언제나 열전달이 일어나기 때문에 완전한 단열계를 만드는 것은 불가능하다고 할 수 있다. 그러나 열전달이 잘 일어나지 않는 단열재나 단열 시스템을 사용하면 단열계에 가깝게는 할 수 있다.

단열을 위해서는 전도, 대류 및 복사에 의한 열전달을 억제해야 한다. 전도 열전달을 억제하려면 열전도계수가 낮은 두꺼운 재료를 사용해야 한다. 주택에서 발포제, 섬유질 등 열전도계수가 낮은 기체를 내포한 두꺼운 단열재를 벽체에 적용하는 이유가 그러하다. 창호를 2중창으로 하는 이유도 사이 공간에 충전된 열전도계수가 낮은 기체의 단열작용을 이용하기 위해서다. 공기보다 열전도계수가 낮은 아르곤을 충전하면 더 큰 효과를 기대할 수 있다.

열대류를 막으려면 유체가 움직이지 못하도록 해야 한다. 단열재의 기포 크기를 줄이고 2중창의 간극을 너무 크지 않게 하는 것은 대류 열전달을 억제하기 위함이다.
전도와 대류를 완전히 차단하는 방법은 진공으로 만드는 것이다. 보온병을 내병과 외병의 2중 구조로 하고 그 사이를 진공으로 만드는 이유가 그렇다. 또 복사열전달을 막으려면 표면의 방사율이 낮고 반사율이 높아야 한다. 고성능 단열 창호에 방사율이 낮은 금속재 코팅을 한 로이(Low-E: 낮은 방사율) 유리를 사용하는 것은 복사열을 반사하여 흡수 및 방출을 억제함으로써 건물의 냉난방 에너지 비용을 감축하려는 것이다. 보온병의 사이 공간을 진공으로 하고 금속성 반사물질을 코팅하는 것도 같은 이유에서다. 여러 층의 반사재와 진공층으로 구성된 벽체는 고성능 단열 시스템 역할을 할 수 있다.

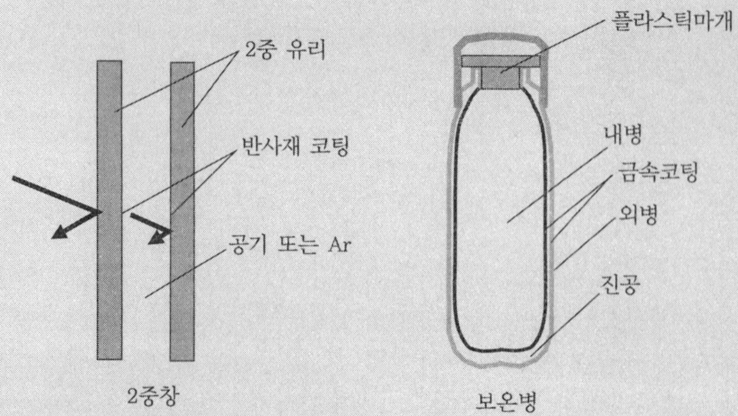

| 그림 3–18 | 단열 장치

예 | 제 | 3–8

온도 20°C인 실내에 서 있는 사람으로부터 대류 및 복사에 의한 열손실을 구하라. 단, 사람의 표면적은 1.5 m^2, 표면온도는 29 °C, 대류열전달계수는 6 W/m^2 °C, 표면 방사율은 0.94로 가정한다.

풀이

사람의 표면과 주위 공기 사이에 온도차가 있으므로 열전달이 발생한다. 사람에 의하여 가열된 공기는 정지해 있지 않고 부력에 의하여 상승하므로 자연대류 열전달이 일어난다. 그 열전달률은 식(3.24)에 의하여

$\dot{Q} = hA(T_s - T_\infty) = (6\ \mathrm{W/m^2 \cdot {}^\circ C})(1.5\ \mathrm{m^2})[(29 - 20)^\circ\mathrm{C}] = 81\ \mathrm{W}$

또한 사람의 표면과 주위(실내의 벽과 천장 및 바닥) 사이에는 복사열전달이 일어난다. 주위의 온도는 모두 실내 공기의 온도와 같다고 가정하면 복사열전달은 식(3.25)에 의하여 구할 수 있다.

$\dot{Q} = \epsilon\sigma A(T_s^4 - T_{sur}^4) = (0.94)(5.67 \times 10^{-8}\ \mathrm{W/m^2K^4})\ (1.5\ \mathrm{m^2})[(273 + 29)^4\mathrm{K}^4 - (273 + 20)^4\mathrm{K}^4] = 76\ \mathrm{W}$

복사에 의한 열전달이 대류에 의한 열전달과 비슷한 크기임을 알 수 있다. 온도차가 커질수록 온도차에 비례하는 대류보다 온도의 4승의 차에 비례하는 복사열전달이 더 커질 것을 예측할 수 있다.
총열전달률은 대류와 복사를 합하여

$\dot{Q} = 81\ \mathrm{W} + 76\ \mathrm{W} = 157\ \mathrm{W}$

3-7 점함수와 경로함수

압력, 부피, 내부에너지 등 상태량은 점함수인 반면에 열과 일은 경로함수이다. 점함수와 경로함수의 성질에 대한 이해는 열역학을 공식화하고 이해하는데 필수적이라고 할 수 있다. 준평형 과정으로 밀폐계의 검사질량이 |그림 3-2|와 같이 상태 1에서 상태 2까지 변화하는 경우 부피와 일에 대하여 살펴보자.

먼저 부피의 변화는 다음과 같이 표시할 수 있다.

$$\Delta V = V_2 - V_1 = \int_1^2 dV \tag{3.27}$$

부피의 변화는 그 변화의 경로와 상관없이 최종 부피에서 처음 부피를 빼면 된다. 시작점과 끝점에서 검사질량이 가진 부피의 차이를 구하면 되는 것이다. 이처럼 부피는 경로에 관계없이 임의의 상태점에서 정의되는 양이므로 점함수라고 한다. 부피와 마찬가지로 압력, 온도, 내부에너지 등 모든 상태량은 점함수다.

점함수는 완전(exact)미분이다. 식(3.27)에서 dV로 표시한 것은 완전미분임을 뜻하는 것이다. 즉 dV는 함수 V를 미분한 것이기 때문에 적분하면 V가 되고 적분 값은 $V_2 - V_1$이 된다.

2변수 함수의 미분

$$\delta f = M(x,y)dx + N(x,y)dy \tag{3.28}$$

이 완전미분이라면

$$M = \frac{\partial f}{\partial x},\ N = \frac{\partial f}{\partial y} \tag{3.29}$$

이므로 다음 관계식을 만족한다.

$$\frac{\partial N}{\partial x} = \frac{\partial M}{\partial y} = \frac{\partial^2 f}{\partial x \partial y} \tag{3.30}$$

이 경우 δf의 적분은 다음과 같다.

$$\int_1^2 M(x,y)dx + N(x,y)dy = \int \frac{\partial f}{\partial x}dx + \frac{\partial f}{\partial y}dy = \int_1^2 df = f_2 - f_1 \tag{3.31}$$

즉 피적분 함수가 완전 미분일 때 적분 경로에 관계없이 적분 가능하고 그 값은 두 점에서 함수 값의 차가 된다.

또한 부피변화를 임의의 사이클에 대하여 적분하면 언제나 0이 된다.

$$\oint dV = 0 \tag{3.32}$$

부피가 증가하다 감소하여 원래 상태로 돌아갈 때 총부피의 변화는 당연히 0이 된다. 이처럼 점함수의 사이클 적분은 항상 0이 된다. 역으로 사이클 적분이 언제나 0이면 점함수가 된다.

|그림 3-2|의 $P-V$ 과정을 통하여 계가 한 일은 적분식(3.3), 즉 빗금 친 부분의 면적과 같다. 처음 상태 점과 최종 상태 점이 같다고 하여도 그 면적은 경로에 따라서 다르다. 즉 일의 크기는 경로에 따라서 다르기 때문에 일은 경로함수다. 경로인 $P-V$의 관계를 모르면 적분을 할 수 없고 일을 알 수 없다.

경로함수는 불완전미분이다. 미소 일을 완전미분 형식인 dW로 표시하지 않고 δW로 표시한 것은 불완전미분이기 때문이다. 완전미분이면 $W = \int_1^2 dW = W_2 - W_1$가 되어 일의 크기를 최종 상태점에서의 일에 처음 상태점에서의 일을 뺀 것과 같다는 의미가 된다. 그러나 어떤 상태점에서도 일은 존재하지 않으므로 W_1, W_2는 없다. 따라서 불완전 미분의 적분은 경로가 알려질 때 가능하고 일의 크기를 ${}_1W_2$처럼 표현할 수박에 없다.

$$W = \int_1^2 \delta W \quad \begin{cases} \neq W_2 - W_1 \\ = {}_1W_2 \end{cases} \tag{3.33}$$

또한 계가 한 사이클 동안에 한 일은 적분식(3.4)와 같고 |그림 3-3|에서 사이클 내부의 면적과 같다. 즉 일의 사이클 적분은 한 사이클당 한 일을 나타내며 0이 아니다. 0인 경우는 특별한 경우라고 할 수 있다. 이는 일이 점함수가 아닌 경로함수임을 의미한다. 같은 방법으로 열 또한 경로함수임을 보일 수 있다.

일이 불완전 미분인 것은 완전미분의 조건 식(3.30)으로도 검증할 수 있다. $M=P$, $N=0$, $dV=dx$, $dP=dy$이므로 $\frac{\partial M}{\partial y} = \frac{\partial P}{\partial P} = 1$, $\frac{\partial N}{\partial x} = 0$. 즉 $\frac{\partial M}{\partial y} \neq \frac{\partial N}{\partial x}$이므로 PdV는 불완전미분이다. 경로인 $P-V$의 관계를 알아야 일을 구할 수 있는 것이다.

이상에서 살펴 본 바와 같이 상태량은 점함수이며 완전미분이고 사이클 적분이 0이다. 반면에 열과 일은 경로함수이며 불완전미분이고 사이클적분은 0이 아니다.

예제 3-9

이상기체의 준평형 과정에 대하여 미소 열은 다음 식으로 나타낼 수 있다.

$$\delta q^{rev} = C_v(T)dT + P(T,v)dv \qquad 1)$$

이 식이 불완전미분임을 보이라.

그러나 미소열을 절대온도로 나눈 값

$$\frac{\delta q^{rev}}{T} = \frac{C_v}{T}dT + \frac{P}{T}dv \qquad 2)$$

은 완전미분임을 보이라.

풀이

등식(3.30)을 만족하면 완전미분이다.

식 1)에서

$$\left(\frac{\partial[C_v(T)]}{\partial v}\right)_T = 0, \ \left(\frac{\partial P(T,v)}{\partial T}\right)_v \neq 0$$

두 값이 같지 않으므로 불완전 미분

식 2)에서 $P/T = R/v$이므로

$$\left(\frac{\partial[C_v(T)/T]}{\partial v}\right)_T = 0, \ \left(\frac{\partial(R/v)}{\partial T}\right)_v = 0$$

같으므로 완전미분

따라서 $\frac{\delta q^{rev}}{T}$는 어떤 상태량의 완전미분으로 놓을 수 있다.

$$ds = \frac{\delta q^{rev}}{T}$$

이렇게 정의된 상태량 s를 엔트로피라고 한다. 이와 관련해서는 7장에서 자세히 다룬다.

연습문제

3.1 전열기로 물을 가열할 때 다음 각 경우에 대하여 계의 열과 일을 구하라. 단, 이 과정에서 전달에너지는 100 kJ이라고 한다.

a. 물과 전열기를 포함한 계

b. 물만 포함하는 계

3.2 보존력에는 어떤 힘들이 있는지 들어보고 보존력에 의한 일은 왜 총역학적에너지를 변화시키지 못하는지 설명하라.

3.3 준평형 과정이 되기 위한 조건과 가역과정과의 차이를 설명하라.

3.4 비평형 과정으로 일을 할 때 계의 압력 분포를 설명하고 같은 부피 변화에서 경계이동일이 준평형 과정일 때보다 작은 것을 팽창과정과 압축과정으로 나누어 설명하라.

3.5 경계이동일과 역학적 일의 차이를 설명하라. 지상에 있던 고온 고압의 풍선을 띄워 일정 고도에 정지하게 할 때 풍선 내부의 공기가 한 경계이동일과 역학적일을 설명해보라. 풍선이 떠오르면서 압력과 부피는 감소했다.

3.6 정상상태, SSSF계를 설명하라.

3.7 일, 축일 및 유동일을 비교 설명하라.

3.8 물을 압축하는 것보다 같은 질량의 공기를 같은 압력으로 압축하는 데 더 큰 동력이 소요되는 이유를 설명하라.

3.9 비압축성 유체의 축일과 유체의 에너지에 대하여 설명하라.

3.10 Bernoulli방정식을 설명하라.

3.11 물질에 따라서 또 온도에 따라서 열전도계수가 어떻게 달라지는지 설명하라.

3.12 자연대류와 강제대류의 차이를 설명하고 대류열전달계수에 영향을 미치는 인자들에 대하여 설명하라.

3.13 흑체, 방사율, 흡수율, 투과율에 대하여 설명하라.

3.14 온실효과를 설명하라.

3.15 고성능 단열벽은 어떻게 만들 수 있는지 설명하라.

3.16 물의 비열 1 kcal/kg K는 1 kg의 물을 1 K 가열하는데 1 kcal가 필요하다는 뜻이다. 전열기로 10°C의 물 2 L를 100°C로 가열하는데 필요한 열량을 구하고, 이를 10분 내에 하기를 원할 때 전열기의 소비전력을 구하라. 이 때 필요한 가정은 무엇인가?

3.17 정지 상태에 있던 총질량 1000 kg인 차를 5초 안에 시속 70 km로 평지를 달리게 할 때 필요한 평균 동력을 구하라. 단, 마찰 및 공기 저항에 의한 동력손실은 무시한다.

3.18 표준 중력 하에서 출력이 500 PS인 자동차 엔진으로 하중 1톤인 물체를 1분에 몇 m 들어 올릴 수 있나?

3.19 10 kW 전열기를 5시간 사용시 방열량은 몇 kcal인가? 또 소비 전력은 몇 kWh인가?

3.20 단면적이 0.01 m^2인 유압 실린더로 1000 kg의 하중을 서서히 1.0 m 들어 올리는데 필요한 힘과 일을 구하라. 단, 대기압의 영향은 무시한다.

3.21 공압 시스템에서 압력 500 kPa까지 허용되는 마찰이 없는 피스톤-실린더로 3.0 kJ의 일을 전달하려고 한다. 피스톤의 이동 거리가 0.5 m로 제한될 때 필요한 실린더의 지름을 구하라.

3.22 피스톤-실린더 시스템에서 피스톤의 무게가 계의 압력에 미치는 영향을 무시할 수 있는 경우, 실린더의 부피가 1 m^3 감소할 때 계가 한 일은? 단, 대기압은 100 kPa이다.

3.23 스프링상수가 500 N/m인 선형 스프링을 평형상태에서 150 mm 늘이는데 필요한 일을 구하라.

3.24 마찰이 없는 피스톤-실린더 시스템에서 처음 압력과 부피가 $P_1 = 400$ kPa, $V_1 = 0.030$ m^3이다. 계가 평형에 가까운 상태를 유지하면서 최종 부피 $V_2 = 0.090$ m^3일 때까지 압력과 부피 사이의 관계가 다음 4가지로 변한다고 하자. 각 경우에 대하여 계가 한 경계이동일을 구하라.

a. $P = const$

b. $PV = const$

c. $PV^{1.3} = const$

d. $PV^{1.4} = const$

3.25 마찰이 없는 피스톤-실린더 시스템에서 2 kg의 수소가 온도와 압력이 각각 $T_1 = 800$ K, $P_1 = 900$ kPa인 상태에 있다. 계가 평형에 가까운 상태를 유지하면서 최종 압력 $P_2 = 200$ kPa일 때까지 압력과 부피 사이의 관계가 다음과 같이 변할 때 각 경우에 대하여 계가 한 경계이동일을 구하라.

a. $PV = const$

b. $PV^{1.4} = const$

3.26 | 그림 P3-1 | 과 같이 스프링이 장착된 피스톤-실린더 시스템에서 기체의 처음 체적과 압력은 각각 0.10 m^3, 300 kPa이며 스프링은 인장이나 압축이 되지 않은 평형상태에 있었다. 이 실린더를 가열했더니 스프링이 힘에 비례하는 선형범위 내에서 12 cm 압축되었다. 스프링의 스프링상수는 200 kN/m, 피스톤의 단면적은 0.06 m^{2}이고 피스톤의 마찰을 무시할 때 이 과정에서 계가 한 일을 구하라.

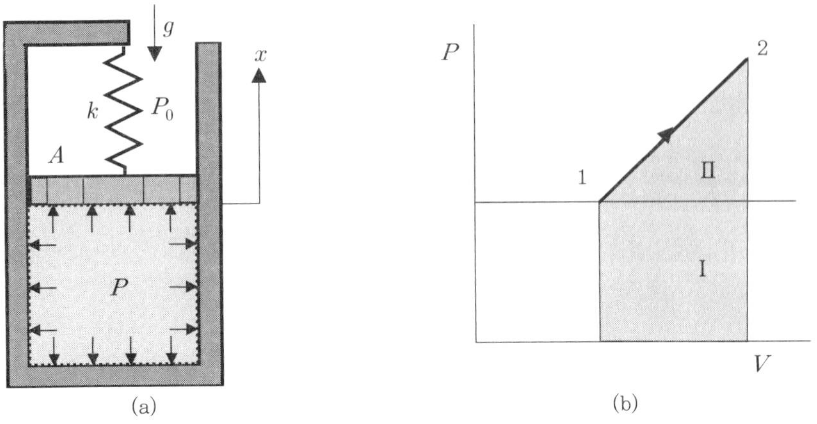

| 그림 P3-1 | 문제 3.26

3.27 어떤 풍선의 지름과 내부 압력은 비례하며 지름이 100 cm일 때 압력이 200 kPa이었다. 이 풍선을 가열했더니 지름이 150 cm로 되었다. 내부의 기체가 한 경계이동일을 구하고 그 일로 나간 에너지는 어디에 있는가?

3.28 | 그림 P3-2 | 과 같은 마찰이 없는 피스톤-실린더 시스템에서 피스톤 위의 무게추를 한꺼번에 제거할 때 피스톤이 멈추개까지 급격히 팽창하였다. 실린더의 처음 압력과 부피는 $P_1 = 600$ kPa, $V_1 = 0.025$ m^{3}이고 최종 부피는 $V_2 = 0.075$ m^{3}이다. 피스톤의 무게는 150 N, 단면적은 0.002 m^{2}이고 대기압은 100 kPa일 때 계가 한 일을 구하라.

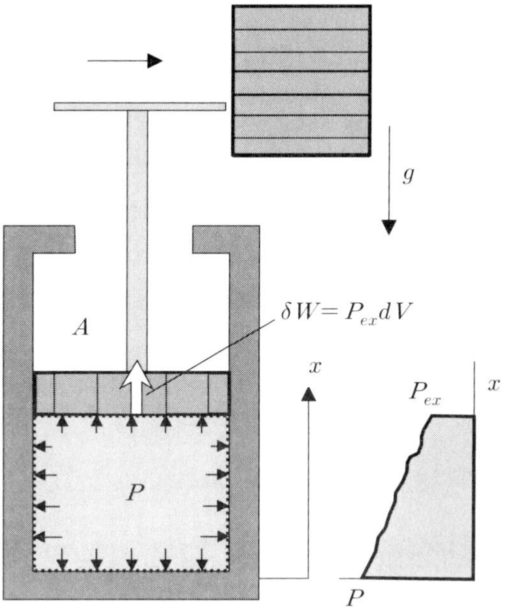

| 그림 P3-2 | 문제 3.28

3.29 | 그림 P3-3 | 과 같이 400 L 탱크 A에 250 kPa, 30°C의 아르곤 가스가 채워져 있다. 피스톤이 놓인 탱크 B는 처음에 비어 있었다. 두 탱크를 연결하는 밸브가 열리고 아르곤 가스가 흘러 들어간 후 두 탱크 가스의 압력은 150 kPa, 온도는 30°C로 균일하게 되었다. 이 과정에서 아르곤이 한 일은?

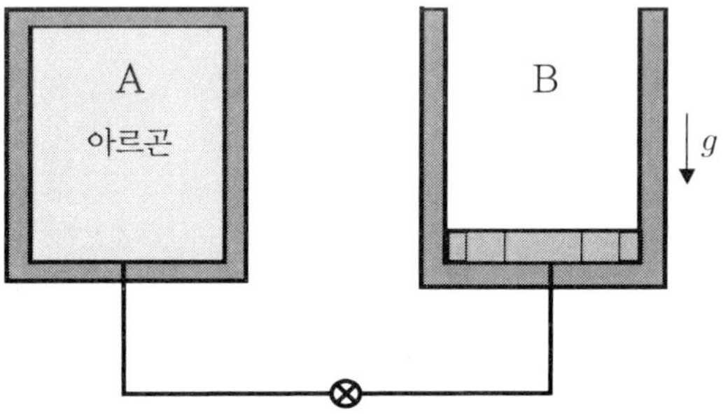

| 그림 P3-3 | 문제 3.29

3.30 |그림 P3-4| 와 같이 작은 실린더에 압축공기로 탄환을 발사하는 공기총을 생각하자. 발사 전 공기 체적은 1 cm^3, 온도는 25°C, 압력은 1 MPa이다. 방아쇠를 당기면 질량 1 g인 탄환이 발사된다. 발사과정에서 실린더의 공기 온도는 변함이 없다고 가정하고 대기압이 0.1 MPa일 때 다음에 답하라. 단, 발사과정에서 마찰의 영향은 무시한다.

a. 압축 공기가 탄환에 한 일과 대기에 대해 한 일

b. 탄환의 발사 속도

|**그림 P3-4**| 문제 3.30

3.31 |그림 P3-5| 과 같이 마찰이 없는 피스톤-실린더 장치에 1000 kPa, 500°C의 수증기 1.0 kg이 있다. 압력을 일정하게 하고 냉각하였더니 부피가 반으로 줄면서 피스톤은 멈추개에 걸렸다. 이 상태에서 계속 냉각하였더니 온도가 20°C까지 내려갔다. 전체 과정을 $P-v$선도와 $T-v$선도 상에 나타내라. 이 과정에서 계의 경계이동일을 구하라.

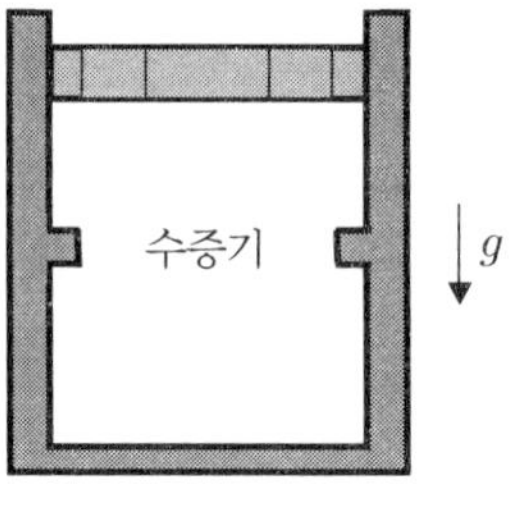

|**그림 P3-5**| 문제 3.31

3.32 200°C의 포화증기가 정압과정으로 체적이 절반으로 될 때 계가 한 단위질량당 경계이동일을 구하라.

3.33 피스톤-실린더 장치에 든 건도 25%인 120°C의 물을 일정한 압력 하에서 150°C로 가열할 때 물이 한 단위질량당 경계이동일은 얼마인가?

3.34 반지름 50 m인 날개의 터빈을 갖는 풍력발전기의 출력을 풍속의 함수로 구하고 풍속이 10 m/s일 때와 20 m/s일 때의 출력을 비교하라. 단, 유입하는 바람 에너지 대비 발전기의 출력으로 정의한 효율이 40%라고 한다.

3.35 SSSF로 작동하는 가스터빈에 유입되는 공기의 압력과 온도는 각각 8 MPa, 700°C이고 토출압력은 200 kPa이다. 압축과정을 $Pv^{1.2} = const$ 인 준평형 과정으로 볼 때 터빈 출력을 구하라. 축의 회전속도가 2000 RPM일 때 토크를 구하라. 단, 유량은 2.5 kg/s며 입구에서 유속은 50.0 m/s, 출구에서 유속은 100.0 m/s며 위치에너지의 변화는 무시할 수 있다.

3.36 SSSF로 작동하는 압축기 입구의 공기 압력과 온도는 각각 100 kPa, 20°C이고 토출압력은 250 kPa이다. 압축과정을 준평형 과정으로 볼 때 다음 두 가지 압력과 비체적의 관계에 대한 단위질량당 압축일을 구하라. 또 각 과정을 $P-v$ 선도에 도시하여 비교하라. 단, 운동에너지의 변화는 무시할 수 있다.

a. $Pv = const$

b. $Pv^{1.4} = const$

3.37 |그림 P3-6| 와 같이 입구의 관지름 200 mm, 출구의 관지름 150 mm로 체적유량 4.8 m^3/min의 물을 급수하는 펌프의 동력을 구하라. 액주계에는 수은이 들어가 있으며 높이차는 1250 mm이다.

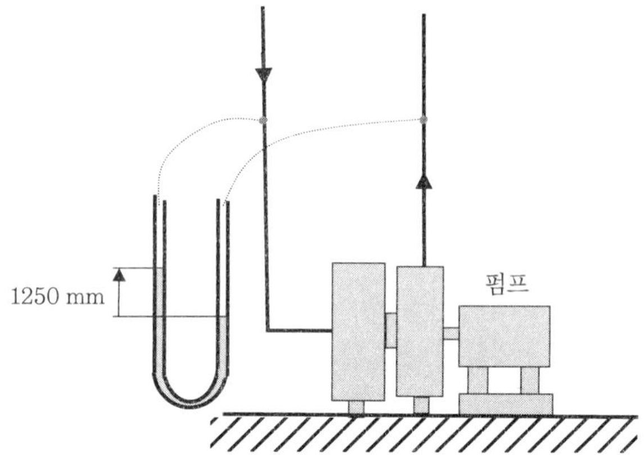

|그림 P3-6| 문제 3.37

3.38 SSSF로 작동하는 펌프의 입구와 출구의 압력차는 300 kPa이며 체적유량이 800 L/min이라고 한다. 준평형 과정으로 볼 때 펌프의 소요 동력을 구하라. 단, 운동에너지와 위치에너지의 변화는 무시할 수 있다.

3.39 지상에 설치한 펌프로 수온 20°C의 호수 물을 양수하려고 한다. 공동현상 없이 양수할 수 있는 호수면에서 펌프까지 최대 높이는 얼마인가? 단, 펌프 내부의 최저 압력은 펌프 입구 압력보다 20 kPa 낮은 것으로 가정하라.

3.40 폭 4 m, 높이 5 m, 두께 0.2 m인 벽의 내외면의 온도는 각각 18°C와 0°C라고 한다. 벽의 열전도계수가 0.7 W/m°C일 때 이 벽을 통한 열손실률을 구하라.

3.41 두께 5 mm인 유리창의 내외면 온도가 각각 15°C와 5°C이다. 유리의 열전도계수가 1.4 W/m°C일 경우 가로 1 m, 세로 2 m인 유리창을 통한 열손실률을 구하라.

3.42 온도 25°C인 공기가 가로 0.50 m, 세로 0.25 m인 평판 위를 흐른다. 대류열전달계수가 250 W/m^2 °C, 표면온도가 40°C로 유지될 때 평판의 한쪽 면에서 공기로의 열전달률을 구하라.

3.43 브레이크에서 지속적으로 75 W 동력을 흡수한다고 한다. 표면적이 0.1 m^2이고 주위 온도는 20°C, 대류열전달계수가 10 W/m^2 °C일 때 브레이크의 표면온도는?

3.44 벽면 온도와 공기 온도가 다 같이 25°C인 실내에 서 있는 사람으로부터 대류 및 복사에 의한 열손실을 구하라. 단, 사람의 표면적은 1.5 m^2, 표면온도는 29°C, 대류열전달계수는 5 W/m^2 °C, 표면방사율은 0.94로 가정한다.

3.45 지름 1.0 m인 구형 물체가 표면온도 400°C인 대형 진공오븐 속에 있다. 이 물체의 표면온도가 80°C이고 표면방사율이 0.9인 경우 물체가 받는 순열전달률은 얼마인가?

3.46 공기와 벽의 온도가 모두 22°C인 방을 수증기 관이 통과한다. 관의 바깥지름이 60 mm이고, 방사율은 0.8, 표면온도는 250°C이다. 관표면에서의 자연대류 열전달계수가 15 W/m^2 K일 때 관의 단위길이당 열손실률을 구하라.

3.47 금속 평판의 뒷면은 완전히 단열되어 있으며, 앞면은 800 W/m^2의 태양복사열을 흡수한다. 평판과 주위 공기 사이의 대류열전달계수는 15 W/m^2 K, 방사율이 0.8, 주변 공기온도가 20°C, 하늘 온도가 0 K일 때 평판의 온도를 구하라.

Chapter 4

열역학 제1법칙

열역학 제1법칙은 에너지보존 법칙이다. 앞에서 이미 열과 일은 계의 경계를 넘어서 전달되는 에너지이고 내부에너지는 물질의 분자가 보유한 에너지라는 것을 설명하였기 때문에 열역학 제1법칙은 당연한 법칙으로 보일 수 있다. 그러나 열과 일에 대한 이러한 인식과 내부에너지에 대한 개념은 열역학 제1법칙과 더불어 확립되었다.
이 장에서는 밀폐계에 대한 에너지보존식과 열역학적 상태량인 내부에너지와 엔탈피 및 비열을 다룬다. 또 이상기체의 성질과 비열에 대하여 소개하기로 한다. 검사체적에 대한 열역학 제1법칙은 다음 장에서 다룬다.

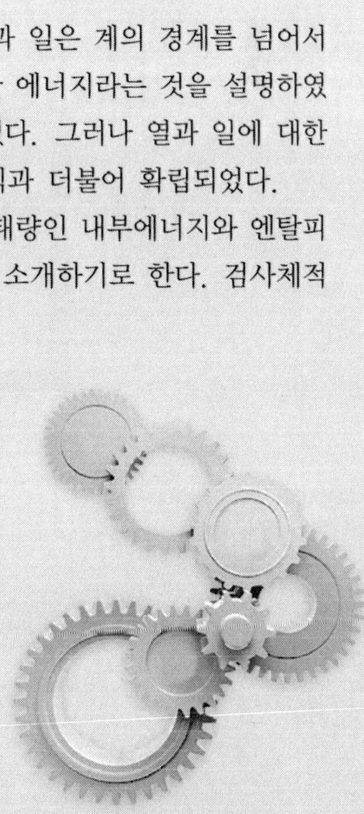

4-1 Joule의 실험

열역학 제1법칙은 열과 일이 본질적으로 같은 물리량인 에너지를 나타낸다는 데서 출발한다. 이전에는 열과 일은 별개의 물리량으로 인식되었으므로, 그 단위도 각각 다르게, 일은 $kg_f m$ 또는 $lb_f ft$, 열은 kcal 또는 Btu를 사용하였다.

1840년대에 J. Joule(1818~1889)은 열이 어느 정도의 일에 해당하는지를 알고자 하였다. 그 당시는 열기관이 사용되기 시작한 시기로서 기관에 공급한 열과 발생한 일의 관계를 구하는데 연구자들의 관심이 쏠려 있었다. 그는 |그림 4-1|과 같이 단열된 수조에 휘젓기 날개가 달린 회전축을 장착하고, 일정한 무게를 갖는 추가 떨어지는 힘으로 그 날개가 회전하도록 하였다. 이 과정에서 날개와 물 사이의 마찰에 의하여 물의 온도는 상승한다. 그는 무게추에 의한 일과, 같은 온도 상승에 필요한 열이 비례함을 알았다. 이것은 열과 일이 다 같은 에너지의 전달임을 뜻하는 것이다. 이 실험으로 그는 열이 얼마의 일과 같은가를 의미하는 열의 일당량을 구하였으며 오늘날 사용하는 4.18 kJ/kcal과 비교하여 놀랍도록 정확한 값을 얻었다. 이로써 열과 일은 같은 단위를 사용할 수 있는 에너지임을 알게 되었으며, 그 전까지 열이 물질의 일종이라는 생각은 오류임이 밝혀지게 되었다. 그를 기념하여 오늘날 열과 일을 포함한 모든 에너지의 국제표준 단위로 J을 채택한 것은 1948년이다.

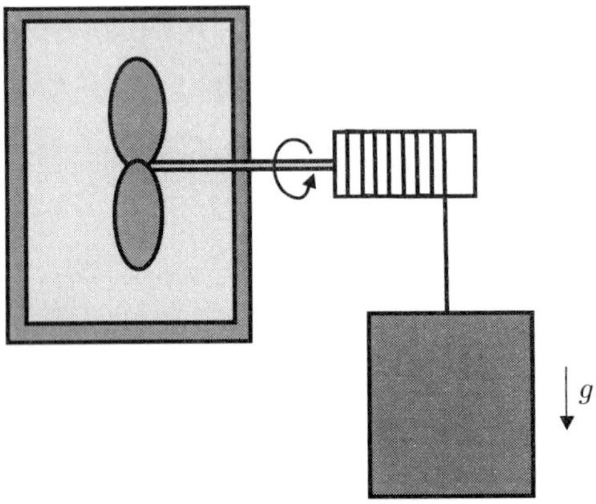

|그림 4-1| Joule실험

4-2 밀폐계의 제1법칙

Joule의 실험을 근거로 열역학 제1법칙을 수식화한 사람은 독일의 물리학자 R. Clausius 였다. 그는 1850년 처음으로 내부에너지 개념을 사용하여 간결하게 일과 열 및 내부에너지의 관계를 발표하였다. Joule의 실험에서 무게추에 의한 일을 통하여 수조의 온도는 상승하나 이를 냉각하면 다시 원래 상태로 돌아오게 된다. 즉 계는 하나의 사이클을 이루게 된다. 이 때 한 사이클 동안 계가 한 일 $\oint \delta W$와 받은 열 $\oint \delta Q$는 다음과 같은 비례식으로 나타낼 수 있다(실험에서는 일을 받고 열이 나갔으므로 양 쪽 모두 부(-)의 에너지로서 등식이 된다).

$$\oint \delta Q = A \oint \delta W \tag{4.1}$$

식에서 비례상수 A는 열과 일의 단위에 따라서 $2.34 \times 10^{-3}\ \text{cal/kg}_f\text{m}$ 또는 $1.285 \times 10^{-3}\ \text{Btu/lb}_f\text{ft}$등으로 될 수 있으며 이를 일의 열당량이라고 한다. 그러나 일과 열을 동일한 SI단위인 J로 나타내면 A=1이 된다. 이 경우 식(4.1)은 다음과 같이 표현된다.

$$\oint (\delta Q - \delta W) = 0 \tag{4.2}$$

위와 같이 사이클 적분이 항상 0이면 3장에서 고찰한 바와 같이 그것은 점함수이고 열역학적 상태량이 될 수 있다. 따라서 $\delta Q - \delta W$는 어떤 열역학적 상태량의 미분이 될 수 있으며 이를 dE로 표시하면 다음 식을 얻을 수 있다.

$$\delta Q = dE + \delta W,\ \ \delta q = de + \delta w \tag{4.3a}$$

상태 1에서 2까지 적분하면

$$ {}_1Q_2 = E_2 - E_1 + {}_1W_2,\ \ {}_1q_2 = e_2 - e_1 + {}_1w_2 \tag{4.3b}$$

위의 두 식은 열의 형태로 계로 들어간 에너지와 일의 형태로 계에서 나간 에너지의 차는 계에 저장되는 에너지와 같음을 뜻한다. 또는 열의 형태로 계로 들어간 에너지는 계에 저장되는 에너지와 일의 형태로 계를 나가는 에너지의 합과 같음을 뜻한다. 따라서 E는 계의 저장에너지 또는 총에너지라고 할 수 있다.

상태량 E는 점함수이므로 증분은 dE로 나타내고 경로함수인 열과 일은 불완전미분이므로 미소량은 δQ, δW로 나타낸다. E_1과 E_2는 계가 보유한 처음 상태와 최종 상태의 에너지를 나타내므로 두 상태 사이의 에너지의 증가량은 $\Delta E = E_2 - E_1$으로 나타낼 수 있다. 그러나 열과 일은 상태변화의 경로에 따라 다른 값을 갖는 경로함수이므로 Q_1이나 W_2와 같은 점에서의 양을 뜻하는 표현을 할 수 없다. 따라서 두 상태 점1과 점2 사이에서 전달된 열과 일은 Q, W 또는 $_1Q_2$, $_1W_2$와 같이 표시한다.

식(4.3)은 에너지는 열의 형태나 일의 형태로 전달되지만 그 양은 소멸하거나 생성되지 않고 보존된다는 에너지보존법칙을 표현한 것이다. 왜 에너지가 보존되는지는 다른 법칙으로 증명할 수 없기 때문에 에너지보존법칙은 그 자체로 독립된 법칙이다. 이처럼 열역학 제1법칙은 경험에서 정립된 법칙이지만 아직까지 이를 위반하는 현상이 관찰된 바가 없으므로 입증된 것과 다름없다.

E는 주어진 상태에서 시스템이 갖는 총에너지는 식(1.3)에서 언급한 바와 같이 내부에너지 U에 운동에너지와 위치에너지를 합한 것이다.

$$E = U + \frac{m\boldsymbol{V}^2}{2} + mgZ \tag{4.4}$$

따라서 식(4.3)은 다음과 같이 표현할 수 있다.

$$\delta Q = dU + d\left(\frac{m}{2}\boldsymbol{V}^2 + mgZ\right) + \delta W \tag{4.5a}$$

$$_1Q_2 = U_2 - U_1 + m(\boldsymbol{V}_2{}^2 - \boldsymbol{V}_1{}^2)/2 + mg(Z_2 - Z_1) + {}_1W_2 \tag{4.5b}$$

계의 역학적에너지 변화가 있는 경우 계의 총일은 경계이동일에 역학적일을 더하여야 한다. 식(3.11)에서 역학적 일은 계의 역학적에너지의 감소량과 같다. 그러므로 식(4.5)에서 총일을 경계이동일과 역학적에너지 감소량의 합으로 치환하면 역학적에너지의 변화는 상쇄되고 경계이동일만 남는다. 따라서 역학적에너지와 상관없이 경계이동일만 고려하여 다음 식을 사용할 수 있다.

$$\delta Q = dU + \delta W, \quad \delta q = du + \delta w \tag{4.6a}$$

적분하면

$$_1Q_2 = U_2 - U_1 + {}_1W_2, \quad {}_1q_2 = U_2 - U_1 + {}_1W_2 \tag{4.6b}$$

경계이동일은 역학적일과 무관하게 위의 식을 만족시킨다. 경계이동일과 열은 모두 내부에너지의 변화와 관계되는 것을 알 수 있다. 역학적일은 내부 상태량의 변화와 무관하다는 점은 이미 언급한 바와 같다. 이에 반하여 역학적일은 외부 상태량인 질량 중심의 좌표 변화와 관련된 것이다.

검사질량의 상태변화가 준평형 과정인 경우, 일에 관한 식(3.2)를 식(4.6a)에 대입하면 다음 식을 얻을 수 있다.

$$\delta Q^{rev} = dU + PdV, \quad \delta q^{rev} = du + Pdv \tag{4.7}$$

이 결과는 식(3.12)를 에너지보존식(4.5)에 대입해도 얻을 수 있다. 검사질량의 준평형 과정에 대한 에너지보존식(4.7)은 |그림 4-2|에 도시한 바와 같이 검사질량의 운동과 관계없이 적용할 수 있다.

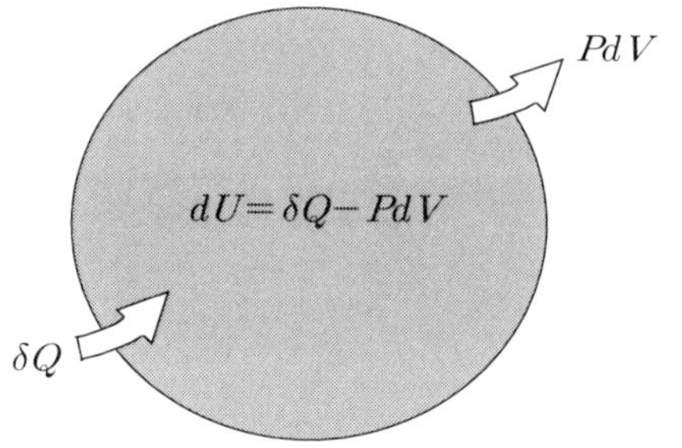

| **그림 4-2** | 준평형 과정의 검사질량에 대한 열역학 제1법칙

예 | 제 | 4-1

용기에 든 뜨거운 유체를 빨리 냉각하기 위하여 휘젓기날개로 유체를 저어 준다. 처음 유체의 내부에너지는 500 kJ이고 800 kJ의 열손실이 일어나는 동안 휘젓기날개를 통하여 받은 일은 100 kJ이라고 한다. 최종 상태의 내부에너지를 구하라. 휘젓기날개에 저장되는 에너지는 무시할 수 있다.

풀이

이 계는 정지된 밀폐계이며 유체의 부피 변화는 무시할 수 있다. 이 과정에서 열은 계에서 주위로의 열전달이므로 $Q = -800$ kJ, 휘젓기날개에 의한 일은 주위에서 계에 대하여 한 일이므로 $W = -100$ kJ. 따라서 내부에너지의 변화는

$U_2 - U_1 = Q - W = -800 + 100 = -700$ kJ

$U_1 = 500$ kJ이므로 최종상태의 내부에너지 U_2는

$U_2 = 500 - 700 = -200$ kJ

예|제|4-2

피스톤–실린더 장치에 20°C, 2000 kPa의 공기 10 kg이 들어 있다. 처음에 내부의 공기가 준평형 과정으로 단열 팽창하여 20 kJ의 일을 하였다. 그 후 이 시스템에 외력이 작용하여 준평형 과정으로 부피변화 없이 20 kJ의 일을 받아서 높은 곳으로 옮겨졌다. 이 계가 한 일을 구하고 상태량의 변화를 구하라.

풀이

처음에 경계이동일이므로 식(4.6b)에서

${}_1Q_2 = U_2 - U_1 + {}_1W_2$에서 ${}_1Q_2 = 0$, ${}_1W_2 = 20\ \mathrm{kJ}$을 대입하면

$U_2 - U_1 = -20\ \mathrm{kJ}$

경계이동일로 인하여 내부에너지가 감소하였다. 물론 부피, 압력 및 온도도 변화하였다.

다음에는 역학적일이므로 내부 상태량에는 아무 변화를 일으킬 수 없다. 역학적 일을 받으면 계의 역학적에너지가 증가할 뿐이다. 속도 변화 없이 위치만 위로 옮겨졌으므로 이 계의 질량 중심의 위치 변화는

$W_{mech} = -mg\Delta Z$에서 $W_{mech} = -20\ \mathrm{kJ}$을 대입하면

$\Delta Z = W_{mech}/mg = 20 \times 1000/(10 \times 9.8) = 204\ \mathrm{m}$

역학적 일을 통해서는 계의 내부 상태량에는 변화가 일어나지 않는다. 다만 외부 상태량이라고 할 수 있는 위치 이동이 있을 뿐이다.

이 계가 단열 상태에서 경계이동일 20 kJ을 하고 역학적일 20 kJ을 받아서 총일은 0이다. 따라서 계의 저장에너지의 변화는 없지만 내부에너지는 감소하고 역학적에너지는 증가한 것이다.

4-3 내부에너지와 엔탈피

내부에너지를 열역학적 상태량으로 도입함으로써 사이클이 아닌 임의 과정에 대하여 열역학 제1법칙의 공식화가 가능하게 되었다. 열역학 제1법칙과 관련하여 또 하나의 상태량인 엔탈피(enthalpy) H가 다음과 같이 정의되었다.

$$H \equiv U + PV, \quad h \equiv u + Pv \tag{4.8}$$

엔탈피의 물리적인 의미와 공학적 응용은 5장에서 자세히 다루게 된다. 상태량의 함수인 엔탈피도 역시 하나의 상태량이다.

엔탈피의 미분형

$$dH = dU + PdV + VdP \tag{4.9}$$

을 식(4.7)에 대입하면

$$\delta Q^{rev} = dH - VdP, \ \delta q^{rev} = dh - vdP \tag{4.10}$$

이 식은 식(4.7)과 마찬가지로 검사질량의 운동과 상관없이 준평형 과정에 적용된다.

검사질량이 준평형 과정으로 체적이 일정한 변화를 한다면 식(4.7)에서

$$\delta Q^{rev} = dU \tag{4.11a}$$

$$Q^{rev} = m(u_2 - u_1) \tag{4.11b}$$

따라서 밀폐계의 준평형 정적과정에서 가열량은 계의 내부에너지 증가량과 같다.

압력이 일정한 경우는 식(4.10)에서

$$\delta Q^{rev} = dH \tag{4.12a}$$

$$Q^{rev} = m(h_2 - h_1) \tag{4.12b}$$

따라서 밀폐계의 준평형 정압과정에서 가열량은 계의 엔탈피 증가량과 같다.

열역학적 상태량인 내부에너지와 엔탈피는 정적 및 정압 과정 실험으로 구할 수 있다. 부록 B에 첨부된 물의 상태량표를 보면 온도와 압력을 기준으로 비체적, 내부에너지, 엔탈피 등이 나타나 있다. 내부에너지가 없고 엔탈피만 나타나 있는 경우도 있다. 이 경우에는 식(4.8)로부터

$$u = h - Pv \tag{4.13}$$

에 의하여 내부에너지를 구할 수 있다.

열역학에서 내부에너지는 항상 그 절댓값이 아니라 변화량을 필요로 하기 때문에 기준점을 임의로 정할 수 있다. 대부분의 수증기표는 삼중점에서 액체의 내부에너지를 기준값 0으로 한다. 냉매에 대한 상태량표(부록 B.2, B.3)는 −40℃의 포화액을 기준점으로 한다. 따라서 표를 볼 때는 그 기준점이 어딘지를 살펴볼 필요가 있다. 엔탈피도 내부에너지와 다름없이 그 차이를 필요로 하나 내부에너지에 따라서 정해지기 때문에 내부에너지와 별도의 기준을 정할 수는 없다.

포화상태에 대한 상태량은 온도(부록 B.1.1) 또는 압력(부록 B.1.2)을 기준으로 도표화되어 있으며 포화액은 첨자 f를 붙인 u_f, h_f로, 포화 증기는 첨자 g를 붙인 u_g, h_g로 표시되고, 그 차이는

$$u_{fg} = u_g - u_f, \; h_{fg} = h_g - h_f \tag{4.14}$$

로 표시한다. 액체가 일정한 압력 하에서 증발할 때 필요한 열은 식(4.12b)에서 단위질량당 엔탈피차 h_{fg}와 같음을 알 수 있다. 압력이 일정한 상태의 증발은 온도도 일정하므로 이 때 열은 모두 상변화에 사용되기 때문에 h_{fg}를 증발잠열이라고 한다.

h_{fg}는 식 $h_g - h_f = u_g + Pv_g - (u_f + Pv_f) = u_{fg} + P(v_g - v_f)$와 같이 풀어 쓸 수 있다. 즉 증발잠열은 액체에서 기체로 변할 때 분자가 갖는 내부에너지의 변화와 부피 팽창에 따른 유동일을 합한 것과 같다. 표준대기압 하에서 물의 증발잠열은 h_{fg} =2257.06 kJ/kg이며 내부에너지 변화는 u_{fg}=2087.56 kJ/kg, 유동일은 $P(v_g - v_f)$=169.5 kJ/kg이다.

습증기의 내부에너지, 엔탈피 등의 상태량은 비체적에 대한 식(2.3)과 같이 건도를 이용하여 다음과 같이 구할 수 있다.

$$u = u_f + xu_{fg}, \; h = h_f + xh_{fg} \tag{4.15}$$

포화액의 엔탈피는 내부에너지에 포화압력과 포화액의 비체적을 곱한 값을 합한 것이다.

$$h_f = u_f + P_s v_f \tag{4.16a}$$

그런데 액체의 비체적은 매우 작으므로 압력이 매우 높지 않다면 액체의 엔탈피와 내부에너지는 같다고 할 수 있다.

$$h_f \cong u_f \tag{4.16b}$$

물의 경우 포화온도 300°C(포화압력 8.58 MPa)까지 포화액의 엔탈피와 내부에너지는 1% 내의 오차로 일치한다.

압축액의 비체적이나 내부에너지는 근사적으로 같은 온도의 포화액의 상태와 같다. 그러나 압력이 매우 높다면 압축액의 상태량표(부록 B.1.4)를 이용할 수 있다.

예제 4-3

체적 5.0 m^3, 온도 400°C, 압력 100 kPa인 수증기를 체적을 일정하게 유지하고 준평형 과정에 의하여 압력이 50 kPa로 될 때까지 냉각하려고 한다. 냉각 후의 온도와 냉각 열량을 구하라.

풀이

밀폐계에서 체적이 일정하므로 경계이동일은 없다. 따라서 열역학 제1법칙에서

$Q = \Delta U + W = m(u_2 - u_1) + 0$

P_1 = 100 kPa, T_1 = 400°C일 때 부록 B.1.3의 과열증기표에서 v_1 = 3.103 m^3/kg, u_1 = 2968 kJ/kg.

$P_2 = 50$ kPa, $v_2 = v_1 = 3.103$ m³/kg에서 냉각 후의 상태량을 구하면

포화증기표 B.1.2에서 포화압력 50 kPa일 때 $v_f = 0.001030$ m³/kg, $v_g = 3.2403$ m³/kg이므로

$v_f \le v_2 \le v_g$임을 알 수 있다. 즉 최종상태는 습증기이다. 먼저 건도를 구하면

$x_2 = \dfrac{v_2 - v_f}{v_g - v_f} = (3.103 - 0.00103)/(3.2403 - 0.00103) = 0.958$

50 kPa에서 $u_f = 340.42$ kJ/kg, $u_{fg} = 2143.4$ kJ/kg이므로

$u_2 = u_f + x_2 u_{fg} = 340.42 + 0.958 \times 2143.4 = 2394$ kJ/kg

따라서 열량은

$Q = m(u_2 - u_1) = (5.0/3.103)(2394 - 2968) = -925$ kJ

냉각열은 925 kJ이다.

예제 4-4

검사질량 200 kg, 체적 1.0 m³, 압력 100 kPa인 수증기를 압력을 일정하게 유지하고 온도가 400°C로 될 때까지 가열하려고 한다. 가열과정에서 계가 한 일과 열량을 구하라.

풀이

압력이 일정한 준평형 과정의 경우 검사질량의 경계이동일은

$W = P\Delta V = mP(v_2 - v_1)$

가열량은 $Q = \Delta H = m(h_2 - h_1)$에서 구할 수 있다.

$P_1 = 100$ kPa, $v_1 = 1.0/200 = 0.005$ m³/kg에서 상태량을 구하면

포화증기표 B.1.2에서 포화압력 100 kPa일 때 $v_f = 0.001043$ m³/kg, $v_{fg} = 1.693$ m³/kg이므로

$v_f \le v_1 \le v_g$임을 알 수 있다. 즉 최초상태는 습증기이다. 먼저 건도를 구한 다음 엔탈피를 구할 수 있다.

$x_1 = \dfrac{v_1 - v_f}{v_g - v_f} = (0.005 - 0.001043)/1.693 = 0.00234$

같은 표에서 $h_f = 417.43$ kJ/kg, $h_{fg} = 2258$ kJ/kg이므로

$h_1 = h_f + x_1 h_{fg} = 417.43 + 0.00234 \times 2258 = 423$ kJ/kg

$P_2 = P_1 = 100$ kPa, $T_2 = 400$°C일 때 과열증기표 B.1.3에서 $v_2 = 3.103$ m³/kg, $h_2 = 3278$ kJ/kg.

따라서

$W = mP(v_2 - v_1) = (200\text{ kg})(100\text{ kPa})[(3.103 - 0.005)\text{ m}^3/\text{kg}] = 61960$ kJ

$Q = m(h_2 - h_1) = (200\text{ kg})[(3278 - 423)\text{ kJ/kg}] = 571000$ kJ

이 문제는 $Q = m(u_2 - u_1) + W$에서 구할 수도 있다.

$u_1 = u_f + x_1 u_{fg} = 417.36 + 0.00234 \times 2088.7 = 422.2$ kJ/kg

$P_2 = 100$ kPa, $T_2 = 400$°C일 때 과열증기표(부록 B.1.3)에서 $u_2 = 2967.8$ kJ/kg.

따라서

$Q = 200 \times (2967.8 - 422.2) + 61960 = 571000$ kJ

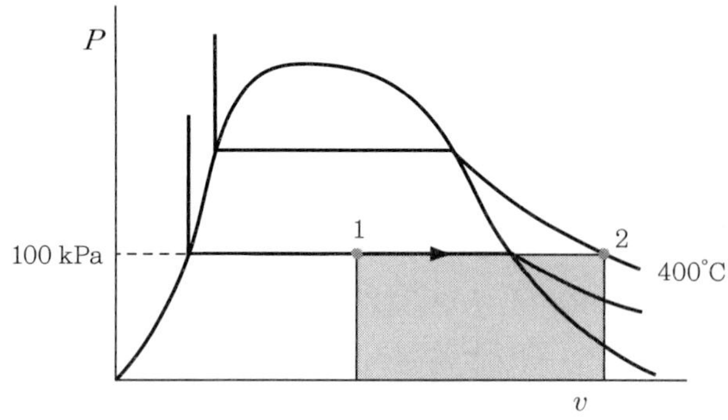

| 그림 4-3 | 예제 4-4

4-4 비열

상변화가 없는 경우 물질의 내부에너지의 변화와 엔탈피의 변화를 구하기 위하여 비열 (specific heat)을 사용할 수 있다.

1) 비열의 정의

일반적으로 비열은 단위질량의 물질을 가열하여 단위온도 높이는데 필요한 열량으로 이해하고 있다. 그러나 비열은 열역학적 상태량이므로 문자적 의미와 다르게 열이 아닌 상태량으로 정의된다. 경로함수인 열은 과정에 따라서 달라지기 때문이다.

부피가 일정한 정적 과정에서 내부에너지의 온도에 대한 변화율을 정적비열 C_v라고 한다.

$$C_v \equiv \left.\frac{\partial u}{\partial T}\right)_v \tag{4.17a}$$

또한 압력이 일정한 정압 과정에서 온도 변화에 대한 엔탈피 변화율인 C_p를 정압비열이라고 한다.

$$C_p \equiv \left.\frac{\partial h}{\partial T}\right)_p \tag{4.17b}$$

이상과 같이 비열은 열역학적 상태량으로 정의되었기 때문에 비열 역시 열역학적 상태량이 된다.

따라서 검사질량의 준평형적인 정적과정에서 $\delta w^{rev} = Pdv = 0$이고 $du = C_v dT$이므로 식(4.7)과 (4.11)은 다음과 같이 표현될 수 있다.

$$\delta q^{rev} = C_v dT \quad (v = const) \tag{4.18a}$$

$$Q^{rev} = mC_v \Delta T \quad (v = const,\ C_v = const) \tag{4.18b}$$

즉 부피가 일정하게 준평형 과정으로 단위질량을 가열하여 단위온도 높이는데 필요한 열량은 정적비열과 같다. 여기서 '준평형적'인 과정에 주목해야 한다. Joule의 실험과 같이 마찰에 의하여 온도가 상승하는 비평형 과정에는 식(4.18)을 적용할 수 없다.

마찬가지로 검사질량의 준평형적인 정압과정에 관한 식(4.10)과 (4.12)에서 온도 변화와 가열량의 관계는 다음과 같다.

$$\delta q^{rev} = C_p dT \quad (P = const) \tag{4.19a}$$

$$Q^{rev} = mC_P \Delta T \quad (P = const,\ C_p = const) \tag{4.19b}$$

즉 일정한 압력에서 단위질량의 물질을 준평형 과정으로 단위온도 가열하는데 필요한 열량은 정압비열과 같다. 이 경우에도 준평형 과정이 아니면 적용할 수 없다. 정압과정에서도 비평형적인 휘젓기날개에 의하여 가열하지 않고도 온도 상승이 가능하기 때문이다.

가끔 1몰당 단위온도 상승에 필요한 에너지를 뜻하는 몰비열(molar specific heat)이 사용되기도 하는데 단위몰당 상태량을 $\bar{v}$, $\bar{u}$, $\bar{h}$ 등으로 표시하듯이 $\overline{C_v}$, $\overline{C_p}$로 표시하고 몰정적비열, 몰정압비열이라고 한다. 몰당 상태량은 단위질량당 상태량에 분자량을 곱한 것과 같다. 즉, $\bar{v} = Mv\ \cdots$, $\overline{C}_v = MC_v$.

예제 4-5

200 kPa, 350°C에서 수증기의 정압비열과 몰정압비열을 구하라.

풀이

정압비열의 정의인 식(4.17)에서 근사적으로

$C_p = \frac{\partial h}{\partial T})_p \approx \frac{\Delta h}{\Delta T})_p$으로 구할 수 있으므로 수증기표 B.1.3에서

200 kPa, 300°C에서, $h = 3071.8$ kJ/kg

200 kPa, 400°C에서, $h = 3276.6$ kJ/kg

따라서 200 kPa, 350°C에서 수증기의 정압비열은

$$C_p \approx \frac{3276.6 - 3071.8}{100} = 2.048 \text{ kJ/kg K}$$

$$\overline{C_p} = MC_p = (18.015 \text{ kg/kmol})(2.048 \text{ kJ/kg K}) = 36.89 \text{ kJ/kmol K}$$

2) 액체와 고체의 비열

정압비열은 정적비열보다 크다. 왜냐하면 압력을 일정하게 하고 가열하면 부피를 일정하게 하고 가열하는 경우보다 부피 팽창에 필요한 에너지가 추가되기 때문에 같은 온도상승에 그만큼 더 많은 열이 필요하다. 그러나 비체적이 매우 작으면서 그 변화가 거의 없는 액체나 고체는 정적비열과 정압비열이 거의 같다. 따라서 액체나 고체의 경우는 정적, 정압의 구별 없이 C로 표시하고 비열이라고 말하는 경우가 많다.

$$\delta q \approx du \approx dh = CdT \tag{4.20}$$

부록 A.3은 고체와 액체의 상온에서 비열을 정리한 것이다. 15°C 물의 비열은 C=4.18 kJ/kg K로서 C=1 kcal/kg°C = 1 Btu/lb°F와 같다. 즉 1 kcal는 물 1 kg의 물을 14.5°C에서 15.5°C로 1°C 가열하는데 필요한 열량이며, 1 Btu는 물 1 lb를 1°F 가열하는데 필요한 열량이다.

예제 4-6

잘 단열된 0.2 m^3, 20°C의 물을 담고 있는 탱크에 90°C, 150 kg의 쇳덩어리를 집어넣었다. 열평형에 도달한 후 온도는 몇 °C인가? 또 쇳덩어리로부터 물로 열전달은 얼마인가?

풀이

쇠와 물을 합한 전체를 계로 보면 밀폐계가 된다. 계와 주위 사이에는 열이나 일이 없기 때문에 총내부에너지의 변화는 없다.

$\Delta U_{iron+water} = \Delta U_{iron} + \Delta U_{water} = 0$

부피변화를 무시할 수 있는 고체와 액체의 내부에너지 변화는 비열을 이용하여 구할 수 있다. 따라서 비열이 일정한 경우 평형온도를 T라고 할 때 위의 식은 다음과 같고

$m_{iron}C_{iron}(T - T_{1,iron}) + m_{water}C_{water}(T - T_{1,water}) = 0$

평형온도는

$T = \dfrac{m_{iron}C_{iron}T_{1,iron} + m_{water}C_{water}T_{1,water}}{m_{iron}C_{iron} + m_{water}C_{water}}$가 되므로

여기에 물의 질량 $m_{water} = \rho_{water}V_{water}$ =(1000 kg/m^3)(0.2m^3) = 200 kg을 대입하고 부록 A.3에서 상온의 물과 쇠의 비열 C_{water} =4.18 kJ/kg K, C_{iron}= 0.42 kJ/kg K을 대입하면 평형온도는

$T = \dfrac{(150)(0.42)(90) + (200)(4.18)(20)}{(150)(0.42) + (200)(4.18)}$ = 24.9°C

쇳덩어리로부터 물로 열전달량은 물의 내부에너지 증가량과 같으므로

$Q = m_{water}C_{water}(T - T_{1,water})$ = 200×4.18×(24.9 − 20) = 4096 KJ

3) 이상기체의 비열

순수물질의 강성적 상태량인 내부에너지는 2개의 독립된 강성적 상태량의 함수이므로 T, v의 함수로 놓을 때 그 미분은 다음과 같이 표현될 수 있다.

$$du(T,v) = \frac{\partial u}{\partial T})_v dT + \frac{\partial u}{\partial v})_T dv = C_v dT + \frac{\partial u}{\partial v})_T dv \tag{4.21}$$

여기서 마지막 항 $\frac{\partial u}{\partial v})_T$의 값을 알아보자.

|그림 4-4|와 같이 이상기체가 채워진 공간과 진공으로 된 공간이 중간에 밸브로 분리된 상태에서 밸브를 열어서 단열 상태로 기체를 팽창시키는 자유팽창(free expansion) 실험을 생각하자. 이 실험에서 Joule(1843)은 $\Delta T = 0$인 것을 발견했다. 팽창 과정에 경계에 작용하는 압력이 $P_{ex} = 0$이므로 식(3.7)에서 한 일은 $W = 0$가 된다. 또 단열 상태에서 일어나므로 열량도 $Q = 0$이 된다. 따라서 밀폐계의 에너지 방정식(4.6)에서 내부에너지 변화는 $U_2 - U_1 = 0$이 된다. 내부에너지 변화가 없으면 온도도 변하지 않음을 알 수 있다. 따라서 Joule은 이상기체의 내부에너지는 온도만의 함수이며 압력이나 비체적과 무관하다고 결론을 내렸다. 그러므로 $\frac{\partial u}{\partial v})_T = 0$이 된다.

내부에너지란 분자가 보유한 에너지이고 이상기체란 개별 분자의 거동이 분자간의 평균거리, 즉 체적이나 밀도의 영향을 받지 않는 기체를 의미한다. 따라서 분자가 갖는 에너지는 분자간의 상호작용에 관련된 위치에너지는 없고 분자 자체가 갖는 에너지뿐이라고 할 수 있다. 이는 2장에서 살펴본 이상기체의 운동이론에서도 분명히 알 수 있다. 병진운동에너지, 회전운동에너지, 진동운동에너지는 모두 압력이나 비체적 등과는 관계없이 온도만의 함수임을 보여준다. 이들 운동에너지의 합으로 이루어진 이상기체의 내부에너지도 당연히 온도만의 함수가 된다.

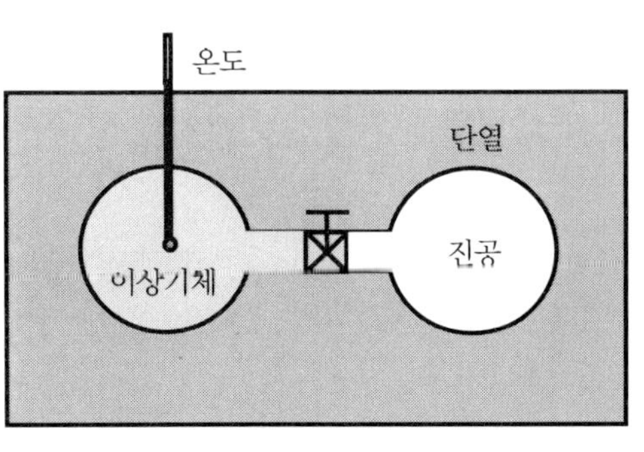

|그림 4-4| 이상기체의 자유팽창

그러므로 이상기체의 내부에너지는 온도만의 함수가 되고

$$u = u(T) \tag{4.22}$$

비체적과 무관하므로 정적비열을 사용하여 내부에너지 변화를 구할 수 있다.

$$du = C_{v0}dT \tag{4.23}$$

모든 기체가 압력이 0에 가깝게 되면 이상기체와 같은 거동을 하므로 이상기체 비열을 0압력비열이라고도 하며 정적비열을 C_{v0}, 정압비열을 C_{p0}로 표기한다.

또한 이상기체의 경우 $h = u + Pv = u(T) + RT$이므로 엔탈피도 온도만의 함수가 된다.

$$h = h(T) \tag{4.24}$$

따라서 이상기체의 엔탈피는 압력과 관계없이 정압비열을 이용하여 다음 식을 적분하면 그 변화를 구할 수 있다.

$$dh = C_{p0}dT \tag{4.25}$$

위의 두 식(4.23)과 식(4.25)는 정적과정이나 정압과정이 아니라, 이상기체라면 어떤 과정이든 상관없이 적용된다는 점을 주목해야 한다. 또한 이상기체의 경우 $dh = du + RdT$이므로 식(4.23)과 식(4.25)를 대입하면 정압비열과 정적비열 사이에는 다음 관계가 있다.

$$C_{p0} - C_{v0} = R \tag{4.26}$$

또 두 비열의 비를 비열비(specific heat ratio) k라고 한다.

$$k \equiv \frac{C_{p0}}{C_{v0}} \tag{4.27}$$

비열비와 기체상수를 이용하여 비열을 표현하면 다음과 같다.

$$C_{v0} = \frac{1}{k-1}R, \ \ C_{p0} = \frac{k}{k-1}R \tag{4.28}$$

예제 4-7

체적 5.0 m^3, 온도 40°C, 압력 100 kPa인 공기를 체적을 일정하게 유지하고 압력이 150 kPa로 될 때까지 가열하려고 한다. 가열 후의 온도와 가열량을 구하라.

풀이

공기를 비열이 일정한 이상기체로 보고 과정을 준평형 과정으로 가정하면 체적이 일정한 경우 식(4.11)에서

$Q = U_2 - U_1 = mC_v(T_2 - T_1)$

여기서 공기의 질량은

$m = \dfrac{P_1 V}{RT_1} = (100\ \text{kPa})(5.0\ \text{m}^3)/[(0.287\ \text{kJ/kg K})(313\ \text{K})] = 5.57\ \text{kg}$

$V_1 = V_2$이므로 가열 후 온도는

$T_2 = \dfrac{P_2}{P_1} T_1 = (150/100)(313\ \text{K}) = 470\ \text{K}$

따라서 가열량은

$Q = (5.57\ \text{kg})(0.717\ \text{kJ/kg K})[(470 - 313)\ \text{K}] = 627\ \text{kJ}$

예제 4-8

처음 체적 5.0 m^3, 온도 300 K, 압력 100 kPa인 공기를 압력을 일정하게 유지하면서 온도가 500 K로 될 때까지 가열하는 경우 가열량을 구하라. 또 계가 한 일 및 내부에너지의 변화를 구하라.

풀이

먼저 공기의 질량은

$m = \dfrac{P_1 V}{RT_1} = (100\ \text{kPa})(5.0\ \text{m}^3)/[(0.287\ \text{kJ/kg K})(300\ \text{K})] = 5.81\ \text{kg}$

공기를 비열이 일정한 이상기체로 보고 준평형 과정으로 가정할 때 압력이 일정한 경우 식(4.19)에서

$Q = mC_P\Delta T = (5.81\ \text{kg})(1.004\ \text{kJ/kg K})[(500 - 300)\ \text{K}] = 1167\ \text{kJ}$

$P_2 = P_1$이므로 가열 후 체적은

$V_2 = \dfrac{T_2}{T_1} V_1 = (500/300)(5.0\ \text{m}^3) = 8.33\ \text{m}^3$

따라서 압력이 일정한 경우의 경계이동일은

$W = P\Delta V = (100\ \text{kPa})[(8.33 - 5.0)\ \text{m}^3] - 333\ \text{kJ}$

내부에너지 변화는

$\Delta U = Q - W = 1167 - 333 = 834\ \text{kJ}$

또는 정적비열을 사용하여

$\Delta U = mC_v\Delta T = (5.81)(0.717)(500 - 300) = 833\ \text{kJ}$

4) 이상기체 비열과 온도

이상기체의 내부에너지나 엔탈피는 온도만의 함수이므로 비열도 온도만의 함수가 된다. 2장의 이상기체 분자 운동이론에서 단원자 분자의 몰내부에너지는 온도와 관계없이 자유도가 3인 병진운동에 의하여

$$\overline{u} = \frac{3}{2}\overline{R}T \tag{4.29}$$

O_2, N_2 같은 2원자 분자는 저온에서는 병진운동만 있으나 상온에서는 회전운동이 나타나므로 자유도가 5가 되어

$$\overline{u} = \frac{5}{2}\overline{R}T \tag{4.30}$$

따라서 몰비열은 단원자분자의 경우 온도에 관계없이

$$\overline{C_v} = \frac{d\overline{u}}{dT} = \frac{3}{2}\overline{R} \tag{4.31a}$$

$$\overline{C_p} = \frac{d\overline{h}}{dT} = \frac{5}{2}\overline{R} \tag{4.31b}$$

$$k = \overline{C_p}/\overline{C_v} = 5/3 \tag{4.31c}$$

그러나, 2원자 분자의 경우 저온에서는 위와 같으나 상온에서는 다음 값에 가깝다.

$$\overline{C_v} = \frac{5}{2}\overline{R}, \quad \overline{C_p} = \frac{7}{2}\overline{R}, \quad k = 7/5 \tag{4.32}$$

여러 이상기체의 온도에 따른 정압비열이 부록 A.5에 정리되어 있다. |그림 4-5|는 부록 A.6의 엔탈피에서 정압비열을 $C_p = \frac{\partial h}{\partial T}$에 의하여 구하고 도시한 것이다.

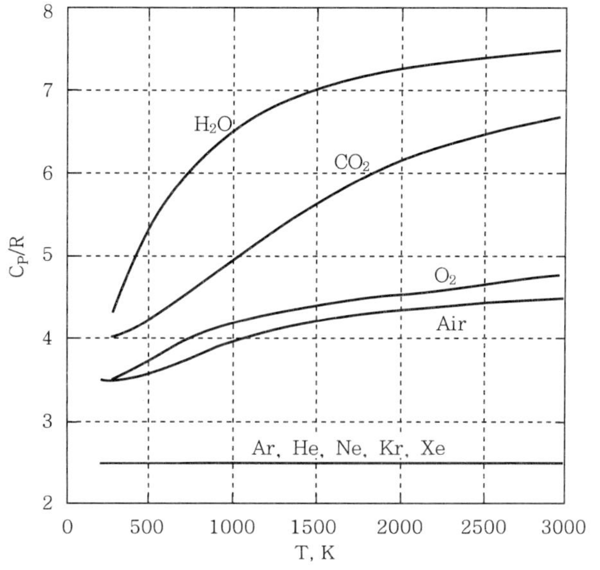

| 그림 4-5 | 이상 기체의 정압비열

|그림 4-5|에서 보듯이 단원자 분자를 제외하면 온도에 따라서 비열이 증가하므로 비열비는 감소하게 된다. 이상기체의 내부에너지와 엔탈피의 기준온도 T_0에서의 값을 u_0, h_0라고 할 때 임의의 온도 T에서의 값은 다음 식과 같이 비열의 적분으로 구할 수 있다.

$$u = \int_{T_0}^{T} C_{v0} dT + u_0 \tag{4.33}$$

$$h = \int_{T_0}^{T} C_{p0} dT + h_0 \tag{4.34}$$

식에서 $h_0 = u_0 + RT_0$을 만족하면 임의의 값으로 기준 값을 정할 수 있다. 왜냐하면 열역학에서 내부에너지나 엔탈피는 언제나 그 차이인 Δu, Δh가 사용되기 때문에 절대치는 중요하지 않다. 공기의 온도에 따른 내부에너지, 엔탈피 등의 상태량은 부록 A.6.1 기타 기체는 부록 A.6.2에 수록되어 있다.

예제 4-9

공기 1 kg이 300 K에서 1200 K까지 가열 될 때 엔탈피 변화를 다음 세 가지 방법으로 구하라.

a. 상온의 비열 사용

b. 부록 A.5의 비열을 이용

c. 부록 A.6의 표를 이용

풀이

a. 표 A.4에서 $C_{p0} = 1.004$ kJ/kg K

$h_2 - h_1 = C_{p0}(T_2 - T_1) = 1.004(1200 - 300) = 903.6$ kJ/kg

b. 표 A.5에서 $C_{p0} = 1.05 - 0.365\theta + 0.85\theta^2 - 0.39\theta^3$, $\theta = T/1000$

$$h_2 - h_1 = \int_{T_1}^{T_2} C_{p0} dT = 1000 \int_{\theta_1}^{\theta_2} C_{p0} d\theta = 1000[\int_{0.3}^{1.2} (1.05 - 0.365\theta + 0.85\theta^2 - 0.39\theta^3) d\theta]$$

$$= 1000[1.05(1.2 - 0.3) - 0.365(1.2^2 - 0.3^2)/2 + 0.85(1.2^3 - 0.3^3)/3 - 0.39(1.2^4 - 0.3^4)/4]$$

$$= 1000(0.945 - 0.2464 + 0.4820 - 0.2014) = 979 \text{ kJ/kg}$$

c. 부록 A.6의 표를 이용하면 300 K와 1200 K에서 엔탈피가 각각 300.5 kJ/kg, 1278 kJ/kg이므로

$h_2 - h_1 = 1278 - 300.5 = 978$ kJ/kg

온도에 따라서 평균비열이 증가함으로 상온에서의 값으로 일정하다고 가정할 때보다 엔탈피변화가 더 크다. 따라서 온도변화가 큰 경우에는 비열의 변화를 고려해야 한다.

4-5 이상기체의 상태변화

이상기체의 준평형 과정에서 상태량의 변화와 열과 일에 대하여 살펴보자. 상태변화에는 수많은 과정이 있겠으나 대부분의 과정은 폴리트로프과정에 속한다고 할 수 있다. 그 중에서 공학 시스템에서 자주 나타나는 과정인 가역단열과정을 먼저 살펴본 다음 폴리트로프과정을 다루기로 한다. 여기서 비열과 비열비는 상수로 가정한다.

1) 가역단열과정

준평형 단열과정은 내부적으로 가역이면서 외부에 영향을 남기지 않으므로 가역단열과정이 된다. 검사 질량에 대한 식(4.7)과 식(4.10)에서 $\delta q = 0$이고 이상기체의 성질에 따라서 $du = C_{v0} dT$, $dh = C_{p0} dT$이므로 다음 관계식을 얻을 수 있다.

$$C_{v0} dT + P dv = 0 \tag{4.35a}$$

$$C_{p0} dT - v dP = 0 \tag{4.35b}$$

식(4.35a)의 양변에 비열비 k를 곱한 후 식(4.35b)를 빼주면 $kPdv + vdP = 0$. 이를 Pv로 나눈 후 적분하면

$$Pv^k = const \tag{4.36}$$

2) 폴리트로프과정

폴리트로프(polytropic)과정이란 압력과 부피 관계가 다음 식과 같이 지수함수로 변화하는 과정을 말한다.

$$Pv^n = const \tag{4.37}$$

식에서 n을 폴리트로프 지수라고 하며 그 값에 따라서 다양한 상태변화를 표시할 수 있다. 다음 경우는 그 특수한 예가 된다.

$n = 0$: 정압과정($P = C$)
$n = 1$: 등온과정($T = C$)
$n = k$: 가역 단열과정($S = C$)
$n = \infty$: 정적과정($V = C$)

각 과정을 $P-v$선도에 도시하면 |그림 4-6|과 같다.

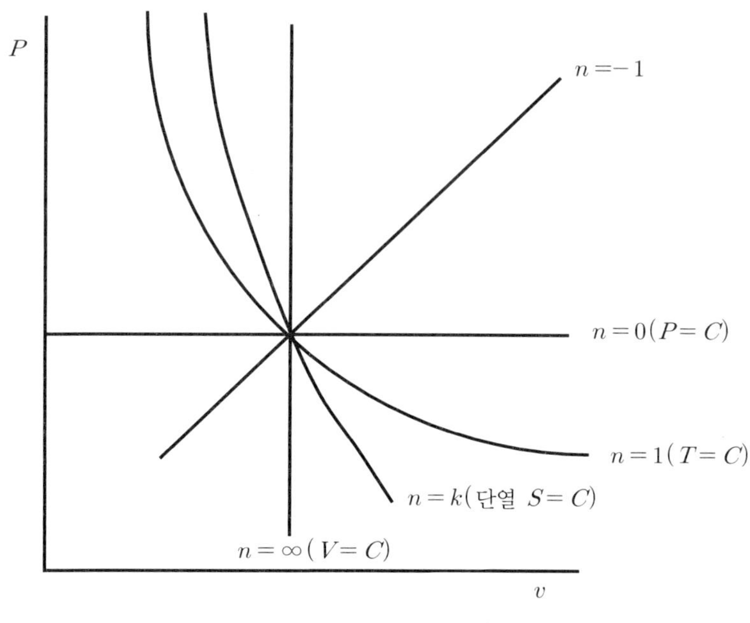

|그림 4-6| 폴리트로프 과정의 $P-v$선도

식(4.37)에 이상기체상태방정식을 적용하여 T, P 및 T, v관계를 구하면

$$TP^{-\frac{n-1}{n}} = const \tag{4.38a}$$

$$Tv^{n-1} = const \tag{4.38b}$$

이상기체의 폴리트로프 과정 전후의 상태를 각각 1, 2라고 할 때 다음 관계식을 얻을 수 있다.

$$\frac{T_2}{T_1} = \left(\frac{P_2}{P_1}\right)^{\frac{n-1}{n}} = \left(\frac{V_2}{V_1}\right)^{1-n} \tag{4.39}$$

가역단열 과정인 경우는 $n = k$를 대입하면

$$\frac{T_2}{T_1} = \left(\frac{P_2}{P_1}\right)^{\frac{k-1}{k}} = \left(\frac{V_2}{V_1}\right)^{1-k} \tag{4.40}$$

3) 일과 열

내부적으로 가역적인 폴리트로프 과정에서 경계이동일을 구하면 다음과 같다.

$$w^{rev} = \int_1^2 Pdv$$

$$= \begin{cases} -\dfrac{P_2v_2 - P_1v_1}{n-1} = -\dfrac{R(T_2 - T_1)}{n-1} = -C_{v0}\dfrac{k-1}{n-1}(T_2 - T_1) & (n \neq 1) \\ P_1v_1\ln\left(\dfrac{v_2}{v_1}\right) = -P_1v_1\ln\left(\dfrac{P_2}{P_1}\right) & (n = 1) \end{cases} \tag{4.41}$$

역학적에너지의 변화를 무시할 수 있는 경우의 축일은 식(3.18)에 의하여 구할 수 있다. 폴리트로프 관계식(4.37)을 미분하면 $nPdv + vdP = 0$. 따라서 축일은 경계이동일을 n배한 것과 같다.

$$w_s^{rev} = -\int_1^2 vdP = nw^{rev}$$

$$= \begin{cases} -n\dfrac{P_2v_2 - P_1v_1}{n-1} = -n\dfrac{R(T_2 - T_1)}{n-1} = -C_{v0}n\dfrac{k-1}{n-1}(T_2 - T_1) & (n \neq 1) \\ P_1v_1\ln\left(\dfrac{v_2}{v_1}\right) = -P_1v_1\ln\left(\dfrac{P_2}{P_1}\right) & (n = 1) \end{cases} \tag{4.42}$$

이상기체의 열량은 식(4.6)에서 구할 수 있다. 준평형 과정의 경우 식(4.6)은 식(4.7)과 같고 적분하면

$$q^{rev} = (u_2 - u_1) + \int_1^2 P dv$$

여기에 이상기체에 대한 식(4.23)과 식(4.41)을 대입하면

$$q^{rev} = C_{v0}(T_2 - T_1) + \begin{pmatrix} -C_{v0}\dfrac{k-n}{n-1}(T_2 - T_1) & (n \neq 1) \\ P_1 v_1 \ln(\dfrac{v_2}{v_1}) & (n = 1) \end{pmatrix}$$

따라서

$$q^{rev} = \begin{cases} \dfrac{n-k}{n-1} C_{v0}(T_2 - T_1) & (n \neq 1) \\ RT\ln(\dfrac{v_2}{v_1}) & (n = 1) \end{cases} \qquad (4.43)$$

여기서 식

$$C_n = \frac{n-k}{n-1} C_{v0} \qquad (n \neq 1) \qquad (4.44)$$

은 온도변화와 열량의 관계를 나타내므로 폴리트로프비열이라고 한다. 정적과정($n=\infty$)이면 정적비열, 정압과정이면($n=0$) 정압비열과 같아지는 것을 알 수 있다. 식(4.6) 및 (4.7)은 검사질량의 운동과 관계없이 성립한다. 따라서 식(4.42) 및 식(4.43)은 밀폐계뿐 아니라 개방계에서 비열이 일정한 이상기체의 준평형 과정에 적용된다.

예제 4-10

온도 300°C, 압력 2.0 MPa인 공기 2 kg이 마찰이 없는 피스톤-실린더 장치에서 200 kPa까지 가역단열 팽창할 때 팽창 후의 온도와 팽창일을 구하라.

풀이

공기를 비열이 일정한 이상기체로 가정한다.

가역단열과정은 식(4.40)에서

$$T_2 = T_1\left(\frac{P_2}{P_1}\right)^{\frac{k-1}{k}} = (300+273)\left(\frac{200}{2000}\right)^{0.4/1.4} = 296.86\text{ K} = 297\text{ k}$$

밀폐계에 대한 열역학 제1법칙 $Q=\Delta U+W$에서 단열과정이므로 일은

$W=-\Delta U$

비열이 일정한 이상기체의 내부에너지 변화는 식(4.23)으로 구할 수 있으므로

$W=-mC_v(T_2-T_1)=-2\times0.717(297-573)=396$ kJ

식(4.41)에서 $n=k$를 대입해도 같은 결과를 얻을 수 있다.

예|제|4-11

온도 300℃, 압력 2.0 MPa인 공기 2 kg이 마찰이 없는 피스톤-실린더 장치에서 200 kPa까지 $PV^{1.3}=C$인 폴리트로프 과정으로 팽창할 때 팽창 후의 온도, 팽창일 및 열전달량을 구하라.

풀이

공기를 비열이 일정한 이상기체로 보고 준평형 과정으로 가정한다.

폴리트로프지수가 $n=1.3$인 과정이므로 온도와 압력에 대한 관계식(4.39)에 의하여

$$T_2=T_1\left(\frac{P_2}{P_1}\right)^{\frac{n-1}{n}}=(300+273.2)\left(\frac{200}{2000}\right)^{0.3/1.3}=336.9\text{ K}$$

일은 식(4.41)에서

$$W=mw^{rev}=-\frac{mR}{n-1}(T_2-T_1)=-\frac{2.0\times0.287}{0.3}(336.9-573.2)=452.1=452\text{ kJ}$$

$Q=\Delta U+W$에서

$$Q=mC_v(T_2-T_1)+W$$
$$=2.0\times0.717(336.9-573.2)+452.1=113.2=113\text{ kJ}$$

폴리트로프비열을 이용하면 식(4.44)에서

$$C_n=\frac{n-k}{n-1}Cv_0=\frac{1.3-1.4}{1.3-1}\times0.717=-0.239\text{ kJ/kgK}$$

$$Q=mC_n(T_2-T_1)$$
$$=2.0\times(-0.239)\times(336.9-573.2)=113\text{ kJ}$$

같은 결과임을 알 수 있다.

연습문제

4.1 다음 용어를 설명하라.

a. 내부에너지
b. 저장에너지
c. 엔탈피
d. 정적비열
e. 정압비열
f. 비열비
g. 폴리트로프과정

4.2 열과 일을 비교하여 설명하라.

4.3 저장에너지, 내부에너지, 엔탈피가 점함수인 이유를 설명하라.

4.4 기체의 정압비열이 정적비열보다 크며 액체나 고체의 경우는 같게 볼 수 있는 이유에 관하여 설명하라.

4.5 과열증기표에서 증기의 내부에너지가 온도만의 함수가 아니지만 온도가 매우 높으면 온도만의 함수에 근접하는 것을 확인하라.

4.6 이상기체의 내부에너지와 비열이 온도만의 함수인 이유를 설명하라.

4.7 이상기체의 비열이 온도에 따라서 증가하는 이유에 대하여 설명하라.

4.8 출력 200 kW인 엔진으로 1000 kg의 물체를 끌어 올리는 기중기를 구동할 때 시간당 몇 m 끌어 올릴 수 있는가? 또 이 일로 마찰열을 내어 물 1000 kg을 가열할 때 물의 온도를 시간당 몇 °C올릴 수 있나?

4.9 출력이 200 HP인 엔진으로 1000 lb의 물체를 끌어 올리는 기중기를 구동할 때 초당 몇 ft 끌어 올릴 수 있는가? 또 이 일로 마찰열을 내어 물 1000 lb를 가열할 때 물의 온도는 시간당 몇 °F올릴 수 있나?

4.10 4 과정으로 이루어진 어떤 사이클에서 계가 받은 열과 일 및 저장에너지는 표와 같다. 빈 칸을 채우고 사이클당 열 및 일을 구하라. (모든 단위는 kJ)

	Q	W	ΔE
1-2	37	-5	
2-3		40	-35
3-4	25		35
4-1		32	-42

4.11 용기에 든 뜨거운 유체를 빨리 냉각하기 위하여 휘젓기날개로 유체를 저어 준다. 처음 유체의 내부에너지는 600 kJ이고 800 kJ의 열손실이 일어나는 동안 휘젓기날개를 통하여 받은 일은 300 kJ이라고 한다. 최종 상태에서 유체의 내부에너지를 구하라. 휘젓기날개에 저장되는 에너지는 무시할 수 있다.

4.12 체적 10.0 m^3, 온도 20°C, 질량 20.0 kg의 액체인 물과 수증기가 혼합된 습증기를 체적을 일정하게 유지하고 200°C로 가열하였다. 가열 후의 압력과 가열량을 구하라. 또 이 과정을 $P-v$ 선도에 도시하라.

4.13 체적 0.2 m^3, 온도 20°C, 10.0 kg의 R-134a 냉매를 체적을 일정하게 유지하고 60°C로 가열하였다. 가열 후의 압력과 가열량을 구하라.

4.14 체적 10.0 m^3, 온도 400°C, 압력 200 kPa인 수증기를 체적을 일정하게 유지하고 냉각하였더니 압력이 50 kPa로 되었다. 냉각 후의 온도와 냉각 열량을 구하라. 또 이 과정을 $T-v$ 선도에 도시하라.

4.15 검사질량 400 kg, 체적 1.0 m^3, 압력 200 kPa인 수증기를 압력을 일정하게 유지하고 온도가 400°C로 될 때까지 가열한다. 이 과정에서 계가 한 일과 가열량을 구하라. 또 이 과정을 $P-v$ 선도에 도시하라.

4.16 체적 0.2 m^3, 온도 −20°C, 2.0 kg의 R-134a 냉매를 일정 압력 하에서 60°C로 가열하였다. 가열량 및 일을 구하라.

4.17 압력 200 kPa, 온도 400°C인 수증기를 압력을 일정하게 하고 냉각하였더니 건도 50%인 습증기가 되었다. 냉각과정에서 단위질량당 계가 받은 일과 냉각 열량을 구하라. 또 이 과정을 $T-v$ 및 $P-v$ 선도에 도시하라.

4.18 다음 상태에서 수증기의 정압비열과 몰정압비열을 구하고 압력의 영향을 설명하라.

a. 100 kPa, 400°C

b. 1 MPa, 400°C

c. 10 MPa, 400°C

4.19 10°C의 물 0.3 m^{3}을 담고 있는 잘 단열된 탱크에 300°C의 쇳덩어리 50 kg을 집어넣었다. 열평형에 도달한 후 온도는 몇 °C인가? 단, 쇠의 비열은 C_{iron} = 0.45 kJ/kg K, 물의 비열은 C_{water} = 0.4184 kJ/kg K로 일정하다.

4.20 체적 8.0 m^3, 온도 30°C, 압력 100 kPa인 공기를 체적을 일정하게 유지하고 압력이 350 kPa로 될 때까지 가열하려고 한다. 가열 후의 온도와 가열량을 구하라.

4.21 용적이 1000 ft^{3}인 밀폐된 방에서 소비전력 1200 W인 전기기구를 2시간 사용할 때 온도 상승을 구하라. 단, 공기의 밀도는 0.78 lb/ft^3, 정적비열은 0.71 Btu/lb°F이며 실외로의 열손실은 무시한다.

4.22 처음 체적 5.0 m^3, 온도 350 K, 압력 300 kPa인 공기를 압력을 일정하게 유지하면서 온도가 1300 K로 될 때까지 가열하는 경우 가열량을 다음 방법으로 구하고 결과를 검토하라.

a. 비열이 일정하다고 보고 상온의 비열 사용

b. 온도 변화를 고려한 비열 사용(부록 A.5)

c. 상태량표를 사용(부록 A.6)

4.23 온도 800°C, 압력 0.8 MPa인 공기 1.5 kg이 마찰이 없는 피스톤-실린더 장치에서 200 kPa까지 가역단열 팽창할 때 팽창 후의 온도와 팽창일을 구하라.

4.24 온도 30°C, 압력 0.1 MPa인 공기를 마찰이 없는 피스톤-실린더 장치에서 1.0 MPa까지 가역단열 압축할 때 압축 후의 온도와 단위질량당 압축일을 구하라.

4.25 온도 600°C, 압력 3.0 MPa인 공기 3 kg이 마찰이 없는 피스톤-실린더 장치에서 200 kPa까지 $PV^{1.5}$ = C인 폴리트로프 과정으로 팽창할 때 팽창 후의 온도, 팽창일 및 열전달량을 구하라.

4.26 온도 300°C, 압력 0.1 MPa인 공기를 마찰이 없는 피스톤-실린더 장치에서 $PV^{1.3}$ = C인 폴리트로프 과정으로 1.0 MPa까지 압축할 때 압축 후의 온도와 단위질량당 압축일 및 열전달량을 구하라.

4.27 마찰이 없는 피스톤-실린더 시스템에서 처음 압력과 부피가 $P_1 = 1000$ kPa, $V_1 = 0.030$ m^3이다. 계가 평형에 가까운 상태를 유지하면서 최종 부피가 $V_2 = 0.090$ m^3일 때까지 압력과 부피 사이의 관계가 다음 3가지로 변한다고 하자. 각 경우에 대하여 계가 한 경계이동일과 받은 열량을 구하라.

a. $P = const$

b. $PV = const$

c. $PV^{1.4} = const$

4.28 마찰이 없는 피스톤-실린더 시스템에서 2 kg의 수소가 온도와 압력이 각각 $T_1 = 800$ K, $P_1 = 700$ kPa인 상태에 있다. 계가 평형에 가까운 상태를 유지하면서 최종 압력 $P_2 = 200$ kPa일 때까지 압력과 부피 사이의 관계가 다음과 같이 변할 때 각 경우에 대하여 계가 한 경계이동일과 받은 열량을 구하라.

a. $PV = const$

b. $PV^{1.4} = const$

4.29 예제 3-3에서 가열량을 구하라.

4.30 어떤 풍선의 지름과 내부압력은 비례하며 지름이 100 cm일 때 온도와 압력이 각각 20°C, 200 kPa이었다. 이 풍선을 가열했더니 지름이 130 cm로 되었다. 내부의 기체가 한 일과 가열량을 구하라. 단, 이 기체는 공기이며 이상기체로 볼 수 있다.

4.31 | 그림 P4-1 | 과 같이 마찰이 없는 피스톤-실린더 장치에 1000 kPa, 500°C의 수증기 1.0 kg이 들어 있다. 압력을 일정하게 하고 냉각하였더니 부피가 반으로 줄면서 피스톤은 멈추개에 걸렸다. 이 상태에서 계속 냉각을 하였더니 온도가 20°C까지 내려갔다. 전체 과정에 대한 일과 열을 구하라. 또 이 과정을 $P-v$ 선도에 도시하라.

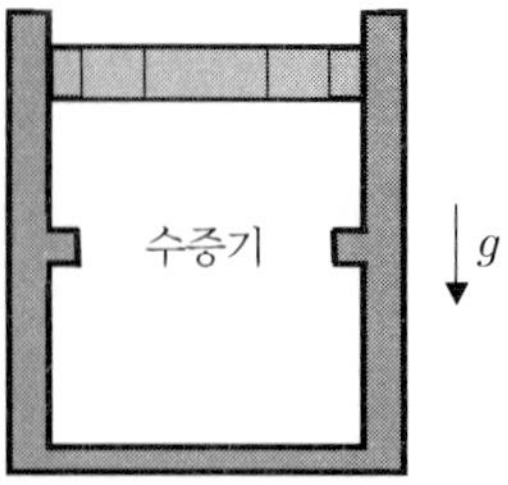

| **그림 P4-1** | 문제 4.31

4.32 |그림 P4-2|와 같이 마찰이 없는 피스톤-실린더 장치에 100℃, x=30%의 습증기 5.0 kg이 들어 있다. 무게 50 kN, 단면적 0.5 m^{2}인 피스톤이 멈추개 위에 놓여 있으며 대기압은 100 kPa이다. 이 장치를 가열하여 물이 포화증기 상태에 도달하게 했다. 처음 체적, 최종 압력, 일 및 열전달량을 구하고 이 과정을 $P-v$ 선도에 나타내라.

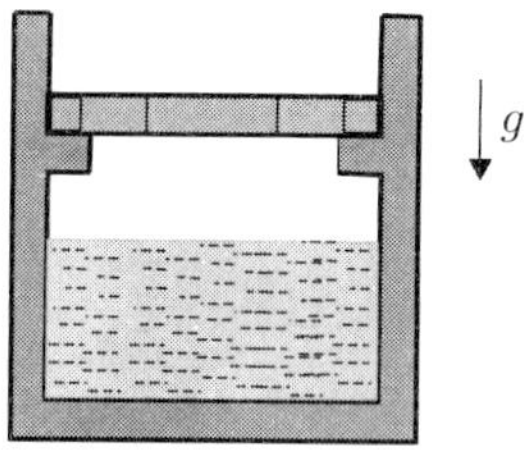

|**그림 P4-2**| 문제 4.32

4.33 마찰이 없는 피스톤-실린더 장치에 500 kPa, 300°C의 공기 0.05 m^{3}가 준평형 정압과정으로 20 kJ의 일을 할 때 공기의 최종 체적과 온도 및 가열량을 구하라.

4.34 |그림 P4-3|과 같은 시스템에서 무게추를 한꺼번에 제거할 때 피스톤이 멈추개까지 급격히 팽창하였다. 실린더의 처음 부피와 압력은 $P_1=600$ kPa, $V_1=0.025$ m^{3}이고 최종 부피는 $V_2=0.05$ m^{3}이다. 피스톤의 무게는 150 N, 단면적은 0.002 m^{2}이고 대기압은 100 kPa일 때 계가 한 일을 구하라. 이 과정에서 온도 변화가 없었다면 계에 가해야 할 열량은 얼마인가?

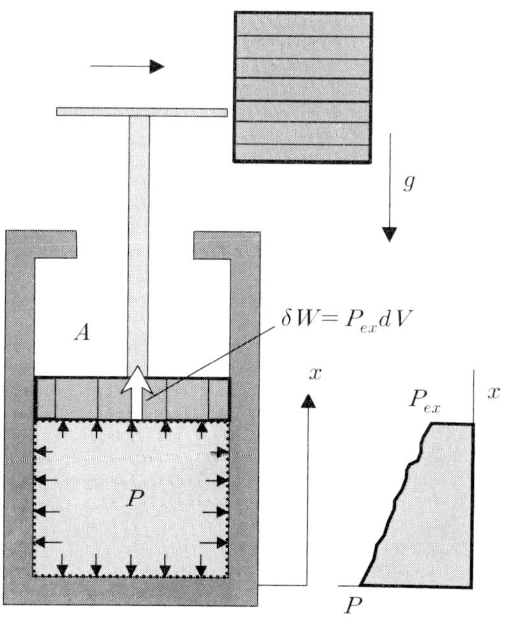

|**그림 P4-3**| 문제 4.34

4.35 문제 3.29와 같이 400 L 탱크 A에 300 kPa, 30°C의 아르곤 가스가 채워져 있다. 피스톤이 누르고 있는 탱크 B는 처음에 비어 있었다. 두 탱크를 연결하는 밸브가 열리고 아르곤 가스가 흘러 들어간 후 두 탱크 가스의 압력은 200 kPa, 온도는 20°C로 균일하게 되었다. 이 과정에서 아르곤이 한 일과 가열량은?

4.36 문제 3.30과 같이 작은 실린더에 압축공기로 발사하는 공기총을 생각하자. 발사 전 공기 체적은 1 cm^3, 온도는 250°C, 압력은 1 MPa이다. 방아쇠를 당기면 질량 3.0 g인 탄환이 발사된다. 발사과정에서 실린더의 공기 온도는 15°C로 냉각되었으며 대기압이 0.1 MPa일 때 다음에 답하라. 단, 이 과정은 준평형적인 폴리트로프 과정으로 볼 수 있다.

a. 압축 공기가 한 일과 대기에 대해 한 일

b. 받은 열량

c. 탄환의 발사 속도

Chapter 5

개방시스템의 열역학 제1법칙과 응용

공학적 시스템은 대부분 유체가 장치를 통과하면서 열과 일을 주고받으며 상태변화를 하는 개방시스템이다. 개방시스템도 검사질량을 따라가면서 보면 밀폐계 해석을 적용할 수 있다. 그러나 편의상 개방시스템에 적합한 열역학 제1법칙 공식들을 만들 수 있으며 그 실용적인 가치는 매우 크다.

개방계와 밀폐계의 가장 큰 차이는 밀폐계는 비정상상태로서 시간에 따라서 상태량이 변하지만 개방계는 시간에 따른 변화가 없는 정상상태가 일반적이다. 그리고 밀폐계의 일은 피스톤-실린더 장치에서 보듯이 대부분 팽창 또는 수축 일이다. 그러나 개방시스템의 일은 회전축을 통한 축일이 대분이다.

이 장에서는 개방시스템에 대한 에너지보존식을 유도하고 그 응용을 다룬다.

5-1 검사체적의 질량보존

|그림 5-1|과 같이 유체가 들어와서 일부는 저장되고 나머지는 배출되는 검사체적을 생각하자. 질량보존의 법칙에 따르면 단위시간당 계로 들어오는 유량 $\dot{m}_i$에서 나가는 유량 $\dot{m}_e$를 빼면 계 내부의 유량 증가율 $\frac{dm_{c.v.}}{dt}$와 같아야 한다. 좀 더 일반적인 다수의 유입구와 유출구가 있는 경우에는

$$\frac{dm_{c.v.}}{dt} = \sum \dot{m}_i - \sum \dot{m}_e \tag{5.1}$$

계의 상태가 시간에 따라서 변하지 않는 정상상태라면 저장된 질량에 변화가 있을 수 없으므로 $\frac{dm_{c.v.}}{dt} = 0$. 따라서 SSSF 시스템에서는

$$\sum \dot{m}_i = \sum \dot{m}_e \tag{5.2}$$

관을 통한 체적유량 $\dot{V}$은 관의 단면에 수직인 유속 성분의 면적적분이다. 단면적을 A, 단면에 수직인 면적평균 유속을 $\boldsymbol{V}$라고 하면 체적유량 $\dot{V}$은

$$\dot{V} = A\boldsymbol{V} \tag{5.3a}$$

질량유량 $\dot{m}$은

$$\dot{m} = \rho \dot{V} = \rho A \boldsymbol{V}, \quad \dot{m} = \frac{\dot{V}}{v} = \frac{A\boldsymbol{V}}{v} \tag{5.3b}$$

따라서 입출구가 하나인 정상상태의 경우 어느 위치에서나 질량유량은 같아야 한다.

$$\rho_1 A_1 \boldsymbol{V}_1 = \rho_2 A_2 \boldsymbol{V}_2 \tag{5.4a}$$

또 밀도가 일정한 유체라면 어느 위치에서나 체적유량이 일정해야 한다.

$$A_1 \boldsymbol{V}_1 = A_2 \boldsymbol{V}_2 \tag{5.4b}$$

이를 관유동에 대한 연속방정식(continuity equation)이라고 한다.

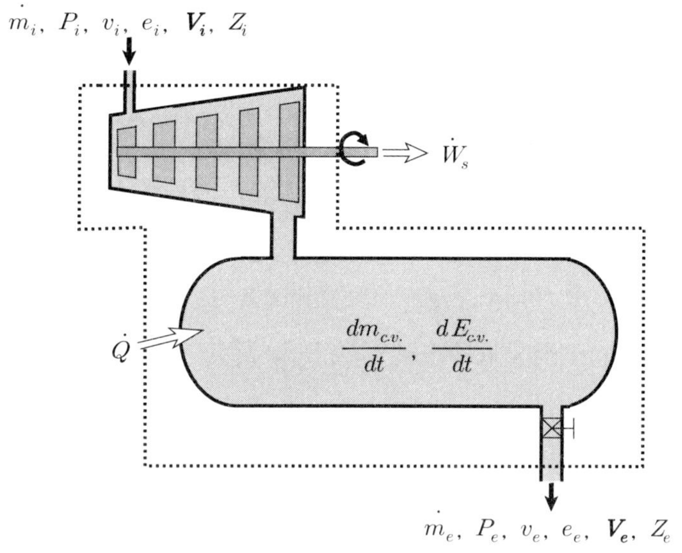

| 그림 5-1 | 검사체적과 상태량

예 | 제 | 5-1

지름이 0.5 m인 관에 온도와 압력이 각각 200°C, 500 kPa인 공기가 8 m/s의 유속으로 흐를 때 공기의 체적 및 질량유량을 구하라.

풀이

유량은 식(5.4)로 구할 수 있으므로 먼저 공기를 이상기체 보고 비체적을 구하면

$$v = \frac{RT}{P} = (0.287\ \text{kJ/kg K})[(273 + 200)\ \text{K}]/(500\ \text{kPa}) = 0.272\ \text{m}^3/\text{kg}$$

$$\text{A} = \frac{\pi}{4}d^2 = 3.14 \times 0.5^2/4 = 0.196\ \text{m}^2$$

따라서 체적유량은 $\dot{V} = AV = (0.196\ \text{m}^2) \times (8\text{m/s}) = 1.57\ \text{m}^3/\text{s}$

질량유량은

$$\dot{m} = \frac{A\dot{\boldsymbol{V}}}{v} = (1.57\ \text{m}^3/\text{s})/(0.272\ \text{m}^3/\text{kg}) = 5.77\ \text{kg/s}$$

5-2 검사체적의 에너지보존

|그림 5-1|과 같은 개방계의 검사체적에 대한 에너지보존식은 밀폐계와 마찬가지로 검사체적으로 들어간 에너지와 나간 에너지의 차는 계의 에너지 변화와 같아야 한다. 따라서 들어가는 에너지는 물질과 함께 들어가는 저장에너지와 경계면을 넘어 전달되는 열이며, 나가는 에너지는 물질이 가지고 나가는 저장에너지와 경계를 넘어 나가는 일이 있다. 이 때 일은 3장에서 논한 바와 같이 축일과 유동일을 합한 일이다.

따라서 주위에서 계로 전달되는 열전달률을 $\dot{Q}$, 검사체적이 외부에 대하여 수행하는 단위시간당 축일을 $\dot{W}_s$, 단위시간당 유입 및 유출유량(mass flow rate)을 $\dot{m}_i$, $\dot{m}_e$ 유입 및 유출 유체의 압력, 비체적 및 저장에너지를 각각 P_i, v_i, e_i와 P_e, v_e, e_e라고 할 때 검사체적에 대한 에너지보존식은 다음과 같이 된다.

$$\dot{Q}+\dot{m}_i e_i = \frac{dE_{c.v.}}{dt} + \dot{m}_e e_e + \dot{W}_s + \dot{m}_e P_e v_e - \dot{m}_i P_i v_i \quad (5.5)$$

식에서 $\dot{m}_e P_e v_e - \dot{m}_i P_i v_i$는 출구에서 계가 한 유동일에서 입구에서 계가 받은 유동일을 뺀 단위시간당 순유동일이다. 그리고 $\frac{dE_{c.v.}}{dt}$은 검사체적이 보유한 저장에너지의 변화율을 뜻한다.

저장에너지에 대한 식(4.4)를 식(5.5)에 대입하여 정리하면

$$\dot{Q}+\dot{m}_i\left(u_i + P_i v_i + \frac{1}{2}\boldsymbol{V}_i^{\ 2} + gZ_i\right) = \frac{dE_{c.v.}}{dt} + \dot{m}_e\left(u_e + P_e v_e + \frac{1}{2}\boldsymbol{V}_e^{\ 2} + gZ_e\right) + \dot{W}_s \quad (5.6)$$

여기서 $u+pv$는 식(4.8)에서 정의된 엔탈피(enthalpy)이며 이는 내부에너지와 유동일을 합한 에너지임을 알 수 있다. 엔탈피를 이용하면 식(5.6)은 다음과 같이 간단하게 된다.

$$\dot{Q}+\dot{m}_i\left(h_i + \frac{1}{2}\boldsymbol{V}_i^2 + gZ_i\right) = \frac{dE_{sys}}{dt} + \dot{m}_e\left(h_e + \frac{1}{2}\boldsymbol{V}_e^{\ 2} + gZ_e\right) + \dot{W}_s \quad (5.7)$$

식에서 유동하는 유체와 함께하는 에너지는 엔탈피와 역학적에너지를 합한 에너지임을 알 수 있으며 이를 총엔탈피(total enthalpy) h_{tot}라고도 한다.

$$h_{tot} = h + \frac{1}{2}\boldsymbol{V}^2 + gZ \quad (5.8)$$

이상의 개방계에 관한 식은 유입 및 유출구가 한 개인 단일 유동에 대한 것이다. 유입 및 유출구가 여러 개인 경우에는 모두 합하면 되므로 총엔탈피를 이용하여 다음과 같이 표현할 수 있다.

$$\dot{Q}+\sum \dot{m}_i h_{tot,i}=\frac{dE_{sys}}{dt}+\sum \dot{m}_e h_{tot,e}+\dot{W}_s \tag{5.9}$$

밀폐계의 내부에너지에 대응하는 개방계의 상태량이 엔탈피다. 밀폐계의 정지한 유체가 갖는 열에너지가 내부에너지라면 개방계의 유동하는 유체가 갖는 에너지는 엔탈피라고 할 수 있다. 유동일은 유체의 유동에 동반하는 일에너지이므로, 내부에너지와 같이, 물질이 보유한 에너지는 아니다. 따라서 유동일을 포함하는 엔탈피는 엄밀한 의미에서 물질이 보유한 에너지가 아니다. 그러나 유동일은 물질이 이동할 때 언제나 내부에너지와 함께 동반하는 에너지이므로 엔탈피를 편의상 유동하는 물질이 보유한 열에너지와 같이 생각할 수 있다. 이와 같이 개방계의 해석을 위해서는 내부에너지보다 엔탈피의 사용이 보다 편리하므로 엔탈피를 상태량으로 정의한 이유라고 할 수 있다. 내부에너지가 그렇듯이 엔탈피도 절대치가 아닌 그 변화량을 필요로 한다. 엔탈피를 구하는 방법은 4장에서 살펴본 바와 같이 증기라면 열역학표에서 독립된 두 개의 강성적 상태량을 이용하여 구하고, 이상기체라면 열역학표 또는 온도와 정압비열을 이용하여 구할 수 있다.

5-3 정상상태 개방시스템

정상상태 개방계의 경우에는 유입되는 질량과 유출되는 질량은 같으므로 $\dot{m}=\dot{m}_i=\dot{m}_e$, 또 계의 상태는 일정하므로 $\frac{dE_{sys}}{dt}=0$이 된다. 따라서 개방계의 에너지보존식(5.7)은 정상상태의 경우 다음과 같이 된다.

$$\dot{Q}+\dot{m}\left(h_i+\frac{1}{2}\boldsymbol{V}_i^{\,2}+gZ_i\right)=\dot{m}\left(h_e+\frac{1}{2}\boldsymbol{V}_e^{\,2}+gZ_e\right)+\dot{W}_s \tag{5.10a}$$

이 식을 다시 총엔탈피를 사용하여 표현하면

$$\dot{Q}=\dot{m}(h_{tot,e}-h_{tot,i})+\dot{W}_s \tag{5.10b}$$

개방계에 관한 식(5.10b)는 밀폐계에 대한 식(4.3)과 같은 형태임을 알 수 있다.

식(5.10)에서 운동에너지나 위치에너지의 변화가 엔탈피 변화에 비하여 무시할 만큼 작은 단열 터빈의 경우 엔탈피 차는 터빈 출력이 된다. 엔탈피 차를 열락차라고도 하는데 그 이유는 마치 수력 터빈에서 물의 낙차로 출력을 얻는 것과 같이 열락차로 가스 또는 증기 터빈의 출력을 얻기 때문이다.

식(5.10)의 양 변을 $\dot{m}$로 나누어 주면 단위질량에 대한 에너지방정식

$$q + h_i + \frac{1}{2}\boldsymbol{V}_i^2 + gZ_i = h_e + \frac{1}{2}\boldsymbol{V}_e^2 + gZ_e + w_s \tag{5.11}$$

을 얻을 수 있으며 이 식을 정상류 에너지방정식이라고도 한다.

검사질량의 준평형 과정에 관한 에너지방정식(4.10)의 단위질량에 대한 적분식

$$q^{rev} = h_e - h_i - \int_i^e v dP \tag{5.12}$$

을 정상류 에너지방정식(5.11)에 대입하면 정상상태 준평형 과정에 관한 관계식

$$-\int_i^e v dP + \frac{1}{2}\boldsymbol{V}_i^2 + gZ_i = \frac{1}{2}\boldsymbol{V}_e^2 + gZ_e + w_s^{rev} \tag{5.13}$$

을 얻을 수 있으며 이는 식(3.17)과 동일함을 알 수 있다.

SSSF 시스템과 밀폐시스템을 비교하면 |표 5.1|과 같이 정리할 수 있다.

|표 5.1| SSSF 시스템과 밀폐시스템의 비교

	밀폐계	SSSF계
경계면	이동, 에너지 통과	고정, 물질과 에너지 통과
상태	비정상상태	정상상태
미시적에너지	u(내부에너지)	h(엔탈피)
일	w(일)	w_s(축일)
에너지 방정식	$q = \Delta(u + ke + pe) + w$	$q = \Delta(h + ke + pe) + w_s$
준평형 과정의 에너지식	$\delta q = du + Pdv$	$\delta q = dh - vdP$
준평형 과정의 일	$w = \int Pdv - \Delta(ke + pe)$	$w_s = -\int vdP - \Delta(ke + pe)$

예 | 제 | 5-2

SSSF 상태의 어느 증기터빈에서 증기의 유량은 $\dot{m}=2$ kg/s이고 터빈 입구의 압력과 온도는 각각 2.0 MPa, 350°C, 유속 및 높이는 각각 $\boldsymbol{V}_i=50$ m/s, $Z_i=6$ m, 출구 증기의 압력과 건도는 0.1 MPa, 95%, 유속 및 높이는 각각 $\boldsymbol{V}_e=100$ m/s, $Z_i=2$ m이다. 이 터빈에서 열손실이 10 kJ/s일 때 터빈 출력을 구하라.

풀이

SSSF 상태에 대한 에너지 방정식(5.10)에 의하여 출력은

$\dot{W}_s=\dot{Q}+\dot{m}\left[(h_i-h_e)+\frac{1}{2}(\boldsymbol{V}_i^2-\boldsymbol{V}_e^2)+g(Z_i-Z_e)\right]$

입출구의 엔탈피를 구하면

2.0 MPa, 350°C의 과열증기의 $h_i=3137.0$ kJ/kg(부록 B.1.3)

]0.1 MPA, 95%의 습증기의 $h_e=h_f+xh_{fg}=417.43+0.95\times2258=2562.5$ kJ/kg(부록 B.1.2)

열락차, 운동에너지 및 위치에너지 차를 구하면

$h_i-h_e=(3137.0-2562.5)$ kJ/kg $=574.5$ kJ/kg

$\frac{1}{2}(\boldsymbol{V}_i^2-\boldsymbol{V}_e^2)=(50^2-100^2)/[(2)(1000)]$ kJ/kg $=-3.75$ kJ/kg

$g(Z_i-Z_e)=(9.8)(6-2)/(1000)$ kJ/kg $=0.04$ kJ/kg

따라서 출력은

$\dot{W}_s=-10$kW + (2 kg/s)[(574.5 − 3.75 + 0.04) kJ]/kg = − 10 kW + 1142 kW = 1132 kW

스팀터빈에서 위치에너지 차는 무시할 수 있으며 운동에너지의 차도 열락차에 비하면 매우 작다고 할 수 있다. 또한 열손실도 출력에 비하여 매우 작기 때문에 단열과정에 가깝다고 할 수 있다.

예 | 제 | 5-3

5°C의 공기를 30°C로 가열하여 0.4 kg/s의 율로 공급하는 온풍기가 있다. 이 온풍기에서 가열량을 구하라.

풀이

SSSF시스템으로 보면 식(5.10a)를 적용할 수 있다. 운동에너지와 위치에너지의 변화를 무시하고 송풍기에 의한 일도 무시하면 다음 결과를 얻는다.

$\dot{Q}=\dot{m}(h_e-h_i)$

즉 가열량은 엔탈피의 차와 같다.

공기를 이상기체로 볼 수 있고, 이 온도 범위에서 비열은 일정하다고 할 수 있으므로

$\dot{Q}=\dot{m}C_p(T_e-T_i)$ = (0.4 kg/s)(1.004 kJ/kg K)[(30 − 5) K] = 10.04 kJ/s = 10 kW

5-4 균일유동 비정상 시스템

용기에 기체를 채우거나 방출하는 경우와 같이 비정상 상태의 경우에 열역학 제1법칙을 적용해 보도록 하자. 용기 내부는 비정상 상태지만 균일하며 유입 및 유출 상태는 시간과 위치에 따라서 변함이 없는 유동으로 가정한다.

용기 내의 처음 질량을 m_1, 최종 질량을 m_2라고 하면 질량 보존 법칙에 의하여 유입 질량 m_i와 유출 질량 m_e는

$$m_i - m_e = m_2 - m_1 \tag{5.14}$$

용기가 정지해 있는 경우 용기로 순유입되는 총에너지는 용기 내의 내부에너지 증가와 같으므로

$$Q + m_i\left(h_i + \frac{1}{2}\boldsymbol{V}_i^2 + gZ_i\right) - m_e\left(h_e + \frac{\boldsymbol{V}_e^{\,2}}{2} + gZ_e\right) = m_2u_2 - m_1u_1 \tag{5.15}$$

역학적에너지를 무시할 수 있는 경우는

$$Q + m_ih_i - m_eh_e = m_2u_2 - m_1u_1 \tag{5.16}$$

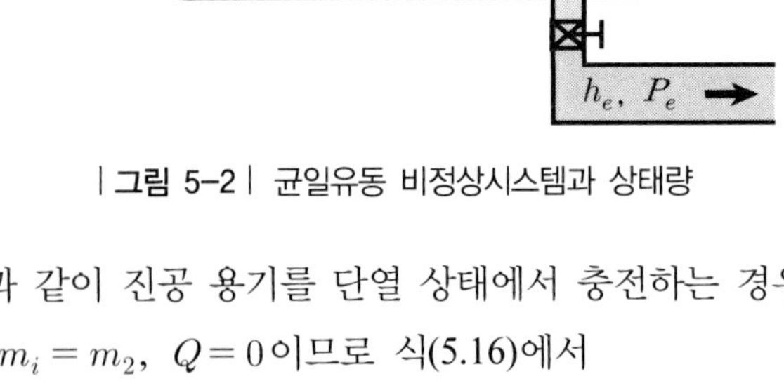

| 그림 5-2 | 균일유동 비정상시스템과 상태량

이제 | 그림 5-3 | 과 같이 진공 용기를 단열 상태에서 충전하는 경우를 생각해 보자. 이 경우 $m_e = m_1 = 0$, $m_i = m_2$, $Q = 0$이므로 식(5.16)에서

$$h_i = u_2 \tag{5.17}$$

유입 후의 내부에너지와 유입과정의 엔탈피는 동일함을 알 수 있다. 이는 앞에서 언급한 바와 같이 유체의 에너지는 유입될 때는 유동 상태이므로 엔탈피이지만 정지하면 내부에

너지인 것을 보여준다.

이 과정을 충전된 유체 m_i의 검사 질량에 대하여 생각해 보자. 충전 과정에서 검사질량이 압축되면서 받은 일은 $m_iP_iv_i$이다. 검사질량의 내부에너지 차는 충전 후의 내부에너지와 충전 전 유입 관에 있을 때 내부에너지의 차와 같다. 따라서 단열 과정에서 검사질량에 열역학 제1법칙을 적용하면

$$m_iP_iv_i = m_i(u_2 - u_i) \tag{5.18}$$

위의 식에 엔탈피의 정의 $h_i = u_i + P_iv_i$를 적용하면 식(5.17)과 같아진다. 충전 유체의 내부에너지 상승은 유체를 충전할 때 밀어주는 유동일에 의한 것임을 알 수 있다.

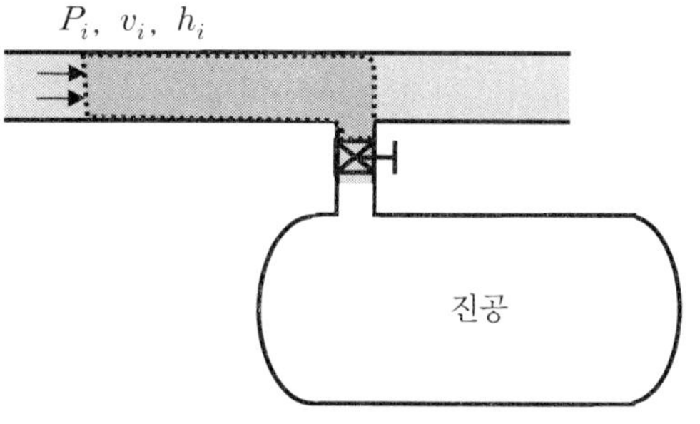

| 그림 5-3 | 진공 용기의 충전

예 | 제 | 5-4

| 그림 5-3 | 과 같이 처음에 비어 있던 2000 L 탱크를 온도 250°C, 압력 600 kPa의 수증기관에 연결하여 충전하였다. 주위와는 단열상태로 충전이 끝났을 때 탱크의 압력, 온도 및 충전 질량을 구하라.

풀이

250°C, 압력 600 kPa 수증기는 과열증기표에서 h_i = 2957.2 kJ/kg. 식(5.17)에 의하여

$u_2 = h_i$ = 2957.2 kJ/kg.

충전이 끝날 때 용기의 압력은 증기관의 압력과 같으므로 $P_2 = P_i$ = 600 kPa. 과열증기표에서 P_2, u_2에 대한 상태량을 구하면 T_2 = 397°C, v_2 = 0.511 m³/kg. 질량은

$$m_2 = \frac{V}{v_2} = (2.0\ \mathrm{m^3})/(0.511\ \mathrm{m^3/kg}) = 3.91\ \mathrm{kg}$$

따라서 충전량은

$\Delta m = m_2 - m_1$ = 3.91 − 0 = 3.91 kg

예 | 제 | 5-5

예제 5-4와 같이 처음에 비어 있던 2000 L 탱크를 250°C, 압력 600 kPa의 수소관에 밸브로 연결하여 충전하였다. 주위와는 단열상태로 충전이 끝났을 때 탱크의 압력, 온도 및 충전 질량을 구하라.

풀이

진공 탱크에 충전이므로 식(5.17)을 적용할 수 있다. 또 이 조건에서 수소는 이상기체로 볼 수 있으므로, 압력평형이 이루어질 때까지 충전되므로

$P_2 = P_i = 600\ \text{kPa}$

$h_i = u_2 = h_2 - P_2 v_2 = h_2 - RT_2$

$RT_2 = h_2 - h_i = C_p(T_2 - T_i)$

$$T_2 = \frac{C_p}{C_p - R} T_i = kT_i = 1.405 \times (250 + 273) = 735\ \text{K} = 462^\circ\text{C}$$

$$v_2 = \frac{RT_2}{P_2} = \frac{4.1243 \times 735}{600} = 5.05\ \text{m}^3/\text{kg}$$

$$m_2 = \frac{V}{v_2} = (2.0\ \text{m}^3)/(5.05\ \text{m}^3/\text{kg}) = 0.396\ \text{kg}$$

따라서 충전량은

$\Delta m = m_2 - m_1 = 0.396 - 0 = 0.396\ \text{kg}$

5-5 개방계 해석의 응용

열역학적 응용 대상이 되는 공학 시스템은 대부분 정상상태 개방계로 작동하며 터빈, 압축기, 보일러, 열교환기, 스로틀장치, 노즐 등이 있다. 이들 시스템에서 에너지는 엔탈피가 사용된다. 운동에너지나 위치에너지는 무시하고 식을 전개한 경우 엔탈피 대신 총엔탈피를 사용하면 이들을 고려할 수 있다.

1) 보일러 및 열교환기

보일러(boiler)는 물을 급수하여 가열 및 증발시킨 후 배출하는 장치로서 온수로 배출하면 온수보일러, 증기로 배출하면 증기보일러라고 한다. 정상상태 에너지 방정식(5.10)에서 축일이 없고 역학적에너지 변화도 무시할 수 있다. 따라서 질량유량이 $\dot{m}$일 때 가열량 $\dot{Q}$는 다음 식으로 구할 수 있다.

$$\dot{Q} = \dot{m}(h_e - h_i) \tag{5.19}$$

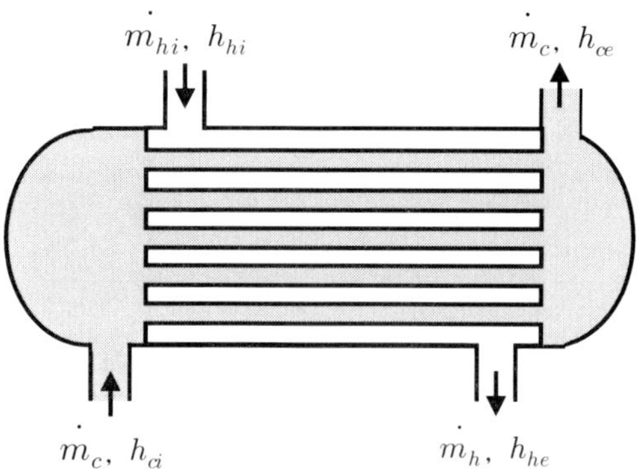

| 그림 5-4 | 열교환기

열교환기(heat exchanger)는 | 그림 5-4 | 와 같이 고온 유체의 열에너지를 저온 유체에 전달하는 장치로서 자동차 라디에이터, 냉동기의 응축기와 증발기 등을 말한다.

고온 유체의 질량유량을 $\dot{m}_h$, 입출구에서 엔탈피를 각각 h_{hi}, h_{he} 라고 하면 고온 유체에서 방출되는 열량 $\dot{Q}_h$ 은

$$\dot{Q}_h = \dot{m}_h(h_{hi} - h_{he}) \tag{5.20a}$$

저온 유체의 질량유량을 $\dot{m}_c$, 입출구에서 엔탈피를 각각 h_{ci}, h_{ce} 라고 하면 저온 유체로 전달된 열량 $\dot{Q}_c$ 은

$$\dot{Q}_c = \dot{m}_c(h_{ce} - h_{ci}) \tag{5.20b}$$

열교환기가 주위에 대하여 단열이고 정상상태라고 하면 $\dot{Q}_h = \dot{Q}_c$ 이므로

$$\dot{m}_h(h_{hi} - h_{he}) = \dot{m}_c(h_{ce} - h_{ci}) \tag{5.21}$$

예 | 제 | 5-6

어떤 증기 보일러에서 급수의 압력은 600 kPa, 온도는 20°C이며 발생 증기의 온도는 250°C이다. 증기 발생율이 2.0 kg/s일 때 보일러에 공급해야 할 열량을 구하라.

풀이

SSSF 시스템으로 보고 운동에너지 및 위치에너지의 변화를 무시하면 필요 열량은 식(5.19)와 같다. 입구 상태인 급수는 압축액이며 그 엔탈피는 4장에서 언급한 바와 같이 압력이 매우 높지 않으므

로 동일 온도의 포화액의 엔탈피로 볼 수 있다.

$h_i = 83.94$ kJ/kg (부록 B.1.1)

출구상태 600 kPa, 250°C의 증기는 과열증기표(부록 B.1.3)에서 $h_e = 2957.2$ kJ/kg

따라서

$\dot{Q} = \dot{m}(h_e - h_i) = 2.0 \times (2957.2 - 83.94) = 5747$ kJ/s

예제 5-7

복수기는 스팀터빈에서 배기되는 저압의 증기를 냉각하여 물로 회수하는 응축기를 말한다. 증기는 온도 40°C, 건도 90%로 들어가서 완전히 응축된 후 40°C의 포화액체 상태로 배출된다. 응축을 위해 사용한 냉각수의 온도는 20°C의 강물이다. 냉각수가 복수기를 나갈 때 30°C로 되게 한다면 증기 유량의 몇 배의 냉각수 유량이 필요한가?

풀이

SSSF 시스템이라고 하고 운동에너지나 위치에너지의 변화는 무시할 수 있으며 열손실은 없다고 가정한다.

시(5.20)에서 고온 측 유량 대비 저온 측 유량은

$$\frac{\dot{m}_c}{\dot{m}_h} = \frac{(h_{hi} - h_{he})}{(h_{ce} - h_{ci})}$$

40°C, 건도 90%인 증기 엔탈피는 $h_{hi} = 167.54 + 0.9 \times 2406.7 = 2333.6$ kJ/kg

40°C 포화액의 엔탈피는 $h_{he} = 167.54$ kJ/kg

냉각수의 엔탈피차 $h_{ce} - h_{ci} = C_{water}(T_{ce} - T_{ci}) = 4.18(30 - 20) = 41.8$ kJ/kg 또는 부록 B.1.1에서 20°C와 30°C의 포화수의 엔탈피차로 구하면 41.9 kJ/kg. 따라서

$$\frac{\dot{m}_c}{\dot{m}_h} = \frac{2333.6 - 167.54}{41.9} = 52$$

따라서 52배의 냉각수 유량이 필요하다.

2) 터빈과 압축기

터빈과 압축기는 모두 축일이 있는 개방계이다. SSSF시스템이라면 식(5.10)을 적용할 수 있으며 역학적에너지의 변화를 무시할 수 있는 경우 축일을 다음 식으로 구할 수 있다.

$$\dot{W}_s = \dot{m}(h_i - h_e) + \dot{Q} \tag{5.22}$$

준평형 과정으로서 $P-v$관계가 알려진다면 동력은 식(3.18)에 의하여 다음 적분으로 구할 수도 있다.

$$\dot{W}_s^{rev} = \dot{m} w_s^{rev} = -\dot{m} \int_i^e v dP \tag{5.23}$$

비체적이 클수록 터빈의 경우 출력이 증가하며 압축기의 경우는 소요 동력이 증가한다. 터빈은 | 그림 5-5 | 와 같이 고온 고압의 증기나 가스가 팽창하면서 회전 날개를 돌려 축일을 하고 저온 저압의 상태로 배출되는 기계장치이다. 작동유체가 증기인 경우는 증기터빈, 가스인 경우는 가스터빈이라고 한다. 실제 과정은 약간의 열손실이 있지만 단열과정으로 가정한다. 따라서 식(5.22)에 $\dot{Q}$=0를 대입하면 터빈의 출력은

$$\dot{W}_t = \dot{m}(h_i - h_e) \tag{5.24}$$

이는 터빈 입구와 출구 사이의 엔탈피 감소분인 열락차가 터빈 일로 변환됨을 의미한다.

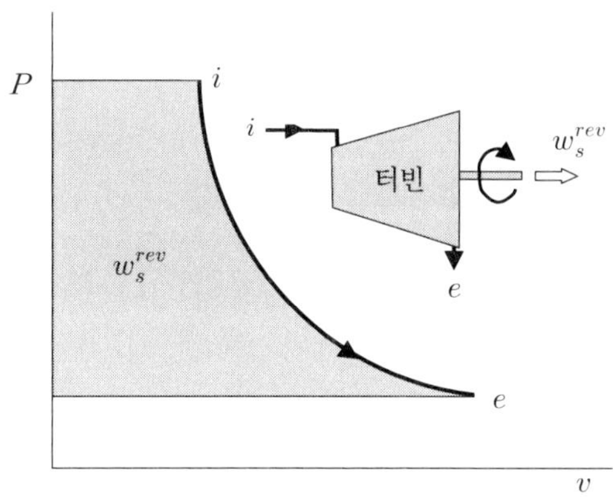

| 그림 5-5 | 터빈

비열이 일정한 이상기체를 작동유체로 하는 가스터빈의 경우 터빈일은 단위질량당

$$w_t = h_i - h_e = C_p(T_i - T_e) \tag{5.25}$$

이고 가역단열과정이라면 출구에서 온도 T_e는 식(4.40)에 의하여 다음과 같다.

$$T_e = T_i \left(\frac{P_e}{P_i} \right)^{\frac{k-1}{k}} \tag{5.26}$$

이를 식(5.25)에 대입하면 이상기체의 가역단열과정을 통한 단위질량당 터빈일 w_t^{rev}은

$$w_t^{rev} = C_p(T_i - T_e) = C_p T_i \left[1 - \left(\frac{P_e}{P_i} \right)^{\frac{k-1}{k}} \right] \tag{5.27}$$

터빈에서는 입구 온도 T_i가 높고 압력비 P_i/P_e가 클수록 축일이 커지므로 가스터빈이나 증기터빈 모두 터빈 입구 상태를 고온 고압으로 하는 이유다.

가역단열 압축기는 가역단열 터빈과 가역 관계에 있으므로 이상기체의 경우 그 소요되는 단위질량당 축일은 다음 식과 같다.

$$w_c^{rev} = C_p(T_e - T_i) = C_p T_i \left[\left(\frac{P_e}{P_i}\right)^{\frac{k-1}{k}} - 1 \right] \tag{5.28}$$

압축일은 입구온도가 높을수록, 또 압축비 P_e/P_i가 클수록 커진다. 따라서 압축기 소요 동력을 낮추려면 입구 온도를 낮추고 압력비를 낮게 해야 한다.

준평형적인 등온압축일은 식(4.42)에서 다음과 같다.

$$w_c^{rev} = RT_i \ln\left(\frac{P_e}{P_i}\right) \tag{5.29}$$

두 경우를 $P-v$선도에 도시하면 |그림 5-6|과 같고 압축에 소요되는 축일은 압력축과 이루는 면적과 같으므로 단열압축에 비하여 등온압축의 소요 일이 면적 ie_se_ti 만큼 감소하는 것을 알 수 있다. 단열과정의 경우는 온도의 증가에 따라서 비체적도 증가하므로 그만큼 소요 동력이 증가하게 된다.

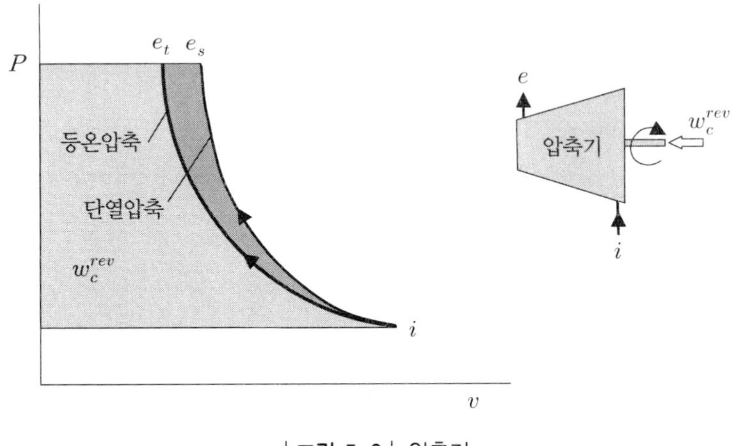

|그림 5-6| 압축기

기체를 압축할 때 온도의 상승을 막기 위해서는 냉각이 필요하다. 터빈과 구조가 비슷한 원심 압축기는 대량의 기체를 압축하기 때문에 냉각이 쉽지 않으나, 왕복식은 유량이 작으면서 압축비가 높으므로 냉각이 용이하고 그 효과도 크다. 실린더를 냉각하거나 내부에 냉각수를 분사하여 등온압축에 가깝도록 할 수 있다.

압축비가 높은 경우에는 다단 압축에 의하여 등온압축과 가까운 압축이 되게 할 수 있다. 각 단은 단열 압축을 하지만 단과 단 사이에 냉각기를 장치하여 기체의 온도를 떨어뜨릴 수 있기 때문이다.

|그림 5-7|은 중간 냉각기를 갖는 2단 압축기의 $P-v$선도를 나타낸다. 먼저 압력 P_i인 입구 상태 i에서 중간 압력 P_m인 점 a까지 단열 압축한 다음 중간 냉각기를 통해 입구 온도와 같은 점 b까지 냉각 후 다시 토출압력 P_e와 같은 점 e_e까지 압축한다. 이 때 압축 동력은 다음 식과 같다.

$$
\begin{aligned}
w_c^{rev} &= C_p T_i \left[(\frac{P_m}{P_i})^{\frac{k-1}{k}} - 1 \right] + C_p T_i \left[(\frac{P_e}{P_m})^{\frac{k-1}{k}} - 1 \right] \\
&= C_p T_i \left[(\frac{P_m}{P_i})^{\frac{k-1}{k}} + (\frac{P_e}{P_m})^{\frac{k-1}{k}} - 2 \right]
\end{aligned}
\tag{5.30}
$$

이 면적이 최소로 될 때 압축일이 최소로 되며 그 압력은 다음과 같이 입출구 압력의 기하평균과 같다.

$$
P_m = \sqrt{P_i P_e} \tag{5.31}
$$

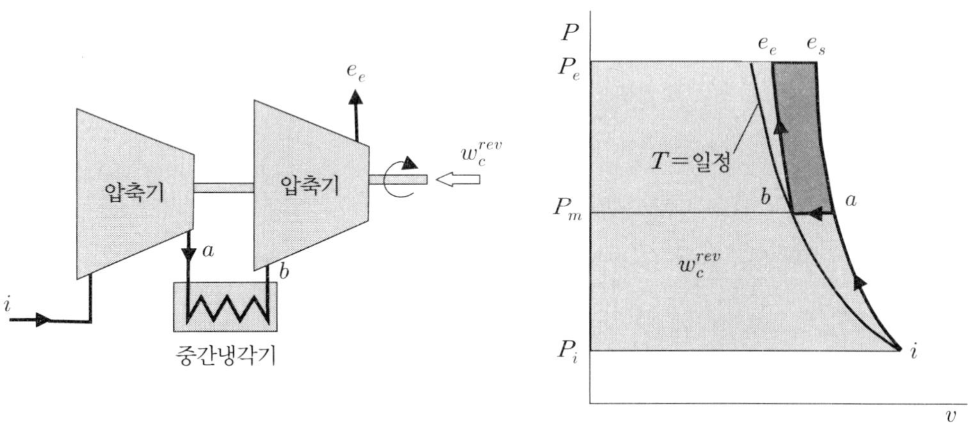

|그림 5-7| 중간냉각기를 갖는 2단 압축기

예제 5-8

20°C, 100 kPa의 공기를 원심압축기로 900 kPa까지 압축하려고 한다. 단열 압축하는 경우와 등온압축하는 경우의 단위질량당 소요 일을 구하라.

풀이

준평형 과정인 SSSF 시스템으로 가정하고 운동에너지 변화를 무시하며 공기의 비열이 일정하다고 가정한다.

가역단열인 경우 식(5.28)에서

$$w_c^{rev} = C_p T_i \left[\left(\frac{P_e}{P_i}\right)^{\frac{k-1}{k}} - 1 \right] = (1.00\ \text{kJ/kg K})[(20+273)\ \text{K}](9^{0.4/1.4} - 1) = 256\ \text{kJ/kg}$$

등온 압축의 경우는 식(5.29)에서

$$w_c^{rev} = RT_i \ln\left(\frac{P_e}{P_i}\right) = (0.287\ \text{kJ/kg K})(293\ \text{K})\ \ln 9 = = 184.5\ \text{kJ/kg}$$

등온압축일이 단열압축일에 비하여 훨씬 작음을 알 수 있다.

예제 5-9

20°C, 100 kPa의 공기를 원심압축기로 900 kPa까지 압축하는데 중간 냉각기를 사용한 2단 압축을 하려고 한다. 각 압축과정은 단열로 볼 수 있으며 중간 냉각기에 의하여 입구온도 만큼 냉각된다고 한다. 최적의 중간 압력을 구하고 냉각열량과 총압축일을 구하라.

풀이

준평형 과정인 SSSF 시스템으로 가정하고 운동에너지 변화를 무시하며 공기의 비열이 일정하다고 가정한다.

2단 압축에서 중간 압력의 최적값은 식(5.31)에서

$$P_m = \sqrt{P_i P_e} = \sqrt{100 \times 900} = 300\ \text{kPa}$$

1단 압축 후 온도는

$$T_a = T_i \left(\frac{P_m}{P_i}\right)^{\frac{k-1}{k}} = 293(300/100)^{0.4/1.4} = 401\ \text{K}$$

2단 압축기 입구온도는 T_b= 293 K이므로, 중간 냉각기에서 냉각열량은

$$C_p(T_a - T_b) = 1.00(401 - 293) = 108\ \text{kJ/kg}$$

총압축일은

$$w_c^{rev} = C_p T_i \left[\left(\frac{P_m}{P_i}\right)^{\frac{k-1}{k}} + \left(\frac{P_e}{P_m}\right)^{\frac{k-1}{k}} - 2 \right] = 1.00 \times 293 \times (3^{0.4/1.4} + 3^{0.4/1.4} - 2) = 216\ \text{kJ/kg}$$

앞의 예제의 단단 압축과 비교해보면 단열 압축일 때보다 동력이 적게 들어가고 등온 압축일 때보다는 더 크게 들어가는 것을 알 수 있다.

3) 노즐과 디퓨저

노즐(nozzle)은 고압의 유체를 팽창시켜서 고속의 운동에너지를 얻는 장치이고 디퓨저(diffuser)는 그 반대의 기능을 하는 장치이다. 노즐은 |그림 5-8|과 같이 유로의 단면적을 축소시킨 축소노즐이 대부분이지만 초음속 유동을 얻기 위해서는 축소 후에 확대 부분을 갖는 축소-확대 노즐을 사용한다.

이 장치들은 특수한 경우를 제외하면 주위에 대하여 단열이고 정상상태로 작동하는 장치라고 할 수 있으므로 식(5.11)에서 $q=0$, $w_s=0$, $Z_e = Z_i$를 대입하면

$$h_i - h_e = \frac{1}{2}(\boldsymbol{V}_e^{\,2} - \boldsymbol{V}_i^{\,2}) \tag{5.32}$$

이 식은 노즐에서 열락차가 운동에너지로 변환되는 것을 나타낸다. 또한 식(5.13)에서 압력과 속도에 대한 다음 관계식을 얻을 수 있다.

$$-\int_i^e v\,dP = \frac{1}{2}(\boldsymbol{V}_e^{\,2} - \boldsymbol{V}_i^{\,2}) \tag{5.33}$$

이는 노즐에서 압력이 감소하고 속도가 증가하는 것을 나타낸다.

한편 디퓨저에서는 속도가 감소하고 엔탈피 또는 압력이 증가하게 된다.

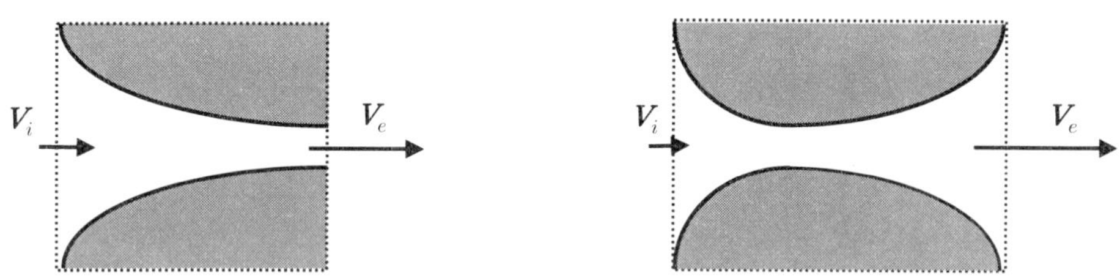

|그림 5-8| 축소노즐과 축소확대노즐

예제 5-10

잘 보온된 수증기 노즐에서 입구에서 증기는 압력 2.0 MPa, 온도 350°C이며 출구에서 압력은 0.1 MPa, 건도가 95%이다. 입구에서 증기의 유속이 30 m/s일 때 출구에서 증기의 유속을 구하라. 또 증기의 유량이 5.0 kg/s일 때 입출구의 단면적을 구하라.

풀이

SSSF 상태의 단열 노즐에 대한 에너지 방정식(5.32)에서

$$h_i - h_e = \frac{1}{2}(\boldsymbol{V}_e^{\,2} - \boldsymbol{V}_i^{\,2})$$

증기표에서 2.0 MPa, 350°C의 과열증기의 h_i = 3137 kJ/kg, v_i = 0.13857 m^3/kg

0.1 MPa, 95%의 습습증기의 $h_e = h_f + xhfg$ = 417.43 + 0.95×2258 = 2562.5 kJ/kg

$v_e = v_f + xv_{fg}$ =0.001043 + 0.95×1.693 = 1.6094 m^3/kg

따라서

$\boldsymbol{V}_e = \sqrt{2(h-h)+\boldsymbol{V}_i^{\ 2}} = \sqrt{2(3137.0-2562.5)\times 1000+30^2} = \sqrt{1149900+900}$ =1072 m/s

여기서 입구 유속의 영향은 무시해도 좋음을 알 수 있다.

단면적은 식(5.4)에서

$A = \dfrac{\dot{m}}{\rho \boldsymbol{V}} = \dfrac{v\dot{m}}{\boldsymbol{V}}$ 이므로

A_i = (0.13857 m^3/kg)(5.0 kg/s)/(30 m/s) = 0.0231 m^2

A_e = (1.6094 m^3/kg)(5.0 kg/s)/(1072 m/s) = 0.00751 m^2

예 | 제 | 5-11

10°C, 100 kPa의 공기가 유속 200 m/s로 제트엔진의 디퓨저로 유입될 때 출구의 온도와 압력을 구하라. 또 입구의 단면적이 0.4 m^{2}일 때 유량을 구하라. 단, 디퓨저는 잘 보온되어 있으며 출구의 유속은 무시할 수 있을 정도의 저속이다.

풀이

준평형 과정인 SSSF 단열 디퓨저로 가정하면 식(5.30)에서

$$h_i - h_e = \frac{1}{2}(\ \boldsymbol{V}_e^{\ 2} - \boldsymbol{V}_i^{\ 2})$$

$$h_e - h_i = \frac{1}{2}(200^2 - 0) = 20000 \text{ J/kg} = 20 \text{ kJ/kg}$$

공기를 비열이 일정한 이상기체로 보면

$$T_e = T_i + \frac{h_e - h_i}{C_p} = 273 + 10 + \frac{20}{1.00} = 303 \text{ K}$$

가역단열인 경우

$$T_e = T_i\left(\frac{P_e}{P_i}\right)^{\frac{k-1}{k}} \text{에서 } P_e = P_i\left(\frac{T_e}{T_i}\right)^{\frac{k}{k-1}} = 100(303/283)^{1.4/0.4} = 127 \text{ kPa}$$

유량은 식(5.4)에서

$$\dot{m} = A\frac{\boldsymbol{V}}{v} = (\frac{P}{RT})A\boldsymbol{V} = (100 \text{ kPa})/(0.287 \text{ kPam}^3/\text{kg K}\times 283 \text{ K})(0.4 \text{ m}^3\times 200 \text{ m/s}) = 98.5 \text{ kg/s}$$

4) 스로틀 장치

유체가 | 그림 5-9 | 와 같이 밸브나 오리피스 또는 모세관과 같은 장애물을 통과하면 압력이 감소한다. 이러한 과정을 스로틀(throttl: 교축)과정이라고 하며 축일은 없고 열전달

도 무시할 수 있으며 전후의 운동에너지 차이도 무시할 수 있다. 따라서 스로틀(throttle) 과정은 식(5.11)로 부터 엔탈피가 일정한 등엔탈피 과정이라고 할 수 있다.

$$h_e \approx h_i \tag{5.34}$$

스로틀과정에서 압력에 대한 온도의 변화율 μ를 Joule-Thomson 계수라고 한다.

$$\mu = \left(\frac{\partial T}{\partial P}\right)_h \tag{5.35}$$

이상기체의 경우는 엔탈피가 온도만의 함수이므로 엔탈피가 일정하면 온도도 일정하다. 따라서 이상기체는 μ=0이다. 그러나 실제기체는 온도와 압력에 따라서 이 값이 0보다 클 수도 작을 수도 있다.

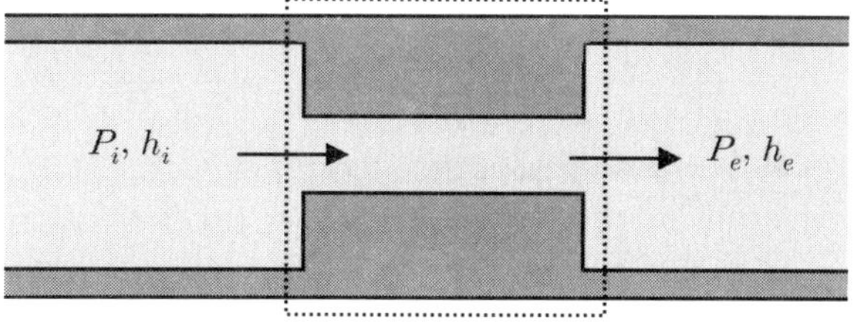

| 그림 5-9 | 스로틀

예제 5-12

압력 200℃ 의 고온수를 팽창밸브에 의하여 압력을 0.1 MPa로 떨어뜨렸을 때 온도와 증기의 건도를 구하라.

풀이

SSSF 상태의 스로틀과정으로서 운동에너지와 위치에너지의 변화를 무시하고 단열과정으로 보면 식(5.32)에서

$h_i = h_e$

증기표에서 200°C 고온수의 엔탈피는 200°C 포화액의 엔탈피로 볼 수 있으므로 h_i = 852.44 kJ/kg

0.1 MPa에 대한 포화증기표에서 T_s = 99.62°C, h_f =417.43 kJ/kg, h_{fg} = 2258 kJ/kg

따라서 온도는 99.62°C,

$h_e = h_i$ = 852.4 kJ/kg이므로 건도는

$$x_e = \frac{h_e - h_f}{h_{fg}} = \frac{852.44 - 417.43}{2258} = 0.193$$

연습문제

5.1 밀폐계와 개방계를 비교하여 설명하라.

5.2 엔탈피와 내부에너지를 비교하여 설명하라.

5.3 단열된 진공 용기를 충전하면 온도가 상승하는 이유를 설명하라.

5.4 기체의 단열 압축과 등온 압축을 비교하고 등온압축이 되도록 하는 방법을 설명하라.

5.5 중간냉각기를 갖는 2단 압축기에서 최적의 중간 압력에 대하여 설명하라.

5.6 노즐과 디퓨저의 차이를 설명하라.

5.7 스로틀 과정의 예를 들고 엔탈피 일정으로 보는 이유를 설명하라.

5.8 이상기체의 스로틀 과정은 등온과정임을 설명하라.

5.9 지름이 0.5 m인 관에 온도와 압력이 각각 100°C, 500 kPa인 공기가 7.0 m/s의 평균 유속으로 흐를 때 공기의 체적유량과 질량유량을 구하라.

5.10 어떤 보일러에 5 MPa, 20°C의 물을 2.0 kg/s의 유량으로 공급하여 4.0 MPa, 450°C의 증기를 생산한다. 입구의 유속이 2.0 m/s, 출구의 유속이 10.0 m/s를 초과하지 않기 위한 배관의 지름을 구하라.

5.11 증기 동력 사이클의 작동유체인 물은 보일러에서 증발한 뒤 터빈에서 축일을 하고 응축기에서 열을 버린 다음 펌프에서 축일을 받아서 압축되면 원래상태로 돌아온다. 각 과정에서 단위질량이 한 일과 받은 열은 다음 표와 같다. 운동에너지와 위치에너지의 변화는 무시하고 표의 빈 칸을 채우라.

	열, kJ	축일, kJ	Δh, kJ
보일러	400	0	400
터빈	0		−150
응축기		0	
펌프	0		−5

5.12 SSSF 상태의 어느 증기터빈에서 증기의 유량은 $\dot{m}$ = 2kg/s이고 터빈 입구의 압력과 온도는 각각 5.0 MPa, 450°C, 유속 및 높이는 각각 V_i = 50 m/s, Z_i = 6 m, 출구 증기의 압력과 건도는 0.1 MPa, 95%, 유속 및 높이는 각각 V_e = 100 m/s, Z_i = 2 m이다. 이 터빈에서 열손실이 10 kJ/s일 때 터빈 출력을 구하라.

5.13 0°C의 공기를 30°C로 가열하여 0.5 kg/s의 율로 공급하는 온풍기가 있다. 이 온풍기에 의한 가열량을 구하라.

5.14 진공상태인 2000 L 탱크를 200°C, 압력 600 kPa의 수증기관에 밸브로 연결하여 충전하였다. 주위와는 단열상태로 충전이 끝났을 때 탱크의 압력, 온도 및 충전 질량을 구하라.

5.15 진공상태인 2000 L 탱크를 200°C, 압력 600 kPa의 수소 관에 연결하여 충전하였다. 주위와는 단열상태로 충전이 끝났을 때 탱크의 압력, 온도 및 충전 질량을 구하라.

5.16 위 문제에서 탱크가 처음에 진공이 아니고 50°C, 압력 100 kPa의 수소가 들어 있는 경우 주위와는 단열상태로 충전이 끝났을 때 탱크의 압력, 온도 및 충전 질량을 구하라.

5.17 어떤 증기 보일러에서 급수의 압력은 1.1 MPa, 온도는 20°C이며 발생 증기의 압력은 1.0 MPa, 온도는 350°C이다. 증기 발생률이 2.0 kg/s일 때 보일러에 공급해야 할 열량을 구하라.

5.18 응축기에서 수증기는 온도 40°C, 건도 95%로 들어가서 완전히 응축된 후 포화상태로 배출된다. 냉각수는 15°C의 강물이며 응축기를 나갈 때는 30°C로 가열 된다면 증기 유량의 몇 배의 냉각수 유량이 필요한가?

5.19 공기가 20 m/s, 1500 K, 1000 kPa로 가스터빈에 유입되어 250 m/s, 850 K, 150 kPa로 배출될 때 터빈 출력을 비열이 일정하다고 보고 구하라. 또 온도에 따른 비열의 변화를 고려하여 구하라. 단, 입구관의 지름은 30 cm이다.

5.20 SSSF로 작동하는 가스터빈으로 유입되는 공기의 압력과 온도는 각각 8 MPa, 700°C이고 토출압력은 200 kPa이다. 압축과정을 $Pv^{1.5} = const$인 준평형 과정으로 볼 때 터빈 출력과 가열량을 구하라. 단, 유량은 2.5 kg/s며 입구에서 유속은 50.0 m/s, 출구에서 유속은 100.0 m/s이다.

5.21 20°C, 100 kPa의 공기를 원심압축기로 800 kPa까지 압축하려고 한다. 단열 압축하는 경우와 등온 압축하는 경우의 단위유량당 소요 일을 구하라. 단, 운동에너지의 변화는 무시할 수 있다.

5.22 20°C, 100 kPa의 공기를 원심압축기로 800 kPa까지 압축하는데 중간 냉각기를 사용한 2단 압축을 하려고 한다. 각 압축과정은 단열로 볼 수 있으며 중간 냉각기에 의하여 입구온도 만큼 냉각된다고 한다. 운동에너지의 변화는 무시할 때 최적의 중간 압력을 구하고 단위질량당 냉각열량과 총압축일을 구하라.

5.23 SSSF로 작동하는 압축기로 유입되는 공기의 압력과 온도는 각각 100 kPa, 20°C이고 토출압력은 250 kPa이다. 압축과정을 등온과정으로 볼 때 단위질량당 축일과 가열량을 구하라. 단, 운동에너지의 변화는 무시한다.

5.24 SSSF로 작동하는 압축기로 유입되는 공기의 압력과 온도는 각각 120 kPa, −10°C이고 토출압력은 300 kPa이다. 압축과정을 $Pv^{1.3} = const$인 준평형 과정으로 볼 때 소요 동력과 열량을 구하라. 단, 공기유량은 2.0 kg/s며 운동에너지의 변화는 무시할 수 있다.

5.25 SSSF로 작동하는 압축기에 냉매 R−134a의 유입상태는 100 kPa, 20°C, 토출상태는 1200 kPa, 50°C이다. 이 과정에 냉각수로 30 kW의 열이 방출되고 150 kW의 압축동력을 사용하였다. 냉매의 유량을 구하라. 단, 운동에너지의 변화는 무시한다.

5.26 잘 보온된 수증기 노즐에서 입구에서 증기는 압력 5.0 MPa, 온도 400°C이며 출구에서 압력은 0.1 MPa, 건도가 95%이다. 입구에서 증기의 유속이 30 m/s일 때 출구에서 증기의 유속을 구하라. 또 증기의 유량이 5.0 kg/s일 때 입출구의 단면적을 구하라.

5.27 700°C, 200 kPa, 유속 40 m/s의 공기가 잘 단열된 노즐에 유입되어 90 kPa로 나온다면 출구에서 온도와 유속을 구하라.

5.28 0°C, 70 kPa의 공기가 유속 300 m/s로 제트엔진의 디퓨저로 유입될 때 출구의 온도와 압력을 구하라. 또 입구의 단면적이 0.4 m^2일 때 유량을 구하라. 단, 디퓨저는 잘 단열되어 있으며 출구의 유속은 무시할 수 있을 정도의 저속이다.

5.29 250°C의 고온수를 팽창밸브에 의하여 압력을 0.1 MPa로 떨어뜨렸을 때 증기의 건도를 구하라.

5.30 냉매 R−134a가 25°C, 800 kPa로 스로틀 장치에 들어가서 −20°C로 나온다. 운동에너지의 변화를 무시할 때 출구에서 건도를 구하라.

5.31 자동차 방열기(radiator)에서 글리세린은 95°C로 들어와서 75°C로 나가며 공기는 18°C로 유입되어 24°C로 나간다. 방열기의 열전달률이 30 kW일 때 글리세린의 질량유량과 공기의 유입 체적유량을 구하라. 단, 공기의 압력은 100 kPa이다.

5.32 |그림 P5-1| 과 같이 압축기로 압축한 공기를 정압과정으로 냉각하는 장치가 있다. 압축기 입구의 상태는 100 kPa, 17°C, 출구의 상태는 1 MPa, 120°C, 냉각기 출구의 온도는 27°C이다. 공기 유량이 0.2 kg/s일 때 압축과정을 폴리트로프 과정으로 보고 압축기 소요 동력과 냉각기 열전달률을 구하라.

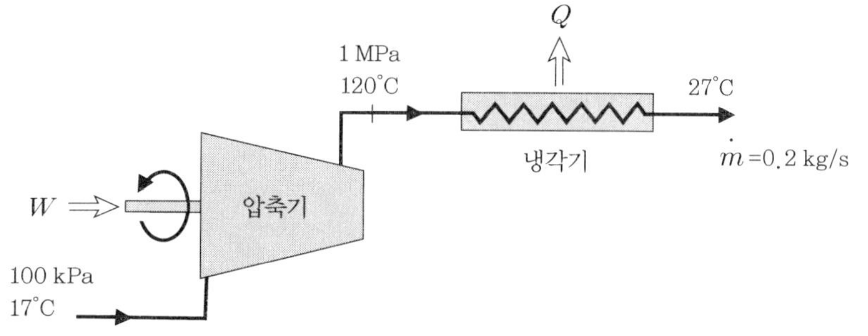

|**그림 P5-1**| 문제 5.32

5.33 |그림 P5-2| 와 같이 단열 상태로 작동하는 증기 터빈의 중간에서 증기를 추출하는 경우 운동에너지를 무시하고 터빈 출력을 구하라. 단, 터빈의 입구 상태는 15 MPa, 600°C, 유량은 50 kg/s이며, 추출 증기의 상태는 2 MPa, 350°C, 유량은 10 kg/s이다. 또 터빈 출구의 상태는 75 kPa, 건도 95%이다.

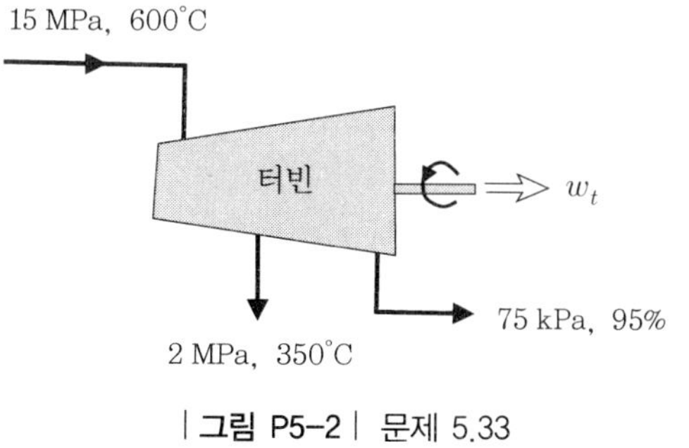

|**그림 P5-2**| 문제 5.33

5.34 |그림 P5-3| 에 도시한 증기원동소의 각 점의 상태는 다음과 같다.

위치	압력	온도 또는 건도
1. 보일러 출구	2.1 MPa	310°C
2. 터빈입구	2.0 MPa	300°C
3. 터빈출구, 응축기 입구	15 kPa	0.90
4. 응축기 출구 펌프입구	13 kPa	45°C
펌프일=5 kL/kg		

다음 각 요소에서 단위질량당 열 또는 일을 구하라.

a. 보일러와 터빈 사이 배관에서 열손실 ${}_1q_2$

b. 터빈 출력(열손실 무시) w_t

c. 응축기에서 열전달 q_L

d. 보일러에서 열전달 q_H

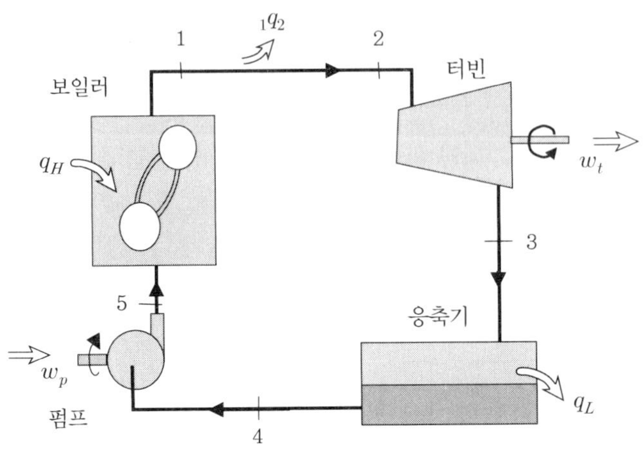

|그림 P5-3| 문제 5.34

5.35 R-134a를 냉매로 하는 |그림 P5-4| 와 같은 냉동기의 각 점의 상태는 다음과 같다.

위치	압력	온도 또는 건도
증발기 출구, 압축기 입구	100 kPa	-20°C
압축기 출구, 응축기 입구	800 kPa	50°C
응축기 출구, 팽창변 입구	700 kPa	25°C
팽창변 출구, 증발기 입구		-25°C

냉매의 유량은 0.2 kg/s이며 압축기의 소요 동력이 10.0 kW일 때 다음에 답하라.

a. 증발기 입구의 건도

b. 증발기로의 열전달률

c. 압축기에서 열손실률

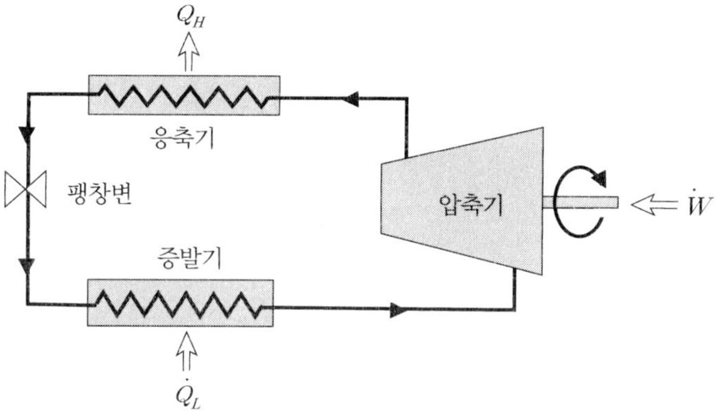

| **그림 P5-4** | 문제 5.35

5.36 | 그림 P5-5 | 와 같은 가스터빈 시스템으로 발전기에 6 MW의 동력을 공급할 때 공기의 질량유량과 연소실에서 공급할 열전달률을 구하라. 각 점에서 상태량은 다음과 같으며 압축기와 터빈에서의 과정은 가역단열과정으로 볼 수 있다.

1. 100 kPa, 300 K
2. 600 kPa
3. 600 kPa, 1000 K
4. 100 kPa

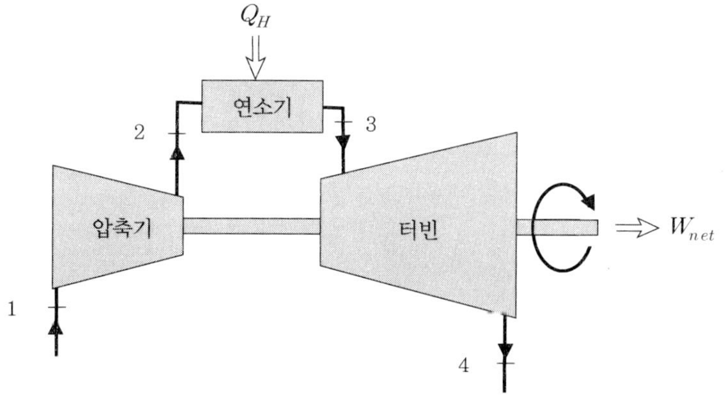

| **그림 P5-5** | 문제 5.36

Chapter 6

열역학 제2법칙

운동하던 물체가 마찰에 의하여 정지할 때 발생하는 열은 열역학 제1법칙에 근거하여 물체의 운동에너지와 같다고 말할 수 있다. 또 반대로 그 열을 가하여 물체가 원래 속도로 운동한다면 열역학 제1법칙이 만족된다고 말할 수 있다. 그러나 반대 과정은 에너지보존 법칙을 만족하더라도 일어날 수 없는 과정이다. 이와 같이 자연 현상은 방향성이 존재하며 계와 주위가 모두 원래상태로 돌아갈 수는 없다. 다시 말하면 자연 현상은 비가역적으로 일어난다. 이것은 열역학 제1법칙으로는 설명이 불가능한 원리이기 때문에 열역학 제2법칙이라고 한다.

열역학 제2법칙은 먼저 사이클을 이루는 과정인 열기관의 열효율과 냉동기의 성능계수에 대하여 기술되었다. 일은 모두 열로 변환될 수 있으나 열은 모두 일로 변환될 수 없다. 즉 열과 일 사이의 에너지 변환에는 제약이 따르며 최고의 열효율 또는 성능계수를 갖는 사이클은 가역적으로 작동하는 사이클이다.

6-1 열기관과 냉동기

열을 받아서 사이클 과정으로 일을 하는 장치를 열기관이라고 하며, 일을 받아서 사이클 과정으로 온도가 낮은 곳에서 온도가 높은 곳으로 열을 보내는 장치를 냉동기라고 한다. 내연기관은 열역학적으로 사이클을 이루지 않지만 배기가 냉각되어 다시 흡기로 돌아오는 것으로 가정하면 사이클을 이루는 것으로 볼 수 있다. 이에 관해서는 9장에서 자세히 다룬다.

1) 열기관의 열효율

|그림 6-1|과 같이 열기관이 고온 열원(heat source)에서 받은 열을 Q_H, 저온 침체체(heat sink)로 방출한 열을 Q_L이라고 하면 순일(net work)은 $W_{net} = Q_H - Q_L$이 된다. 순일은 열기관에서 얻고자 하는 출력이다. 이 출력을 얻기 위하여 가솔린이나 디젤 및 석탄의 연소나 원자로의 핵분열에 의한 열을 공급하는 것이다. 이처럼 열기관의 효용은 순일이고 비용은 고온 열원에서 공급하는 열이다. 따라서 열기관의 열효율(thermal efficiency) η_{th}는 다음 식과 같이 정의된다.

$$\eta_{th} = \frac{W_{net}}{Q_H} = 1 - \frac{Q_L}{Q_H} \tag{6.1}$$

여기서 Q 또는 W를 간단히 열과 일이라고 부르지만 열전달률 또는 일률을 의미한다.

실제 열기관의 열효율은 소형 엔진은 약 20%, 가솔린엔진은 30~35%, 디젤엔진은 35~40%, 대규모 증기원동소는 35~50%에 이르기까지 변화가 크다.

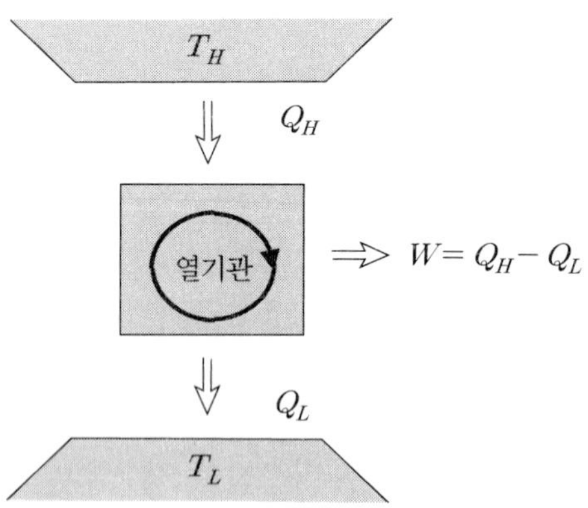

|그림 6-1| 열기관

예|제|6-1

어떤 증기원동소가 100 MW의 열을 공급 받아서 동력을 생산하며 65 MW의 열을 주위의 강물로 버린다. 이 원동소(power plant)의 출력과 열효율을 구하라.

풀이

에너지 보존 법칙에 의하여 출력은

$W = Q_H - Q_L = 100 - 65 = 35$ MW

열효율은 $\eta_{th} = \dfrac{W}{Q_H} = \dfrac{35}{100} = 0.35 = 35\%$

2) 냉동기의 성능계수

|그림 6-2|와 같이 냉동기에 의하여 저온 측에서 흡수한 열을 Q_L, 고온 측으로의 방출열을 Q_H라고 할 때, 열역학 제1법칙에 따라서 냉동기에 필요한 순일 W_{net}와 열의 관계는 $W_{net}=Q_H-Q_L$와 같다. 열기관이나 냉동기에서 Q_H와 Q_L은 열전달의 방향에 관계없이 고온측 또는 저온 측으로의 열전달량의 크기를 나타낸다. 마찬가지로 W_{net}도 부호를 무시하고 크기만 나타낸다.

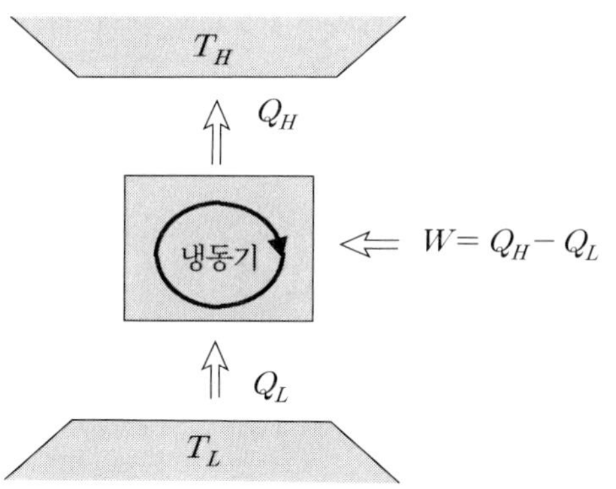

|그림 6-2| 냉동기

냉동기의 효용은 저온 물체에서 흡수한 열이고 비용은 투입된 일이므로 냉동기의 성능은 다음 식으로 정의된 성능계수(Coefficient of Performance) $\mathrm{COP_R}$로 평가한다.

$$\mathrm{COP_R} = \frac{Q_L}{W_{net}} = \frac{Q_L}{Q_H - Q_L} \tag{6.2a}$$

냉동기의 성능계수는 운전조건에 따라서 크게 영향을 받으며 가정용 냉장고의 성능계수는 2.5 내외인 반면, 냉동고의 성능계수는 1에 가까운 낮은 값이다.

냉동기가 냉각을 목적으로 한다면 열펌프(heat pump)는 냉각뿐 아니라 가열을 목적으로 한 장치로서 작동 원리는 냉동기와 동일하다. 가열기로 작동시 열펌프의 효용가치는 고온에서 방출되는 열 Q_H이므로 열펌프의 성능계수 $\mathrm{COP_H}$는 다음 식으로 정의되며

$$\mathrm{COP_H} = \frac{Q_H}{W_{net}} = \frac{Q_H}{Q_H - Q_L} \tag{6.2b}$$

같은 조건에서 작동하는 냉동기의 성능계수에 1을 더한 것과 같다.

$$\mathrm{COP_H} = \mathrm{COP_R} + 1 \tag{6.3}$$

예|제|6-2

외기 온도가 −5°C인 날 실내 온도를 20°C로 유지하기 위하여 20000 kJ/h의 열공급이 필요하다고 한다. 이를 위하여 성능계수 $\mathrm{COP_H}$ =2.5인 공기열원 열펌프를 사용할 때 소요 동력과 외기에서 흡수하는 열전달률을 구하라.

풀이

식(6.2)에서 소요 동력은

$$W_{net} = \frac{Q_H}{\mathrm{COP_H}} = \frac{20000}{2.5} = 8000\ \mathrm{kJ/h} = 2.22\ \mathrm{kW}$$

에너지 보존 법칙에 의하여 저온 측에서 흡수하는 열전달률은

$$Q_L = Q_H - W_{net} = 20000 - 8000 = 12000\ \mathrm{kJ/h}$$

6-2 열역학 제2법칙

처음에 열역학 제2법칙은 Lord Kelvin(1824~1907)과 M. Planck(1858~1947) 및 R. Clausius(1822~1888)에 의하여 다음과 같이 서술되었다.

- Kelvin-Planck의 서술: 단일 열저장조와 열교환을 하면서 사이클을 이루어 작동하는 장치를 만들 수 없다.
- Clausius의 서술: 저온에서 고온으로의 열전달 이외에 주위에 아무런 영향을 남기지 않고 사이클을 이루어 작동하는 장치를 만들 수 없다.

열저장조(thermal reservoir)는 바다와 같이 열용량이 무한히 커서 가열하거나 냉각해도 그 온도가 변하지 않는 물체를 의미한다. Kelvin과 Planck의 서술은 열기관을 만들려면 열

을 공급하는 열저장조인 열원(heat source)과 열을 버리는 열저장조인 열침체체(heat sink)가 따로 있어야 함을 의미한다. 즉 열을 버리지 않고 열효율 100%로 사이클을 이루어 작동하는 열기관을 만들 수 없다는 것이다. 또 Clausius의 서술은 저온 물체에서 고온 물체로 열을 보내기 위해서는 반드시 일이 필요하다는 의미로서, 성능계수가 무한대인 냉동기를 만드는 것은 불가능하다는 뜻이다.

열역학 제2법칙에 관한 위의 두 서술은 동일한 원리를 다른 관점에서 표현한 것이다. 즉 두 서술은 동등(equivalent)하다고 할 수 있다. 왜냐하면 두 서술 중 어느 한쪽을 위반하면 다른 쪽도 위반하기 때문이다. |그림 6-3|의 왼쪽은 열효율 100%인 열기관이 가능하면 성능계수가 무한대인 냉동기를 만들 수 있음을 보이는 것이고, 오른 쪽은 그 반대의 경우를 보이는 것이다. 즉 Kelvin-Planck의 서술이 옳지 않으면 Clausius의 서술도 옳지 않다. 또한 Clausius의 서술이 옳지 않으면 Kelvin-Planck의 서술도 옳지 않다. 어떤 명제 A, B가 있을 때 A가 아니면 B가 아니고, 역으로 B가 아니면 A가 아닌 경우 A와 B는 동일한 명제를 말하는 것이다.

또한 위의 두 서술은 경험을 토대로 정립된 법칙이며 모두 부정적으로 표현한 것이므로 증명할 수는 없다. 이를 위반하는 사례를 하나라도 발견하게 되면 이 법칙은 틀린 것이 된다. 그러나 지금까지 위반 사례가 발견되지 않았기 때문에 간접적으로 제2법칙이 옳은 것을 입증한 것과 같다.

100% 열효율이 불가능하다면 열기관의 가능한 최대 열효율은 얼마인가? 또는 냉동기의 최대 성능계수는 얼마까지 가능할까? 위의 두 서술은 이에 대한 답을 주지 못한다. 그것은 바로 가역사이클로 작동하는 열기관이나 냉동기로서 1824년 프랑스의 공학자 Sadi Carnot(1796~1832)가 고안한 Carnot사이클이다. Carnot이론은 열역학 제2법칙이 정립되기 30여 년 전에 세워진 것이지만 Carnot의 요절과 함께 유고로 묻혀 있다가 세상에 알려진 것은 훨씬 후의 일이다. Clausius가 Carnot사이클에 근거하여 엔트로피라는 상태량을 정의함으로써 정량적으로 열역학 제2법칙이 완성되었다.

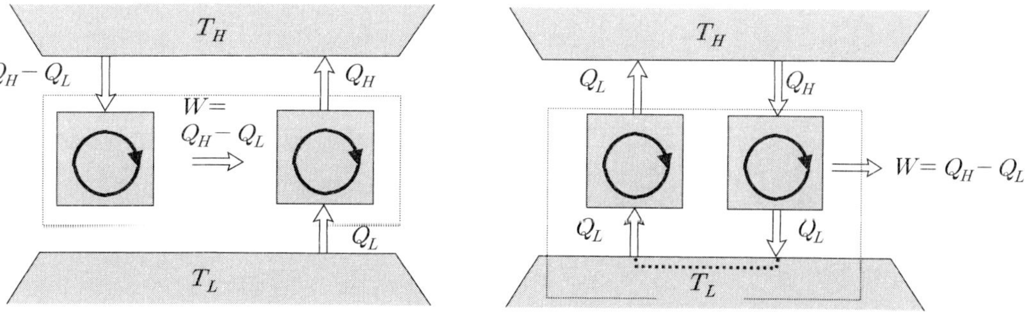

|그림 6-3| Kelvin-Planck의 서술과 Clausius의 서술의 동등성

영구운동기계

영구운동기계는 영원히 작동하는 기계이므로 열역학법칙을 무시한 불가능한 기계이다. 제1종 영구운동기계는 열역학 제1법칙을 위반하고 에너지를 창출하는 기계를 뜻한다. 제2종 영구운동기계는 열효율이 100%인 열기관이나 성능계수가 무한대인 냉동기와 같이 열역학 제2법칙을 위반하는 기계장치다. 또한 제3종 영구운동기계는 일을 하지는 않지만 마찰이 없어서 영원히 운동하는 기계를 말한다. 당연히 그 어떤 영구운동 기계도 실현 불가능하다.

6-3 가역과정과 비가역과정

가역(reversible)과정은 계와 주위에 아무런 변화를 남기지 않고 원래 상태로 돌아 갈 수 있는 이상적인(ideal) 과정을 뜻한다. 주위에는 비가역적인 변화를 남길지라도 계만 원래 상태로 돌아 갈 수 있는 과정은 내부적 가역이라고 구분해서 말해야 한다. 따라서 준평형 과정은 계의 상태만 주목하므로 내부적인 가역과정이다. 계의 상태에 대하여 가역적이란 표현은 내부적 가역을 뜻하는 경우가 많음을 유의해야 한다. 그러나 가역사이클이라고 할 때는 내부적으로나 외부적으로 모두 가역적인 과정으로 이루어진 사이클을 의미한다.

비가역(irreversible) 과정은 자발적으로 일어나며, 자발적(spontaneous) 변화의 요인들이 비가역 현상의 원인이 된다. 비가역 과정은 역학적, 열적 또는 화학적 비평형 상태에서 평형상태로 가려고 하는 자발적 현상이다. 비가역 요인으로 마찰, 유한한 온도차에 의한 열전달, 자유팽창, 서로 다른 두 물질의 혼합, 연소 등이 있다. 그 외에도 히스테리시스(hysterisis)효과나 전기 저항에 의한 발열 등이 있다.

1) 마찰

마찰이 비가역적인 것은 우리가 늘 경험하고 있는 현상이다. 구르던 공이 정지하거나 자동차가 정지할 수 있는 것은 모두 마찰에 의한 것이다. 마찰은 조직적인 운동에너지를 비조직적인 열에너지로 소산(dissipation)시키는 작용을 한다. 운동에너지가 마찰에 의하여 열로 소산되고 나면 다시 운동에너지로 돌아갈 수 없다. 마찰은 고체와 고체 뿐 아니라 고체와 유체, 유체와 유체 사이에서도 일어난다. |그림 4-1/p.86|에 도시한 Joule의 실험이 비가역적인 이유도 무게추에 의한 일이 휘젓기날개와 유체 사이의 마찰에 의한 소산 과정을 거치기 때문이다.

2) 열전달

|그림 6-4a|와 같이 열은 온도가 높은 곳에서 낮은 곳으로 전달된다. 마치 물이 높은 곳에서 낮은 곳으로 흐르는 것과 같이 자발적으로 일어나며, 낮은 곳에 흘러 내려온 물은 저절로 다시 높은 곳으로 돌아가지 못하듯이, 열도 온도가 낮은 곳으로 전달되고 나면 다시 온도가 높은 곳으로 되돌아갈 수 없다. 낮은 곳의 물을 높은 곳으로 보내려면 펌프가 필요하듯이 저온 물체에서 고온 물체로 열을 보내려면 냉동기가 필요하다. 따라서 열전달은 비가역적이다.

그러나 |그림 6-4b|와 같이 두 물체의 온도차가 무한히 작아서($dT \rightarrow 0$) 거의 같다고 한다면 가역과정으로 간주한다. 주어진 열전달 장치에서 열전달률은 온도차에 비례하므로 무한히 작은 온도차로 소정의 열을 전달하려면 무한히 긴 시간이 필요하다. 따라서 현실에서 열전달은 유한한 온도차에 의한 비가역적 현상이다. 그럼에도 불구하고 가역 열전달을 가정하는 것은 이상적인 과정을 설명하는데 매우 유용하기 때문이다.

열은 경계를 넘어서는 에너지이므로 비가역 열전달이란 계의 경계와 주위 사이의 온도차에 의하여 일어나는 비가역적인 현상, 즉 외부적 비가역 현상이 된다. 계 내부에서 부분적인 온도차에 의한 에너지 이동은 열이 아닌 내부에너지의 이동이라고 하는 것이 옳다. 온도차에 의한 내부에너지의 이동은 내부적 비가역 과정이다. 내부적으로 온도 평형을 이루면서 외부에서 열을 받거나 외부로 열을 방출하는 열전달은 내부적으로는 가역과정이 된다.

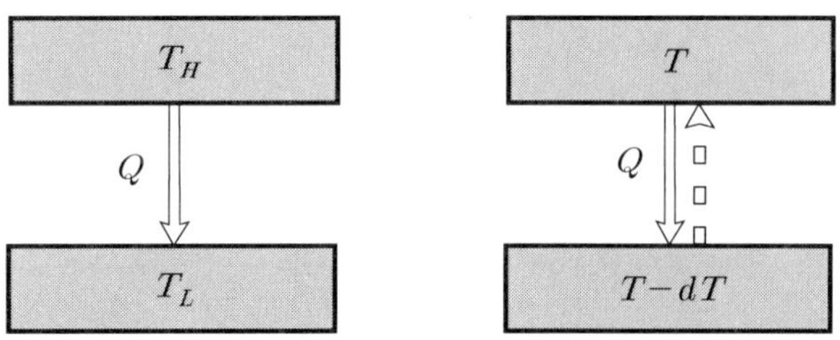

(a) 비가역 열전달($T_H > T_L$) (b) 가역 열전달($dT \rightarrow 0$)

|그림 6-4| 열전달

3) 자유팽창과 혼합

자유팽창은 |그림 6-5|와 같이 기체가 진공 중으로 팽창하여 부피가 커지는 자발적인 현상을 말하며 불구속팽창이라고도 한다. 자유팽창 과정은 기체의 압력이 평형을 이루지 못한 상태로 팽창하는 비평형 과정이므로 비가역적이다. 진공 중으로의 자유팽창이 아니더라도 팽창과정에는 언제나 약간의 압력 불균형이 존재하므로 완전한 가역 팽창은 불가능하다 할 수 있으나, 그 불균형이 매우 작은 경우를 준평형 과정이라고 하여 내부적 가역과정으로 간주하는 것이다.

서로 다른 두 물질을 막으로 분리하여 놓고 막을 터뜨리면 자발적으로 혼합되는 현상을 볼 수 있다. 혼합된 후에 두 물질을 각각 분리하려면 복잡한 기계장치를 필요로 하므로 혼합현상은 비가역적이다. 혼합되는 각 물질의 입장에서 보면 자유팽창과 다르지 않으며, 자유팽창이 비가역적이듯이 혼합도 비가역적이다.

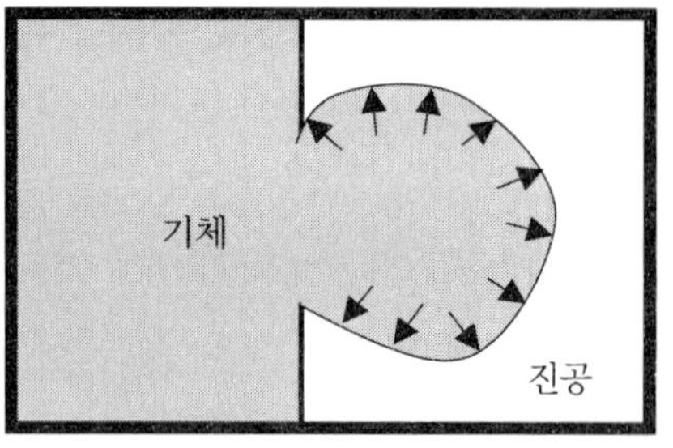

| 그림 6-5 | 자유팽창

6-4 Carnot사이클

Carnot사이클은 모든 과정이 계와 주위에 대하여 가역적인 과정으로 구성된 가역사이클이다. 열역학 제2법칙은 엔진이나 냉동기에서 열을 받는 과정과 버리는 과정이 있어야 한다는 것을 말한다. 열전달 과정이 가역적이기 위해서는 계와 주위 사이에 온도차가 거의 없어야 하는데 열저장조의 온도가 일정하다면 열을 받고 버리는 계의 온도도 저장조의 온도와 같이 일정해야 한다. 따라서 가역사이클로 작동하는 열기관(냉동기)은 열을 공급(흡수)하는 고온 열저장조와 작동물질의 온도가 같은 등온과정과, 열을 흡수(공급)하는 저온 열저장조와 온도가 같은 등온과정을 가져야 한다. 이러한 두 등온 과정 사이에는 주위에 대하여 단열이면서 온도가 변하는 가역단열과정이 필요하다. 그러므로 가역사이클은 | 그림 6-6 | 과 같이 가역등온-가역단열-가역등온-가역단열의 네 가역과정으로 구성되어야 하며 이것이 Carnot사이클이다.

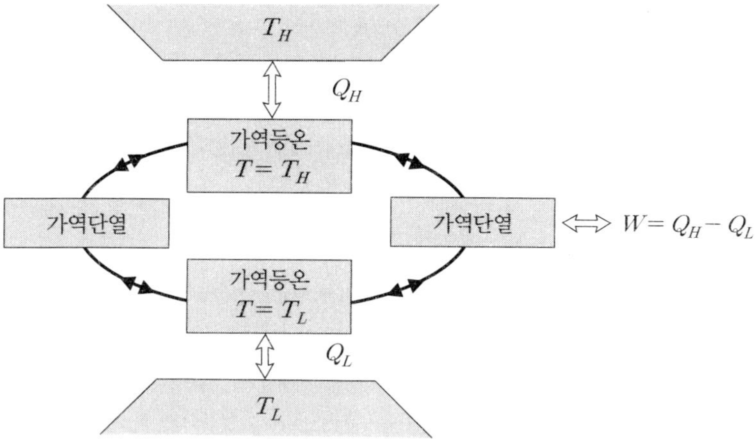

| 그림 6-6 | Carnot사이클

따라서 Carnot사이클로 작동하는 열기관의 각 과정은 다음과 같다.

1 → 2: 가역등온 가열과정($T = T_H$)

2 → 3: 가역단열 팽창과정($T_H \rightarrow T_L$)

3 → 4: 가역등온 냉각과정($T = T_L$)

4 → 1: 가역단열 압축과정($T_L \rightarrow T_H$)

Carnot사이클은 가역사이클이므로 위 과정이 역으로 진행되면 냉동기가 된다. Carnot사이클은 밀폐계로 작동하는 피스톤-실린더를 기반으로 하는 왕복식 모델과 SSSF계로 작동하는 압축기/터빈을 기반으로 하는 터빈식 모델로 나눌 수 있다.

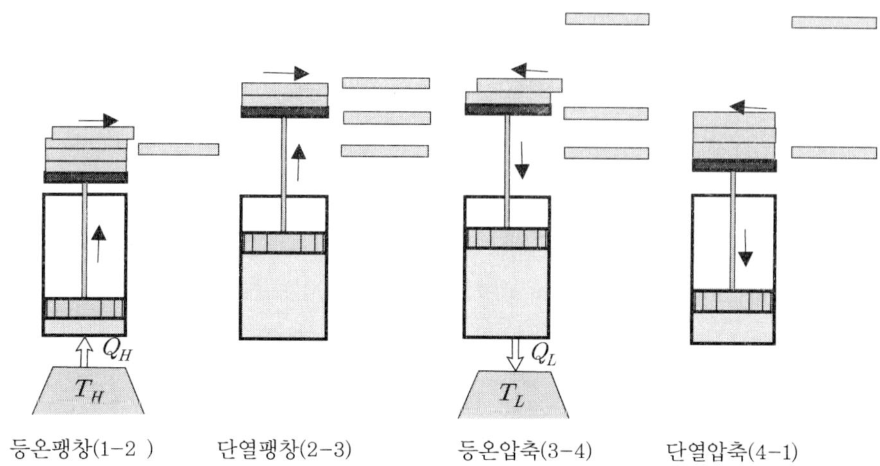

(a) 왕복식 모델

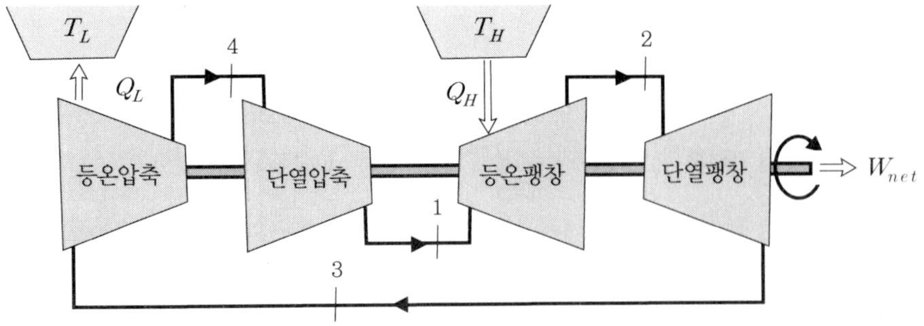

(b) 터빈식 모델

| 그림 6-7 | Carnot 기체 사이클의 모형

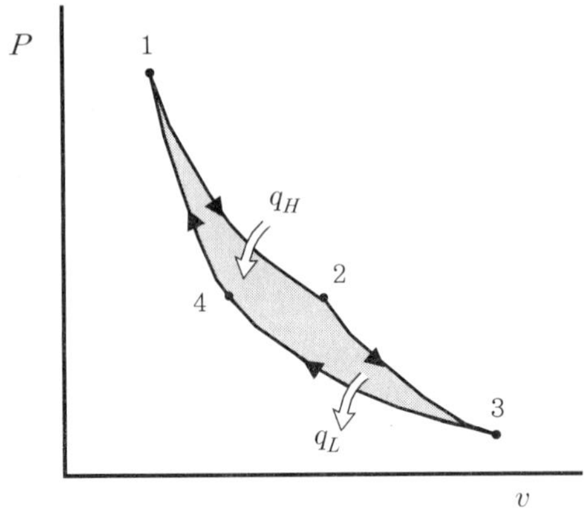

| 그림 6-8 | Carnot 기체 사이클의 $P-v$선도

|그림 6-7|은 기체를 작동물질로 하는 Carnot사이클로서 정지계인 왕복식 모델과 SSSF계인 터빈식 모델을 보여준다. 각 모델의 $P-v$선도는 동일하며 |그림 6-8|과 같다.

기체를 작동물질로 하는 Carnot사이클의 실현이 어려운 이유는 단열과정보다 등온과정에 있다. 고성능 단열재료를 사용하면 팽창 또는 압축이 거의 단열과정이 되게 할 수 있다. 또 그 과정이 가역적이 되려면 마찰이 없으면서 준평형적인 과정이 되도록 서서히 과정이 진행되게 하면 된다. 그러나 엔진이 외부 열저장조와 온도차가 거의 없이 소정의 열을 주거나 받으려면 큰 전열면적을 필요로 하므로 장치가 매우 커진다. 또한 기체가 열을 받거나 버리면서 등온이 되도록 하는 것은 실현하기 매우 어려운 과정이다. 이상기체는 등온과정일 때 내부에너지의 변화가 없으므로 받은 열만큼 일을 하고 버린 열만큼 일을 받도록 제어해야하기 때문이다.

왕복식 모델의 경우는 열전달과정과 단열과정을 반복적으로 일어나게 하는 것도 매우 어려운 일이다.

Carnot사이클의 실현이 어려운 또 다른 이유는 Carnot사이클이 엔진으로 작동할 때 팽창과정에서 나오는 일에 비해 압축과정에서 들어가는 일의 비율인 역일비(back work ratio)

가 매우 크다는 것이다. 실제과정에서 팽창일은 이상과정에서보다 더 작아지고 압축일은 더 커지므로 유효한 일이 매우 작게 된다. 사이클 일이 작으므로 엔진이 매우 크지 않으면 쓸 만한 일을 얻을 수 없다. Carnot사이클이 냉동기로 작동할 때도 같은 이유로 장치가 커야 되고 실제 소요 동력은 이론 동력보다 훨씬 크게 된다.

증기를 작동물질로 하는 경우에도 Carnot사이클의 실현을 어렵게 하는 요소들이 있으며 이는 증기동력 사이클에서 다루기로 한다.

따라서 Carnot사이클로 작동하는 열기관이나 냉동기를 구현하는 것은 거의 불가능하다. 그럼에도 Carnot사이클을 거론하는 것은 이 사이클이 최고의 성능을 나타내는 이상적인 사이클이기 때문이다. Carnot사이클은 모든 실제 열기관이나 냉동기의 성능을 평가할 수 있는 표준이 된다.

6-5 Carnot정리

Carnot사이클에 근거하여 두 가지 중요한 원리를 도출할 수 있으며 이를 Carnot정리라고 한다.

• 첫째: 주어진 두 열저장조 사이에서 작동하는 열기관중 가역사이클보다 열효율이 더 높은 열기관은 존재하지 않는다.

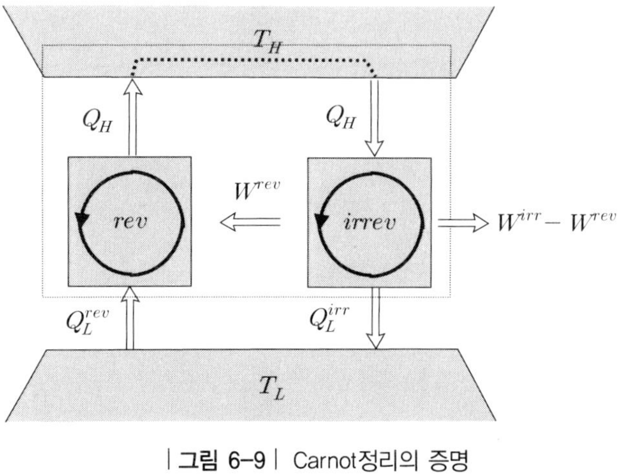

| 그림 6-9 | Carnot정리의 증명

이 첫째 정리는 가역 기관보다 열효율이 더 높은 기관이 존재한다면 열역학 제2법칙을 위반한다는 "사고실험(thought experiment)"에 의하여 증명할 수 있다. | 그림 6-9 | 에 도시

한 바와 같이 왼쪽은 가역사이클로 작동하는 열기관으로서 열공급원인 고온 열저장조에서 Q_H를 받아서 W의 일을 하고 열흡수원인 저온 열저장조로 Q_L^{rev}의 열을 방출한다. 이 기관은 가역적이므로 그 역방향으로 작동하면 냉동기가 된다. 한편 오른쪽 임의의 열기관은 열저장조에서 Q_H를 받아서 W^{irr}의 일을 하고 저온 열저장조로 Q_L^{irr}의 열을 방출한다. 가역기관의 열효율보다 임의의 열기관의 열효율이 더 높으면 $W^{irr} > W^{rev}$가 되므로, 가역기관이 냉동기로 작동하게 하면 냉동기를 돌리고도 남는 $W^{irr} - W^{rev}$의 순일을 도출할 수 있게 된다. 이 때 고온 열저장조에서 가역적인 냉동기로부터 받는 열과 비가역적인 엔진으로 공급하는 열이 Q_H로서 동일하므로 고온 열저장조는 없어도 된다. 그러면 냉동기와 열기관을 합한 기계장치는 하나의 (저온) 열저장조와 열교환을 하면서 순일을 하는 장치가 되므로 열역학 제2법칙을 위반하는 제2종 영구운동기계가 된다. 따라서 가정이 잘못된 것이며 가역기관보다 더 열효율이 좋은 열기관은 존재할 수 없다.

• 둘째: 두 열저장조 사이에서 작동하는 가역 기관의 열효율은 모두 같다.

이 둘째 정리는 역시 앞의 경우와 같은 방식으로 증명이 가능하다. 열효율이 다른 두 가역기관이 존재한다고 가정하고, 열효율이 낮은 가역기관을 냉동기로 작동하게 한 다음 두 장치를 합하면, 이 장치 역시 단일 열저장조와 열교환을 하면서 순일을 생산하는 제2종 영구운동기계가 되므로 가정이 잘못된 것이다. 따라서 동일한 두 열저장조 사이에서 작동하는 가역기관의 열효율은 모두가 동일하다.

냉동기나 열펌프의 성능계수에 대해서도 동일한 방법으로 비슷한 정리를 도출할 수 있다. 즉 두 열저장조 사이에서 가역사이클로 작동하는 냉동기의 성능계수는 동일하고 비가역적으로 작동하는 냉동기의 성능계수보다 높다.

Carnot정리는 Carnot사이클을 대표로 하는 모든 가역사이클에 대하여 적용되는 원리이다. 또한 사이클이 아닌 임의의 과정에서도 가역과정에서 최대일이 얻어진다. 가역 사이클을 이루는 부분 과정에 대해서 비가역 과정보다 가역과정 일이 더 크지 않다면 Carnot정리는 성립될 수 없다. 여기에 대해서는 8장에서 자세히 다룬다.

6-6 열역학적온도

Carnot정리에서 두 열저장조의 온도가 주어질 때 그 사이에서 작동하는 가역기관의 열효율은 두 열저장조 온도만의 함수라는 것을 알았다. 이는 새로운 온도 척도의 근거를 제공하는 것이며 측정물질의 성질과 상관없으므로 열역학적온도라고 한다.

가역사이클의 열효율 η_{th}^{rev}은 다음과 같이 표현할 수 있다.

$$\eta_{th}^{rev} = 1 - \frac{Q_L^{rev}}{Q_H^{rev}} = 1 - \psi(T_H, T_L) \tag{6.4}$$

여기서 ψ는 두 열저장조 온도만의 함수이다. 이 함수를 결정하기 위하여 |그림 6-10|과 같이 두 열저장조 사이에 온도 T로 유지되는 가역적인 열교환기를 두고, 엔진을 둘로 나누어 하나는 온도 T_H와 T사이에서 작동하고 또 하나는 T와 T_L사이에서 작동하는 가역기관이라고 하자. 고온 열원에서 받는 열을 Q_H^{rev}, 열교환기를 통과하는 열을 Q^{rev}, 저온 열저장조로 버리는 열을 Q_L^{rev}이라고 하자.

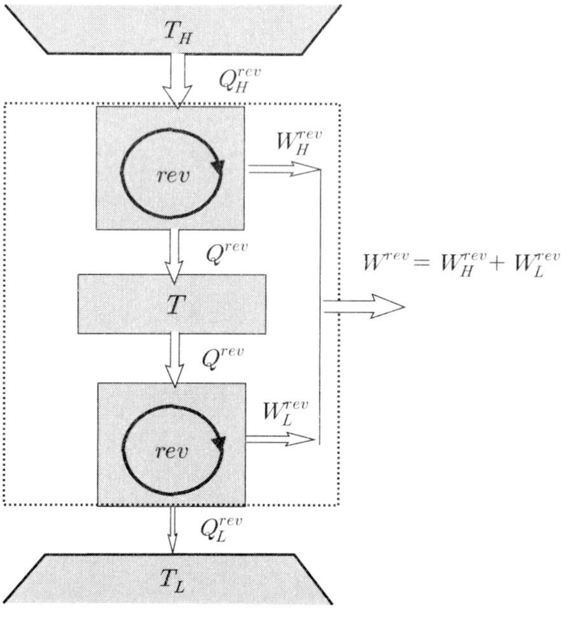

|그림 6-10| 두 열저장조 사이에 열교환기를 갖는 가역사이클

그러면 가역기관의 열효율에 관한 식(6.4)를 이용하여 두 열기관의 열효율을 나타내면 다음 식을 얻게 된다.

$$\frac{Q^{rev}}{Q_H^{rev}} = \psi(T_H, T) \tag{6.5a}$$

$$\frac{Q_L^{rev}}{Q^{rev}} = \psi(T, T_L) \tag{6.5b}$$

여기서 Q^{rev}를 소거하고 식(6.4)와 비교하면 온도함수에 관한 다음 방정식을 얻게 된다.

$$\psi(T_H, T_L) = \psi(T_H, T)\psi(T, T_L) \tag{6.6}$$

임의의 온도 T에 대하여 위의 등식이 항상 성립하려면 온도함수는 다음과 같은 형태가 되어야 한다.

$$\psi(T_H, T_L) = f(T_L)/f(T_H) \tag{6.7}$$

$f(T)$는 어떤 함수라도 가능하나 가장 간단한 함수로서

$$f(T) \equiv T \tag{6.8}$$

라고 하면 온도함수는 다음과 같이 된다.

$$\psi(T_H, T_L) = \frac{T_L}{T_H} \tag{6.9}$$

식(6.4)에 대입하면

$$\frac{Q_L^{rev}}{Q_H^{rev}} = \frac{T_L}{T_H} \tag{6.10}$$

따라서 가역기관의 열효율은 다음과 같다.

$$\eta_{th}^{rev} = 1 - \frac{T_L}{T_H} \tag{6.11}$$

여기서 열저장조의 열역학적온도는 가역기관의 열효율을 위의 식과 같이 나타낼 수 있는 온도다. 식(6.10)에서 저온열저장조의 온도를 정하면 고온열저장조의 온도는 열량의 측정으로 구할 수 있다. 저온열저장조의 온도를 3중점의 온도라고 한다면 고온열저장조의 온도는 다음과 같다.

$$T_H = 273.16\, Q_L^{rev} / Q_H^{rev} \tag{6.12}$$

즉 열량을 측정하면 열원의 온도를 알 수 있다.

이상과 같이 온도 측정 물질(수은, 알콜 등)의 성질과 관계없이 열역학 이론에 부합하는 온도를 열역학적온도라고 하며 1849년 Lord Kelvin이 처음으로 제안한 것이다. 그러나 가역기관은 실제로 구현할 수 없는 이상적인 기관이므로 열량을 측정하여 온도를 구한다는 것은 불가능한 일이다. 그런데 측정 가능한 이상기체온도가 열역학적온도와 동일하다. 이는 이상기체를 작동물질로 하는 Carnot기관의 열역학적 해석으로 증명할 수 있다.

고온 열저장조의 온도를 T_H^{id}(여기서 온도는 이상기체온도임을 뜻하는 첨자 id를 붙임), 저온 열저장조의 온도를 T_L^{id}이라고 하고 |그림 6-8|의 $P-v$선도에서 열효율을 구해보자.

과정 1-2는 등온 팽창으로 열을 받는 과정이므로 식(4.43)에 의하여 받은 열량 q_H는

$$q_H^{rev} = R T_H^{id} \ln \frac{v_2}{v_1} \tag{6.13}$$

과정 2-3은 가역단열 팽창과정이므로 식(4.40)에서

$$T_H^{id} v_2^{k-1} = T_L^{id} v_3^{k-1} \tag{6.14}$$

과정 3-4는 등온 압축과정이므로 방열량 q_L^{rev}은

$$q_L^{rev} = R T_L^{id} \ln \frac{v_3}{v_4} \tag{6.15}$$

과정 4-1은 가역단열 압축과정이므로

$$T_H^{id} v_1^{k-1} = T_L^{id} v_4^{k-1} \tag{6.16}$$

따라서 식(6.10)과 식(6.14)에서 $q_L^{rev}/q_H^{rev} = \dfrac{R T_L^{id} \ln(v_3/v_4)}{R T_H^{id} \ln(v_2/v_1)}$이고 식(6.13)과 (6.15)에서 $v_2/v_1 = v_3/v_4$이므로

$$\frac{q_L^{rev}}{q_H^{rev}} = \frac{T_L^{id}}{T_H^{id}} \tag{6.17}$$

이 결과는 식(6.10)과 같다. 따라서 이상기체온도도 열역학적온도와 같게 될 수 있다. 즉

$$T^{id} = T \tag{6.18}$$

만약 식(6.8)에서 온도함수를 $f(T) = T^2$으로 정의했다면 열역학적온도와 이상기체 온도의 관계는 $T^2 = T^{id}$가 될 것이다. 즉, 온도함수를 정의하기에 따라서 이상기체온도와 열역학적온도의 관계는 다르게 된다.

예 | 제 | 6-3

어떤 Carnot사이클로 작동하는 가역 열기관이 온도 600°C인 열원에서 100 MW의 열을 공급받아서 동력을 생산하고 온도 15°C인 강물로 폐열을 버린다. 이 열기관의 열효율과 출력을 구하라.

풀이

Carnot기관의 열효율은 식(6.11)에서

$$\eta_{th}^{rev} = 1 - \frac{T_L}{T_H} = 1 - \frac{(15+273)}{(600+273)} = 0.67 = 67\%$$

식(6.1)에서 출력은 $W^{rev} = \eta_{th}^{rev} Q_H = 0.67 \times 100 = 67$ MW

예 | 제 | 6-4

온도 300 K인 저온 열저장조와 어떤 미지 온도의 고온 열저장조 사이에 Carnot사이클로 작동하는 열기관을 구동하였더니 열효율이 60%였다. 이 고온 열저장조의 온도는?

풀이

$\eta_{th}^{rev} = 1 - \frac{T_L}{T_H}$ 에서

$0.6 = 1 - 300/T_H$

따라서 $T_H = 750$ K

예 | 제 | 6-5

고온 측의 온도 600 K, 저온 측 300 K, 최저 압력이 100 kPa, 최고 압력이 2000 kPa인 Carnot사이클의 각 점에서의 상태량과 각 과정에서 열과 일을 구하고 $P-v$선도를 그려라. 단, 작동물질은 공기며 이상기체로 가정하라.

풀이

상태 1, 3에서 비체적은

$$v_1 = \frac{RT_1}{P_1} = \frac{0.287 \times 600}{2000} \times 0.287 = 0.0861 \text{ m}^3/\text{kg}$$

$$v_3 = \frac{RT_3}{P_3} = \frac{0.287 \times 300}{100} = 0.861 \text{ m}^3/\text{kg}$$

$$(P_2/P_3)^{(k-1)/k} = T_2/T_3 \text{에서 } P_2 = P_3(T_2/T_3)^{\frac{k}{k-1}} = 100 \times (600/300)^{1.4/0.4} = 1130\text{ kPa}$$

$$(P_1/P_4)^{(k-1)/k} = T_1/T_4 \text{에서 } P_4 = P_1(T_4/T_1)^{\frac{k}{k-1}} = 2000 \times (300/600)^{1.4/0.4} = 177\text{ kPa}$$

$$v_2 = v_1(P_1/P_2) = 0.0861 \times (2000/1130) = 0.152\text{ m}^3/\text{kg}$$

$$v_4 = v_3(P_3/P_4) = 0.861 \times (100/177) = 0.486\text{ m}^3/\text{kg}$$

state	T, K	P, kPa	v, m^3/kg
1	600	2000	0.0861
2	600	1130	0.152
3	300	100	0.861
4	300	177	0.486

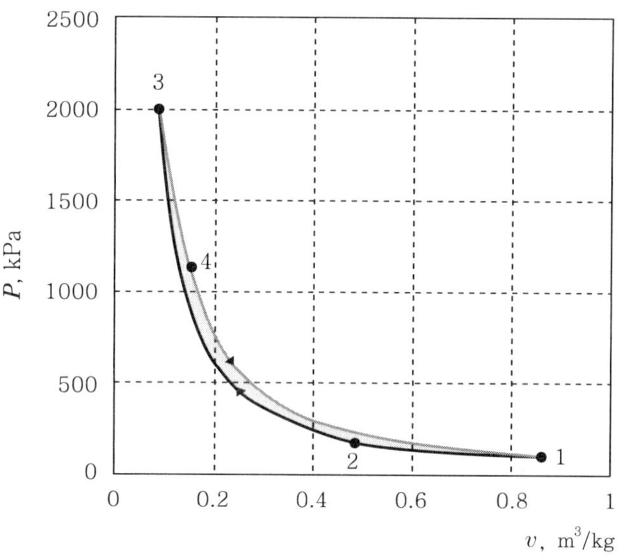

| 그림 6-11 | 예제 6-5 이상기체 Carnot사이클의 $P-v$ 선도

$P-v$ 선도를 그리면 | 그림 6-11 | 과 같다. 그림에서 압축과정과 팽창과정이 거의 비슷한 경로를 그리므로 사이클 일이 매우 작게 될 것을 알 수 있다.

왕복식 모델로 작동하는 기관인 경우

$${}_1q_2 = {}_1w_2 = RT_H\ln(v_2/v_1) = (0.287)(600)\ln(0.152/0.0861) = 97.9\text{ kJ/kg}$$

$${}_2w_3 = -(u_3 - u_3) = -C_v(T_3 - T_2) = -0.717(300-600) = 215\text{ kJ/kg}$$

$${}_3q_4 = {}_3w_4 = RT_L\ln(v_4/v_3) = (0.287)(300)\ln(0.486/0.861) = -49.2\text{ kJ/kg}$$

$${}_4w_1 = -(u_4 - u_1) = -C_v(T_1 - T_4) = -0.717(600-300) = -215\text{ kJ/kg}$$

$$_2q_3 = {_4q_1} = 0$$

$$q_H = {_1q_2} = 97.9 \text{ kJ/kg}, \ q_L = -{_3q_4} = 49.2 \text{ kJ/kg}.$$

팽창일은 97.9 + 215 = 312. kJ/kg, 압축일은 49.2 + 215 = 264.2 kJ/kg이며 역일비는 압축일/팽창일=264.2/312.9 = 0.84로서 매우 크다고 할 수 있다. 순일, 즉 사이클일은 w_{net} = 312.9 - 264.2 = 48.7 kJ/kg.

열효율은 $\eta_{th} = \dfrac{w_{net}}{q_H} = \dfrac{48.7}{97.9}$ = 50%로서 η_{th}=1- T_L/T_H와 동일하다.

터빈식 모델의 정상유동계로 작동하는 기관의 경우

$$_1q_2 = {_1w_{2,t}} = RT_H \ln(v_2/v_1) = (0.287)(600)\ln(0.152/0.0861) = 97.9 \text{ kJ/kg}$$

$$_2w_{3,s} = -(h_3 - h_3) = -C_P(T_3 - T_2) = -1.00(300-600) = 300 \text{ kJ/kg}$$

$$_3q_4 = {_3w_{4,c}} = RT_L \ln(v_4/v_3) = (0.287)(300)\ln(0.486/0.861) = -49.2 \text{ kJ/kg}$$

$$_4w_{1,s} = -(h_4 - h_1) = -C_P(T_1 - T_4) = -1.000(600-300) = -300 \text{ kJ/kg}$$

$$_2q_3 = {_4q_1} = 0$$

$q_H = {_1q_2}$= 97.9 kJ/kg, $q_L = -{_3q_4}$= 49.2 kJ/kg로서 왕복식 모델과 같다.

그러나 터빈 일은 97.9 + 300 = 397.9 kJ/kg, 압축기 일은 49.2 + 300 = 349.2 kJ/kg이며 역일비는 349.2/397.9=0.88로서 왕복식보다 더 크다. 순일, 즉 사이클일은 w_{net}= 397.9 - 349.2 = 48.7 kJ/kg로서 역시 압축기 일에 비하여 매우 작다. 열효율은 어느 경우에나 같다.

과정	왕복식 모델, kJ/kg		터빈식 모델, kJ/kg	
	열	일	열	일
1-2	97.9	97.9	97.9	97.9
2-3	0	215	0	300
3-4	-49.2	-49.2	-49.2	-49.2
4-1	0	-215	0	-300

6-7 실제 사이클의 열효율과 성능계수

Carnot정리에 따르면 주어진 두 열저장조 사이에서 작동하는 모든 가역기관의 열효율은 식(6.11)과 같고, 비가역 열기관의 열효율은 이보다 높을 수 없다. 따라서 임의 기관의 열효율은

$$\eta_{th} \leq 1 - \frac{T_L}{T_H} \tag{6.19}$$

Kelvin-Planck의 서술에 Carnot정리를 적용하면 "두 열저장조 사이에서 열효율 $1 - T_L / T_H$ 을 초과하는 열기관은 만들 수 없다"가 된다.

가역적인 냉동기와 열펌프의 성능계수는 식(6.2)를 적용하면 다음과 같다.

$$\mathrm{COP}_{\mathrm{R}}^{rev} = \frac{Q_L^{rev}}{Q_H^{rev} - Q_L^{rev}} = \frac{T_L}{T_H - T_L} \tag{6.20a}$$

$$\mathrm{COP}_{\mathrm{H}}^{rev} = \frac{Q_H^{rev}}{Q_H^{rev} - Q_L^{rev}} = \frac{T_H}{T_H - T_L} \tag{6.20b}$$

Carnot정리에 따르면 실제 냉동기(또는 열펌프)의 성능계수는 가역사이클로 작동하는 이상적인 냉동기(또는 열펌프)의 성능계수보다 높을 수 없다. 따라서 임의의 냉동기와 열펌프의 성능계수는

$$\mathrm{COP}_{\mathrm{R}} \leq \frac{T_L}{T_H - T_L} \tag{6.21a}$$

$$\mathrm{COP}_{\mathrm{H}} \leq \frac{T_H}{T_H - T_L} \tag{6.21b}$$

Clausius의 서술에 Carnot정리를 적용하면 "두 열저장조 사이에서 성능계수가 $T_L/(T_H - T_L)$ 보다 더 높은 냉동기를 만들 수 없다"가 된다.

이상과 같이 Carnot정리는 Kelvin-Planck와 Clausius의 열역학 제2법칙을 완전하게 했다고 할 수 있다.

예 | 제 | 6-6

외기 온도가 −5°C인 날 실내 온도를 20°C로 유지하기 위하여 20000 kJ/h의 열공급이 필요하다고 한다. 이를 위하여 어떤 발명가가 소비전력 0.2 kW인 공기열원 열펌프를 발명했다고 한다. 가능성을 평가하라.

풀이

식(6.19b)에서 Carnot사이클로 작동하는 열펌프의 성능계수는

$$\mathrm{COP}_{\mathrm{H}}^{rev} = \frac{T_H}{T_H - T_L} = \frac{273+20}{20-(-5)} = 11.72$$

그런데 발명자가 주장하는 열펌프의 성능계수는

$$\mathrm{COP}_{\mathrm{H}} = \frac{Q_H}{W} = \frac{20000/3600}{0.2} = 27.78$$

$\mathrm{COP}_{\mathrm{H}} > \mathrm{COP}_{\mathrm{H}}^{rev}$이므로 $\mathrm{COP}_{\mathrm{H}} \le \mathrm{COP}_{\mathrm{H}}^{rev}$이라는 열역학 제2법칙을 위반한다. 따라서 불가능하다.

수열 및 방열 과정이 등온 과정이고 내부적으로 가역적인 준평형 과정으로 사이클이 이루어지는 경우를 보자. 즉 검사질량의 수열 온도 T_h는 열원의 온도 T_H보다 낮고 방열 온도 T_l은 열을 흡수하는 열침체체 온도 T_L보다 높은 경우다. 이 경우 열효율은 고온측 온도가 T_h, 저온 측 온도가 T_l인 Carnot사이클과 다르지 않다. 따라서

$$\eta_{th} = 1 - \frac{Q_L}{Q_H} = 1 - \frac{T_l}{T_h} \tag{6.22}$$

이 사이클이 내부적으로 비가역적이면 열효율은 더 낮아진다. 따라서 두 열원 사이에서 등온 과정으로 열을 주고받으면서 사이클을 이루는 등온-단열-등온-단열 과정으로 이루어진 사이클의 경우는 다음 부등식이 성립한다.

$$\eta_{th} = 1 - \frac{Q_L}{Q_H} \le 1 - \frac{T_l}{T_h} \tag{6.23}$$

여기서 등식은 준평형 과정으로 이루어진 내부적 가역 사이클, 부등식은 내부적 비가역 사이클에 대한 것이다.

예제 6-7

고온 열저장조의 온도는 1000 K, 저온 열저장조의 온도는 300 K이며 그 사이에 내부적으로 가역인 열기관이 있다. 이 기관은 등온 – 단열 – 등온 – 단열 과정으로 이루어지며 수열온도는 900 K, 방열온도는 350 K이다. 이 기관의 열효율을 구하라. 이 기관이 Carnot기관과 어떻게 다른지 설명하라.

풀이

이 기관은 수열온도와 방열온도가 각각 $T_h = 950\ \mathrm{K}$, $T_l = 350\ \mathrm{K}$인 내부적 가역사이클이므로 열효율은

$$\eta_{th} = 1 - \frac{T_l}{T_h} = 1\text{-}350/950 = 0.632 = 63.2\%$$

Carnot기관은 내부적으로나 외부적으로 가역적이기 때문에 수열온도는 고온 열저장조와 같고 방열온도는 저온 열저장조와 같다.

$T_h = T_H = 1000\ \mathrm{K}$, $T_l = T_L = 300\ \mathrm{K}$

따라서 Carnot기관의 열효율은

$$\eta_{th}^{rev} = 1 - \frac{T_L}{T_H} = 1\text{-}300/1000 = 0.70 = 70\%$$

열전달이 유한한 온도차를 두고 일어나는 이 기관은 비가역 사이클을 이루므로 가역 사이클을 이루는 Carnot기관의 열효율보다 낮을 수밖에 없다.

연습문제

6.1 다음 용어를 설명하라.

a. 열효율
b. 냉동기의 성능계수
c. 열펌프의 성능계수
d. 열저장조
e. 열원
f. 열침체체

6.2 열역학 제2법칙에 관한 Kelvin–Planck의 서술과 Clausius의 서술이 동일한 명제임을 증명하라.

6.3 영구운동기계의 종류를 들어 설명하라.

6.4 비가역과정의 요인에는 어떤 것이 있는지 설명하라.

6.5 실내에 있는 한 컵의 얼음이 녹아 물이 되는 과정은 준평형 과정 또는 내부적인 가역과정으로 볼 수 있으나 비가역적인 이유를 설명하라.

6.6 마찰과 소산에 대하여 설명하라.

6.7 Carnot사이클의 실현이 어려운 이유를 설명하라.

6.8 Carnot사이클 외에 가역사이클의 예를 들어보라.

6.9 Carnot정리를 증명하라.

6.10 열역학적온도의 눈금을 매기는 방법을 설명하라.

6.11 이상기체온도도 열역학적온도의 하나임을 증명하라.

6.12 이상기체를 작동물질로 하는 Carnot사이클의 역일비가 큰 이유를 설명하라.

6.13 Carnot사이클의 왕복식 모델과 터빈식 모델은 어떻게 다른가?

6.14 가역일이 최대일인 이유를 설명하라.

6.15 등온–단열–등온–단열로 이루어진 내부적 가역 사이클의 열효율을 구하고, Carnot사이클과 다른 점은 무엇인지 설명하라.

6.16 일반적으로 공랭식보다 수냉식 냉동기의 성능계수가 높으며 공기 열원보다 수열원 열펌프의 성능계수가 높은 이유를 설명하라.

6.17 어떤 증기동력 기관이 200 MW의 열을 공급 받아서 동력을 생산하며 120 MW의 열을 주위에 버린다. 이 열기관의 출력과 열효율을 구하라.

6.18 어떤 자동차 엔진의 출력은 130 HP에 열효율 30%이다. 연료의 발열량이 35000 kJ/kg일 때 연료소비율과 주위로 버리는 에너지율을 구하라.

6.19 어떤 냉장고의 소비전력은 200 W, 부엌으로 방출 열량은 550 W일 때 냉장고 안에서 제거되는 열에너지의 율과 냉장고의 성능계수를 구하라.

6.20 바깥 기온이 −10°C인 날 실내 온도를 20°C로 유지하기 위하여 공기열원 열펌프를 사용하여 80000kJ/h의 열을 공급한다. 이 열펌프의 성능계수가 $\mathrm{COP_H}$=2.6인 경우 소요 동력과 외기에서 받아드리는 열전달률을 구하라.

6.21 Carnot사이클로 작동하는 가역 열기관이 온도 800°C인 열원에서 200 MW의 열을 공급 받아서 동력을 생산하고 온도 20°C인 대기로 폐열을 버린다. 이 열기관의 열효율과 출력을 구하라.

6.22 온도 300 K인 저온 열저장조와 어떤 미지 온도의 고온 열저장조 사이에 Carnot사이클로 작동하는 열기관을 구동하였더니 Q_H와 Q_L의 비가 3:1이었다. 이 고온 열저장조의 온도는?

6.23 열역학적온도 척도에는 섭씨온도와 관련된 Kelvin척도 K와 화씨온도와 관련된 Rankine 척도 R이 있다. 500 K를 900 R이라고 한다면 273.15K(0°C)는 몇 R이 되어야 하는가?

6.24 어떤 열역학적온도 척도 θ와 Carnot사이클의 열효율 η_C의 관계는 다음과 같다.

$$\eta_C = 1 - \frac{\theta_L^{1/2}}{\theta_H^{1/2}}$$

저온 측의 온도가 θ_L=900일 때 고온 측 온도 θ_H는 얼마인가? 이 때 η_C=40%이다.

6.25 어떤 가역 기관이 | 그림 P6-1 | 과 같이 고온 측에서 작동하는 기관과 저온 측에서 작동하는 기관으로 구성되어 있으며 그 중간에는 열교환기가 있다. 고온 측 열원의 온도 $T_H =$ 1000 K, 두 기관 사이의 열교환 온도 600 K, 저온 측 기관의 방열 온도 $T_L = 300$ K이다. 고온 측에서 공급받는 열전달률이 Q_H=50 kW일 때 고온 측 기관의 출력과 저온 측 기관의 출력을 구하라. 또 이 가역 기관의 열효율을 구하라.

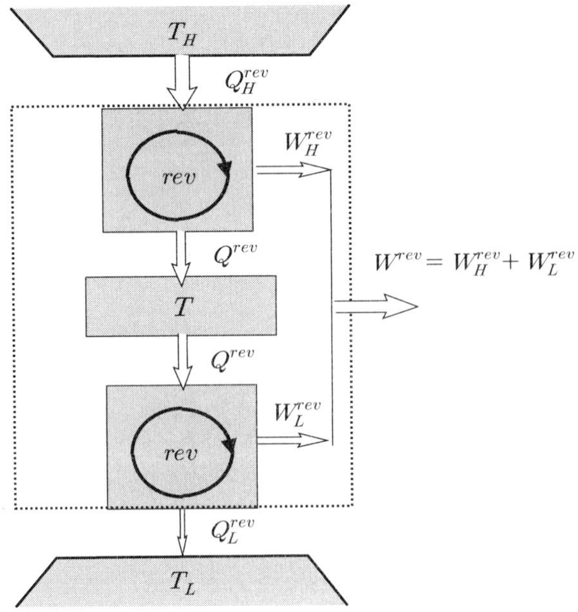

| **그림 P6-1** | 문제 6.25

6.26 열기관과 열펌프가 연결된 | 그림 P6-2 | 과 같은 시스템을 생각하자. 저온 열저장조는 대기로서 그 온도는 T_0이고 고온 열저장조의 온도는 $T_{H1} = T_{H2} > T_0$이라고 가정하고 다음 a, b, c 세 경우가 열역학 제1법칙 및 제2법칙에 부합하는가?

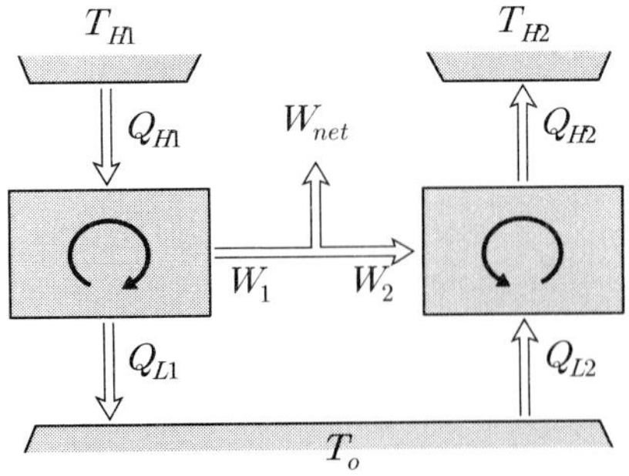

	Q_{H1}	Q_{L1}	W_1	Q_{H2}	Q_{L2}	W_2
a	6	4	2	3	2	1
b	6	4	2	5	4	1
c	3	2	1	4	3	1

| **그림 P6-2** | 문제 6.26

6.27 앞의 문제에서처럼 가역기관의 $Q_{H1} : Q_{L1} = 3:2$일 때 대기온도가 T_0=300 K라면 열원의 온도는 얼마가 되어야 하는가?

6.28 작동물질을 공기로 하는 왕복식 Carnot사이클이 있다. 최고온도와 압력이 800 K, 18000 kPa, 최저온도와 압력이 300 K, 100 kPa일 경우 $P-v$선도를 그리라. 그리고 각 과정에서 단위질량당 열과 일을 구하라. 단, 공기는 비열비 1.4인 이상기체로 볼 수 있다.

6.29 위의 문제 6.28을 터빈식 모델에 대하여 구하라.

6.30 작동물질을 아르곤으로 하는 터빈식 Carnot사이클이 있다. 최고온도와 압력이 800 K, 16000 kPa, 최저온도와 압력이 300 K, 100 kPa일 경우 $P-v$선도를 그리라. 그리고 각 과정에서 단위질량당 열과 일을 구하라.

6.31 공기열원 열펌프로 실내에 5 kW의 열을 공급하려고 한다. 실내 온도는 22°C이고 외기 온도는 −20°C일 때 최소 소요 동력은 얼마인가? 또 외기 대신 온도 10°C인 지열을 사용할 때 최소 소요 동력은 얼마인가?

6.32 외기 온도가 −5°C인 날 실내 온도를 20°C로 유지하기 위하여 50000 kJ/h의 열공급이 필요하다고 한다. 이를 위하여 어떤 발명가가 소비전력 0.4 kW인 공기열원 열펌프를 발명했다고 한다. 가능성을 평가하라.

6.33 실내온도는 22°C이고 외기 온도는 −20°C일 때 공기열원 열펌프로 실내에 5 kW의 열을 공급하려고 한다. 이 열펌프를 10시간 가동할 때 소비전력은 최소한 몇 kWh인가?

6.34 −10°C와 45°C 사이에서 Carnot사이클로 작동하는 냉장고의 압축기 동력은 500 W라고 한다. 이 냉장고로 20°C의 물 50 L를 얼리는데 필요한 시간은 최소 얼마인가?

6.35 고온 열저장조의 온도가 T_{res}이고 엔진의 수열온도가 T_h인 경우 열교환기를 통해서 열원에서 받는 열전달량은 $Q_h = K(T_{res} - T_h)$ (K는 일정)라고 할 때 엔진의 출력이 최대가 되도록 하는 수열온도 T_h와 출력 $W_{\max}$을 구하라. 방열온도는 T_0로서 일정하며 엔진은 내부적으로 가역적이다.

6.36 태양열 발전을 계획하고 있는데 집열판의 집열온도가 높을수록 집열효율은 떨어지나 열효율은 증가하므로 최대 출력을 위한 최적의 집열온도를 결정하려고 한다. 대기온도 300 K를 기준으로 할 때 집열온도 T(K)에 따른 집열효율(%)이 100−0.2T라고 한다. 최적의 집열온도는 얼마인가?

6.37 고온 측 온도가 1000 K, 저온 측 온도가 300 K인 두 열원 사이에서 등온–단열–등온–단열 과정으로 사이클을 이루어 작동하는 열기관이 있다. 열을 받는 등온 과정의 온도는 900 K, 열을 버리는 등온 과정의 온도는 400 K라고 한다. 이 사이클의 열효율을 구하고 Carnot사이클과 비교하라. 단, 이 기관은 내부적으로 가역적이다.

Chapter 7

엔트로피

열역학 제1,2법칙은 먼저 사이클에 대하여 서술되었다. 그러나 사이클은 상태 변화의 특별한 경우에 속한다고 할 수 있다. 임의의 과정에 대하여 열역학 제1법칙이 내부에너지를 도입하여 정량화 되었듯이 열역학 제2법칙은 엔트로피라는 상태량을 도입함으로써 정량화된다. 에너지와 마찬가지로 엔트로피에 의하여, 개별적으로 관찰된 자연 현상들이 보편적인 열역학 법칙으로 공식화할 수 있게 된다. 엔트로피를 사용하여 6장에서 표현한 여러 형태의 열역학 제2법칙에 관련된 원리를 정량적으로 입증할 수 있다. 엔트로피는 내부에너지나 엔탈피와 같이 열역학 시스템을 해석하고 설계하는데 필수적인 상태량이 된다. 따라서 열역학 제2법칙은 엔트로피에 관한 법칙이라고도 할 수 있으며 열역학을 에너지와 엔트로피에 관한 과학이라고도 하는 이유다. 이 장에서는 엔트로피의 물리적인 의미와 공학적 응용을 다룬다.

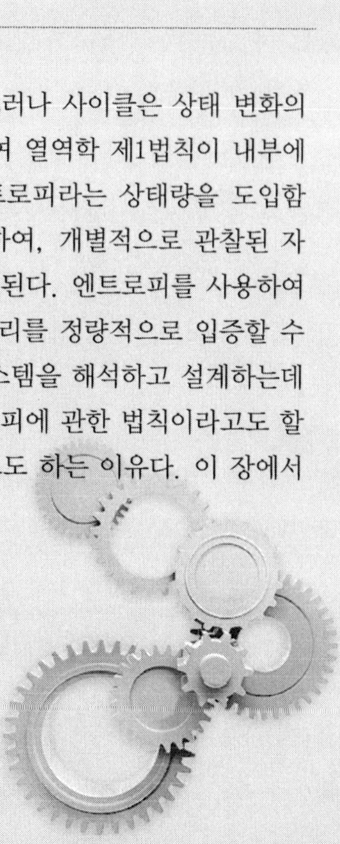

7-1 Clausius 부등식

|그림 7-1|과 같이 온도 T_H인 고온 열저장조와 T_L인 저온 열저장조 사이에서 등온-단열-등온-단열로 사이클을 이루어 작동하는 열기관을 생각하자. 이 열기관의 수열온도와 수열량을 각각 T_h, Q_H, 방열온도와 방열량을 각각 T_l, Q_L이라고 하면 다음과 같은 순환 적분 값을 얻을 수 있다.

$$\oint \frac{\delta Q}{T} = \frac{Q_H}{T_h} + \frac{(-Q_L)}{T_l} \tag{7.1}$$

식에서 온도는 검사질량의 상태를 뜻하므로 열저장조의 온도가 아닌 수열온도나 방열온도가 된다.

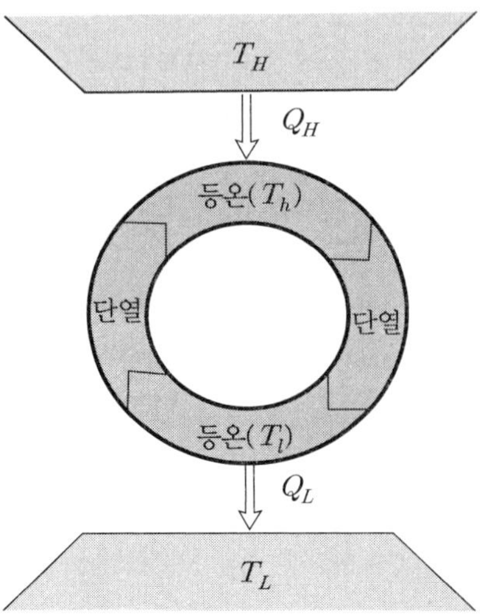

|그림 7-1| 2개의 등온과정과 단열과정으로 이루어진 사이클

이 경우 사이클의 열효율은 온도가 각각 T_h 와 T_l인 두 열원 사이에서 작동하는 열기관과 다르지 않으므로 부등식(6.23)이 성립한다. 식(6.23)을 변형하면

$$\frac{Q_L}{Q_H} \geq \frac{T_l}{T_h} \quad \text{또는} \quad \frac{Q_H}{T_h} - \frac{Q_l}{T_l} \leq 0 \tag{7.2}$$

식(7.1)과 식(7.2)에서

$$\oint \frac{\delta Q}{T} \leq 0 \tag{7.3}$$

식에서 내부적으로 가역적일 때는 등호, 비가역적일 때는 부등호가 된다. 같은 방법으로 냉동 사이클에 대해서도 위와 같은 부등식을 얻을 수 있다. 나아가서 임의의 사이클에 대해서도 위 부등식(7.3)이 성립되며 이를 Clausius 부등식이라고 한다.

임의의 과정은 | 그림 7-2a | 와 같이 온도가 변하는 단열과정과 온도가 일정한 등온과정의 집합으로 분해할 수 있다. 따라서 임의의 사이클은 | 그림 7-2b | 와 같이 등온-단열-등온-단열 과정으로 이루어진 단위사이클들의 합성으로 생각할 수 있다. 단위사이클이 중첩되는 부분이 가역적이 되도록 하면 서로 상쇄되기 때문이다. 각 단위사이클이 부등식(7.3)을 만족하므로 전체 사이클에 대해서도 이 부등식이 만족된다. 따라서 Clausius 부등식은 열저장조와 관계없이 임의의 사이클에 대해서 성립한다.

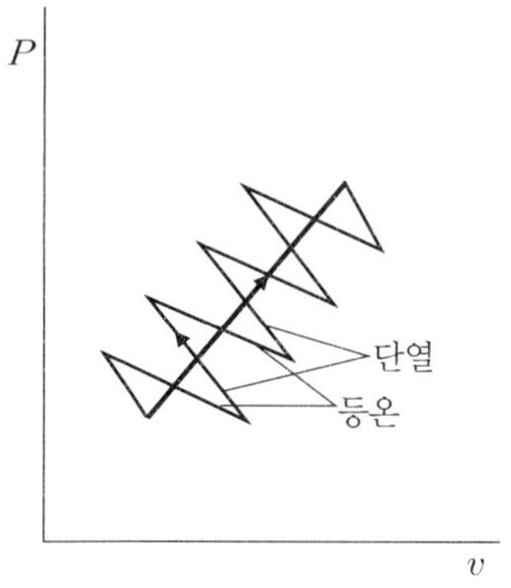

(a) 임의의 과정

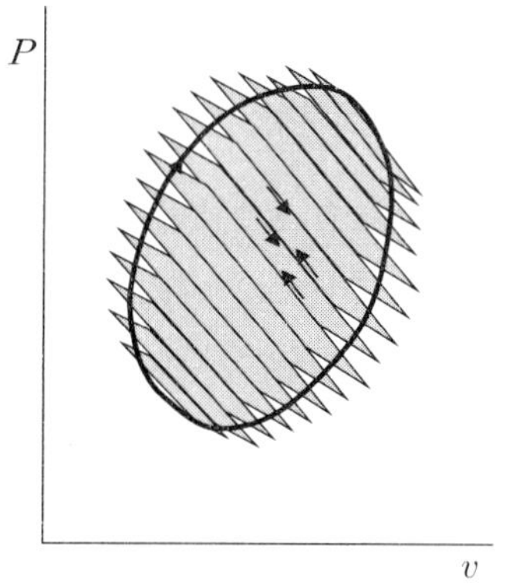

(b) 사이클

| 그림 7-2 | 임의의 과정과 사이클

7-2 엔트로피의 정의와 상태식

1) 엔트로피의 정의

Clausius 부등식(7.3)에 의하면 내부적으로 가역적인 과정으로 구성된 어떤 사이클에서든지 다음 등식이 성립한다.

$$\oint \left(\frac{\delta Q}{T} \right)^{rev} = 0 \qquad (7.4)$$

그런데 3장에서 설명한 바와 같이 사이클 적분이 항상 0이면 그것은 어떤 점함수의 완전미분이 된다. 열량은 불완전미분이지만 열량을 온도로 나누면 완전미분이 된다(예제 3-9

참조). 또한 점함수는 열역학적 상태량이 될 수 있다. 따라서 식(7.4)의 피적분항은 어떤 상태량의 완전미분이 되므로 그 상태량을 S라고 하면 다음과 같이 표현할 수 있다.

$$dS \equiv \left(\frac{\delta Q}{T}\right)^{rev} \tag{7.5}$$

1850년 Clausius가 이 상태량 S를 처음으로 엔트로피(entropy)라고 명명하였다. 엔트로피는 종량성 상태량이므로 단위질량당 엔트로피는 소문자 s로 표시한다. Clausius에 의한 엔트로피의 정의는 거시적 관점에서 본 고전적 정의라고 할 수 있다. Boltzmann은 미시적인 통계열역학적 관점에서 엔트로피를 정의하였으며 이는 뒤에서 소개하기로 한다.

가역과정이란 계와 주위 모두가 가역적인 경우를 말하지만 식(7.5)에서 가역과정이란 내부적 가역과정을 뜻하므로 준평형 과정과 같은 의미다. 이 장에서 특별한 언급이 없으면 내부적 가역과정을 그냥 가역과정이라고 하겠다.

따라서 계가 가역적이면 식(7.5)의 열량과 엔트로피 변화의 관계를 적용할 수 있으며 그 차는 다음과 같이 적분으로 구할 수 있다.

$$S_2 - S_1 = \int_1^2 \left(\frac{\delta Q}{T}\right)^{rev} \tag{7.6}$$

예제 7-1

밀폐 용기 내의 온도 30℃의 유체가 들어 있다. 이 용기에 100 kJ의 열을 가할 때 계의 내부에너지와 엔트로피의 변화를 구하라. 단, 계의 온도 변화는 매우 작은 것으로 가정하라.

풀이

이 과정은 준평형 과정으로 볼 수 있으며 용기의 부피는 일정하므로 계가 한 일은 없고 받은 열량이 있으므로 내부에너지의 변화는

$\Delta U = Q - W = 100 - 0 = 100$ kJ

준평형 과정에서 엔트로피 변화는 식(7.6)에서 온도 변화를 무시하면

$\Delta S \equiv \int_1^2 (\frac{\delta Q}{T})^{rev} = \frac{Q^{rev}}{T}$ = 100 kJ/303K = 0.33 kJ/K

어떤 과정이 가역적이면 엔트로피의 변화량은 식(7.6)에 의하여 구할 수 있다. 그러나 비가역적인 변화가 일어난 경우의 엔트로피 변화는 실제 과정과 관계없이 가역적인 경로를 좇아 식(7.6)의 적분을 수행하면 구할 수 있다. 엔트로피는 상태량으로서 점함수기 때문에 상태변화가 있으면 그 경로와 상관없이 처음 점과 끝 점에 의하여 엔트로피 차이가 정해진다. 그런데 그 차이를 식(7.6)으로 구하려면 내부적으로 가역적인 경로를 따라서 측정해

야 한다는 것이다. 마치 산에 오를 때 출발 지점과 도착 지점의 높이 차는 실제 올라간 경로와 상관없이 수직으로 갈 경우를 가정하여 거리를 재면 되는 것과 같은 원리이다. 실제 거리는 경로함수지만 높이는 점함수기 때문이다.

그러나 엔트로피 변화를 꼭 가역적인 경로를 찾아서 식(7.6)을 적용해야 구할 수 있는 것은 아니다. 열역학 상태원리에 의하여 다른 상태량의 변화를 이용하여 계산하는 방법이 뒤에서 소개된다.

예|제|7-2

예제 7-1과 같이 밀폐 용기 내의 온도 30℃의 유체가 들어 있다. 이번에는 Joule의 실험과 같이 용기에 휘젓기날개로 100 kJ의 일을 가할 때 계의 내부에너지와 엔트로피의 변화를 구하라.

풀이

내부에너지의 변화는 열이 없고 일만 있으므로

$\Delta U = Q - W = 0 - (-100) = 100\ \mathrm{kJ}$

로서 예제 7-1과 동일하다. 이 과정에 식(7.6)이 유효하다면 열전달이 없는 단열과정이므로 엔트로피 변화는 없다고 할 수 있다. 그러나 이 과정은 마찰이 있는 비평형 과정이므로 식(7.6)을 적용할 수 없다.

실제 과정과 관계없이 동일한 상태변화 $\Delta V = 0$ $\Delta U = 100$ kJ에 해당하는 준평형 과정을 가정하면 식(7.6)을 적용할 수 있다. $Q = \Delta U = 100$ kJ을 가열하는 준평형 과정으로 가정하면 식(7.6)에 의하여 예제 7-1과 같이

$\Delta S \equiv \int_1^2 \left(\frac{\delta Q}{T}\right)^{rev} = \frac{Q^{rev}}{T} = 100\ \mathrm{kJ/303\ K} = 0.33\ \mathrm{kJ/K}$

여기서 상태변화의 경로는 예제 7-1과 다르지만 상태 변화량은 같다. 따라서 경로 함수인 열과 일은 다르지만 모든 상태변화량 ΔV, ΔP, ΔU, ΔS 등은 동일하다.

2) 열과 엔트로피

엔트로피의 유용성은 엔트로피와 열의 관계에서 나타나게 된다. 내부적 가역과정으로 계가 받은 열과 엔트로피의 관계는 다음 식과 같다.

$$\delta Q^{rev} = TdS \tag{7.7}$$

또는

$$Q^{rev} = \int_1^2 TdS \tag{7.8}$$

즉 내부적으로 가역과정인 계의 상태변화를 |그림 7-3|과 같이 $T-S$선도에 나타낼 때, 온도 축과 이루는 면적이 계가 받은 열량을 나타낸다. 이는 내부적으로 가역적인 계의 $P-V$선도에서 면적이 계의 경계이동일을 나타내는 것과 같다.

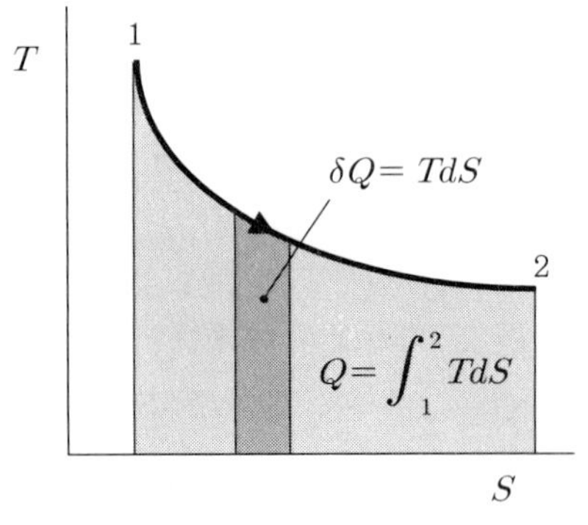

|그림 7-3| $T-S$선도와 열량

식(7.7)에서 $\delta Q^{rev}=0$인 가역단열 과정은 $dS=0$이다. 즉 가역단열 과정은 엔트로피가 일정한 등엔트로피(isentropic)과정이다. 엔트로피라는 상태량에 의하여 가역단열 과정을 표현할 수 있게 된 것이다. 이와 같이 엔트로피는 상태변화를 서술하는데 매우 유용한 역할을 하게 된다.

또한 식(7.8)에서 열역학 사이클의 $T-S$선도에 의하면 한 사이클 동안의 열의 출입을 알 수 있다. 따라서 열기관의 $T-S$선도를 보면 쉽게 열효율에 관한 평가를 할 수 있다.

예|제|7-3

|그림 6-8|과 같은 Carnot사이클을 $T-S$선도에 도시하고 열효율을 구하라.

풀이

가역등온과정에서 $\Delta S=\dfrac{Q}{T}$이고 가역단열과정에서 $\Delta S=0$이므로

과정 1-2: $T=T_H,\ S_2-S_1=\dfrac{Q_H}{T_H}$

과정 2-3: $S_3=S_2$

과정 3-4: $T=T_L,\ S_4-S_3=\dfrac{-Q_L}{T_L}$

과정 4-1: $S_1=S_4$

$\dfrac{Q_H}{T_H}=\dfrac{Q_L}{T_L}$이므로 $T-S$선도는 |그림 7-4|와 같이 직사각형을 나타낸다. 그림에서 1-2과정의 면적 12ba1은 계가 받은 열 $Q_H=T_H(S_2-S_1)$과 같고 3-4과정의 면적 43ba4는 계가 방출한 열

$Q_L = T_L(S_3 - S_4)$와 같다. 또한 사이클 내부의 면적은 사이클당 순열로서 열역학 제1법칙에 의하여 순일과 같다. 따라서 열효율은

$$\eta_{th} = \frac{W_{net}}{Q_H} = \frac{area12341}{area12ba1} = \frac{(T_H - T_L)(S_b - S_a)}{T_H(S_b - S_a)} = \frac{T_H - T_L}{T_H}$$

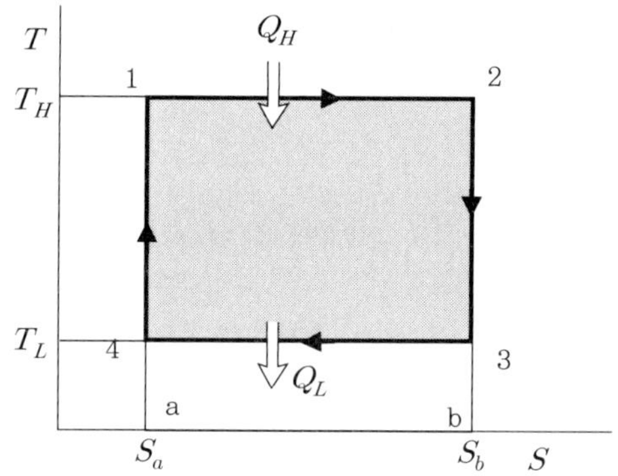

| 그림 7-4 | Carnot사이클의 $T-S$선도

3) 엔트로피와 상태식

엔트로피를 이용하여 단순압축성 물질의 상태량 사이의 관계식을 구해보자. 먼저 준평형 과정에서 검사질량의 에너지보존식(4.7)에 엔트로피에 대한 식(7.7)을 대입하면 다음과 같은 관계식을 얻게 된다.

$$TdS = dU + PdV, \quad Tds = du + Pdv \tag{7.9a}$$

엔트로피에 관하여 나타내면

$$dS = \frac{dU}{T} + \frac{PdV}{T}, \quad ds = \frac{du}{T} + \frac{Pdv}{T} \tag{7.9b}$$

이 식은 엔트로피는 내부에너지와 체적의 함수임을 나타낸다. 즉 내부에너지 또는 체적이 증가할 때 엔트로피는 증가한다. 엔트로피에 관한 이러한 개념은 식(7.5)와 같이 열전달과 관련시켜 엔트로피를 이해하는 것보다 더 본질적이라고 할 수 있으며 뒤에 언급할 엔트로피의 통계열역학적 의미에서 보다 분명하게 될 것이다.

식(7.9)는 준평형 과정에서 열 및 일에 대한 관계식을 사용하여 유도되었다. 따라서 이 식들은 준평형 과정에서 성립되고 비평형 과정에는 적용할 수 없는 것으로 생각하기 쉽다. 그러나 이 식들이 상태량의 변화만으로 구성된 점을 주목해야 한다. 상태량은 점함수기 때문에 그 변화는 경로에 무관하다. 이 식은 하나의 평형상태에서 또 다른 평형상태로 미소

변화가 일어날 때 변화과정에 관계없이 상태량 변화의 관계를 나타낸다.

식(7.9) 및 식(4.9)에 의하여 엔트로피를 엔탈피와 압력의 함수로 표현하면 다음과 같다.

$$TdS = dH - VdP \tag{7.10a}$$

$$dS = \frac{dH}{T} - \frac{VdP}{T} \tag{7.10b}$$

이상과 같이 엔트로피는 다른 상태량을 이용해서 변화량을 구할 수 있다. 마찬가지로 엔트로피 변화는 다른 상태량의 변화를 구하는데 활용될 수 있다.

7-3 순수 물질의 엔트로피

물질의 엔트로피 변화는 내부에너지나 엔탈피의 변화와 같이 열역학적 시스템의 해석에 필요하다. 이상기체의 엔트로피는 다른 측정 가능한 상태량의 변화를 이용해서 구할 수 있다. 고체나 액체의 엔트로피는 비열과 온도에 의하여 구할 수 있다. 또 포화증기나 실제기체의 엔트로피는 상태량표를 이용하여 구할 수 있다.

1) 이상기체의 엔트로피

이상기체의 성질에 관한 식(4.23) 및 식(4.25)를 엔트로피 변화에 대한 식(7.9) 및 (7.10)에 대입하면 단위질량에 대하여 다음 관계식들을 얻을 수 있다.

$$ds = C_{v0}\frac{dT}{T} + R\frac{dv}{v} \tag{7.11a}$$

$$ds = C_{p0}\frac{dT}{T} - R\frac{dP}{P} \tag{7.11b}$$

적분하면

$$s_2 - s_1 = \int_1^2 C_{v0}\frac{dT}{T} + R\ln\frac{v_2}{v_1} \tag{7.12a}$$

$$s_2 - s_1 = \int_1^2 C_{p0}\frac{dT}{T} - R\ln\frac{P_2}{P_1} \tag{7.12b}$$

따라서 이상기체 비열의 온도에 따른 변화를 알면 위의 적분에 의하여 엔트로피의 변화량을 계산할 수 있다.

비열을 일정하게 볼 수 있는 이상기체의 경우에는

$$s_2 - s_1 = C_{v0} \ln \frac{T_2}{T_1} + R \ln \frac{v_2}{v_1} \tag{7.13a}$$

$$s_2 - s_1 = C_{p0} \ln \frac{T_2}{T_1} - R \ln \frac{P_2}{P_1} \tag{7.13b}$$

또한 두 식에서 온도 항을 소거하면

$$s_2 - s_1 = C_{p0} \ln \frac{v_2}{v_1} + C_{v0} \ln \frac{P_2}{P_1} \tag{7.13c}$$

이상기체의 폴리트로프 과정에 대한 $T-s$관계를 비교 도시하면 |그림 7-5|와 같다. 비열이 일정한 가역단열 과정의 경우 식(7.13)에서 $s_2 = s_1$으로 놓으면 P, V, T 사이의 관계를 구할 수 있으며 식(4.40)과 동일함을 알 수 있다.

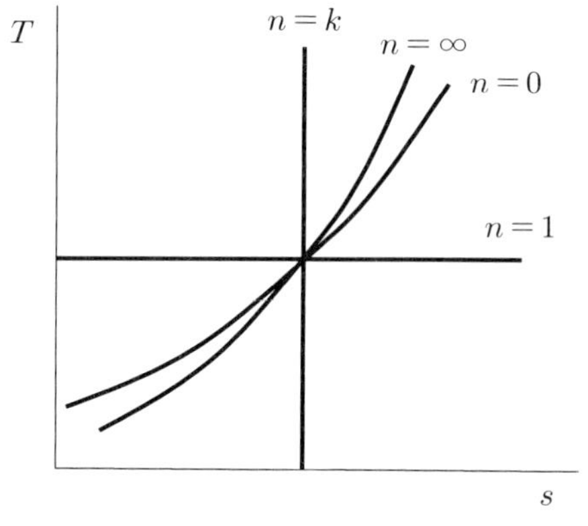

|그림 7-5| 이상기체의 폴리트로프 과정에서 $T-s$선도

비열이 온도의 함수로 주어지면 다음 적분 값을 구할 수 있다.

$$s_T^0 = \int_{T_0}^{T} C_{p0} \frac{dT}{T} \tag{7.14}$$

이 값을 표준엔트로피라고 하며 부록 A.6과 같다. 표준엔트로피를 이용하면 엔트로피 변화에 관한 식(7.12b)는 다음 식과 같이 쓸 수 있다.

$$s_2 - s_1 = s^0_T(T_2) - s^0_T(T_1) - R\ln\frac{P_2}{P_1} \tag{7.15}$$

상태원리에 의하면 순수물질의 강성적인 상태량은 2개의 독립된 강성적 상태량에 의하여 결정된다. 식(7.13a)는 온도와 비체적, 식(7.13b)는 온도와 압력, 식(7.13c)는 압력과 부피의 변화가 주어질 때 각각 엔트로피의 변화를 구할 수 있는 식이다.

이상의 엔트로피에 관한 식 역시 평형상태에서 성립하는 이상기체상태방정식을 사용한 식(7.11)을 적분한 식들이지만 비가역 과정에도 적용할 수 있다. 이 식들은 상태량에 관한 식이기 때문에 과정에 관계없다. 즉 위의 식들은 두 평형 상태 1, 2사이의 상태량과 엔트로피 변화에 관한 상태방정식을 나타낸다고 할 수 있다.

예 | 제 | 7-4

2.0 MPa, 온도 250°C의 공기 0.5 kg이 다음과 같은 과정으로 압력이 0.5 MPa로 감소할 때 각 경우에 대한 엔트로피의 변화를 구하라.

a. 등온과정

b. 정적과정

c. 폴리트로프 과정(n = 1.25)

풀이

공기를 비열이 일정한 이상기체로 보면 과정에 관계없이 식(7.13)에 의하여 엔트로피의 변화를 구할 수 있다.

a. 식(7.13.b)에서

$$S_2 - S_1 = m\left(C_{p0}\ln\frac{T_2}{T_1} - R\ln\frac{P_2}{P_1}\right) = 0.5(0 - 0.287\ \ln\ 0.5/2) = 1.989\ \text{kJ/K}$$

b. 식(7.13.c)에서

$$S_2 - S_1 = m\left(C_{p0}\ln\frac{V_2}{V_1} + C_{v0}\ln\frac{P_2}{P_1}\right) = 0.5(0 + 0.717\ \ln\ 0.5/2) = -0.497\ \text{kJ/K}$$

c. $T_2 = T_1\left(\frac{P_2}{P_1}\right)^{\frac{n-1}{n}} = (273 + 250)(0.5/2)^{0.25/1.25} = 396\ \text{K}$

식(7.13.b)에서

$$S_2 - S_1 = m\left(C_{p0}\ln\frac{T_2}{T_1} - R\ln\frac{P_2}{P_1}\right) = 0.5(1.00\ \ln\ 396/523 - 0.287\ \ln\ 0.5/2) = 0.060\ \text{kJ/K}$$

예제 7-5

100 kPa, 300 K의 공기를 2.0 MPa까지 가역단열 압축하였다. 압축 후의 온도를 구하라.

풀이

가역단열 과정에서

$s_2 - s_1 = 0$

먼저 공기의 비열이 일정한 이상기체로 보면 식(7.13b)에서

$$s_2 - s_1 = C_{p0}\ln\frac{T_2}{T_1} - R\ln\frac{P_2}{P_1} = 1.00\ln\frac{T_2}{300} - 0.287\ln\frac{2000}{100} = 0$$

따라서 $T_2 = 709\text{ K}$

또는 식(4.40)에 대입하여도 같은 결과를 얻을 수 있다.

비열의 변화를 고려하면 식(7.15)에서

$$s_2 - s_1 = s_T^0(T_2) - s_T^0(T_1) - R\ln\frac{P_2}{P_1} = 0$$

$$s_T^0(T_2) - s_T^0(300) - 0.287\ln\frac{2000}{100} = 0$$

부록 A.6.1에서

$s_T^0(300) = 6.8693\text{ kJ/kg K}$를 대입하면

$s_T^0(T_2) = 6.8693 + 0.85978 = 7.729\text{ kJ/kg K}$

부록 A.6.1에서 $T_2 = 693\text{K}$

2) 고체 및 액체의 엔트로피

고체나 액체는 비체적이 매우 작으며 그 변화 또한 무시할 수 있기 때문에 압력의 변화가 매우 크지 않는 한 식(4.20)과 같이 열량은 내부에너지 또는 엔탈피 변화와 같다. 따라서 엔트로피 증분은 다음과 같이 근사화될 수 있다.

$$ds \simeq \frac{du}{T} \simeq \frac{dh}{T} \simeq \frac{CdT}{T} \tag{7.16a}$$

식에서 C는 고체나 액체의 비열을 나타낸다. 일반적으로 고체나 액체의 비열은 온도에 따라서 증가한다. 비열이 온도의 함수로 주어지면 위 식의 적분으로 엔트로피의 변화를 구할 수 있다. 관심 온도 범위에서 비열이 일정하다고 볼 수 있는 경우에는 적분하면

$$s_2 - s_1 = C\ln\frac{T_2}{T_1} \tag{7.16b}$$

식에서 고체나 액체의 등엔트로피 과정은 가역단열 과정뿐 아니라 등온 과정에서도 성립하는 것을 알 수 있다. 즉 펌프로 물의 가역단열 압축은 등엔트로피 과정인 동시에 등온 과정이다.

예|제|7-6

액체의 물 1 kg을 0.01°C에서 100°C까지 가열할 때 단위질량당 엔탈피 및 엔트로피 변화를 구하라.

풀이

이 온도 범위에서 물의 비열을 상온의 값 C_{water} = 4.18 kJ/kg K으로 일정하다고 보면 엔탈피 변화는

$h_2 - h_1 = C_{water}(T_2 - T_1)$ = 4.18×(100 - 0.01) = 418.0 kJ/kg

엔트로피 변화는 식(7.16b)에서

$s_2 - s_1 = C_{water} \ln \frac{T_2}{T_1}$ = 4.18 ln(373.15/273.16) = 1.304 kJ/kg K

포화증기표에서 찾으면

$h_{f,100℃} - h_{f,0.01℃}$ = 419.02 - 0.006 = 419.0 kJ/kg

$s_{f,100℃} - s_{f,0.01℃}$ = 1.3068 - 0 = 1.307 kJ/kg K

이 온도 범위에서 포화액의 상태변화와 거의 같은 것을 알 수 있다.

3) 증기의 엔트로피

상변화를 동반하는 순수 물질의 엔트로피는 이상기체의 경우와 같이 간단하게 계산할 수 없으며 주로 상태량표를 활용한다. 물의 상태량표인 부록 B.1은 삼중점에서 액체의 엔트로피와 내부에너지를 기준 상태량 0으로 정한 상대적인 값으로 작성되어 있으며 압축액, 포화증기 및 과열증기로 나누어져 있다.

포화액의 엔트로피 s_f 및 포화증기의 엔트로피 s_g는 포화증기표에서 구할 수 있으며 증발잠열 h_{fg}와의 관계는 다음과 같다.

$$s_{fg} = s_g - s_f = \frac{h_{fg}}{T_s} \tag{7.17}$$

또한 습증기의 엔트로피는 v, u, h의 경우와 같이 건도 x에 의하여 다음 식으로 구할 수 있다.

$$s = s_f + x s_{fg} \tag{7.18}$$

물의 상태변화에 따른 $T-s$ 선도는 |그림 7-6|과 같다. 그림에서 포화액선의 좌측은 압축액, 포화증기선 우측은 과열증기, 두 포화선 사이 영역은 습증기다. 압력일정선을 따라가면서 보면 온도가 상승함에 따라서 엔트로피도 증가한다. 다만 상변화가 일어나는 습증기 영역에서는 온도가 일정한 상태로 엔트로피만 증가한다. 정압선이 엔트로피 축과 이루는 면적은 정압과정에서 물에 가해진 열량을 나타낸다.

|그림 7-7| 은 물의 Mollier선도라고도 하는 $h-s$ 선도를 나타낸다.

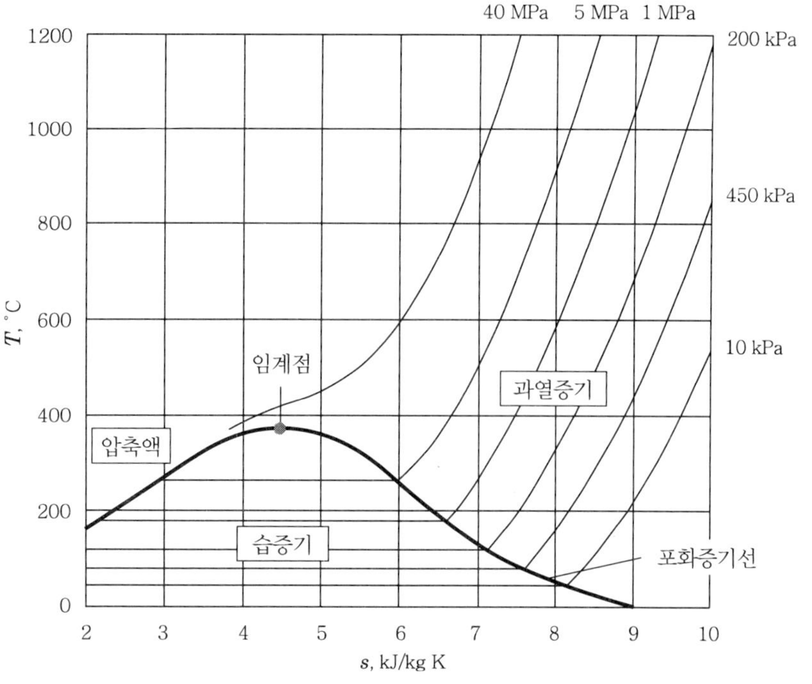

|그림 7-6| 물의 $T-s$ 선도

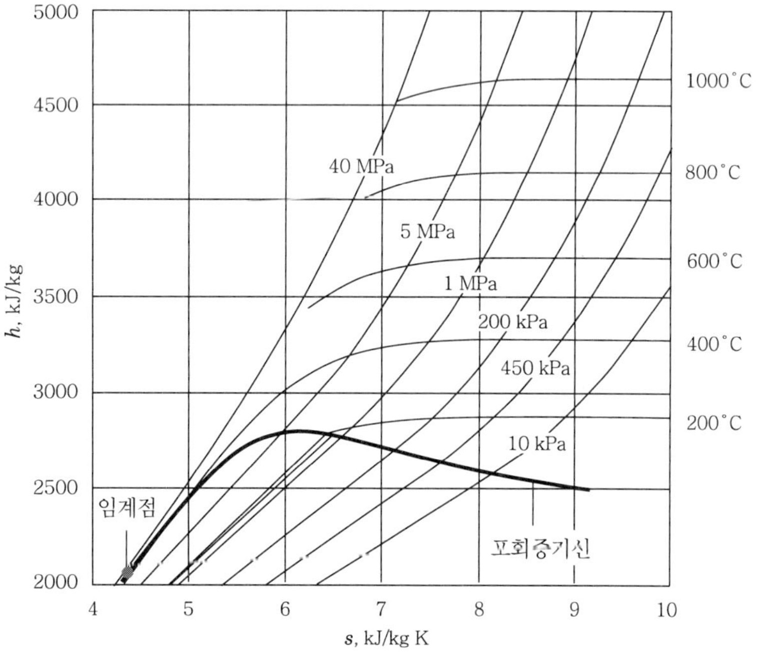

|그림 7-7| 물의 $h-s$ 선도

예 | 제 | 7-7

아래 |그림 7-8| 에서 피스톤-실린더 시스템에서 100 kPa의 포화증기를 1 MPa까지 가역적으로 단열 압축할 때 압축 후의 증기 온도와 단위질량당 압축일을 구하라.

풀이

밀폐계의 열역학 제1법칙 $q = u_2 - u_1 + w$ 에서 $q = 0$ 이므로 압축일은

$w_c = -w = u_2 - u_1$

100 kPa, 포화증기의 $u_1 = 2506.1$ kJ/kg, $s_1 = 7.3593$ kJ/kg K

가역단열과정에서 $s_2 = s_1$ 이므로

$P_2 = 1$ MPa, $s_2 = 7.3593$ kJ/kg K인 과열증기의 $u_2 = 2904.4$ kJ/kg, $T_2 = 367.8$°C

압축일은 $w_c = u_2 - u_1 = 2904.4 - 2506.1 = 298.3$ kJ/kg

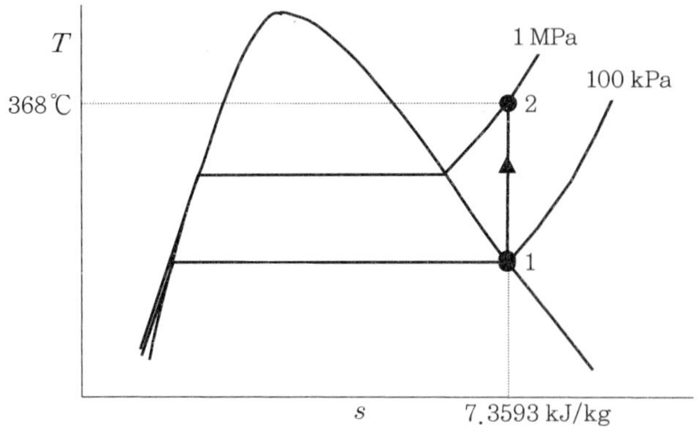

| **그림 7-8** | 예제 7-7

7-4 비가역과정과 엔트로피

1) 비가역과정에서 엔트로피 변화와 열

|그림 7-9| 와 같이 내부적으로 비가역적인 경로 a를 따라서 상태점 1에서 2에 도달한 다음 가역적인 경로 b를 따라서 원래 상태점 1로 돌아오는 임의의 사이클을 생각하자. 이 사이클은 비가역이므로 Clausius의 부등식(7.3)에 의하여

$$\int_{1a}^{2}\left(\frac{\delta Q}{T}\right)^{irr} + \int_{2b}^{1}\left(\frac{\delta Q}{T}\right)^{rev} < 0 \tag{7.19a}$$

여기에 가역적인 과정에 대한 관계식 $\int_{2b}^{1}\left(\frac{\delta Q}{T}\right)^{rev} = -\int_{1}^{2b}\left(\frac{\delta Q}{T}\right)^{rev}$ 을 대입하면

$$\int_{1}^{2b}\left(\frac{\delta Q}{T}\right)^{rev} > \int_{1a}^{2}\left(\frac{\delta Q}{T}\right)^{irr} \tag{7.19b}$$

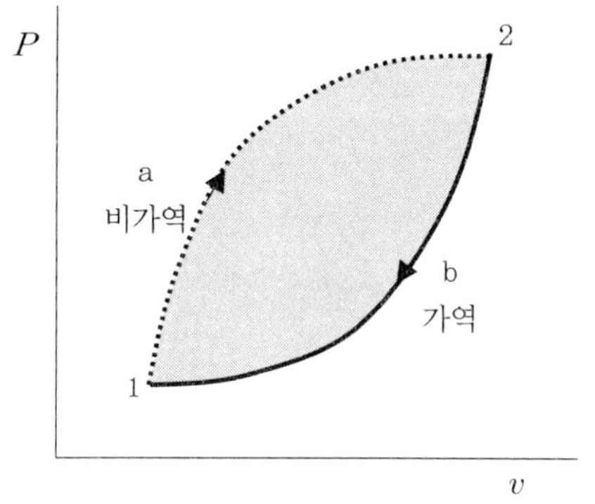

| 그림 7-9 | 비가역사이클

여기서 엔트로피의 정의에 관한 식(7.5)를 적용하고 엔트로피의 변화는 경로에 관계 없음을 고려하면 다음 부등식을 얻을 수 있다.

$$\int_{1}^{2} dS \geq \int_{1}^{2} \frac{\delta Q}{T} \tag{7.20}$$

위의 식은 어떤 경로에 대해서도 항상 성립하므로 피적분 함수에 대해서도 다음 부등식이 항상 성립한다.

$$dS \geq \frac{\delta Q}{T} \tag{7.21}$$

식에서 등호는 내부적인 가역과정에 대한 것이고 부등호는 내부적 비가역과정에 대한 것이다. 식(7.21)의 의미는 온도 T인 물질에 미소열량 δQ가 가해질 때 내부적으로 가역과정이면 엔트로피는 $\delta Q/T$만큼 증가하나, 비가역과정이면 그보다 더 크게 증가한다는 것이다.

식(7.21)은 다음과 같은 부등식으로도 표시할 수 있다.

$$\delta Q \leq TdS \tag{7.22}$$

이 결과는 마치 계가 한 미소 일에 대한 부등식(3.8)과 유사하다. 계의 상태량 변화와 열과 일의 관계를 도시하면 |그림 7-10|과 같으며 부등식에서 등호는 내부적 가역과정, 부등호는 비가역과정을 나타낸다.

1장에서 이미 언급했듯이 계의 강성적 상태량이 준평형, 즉 내부적 기역 과정에서만 정의된다면 온도를 사용한 식(7.19)-(7.22)와 같은 적분 또는 미분 식은 의미를 가질 수 없다. 그러나 계가 비평형 상태로 강성적 상태량이 불균일한 경우에는 그 질량 평균으로 계의 상태량을 생각다면 무리 없는 수식 적용이 가능하다.

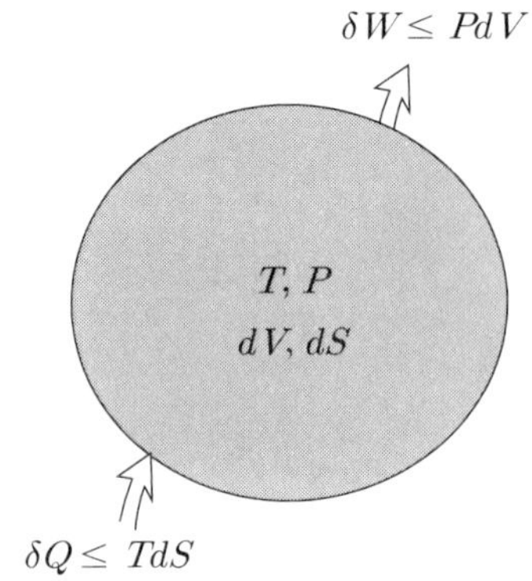

|그림 7-10| 계의 상태량 변화와 열과 일의 관계

2) 생성엔트로피

엔트로피의 변화에 관한 부등식(7.21)은 다음과 같은 등식으로 변형될 수 있다.

$$dS = \frac{\delta Q}{T} + \delta S_{gen} \tag{7.23}$$

식에서 S_{gen}는 계의 내부에서 발생하는 생성엔트로피를 나타낸다. 계의 엔트로피 변화는 열과 함께 유입(또는 유출)되는 엔트로피와 내부적인 비가역과정에 의하여 생겨나는 생성엔트로피를 합한 것으로 생각할 수 있다.

열은 계의 경계에서 관찰되는 현상이며 열을 계의 온도로 나눈 값이 열전달에 의한 엔트로피 증가량이 된다. 계의 온도가 불균일한 열적 비평형 상태인 경우 계의 온도대신 열을 수수하는 경계의 온도로 생각하면 열에 의한 엔트로피 유입(또는 유출)은 계의 상태(평형이나 비평형)와는 무관하게 된다. 따라서 생성엔트로피는 열전달과는 관계없는 내부적 비가역 현상(마찰, 자유팽창, 온도 차에 의한 내부에너지의 이동 등)에 의한 엔트로피 증가를 나타낸다. 계 내부가 열적 비평형 상태로서 온도평형을 이루기 위한 에너지의 이동은 열이 아닌 내부에너지의 이동이라고 봐야 한다.

식(7.23)에 의하여 내부적으로 가역적인 계의 엔트로피는 열에 의해서만 변하는 것을 알 수 있다. 내부적으로 비가역적인 단열계에서 엔트로피의 증가는 모두 생성엔트로피에 의한 것이다. 또 엔트로피의 감소는 열이 방출되는 경우에만 가능하다.

가역단열 과정은 δS_{gen}=0, $\delta Q = 0$이므로 dS=0, 즉 등엔트로피 과정이다. 그러나 그 역은 성립되지 않는다. 등엔트로피라도 열을 방출하면서 비가역적인 과정이 될 수 있기 때문이다.

여기서 또 언급할 점은 일의 출입과 엔트로피는 무관하다는 점이다. 가역단열 압축이나 팽창은 가역적인 일의 출입을 뜻하며 이 경우에 내부에너지는 변하지만 엔트로피는 변함이 없다. 그러나 그 과정에 마찰과 같은 비가역 현상이 동반된다면 엔트로피는 증가하게 된다.

예제 7-8

온도 T_H인 고온 물체와 T_L인 저온 물체 사이에 놓인 금속막대를 통하여 열량 Q의 열전달이 일어났다. 고온 물체, 금속 막대 및 저온 물체의 엔트로피 변화를 구하라. 단, 열은 고온 물체에서 손실 없이 모두 저온 물체로 흘러갔다고 가정한다.

풀이

고온 물체는 온도 T_H에서 Q의 열이 나갔으므로 엔트로피 변화는

$$\Delta S_H = -\frac{Q}{T_H}$$

저온 물체는 온도 T_L에서 Q의 열을 받았으므로 엔트로피 변화는

$$\Delta S_L = \frac{Q}{T_L}$$

금속은 고온 물체와 접한 경계에서 온도 T_H로 Q를 받고, 저온 물체와 접한 경계에서 온도 T_L로 Q를 버렸으므로 열전달에 의한 엔트로피의 변화는 $Q/T_H - Q/T_L$. 이 경우 금속 막대는 열적 평형 상태에 있지 않으므로 온도는 열을 수수하는 경계의 온도를 사용했음을 유의하자. 또한 고온 쪽에서 저온 쪽으로 내부 에너지 Q(들어온 열은 내부에너지이므로)가 저온 측으로 이동하는 비가역 과정이 일어났으므로 생성엔트로피 S_{gen}이 있다. 금속 막대의 상태는 열이 이동하기 전이나 후는 동일하므로 순엔트로피의 변화는 없다. 즉 열전달에 의한 엔트로피 변화와 생성엔트로피를 합한 값은 0이 되어야 한다.

$$Q/T_H - Q/T_L + S_{gen} = 0$$

따라서 막대의 엔트로피 변화는 없으나 막대에서 엔트로피가 생성되었으며 그 크기는

$$S_{gen} = Q/T_L - Q/T_H$$

총엔트로피의 변화는 고온 물체, 막대 및 저온 물체의 엔트로피 변화를 합한

$$\Delta S = -\frac{Q}{T_H} + 0 + \frac{Q}{T_L}$$

와 같다. 이는 막대에서의 생성엔트로피와 동일함을 알 수 있다.

온도차를 통한 열전달이란 온도차가 있는 막대가 계의 밖에 있는 경우를 뜻하기 때문에 주위에서 엔트로피가 생성된다. 계 내부에 막대가 있을 때는 열전달이라고 하지 않고 내부에너지의 비가역적인 흐름이라고 보아야 한다. 열은 언제나 경계에서 관찰되는 현상이기 때문이다.

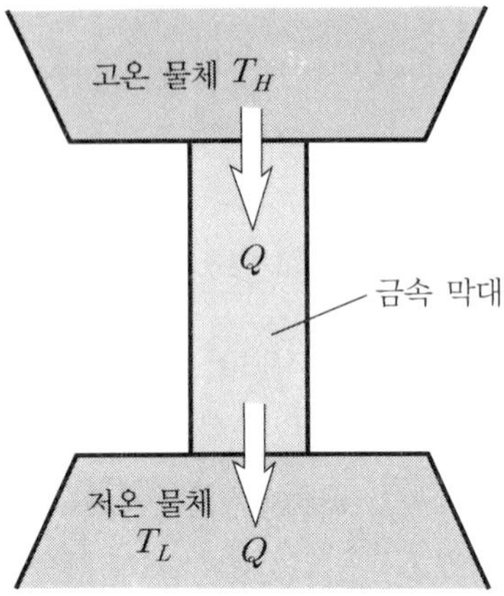

| 그림 7-11 | 금속막대를 통한 열전달

예|제|7-9

비열이 일정한 이상기체가 단열 상태에서 부피 V_1에서 V_2로 팽창하는 다음 두 경우에 대하여 단위질량당 엔트로피 변화를 구하라.

a. 가역적인 팽창

b. 진공 중으로 자유팽창

풀이

a. 가역적인 팽창

가역단열 팽창 과정은 $s_2 = s_1$, 즉 등엔트로피 과정이다. 또는 가역단열과정은 식(4.40)에서 상태식 $\frac{T_2}{T_1} = \left(\frac{v_2}{v_1}\right)^{-(k-1)}$ 을 식(7.13a)에 대입하여도 같은 결과를 얻을 수 있다.

$$s_2 - s_1 = C_v \ln\left(\frac{T_2}{T_1}\right) + R\ln\left(\frac{v_2}{v_1}\right) = C_v\left[\ln\left(\frac{T_2}{T_1}\right) + (k-1)\ln\left(\frac{v_2}{v_1}\right)\right] = C_v \ln\left(\frac{T^2 v_2^{k-1}}{T_1 v_1^{k-1}}\right) = 0$$

b. 진공 중으로 자유 팽창

이 과정에서 온도는 변하지 않으므로 $T_2 = T_1$을 식(7.13a)에 대입하면 단위질량당 엔트로피 변화는

$s_2 - s_1 = R\ln(V_2/V_1)$

자유팽창은 외부와 단열 상태에서 일어나므로 열전달에 의한 엔트로피의 유입이 없다. 즉 모두 비가역 과정에 의한 생성엔트로피이다.

$s_2 - s_1 = s_{gen} = R\ln(V_2/V_1)$

과정이 비가역적이지만 식(7.13)을 적용한 것에 유의하자.

7-5 엔트로피 증가의 원리

물질의 엔트로피 변화는 열전달에 의한 것과 내부적 비가역과정에 의하여 생겨나는 생성엔트로피를 합한 것이다. 그런데 생성엔트로피는 항상 양의 값을 가지므로 단열과정에서 계의 엔트로피 변화 dS_{ad}는 생성엔트로피와 같고 항상 0 이상이 된다.

$$dS_{ad} = \delta S_{gen} \geq 0 \tag{7.24}$$

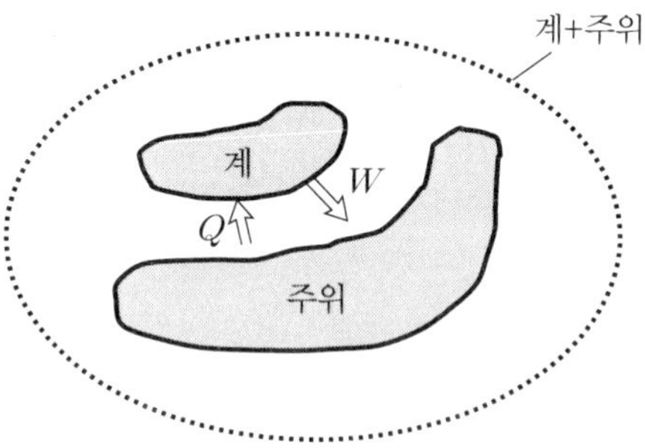

| 그림 7-12 | 계와 주위를 합한 전체계

열전달이 있는 일반적인 과정에서 계의 엔트로피는 증가할 수도 감소할 수도 있다. 그렇지만 계의 엔트로피 변화 dS_{sys}와 주위의 엔트로피 변화 dS_{sur}를 합한 총엔트로피 변화 $dS_{sys+sur}$는 증가하는 방향이다. 왜냐하면 |그림 7-12|와 같이 계와 주위를 합한 전체를 전체계라고 한다면 전체계는 단열계로 볼 수 있기 때문이다.

$$dS_{sys+sur} = dS_{sys} + dS_{sur} \geq 0 \tag{7.25}$$

이를 총엔트로피증가의 원리라고 한다. 모든 과정은 총엔트로피가 증가하는 방향으로 일어난다. 이는 열역학 제2법칙의 가장 간단한 정량적 표현이라고 할 수 있다. 전체계는 단열계이므로 단열계의 엔트로피 증가는 생성엔트로피에 의한 것이다. 따라서 전체계의 엔트로피가 증가하는 것은 비가역과정에 의하여 엔트로피가 생성되기 때문이다.

에너지보존에 관한 열역학 제1법칙은 계와 주위를 합한 총에너지는 변함이 없으므로 다음과 같은 등식으로 표현할 수 있다.

$$\Delta E_{sys+sur} = 0 \tag{7.26}$$

그러나 제2법칙은 보존법칙이 아닌 변화의 방향을 말하므로 부등식으로 나타난다. 모든 과정은 총에너지는 보존되지만 비가역적인 방향 즉, 총엔트로피가 증가하는 방향으로 일어난다. 총엔트로피가 더 이상 증가할 수 없는 상황에 도달하면 어떤 변화도 일어날 수 없는 열적인 죽음(thermal death)의 상태에 이른다고 할 수 있다.

비가역 과정을 통해서 엔트로피가 증가한다는 것은 일로 변환 가능한 가용에너지(available energy)가 변환이 불가능한 무용에너지(unavailable energy)로 바뀐 것을 의미한다. 온도차를 통한 열전달, 마찰, 자유팽창 등 모든 비가역 현상은 에너지의 일할 수 있는 능력이 저하되는 현상이다. 에너지를 일할 수 있는 능력이라고 정의하는 것은 엄밀하게 옳지 않다. 같은 에너지라도 엔트로피가 작을수록 가용에너지가 많아서 일할 수 있는 능력이 크며, 엔트로피가 클수록 무용에너지가 많아서 일할 능력이 떨어진다. 엔트로피가 극대화되면 모든 에너지의 일할 능력은 0이 된다. 가용에너지에 관해서는 8장에서 다룬다.

예제 7-10

열역학 제2법칙을 엔트로피증가의 원리로 설명하라.

풀이

|그림 7-13|과 같이 온도가 각각 T_H와 T_L인 두 열원 사이에서 사이클을 이루어 작동하는 시스템에서 다른 모든 상태량과 마찬가지로 엔트로피의 변화는 없다. 따라서 계와 주위를 합한 총엔트로피 변화는 고온 및 저온 열저장조의 엔트로피 변화를 합한 값과 같다.

$$\Delta S_{sys+sur} = -\frac{Q_H}{T_H} + \frac{Q_L}{T_L} \tag{1)}$$

총엔트로피증가의 원리에 따라서

$$\frac{-Q_H}{T_H} + \frac{Q_L}{T_L} \geq 0 \tag{2)}$$

이며 여기서 등호는 가역과정의 경우이다.

열공급원만 있고 열흡수원이 없는 경우는 $Q_L = 0$이므로 부등식 2)를 만족할 수 없다. 이는 Kelvin과 Planck의 열역학 제2법칙을 입증한다.

위의 부등식 2)를 변형하면 다음 부등식을 얻을 수 있다.

$$\eta_{th} = 1 - \frac{Q_L}{Q_H} \leq 1 - \frac{T_L}{T_H} \qquad 3)$$

이 식은 Carnot정리인 사이클을 이루는 열기관의 열효율은 가역사이클일 때 최대가 되고 그 열효율은 두 열저장조 온도만의 함수임을 입증한다.

열기관이 없다면 $Q = Q_H = Q_L$이므로 식 2)는

$$\frac{-Q}{T_H} + \frac{Q}{T_L} = \frac{(T_H - T_L)Q}{T_H T_L} \geq 0 \qquad 4)$$

식에서 Q는 음수가 될 수 없다. 즉 저온 물체에서 고온 물체로 저절로 열이 전달될 수 없으며 이는 Clausius의 제2법칙을 입증하는 것이다.

이와 같이 총엔트로피증가의 원리는 열역학 제2법칙을 완벽하게 정량적으로 뒷받침하는 원리임을 알 수 있다.

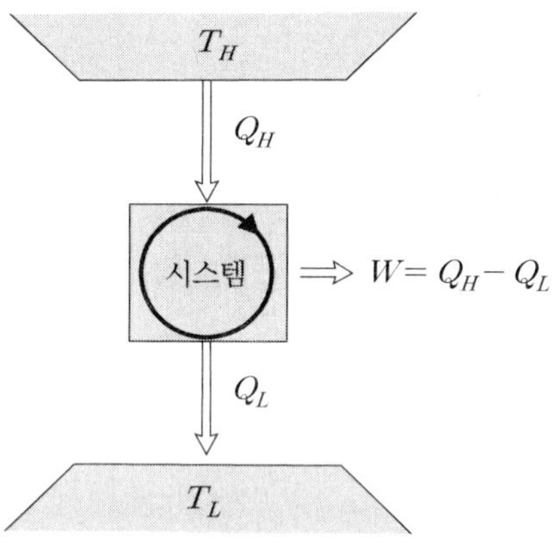

| 그림 7-13 | 두 열저장조 사이에서 사이클을 이루는 시스템

7-6 개방계의 엔트로피

|그림 7-14|와 같은 개방계의 엔트로피는 물질과 함께 순유입되는 엔트로피, 열전달과 함께 유입되는 엔트로피 및 비가역과정에 의한 생성 엔트로피를 합하면 된다. 개방계의 경우 계의 온도가 위치에 따라서 다르므로 수열온도와 그 때의 열량에 의하여 열과 함께 유입되는 엔트로피를 구해야 한다. 즉

$$\Delta S_{sys} = m_i s_i - m_e s_e + \sum_k \frac{Q_k}{T_k} + S_{gen} \tag{7.27}$$

SSSF시스템의 경우는 계의 엔트로피 변화는 없고 유입되는 질량과 유출되는 질량은 같으므로 $\Delta S_{sys} = 0$, $m_i = m_e = m$으로 놓을 수 있다. 따라서 단위질량에 대하여

$$s_i + \sum_k \frac{q_k}{T_k} + s_{gen} = s_e \tag{7.28}$$

즉 출구에서 엔트로피는 입구에서 엔트로피에 계를 통과하면서 받은 열에 의한 엔트로피 증가와 비가역과정에 의한 생성엔트로피를 합한 것과 같다.

SSSF시스템에서 계가 단열인 경우에는 $s_i + s_{gen} = s_e$이므로 출구에서 엔트로피는 입구에서 엔트로피보다 큰 방향으로 상태변화가 일어난다. 전술한 밀폐계에서와 마찬가지로 개방계에서도 가역단열과정에서는 엔트로피 변화가 없지만 비가역단열과정에서는 엔트로피가 증가한다.

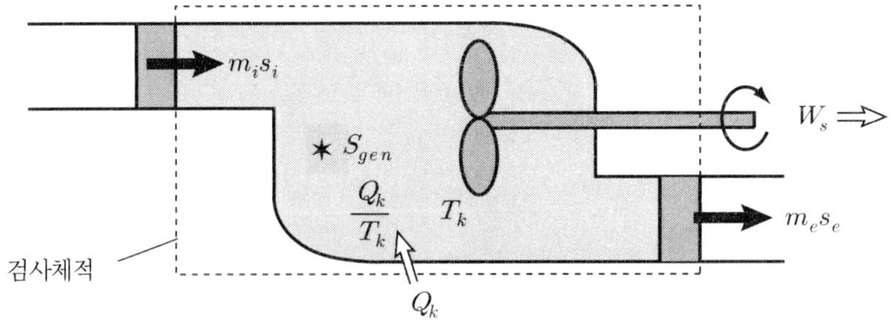

|그림 7-14| SSSF시스템의 엔트로피 변화

1) 터빈과 노즐

터빈(turbine)에서의 과정을 $h-s$선도에 표시하면 |그림 7-15|와 같다. 그림에서 보는 바와 같이 가역일 때보다 비가역일 때 입출구의 엔탈피 차인 열락차가 감소한다. 단열과정

에서 열락차는 출력을 뜻하므로 이는 가역과정에서 최대일을 얻을 수 있음을 의미한다. 따라서 비가역적인 실제 과정에서 터빈 출력 w_t는 등엔트로피 팽창에 의한 이상적인 출력 w_{ts}보다 작으므로 그 비율을 터빈효율 η_t라고 하며 다음 식으로 표시할 수 있다.

$$\eta_t = \frac{w_t}{w_{ts}} = \frac{h_i - h_e}{h_i - h_{es}} \tag{7.29a}$$

여기서 h_i는 터빈 입구에서 엔탈피, h_e는 터빈 출구에서 엔탈피, h_{es}는 가역단열 팽창 시의 출구에서 엔탈피를 나타낸다.

노즐(nozzle)의 경우에는 주어진 입구 상태와 출구 압력에서 등엔트로피 팽창시의 운동에너지에 대한 실제 운동에너지의 비를 노즐효율 η_N이라고 한다.

$$\eta_N = \frac{V^2/2}{V_s^2/2} \tag{7.29b}$$

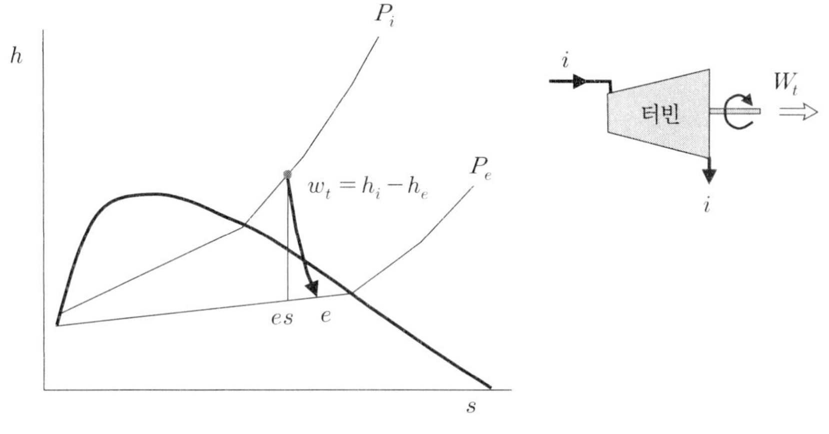

| 그림 7-15 | 터빈의 $h-s$ 선도

예 | 제 | 7-11

SSSF 상태의 단열 증기터빈에서 터빈 입구의 압력은 2.0 MPa, 온도는 350°C이며 출구 증기의 압력은 0.1 MPa이다. 이 터빈의 증기유량이 2 kg/s이고 터빈효율이 85%일 때 출력을 구하라.

풀이

SSSF 상태의 단열 터빈의 출력은 운동에너지와 위치에너지의 변화를 무시할 때 식(5.24)에 의하여 단위질량당 출력은 $w_s = h_i - h_e$로 구할 수 있다.

터빈 입구 2.0 MPa, 350°C의 과열증기의 h_i = 3137 kJ/kg, s_i = 6.9562 kJ/kg K

이 터빈이 가역단열과정으로 작동하는 이상적인 경우 출구의 엔트로피는 $s_e = s_i$ = 6.9562 kJ/kg K

0.1 MPa에서 $s_f = 1.3025$ kJ/kg K, $s_{fg} = 6.0568$ kJ/kg K이므로 출구의 건도와 엔탈피는

$$x_{es} = \frac{6.9562 - 1.3025}{6.0568} = 0.933$$

$$h_{es} = h_f + x_{es}h_{fg} = 417.43 + 0.933 \times 2258 = 2524 \text{ kJ/kg}$$

따라서 이상적인 출력은 단위질량당

$$w_{ts} = h_i - h_{es} = 3137 - 2524 = 613 \text{ kJ/kg}$$

실제 출력은 식(7.29)에서

$$w_t = \eta_t w_{ts} = 0.85 \times 613 = 521 \text{ kJ/kg}$$

따라서 출력은 $\dot{W}_t = \dot{m}w_t = 2.0 \text{ kg/s} \times 521 \text{ kJ/kg} = 1042 \text{ kW}$

예제 7-12

예제 7-11이 증기 대신 공기를 사용하는 가스터빈인 경우 출력과 출구 온도를 구하라.

풀이

공기를 비열이 일정한 이상기체로 보면

$$w_t = h_i - h_e = C_p(T_i - T_e)$$

이 터빈이 가역단열과정으로 작동하는 경우

$$T_{es} = T_i\left(\frac{P_e}{P_i}\right)^{\frac{k-1}{k}} = (273 + 350)\left(\frac{0.1}{2}\right)^{0.4/1.4} = 265 \text{ K}$$

이상적인 출력은

$$w_{ts} = C_p(T_i - T_{es}) = 1.00 \times (623 - 265) = 358 \text{ kJ/kg}$$

실제 출력은 터빈효율에 관한 식(7.29)에 의하여

$$w_t = \eta_t w_{ts} = 0.85 \times 358 = 304 \text{ kJ/kg}$$

따라서 출력은 $\dot{W}_t = \dot{m}w_t = 2.0 \text{ kg/s} \times 304 \text{ kJ/kg} = 608 \text{ kW}$

실제 출구 온도는 $w_t = C_p(T_i - T_e)$에서

$$T_e = T_i - w_t/C_p = 350 - 304/1.00 = 46^\circ\text{C}$$

스팀터빈에 비하여 가스터빈의 출력이 작은 것을 알 수 있다.

예제 7-13

0.4 MPa, 900°C의 공기가 유량 0.12 kg/s로 노즐에 들어가서 단열과정으로 팽창하여 출구 상태는 220 kPa, 750°C로 된다. 입구에서 유속이 30 m/s일 때 출구에서 속도, 노즐효율 및 엔트로피 생성률을 구하라.

풀이

$$h_e + \frac{V_e^2}{2} = h_i + \frac{V_i^2}{2} \text{ 에서}$$

공기를 비열이 상온에서와 같이 일정한 이상기체로 보면 출구에서 속도는

$$V_e = \sqrt{2(h_i - h_e) + V_i^2} = \sqrt{2C_{p0}(T_i - T_e) + V_i^2} = [2 \times 1.00 \times 1000 \times (900-750) + 30^2]^{1/2} = 549 \text{ m/s}$$

등엔트로피 팽창시 출구 온도와 속도는

$$T_{es} = T_i\left(\frac{P_e}{P_i}\right)^{\frac{k-1}{k}} = (273 + 900)(220/400)^{0.4/1.4} = 989\text{K} = 716^\circ\text{C}$$

$$V_{es} = \sqrt{2(h_{is} - h_e) + V_i^2} = \sqrt{2C_{p0}(T_i - T_{es}) + V_i^2} = [2 \times 1.00 \times 1000 \times (900-716) + 30^2]^{1/2} = 607 \text{ m/s}$$

따라서 노즐효율은

$$\eta_N = \frac{V_e^2/2}{V_{es}^2/2} = (549/607)^2 = 0.818 = 81.8\%$$

생성엔트로피는

$$\dot{S}_{gen} = \dot{m}(s_e - s_i) = \dot{m}\left(C_{p0}\ln\frac{T_e}{T_i} - R\ln\frac{P_e}{P_i}\right)$$

$$= 0.12[1.00 \times \ln(750 + 273)/(900 + 273) - 0.287 \ln(220/400)] = 4.17 \times 10^{-3} \text{ kJ/Ks}$$

비열의 변화를 고려하면 표 A.6(p.314)을 참조하여

900°C에서 h_i=1246 kJ/kg, $s_T^0(900^\circ\text{C}) = 8.319$ kJ/kg K

750°C에서 h_e=1072 kJ/kg, $s_T^0(750^\circ\text{C}) = 8.161$ kJ/kg K

$$V_e = \sqrt{2(h_i - h_e) + V_i^2} = [2 \times 1000 \times (1246-1072) + 30^2]1/2 = 591 \text{ m/s}$$

$s_T^0(T_{es}) - s_T^0(900^\circ\text{C}) - R\ln P_e/P_i = 0$에서

$s_T^0(T_{es}) = 8.319 + 0.287 \ln(220/400) = 8.147$ kJ/kg K

따라서 $T_{es} = 1011$ K, $h_{es} = 1058$ kJ/kg

$$V_{es} = \sqrt{2(h_i - h_{es}) + V_i^2} = [2 \times 1000 \times (1246-1058) + 30^2]^{1/2} = 612 \text{ m/s}$$

따라서 노즐효율은

$$\eta_N = \frac{V_e^2/2}{V_{es}^2/2} = (591/612)^2 = 0.933 = 93.3\%$$

생성엔트로피는

$$\dot{S}_{gen} = \dot{m}(s_e - s_i) = \dot{m}\left[s_T^0(750^\circ\text{C}) - s_T^0(900^\circ\text{C}) - R\ln\frac{P_e}{P_i}\right] = 0.12[8.161 - 8.319 - 0.287 \ln(220/400)]$$

$$= 1.63 \times 10^{-3} \text{ kJ/Ks}$$

공기 온도가 상당히 높은 상태의 과정이므로 상온의 비열을 사용한 결과와 실제는 상당한 오차가 나게 된다.

2) 압축기와 펌프

압축기와 펌프는 터빈과 반대로 축일이 들어가서 유체의 압력을 높이는 기계장치이다. 단열압축인 경우에 $h-s$ 선도는 |그림 7-16| 과 같으며 생성엔트로피로 인하여 출구의 엔트로피는 증가한다. 엔트로피 증가는 엔탈피 차를 증가시키기 때문에 실제일이 이상적인

일보다 더 크게 된다. 따라서 실제 일을 w_c, 이상적인 일을 w_{cs}라고 할 때, 실제 일이 이상적인 일보다 크므로 압축기의 등엔트로피효율 η_{cs}는 다음 식으로 정의 된다.

$$\eta_{cs} = \frac{w_{cs}}{w_c} = \frac{h_{es} - h_i}{h_e - h_i} \tag{7.30a}$$

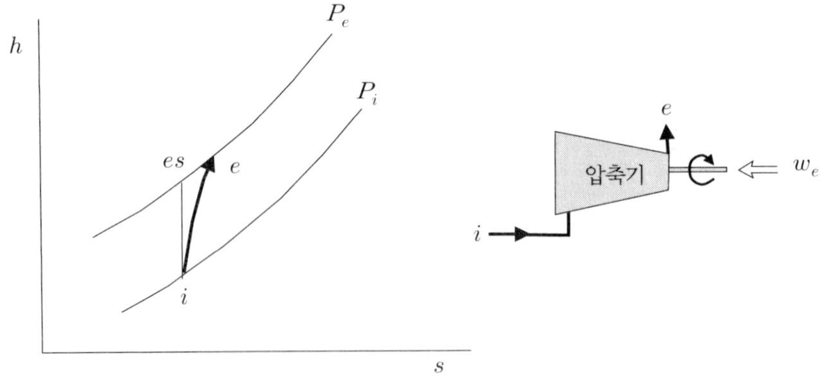

| 그림 7-16 | 압축기 $h-s$ 선도

마찬가지로 실제 펌프의 일을 w_p, 이상적인 가역단열 펌프일을 w_{ps}라고 할 때 펌프의 등엔트로피효율(가역단열효율) η_{ps}은 다음 식으로 정의된다.

$$\eta_{ps} = \frac{w_{ps}}{w_p} = \frac{h_{es} - h_i}{h_e - h_i} \tag{7.30b}$$

식에서 h_i, h_e는 각각 입출구의 엔탈피이고 h_{es}는 가역단열 과정일 때 출구의 엔탈피를 나타낸다.

그런데 등온 압축을 기준으로 평가하는 경우에는 등온압축효율을 사용한다. 등온압축효율 η_{ct}는 등온 압축과정에 소요 일 w_{ct}를 실제 일 w_c로 나눈 것이다.

$$\eta_{ct} = \frac{w_{ct}}{w_c} \tag{7.31}$$

그러나 식(7.16b)에서 언급한 바와 같이 액체의 경우 등온 과정이나 등엔트로피 단열 과정은 차이가 없다. 그 어느 경우나 이상적인 축일은 식(3.20)과 같다. 즉 압력 차가 같으면 과정에 관계없이 같은 가역일이 소요된다. 따라서 펌프의 경우 등온압축효율은 가역단열 압축효율과 같다.

예 | 제 | 7-14

SSSF로 작동하는 공기 압축기의 입구 압력은 100 kPa, 온도는 20°C이며 출구의 압력은 500 kPa, 온도는 220°C이다. 압축과정을 단열로 볼 때 이 압축기의 단열압축효율을 구하라.

풀이

운동에너지와 위치에너지의 변화를 무시하고 공기를 비열이 일정한 이상기체로 볼 때 단열 압축일은 단위질량당

$w_c = C_p(T_e - T_i) = 1.00 \times (220-20) = 200$ kJ/kg

가역단열 압축시 출구 온도는

$$T_{es} = T_i\left(\frac{P_e}{P_i}\right)^{\frac{k-1}{k}} = (273+20)\left(\frac{500}{100}\right)^{0.4/1.4} = 464\ \text{K} = 191°\text{C}$$

가역단열 압축일은

$w_{cs} = (h_{es} - h_i) = C_p(T_{es} - T_i) = 1.00 \times (191-20) = 171$ kJ/kg

따라서 단열 압축효율은

$$\eta_{cs} = \frac{w_{cs}}{w_c} = \frac{171}{200} = 0.855 = 85.5\%$$

3) 관유동과 스로틀과정

유체가 단열된 관을 유동할 때 엔탈피는 변하지 않으나 마찰에 의하여 압력은 저하된다. 이 때 엔트로피 변화는 식(7.10b)에서 $dH = 0$, $dP < 0$이므로 엔트로피가 증가하는 과정인 것을 알 수 있다. 마찰에 의한 비가역 단열과정이므로 당연히 엔트로피가 증가하게 된다.

또한 유체가 밸브와 같은 저항체를 통과하는 스로틀 과정에서도 엔트로피는 증가한다. 일반적으로 스로틀과정(교축과정이라고도 함)은 입구와 출구에서 유속의 변화를 무시할 수 있고 단열 상태에서 비가역적인 팽창과정으로 볼 수 있기 때문에 엔탈피의 변화는 없으나 압력은 감소하고 엔트로피는 증가하는 과정이다.

예 | 제 | 7-15

예제 5-12와 같이 팽창밸브에서 2 MPa, 200°C의 고온수가 0.1 MPa로 압력이 저하될 때 엔트로피의 변화를 구하라.

풀이 (| 그림 7-17 | 참조)

입구에서 고온수는 압축수이지만 압력이 크게 높지는 않기 때문에 엔탈피와 엔트로피는 200°C의 포화액의 상태와 같다고 할 수 있다. 표 B.1.1에서

$h_i = 852.44$ kJ/kg, $s_i = 2.3308$ kJ/kgK

$h_e = h_i = 852.44$ kJ/kg와 $P_e = 0.1$ MPa에서 출구는 습증기 상태며 포화온도는 99.62°C이므로 출구의

온도는

$T_e = 99.62°C$

증기의 건도는(예제 5-12 참조) $x_e = 0.193$이므로

$s_e = s_f + x_e s_{fg} = 1.3025 + 0.194 \times 6.0568 = 2.471$ kJ/kgK

따라서 엔트로피 변화는

$s_e - s_i = 2.471 - 2.3308 = 0.140$ kJ/kgK

|그림 7-17|에서 보듯이 이상기체의 경우는 스로틀 과정에서 온도 변화가 없으나(과정a), 습증기(과정b)나 압축액(과정c)은 압력과 더불어 온도가 저하되며 압축액은 습증기로 습증기는 건도가 높은 습증기 또는 과열증기로 바뀌게 된다.

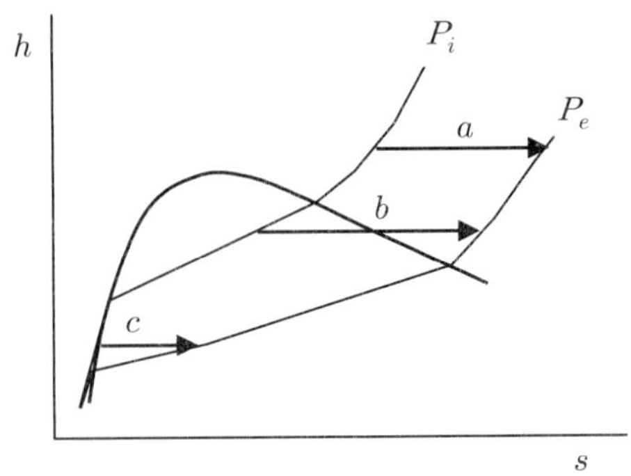

|그림 7-17| 스로틀 과정

7-7 엔트로피의 통계열역학적 의미

엔트로피는 매우 유용한 열역학적 상태량이며 열역학 제2법칙의 공식화를 위한 필수적인 물리량이다. 그렇지만 "엔트로피는 무엇인가?"라는 질문에 대답하기는 쉽지 않다. 온도, 압력, 내부에너지가 그렇듯이 엔트로피도 미시적 관점에서 볼 때 그 본질적인 의미가 보다 분명해 진다. 분자 세계에서 볼 때 엔트로피는 무질서(disorder, randomness)의 정도를 의미한다. 고체보다 기체에서 분자들은 훨씬 무질서하다. 왜냐하면 고체에서는 분자들이 어떤 범위 내에 구속 되어 있으므로 그 위치를 예측할 수 있다. 그러나 기체 상태에서 분자는 고정된 위치에 머무르지 않고 서로 충돌하고 방향을 바꾸면서 매우 무질서한 운동을 하기 때문에 그 위치를 예측하기 어렵다. 따라서 무질서도가 높은 기체의 엔트로피가 고체에 비하여 매우 높다.

1) 엔트로피의 통계열역학적 정의

거시적으로 평형상태에 있는 물질이라 하더라도 분자 세계에서 보면 수많은 미시적 상태를 가질 수 있다. 내부에너지는 각 분자들이 갖는 에너지를 모두 합한 에너지며 분자들은 서로 다른 에너지를 가질 수 있다. 즉 하나의 거시적인 상태는 수많은 미시적 상태를 갖는다. 미시적 상태의 수가 많다고 해도 유한한 이유는 에너지가 양자화되어 최소 단위가 있으므로 그 정수 배만 가질 수 있기 때문이다. 어떤 시스템의 거시적에너지 상태에 대하여 분자들이 가질 수 있는 모든 미시적에너지 상태의 수를 통계 열역학적으로 열역학적 확률이라고 한다.

미시적 상태수가 많을수록 분자는 무질서하고 그 거시적 상태의 확률은 높다고 할 수 있다. 통계열역학적으로 물질의 엔트로피 S는 바로 이 열역학적 확률(thermodynamic probability)에 의하여 다음 식과 같이 정의된 것이다.

$$S = k \ln \Omega \tag{7.32}$$

여기서 Ω는 열역학적 확률, k는 Boltzmann상수를 나타낸다. 이 이론은 1877년 Ludwig Boltzmann(1844~1906)에 의하여 발표되었다.

내부에너지가 많을수록 미시적 상태수인 Ω는 증가한다. 또한 부피가 증가할 때도 Ω는 증가한다. 왜냐하면 부피가 증가하면 에너지의 기본 단위가 작아지기 때문에 분자들이 에너지를 나누는 방법의 수는 늘어나게 된다. 따라서 내부에너지가 증가하거나 부피가 증가하면 엔트로피가 증가한다. 이를 통계열역학적으로 계산하면 식(7.9)와 같게 된다. 따라서 식(7.5)보다는 식(7.9)가 엔트로피에 대한 물리적인 의미를 잘 나타내는 식이라고 할 수 있다.

가역단열 팽창 시에는 내부에너지가 감소하고 부피는 증가한다. 내부에너지 감소에 의한 상태수 감소와 부피 증가에 의한 상태수 증가의 효과가 상쇄되어 엔트로피의 변화가 없는 등엔트로피 과정이 된다. 반대로 가역단열 압축 시에는 압축될 때 내부에너지가 증가하고 부피는 감소하므로 엔트로피의 변화는 없다. 가역단열과정은 열이 없이 일만 있는 과정이므로 가역적인 일에는 엔트로피 변화가 따르지 않는다.

식(7.32)는 엔트로피의 절댓값을 말해 준다. 엔트로피가 0인 물질의 상태는 미시적 상태가 한 개 뿐이다. 그것은 에너지가 전혀 없는 0 K인 순수 물질의 결정체에 해당한다. 그 상태에서는 모든 분자들이 갖는 에너지가 0이므로 에너지를 나누는 방법은 한 가지 뿐이라고 할 수 있다. 즉 불확실성이 전혀 없으며 조금도 무질서하다고 할 수 없다. 0 K의 완벽한 결정체의 엔트로피가 0이라는 것을 열역학 제3법칙이라고 한다.

2) 에너지의 질과 엔트로피

기체 분자는 운동 에너지를 가지고 있다. 그러나 그 에너지로 직접 회전체를 돌릴 수 없다. 이유는 분자가 매우 무질서한 비조직적인 운동을 하므로 어느 한 방향으로 물체를 회전시킬 수 없기 때문이다. 이처럼 비조직적인 내부에너지에서 직접 유용한 일을 뽑아 낼 수 없다.

그러나 회전축은 구성 분자들이 동일 방향으로 회전하기 때문에 조직적(organized)인 에너지를 갖는다. 이러한 조직적인 역학적에너지는 바로 물체를 들어 올리는 것과 같은 유용한 일을 할 수 있다. 조직적인 에너지는 분자의 무질서도나 불확실성과 아무 관련이 없으므로 엔트로피는 0이다. 회전축에 의하여 물체를 들어 올리는 과정은 조직적인 역학적에너지의 변환 과정이므로 엔트로피는 생기지 않는다. 높은 곳에 있는 물체는 다시 회전축을 돌릴 수 있으므로 가역적이다.

그러나 비가역 현상인 마찰이 있으면 조직적이던 역학적에너지가 비조직적인 열에너지로 바뀌면서 엔트로피가 생겨난다. 이처럼 비조직적인 에너지는 조직적인 에너지로 직접 바뀔 수 없으나, 조직적인 에너지는 비조직적인 에너지로 직접 바뀔 수 있으며 이는 비가역적이다. 비가역 현상은 에너지의 일할 수 있는 능력 즉, 가용에너지의 감소를 의미한다.

자연현상은 비가역적이다. 총체적으로는 분자가 무질서해지는, 엔트로피가 증가하는 방향, 즉 조직적인 에너지에서 비조직적인 에너지로, 가용성이 큰 상태의 에너지에서 낮은 상태의 에너지로 변환이 일어난다. 따라서 고립계의 에너지 총량은 보존되지만 모든 변화는 총엔트로피가 증가하는 방향, 무질서도가 증가하는 방향, 에너지의 질이 떨어지는 방향으로 진행된다.

연습문제

7.1 Clausius부등식이 두 열원 사이가 아닌 임의의 사이클에 대하여 성립함을 증명하라.

7.2 식(7.9(a)(b))가 비가역과정에도 성립하는 이유를 설명하라.

7.3 이상기체의 온도, 압력 및 부피 변화가 엔트로피 변화에 미치는 영향을 설명하라.

7.4 단열된 파이프 내부의 유동에서 마찰에 의하여 압력은 감소하고 온도는 증가하게 된다. 엔트로피는 어떻게 되는가?

7.5 액체나 고체의 등엔트로피 과정은 근사적으로 등온과정인 이유를 설명하라.

7.6 생성엔트로피가 경로함수인 이유를 설명하라.

7.7 가역단열과정이면 등엔트로피과정이다. 그러나 등엔트로피 과정이 반드시 가역단열과정이라고 할 수 없는 이유를 설명하라.

7.8 엔트로피가 감소하려면 계가 냉각되는 경우뿐임을 설명하라.

7.9 밀폐계가 일을 받는 경우와 같은 에너지의 열을 받는 두 경우를 비교하면 내부에너지 증가가 같으므로 열역학 제1법칙의 관점에서는 차이가 없다. 열역학 제2법칙의 엔트로피의 관점에서 보면 어떤 차이가 있는가?

7.10 엔트로피 증가의 원리를 설명하라.

7.11 열역학 제2법칙에 대한 여러 가지 서술을 총엔트로피 증가의 원리 하나로 설명할 수 있음을 증명하라.

7.12 비조직적에너지와 조직적에너지 사이의 변환에 대하여 설명하라.

7.13 엔트로피 증가의 원리를 무질서도나 열역학적 확률로 설명해 보라.

7.14 밀폐 용기에 온도 300°C의 유체가 들어 있다. 이 용기에 100 kJ의 열을 가할 때 계의 내부에너지와 엔트로피의 변화를 구하라. 또 가열하는 대신 휘젓기날개로 100 kJ의 일을 하는 경우 계의 내부에너지와 엔트로피의 변화를 구하라. 단, 계의 온도 변화는 매우 작은 것으로 가정하라.

7.15 1200 K의 고온 열원에서 시간당 5000 kJ의 열을 공급받고 350 K의 저온 열원에 방열하는 Carnot기관에서 작동물질의 상태변화를 $T-S$선도에 도시하고 열효율을 구하라.

7.16 5°C인 주위 공기와 25°C인 실내 사이에서 Carnot사이클로 작동하는 열펌프로 시간당 5000 kJ의 열을 공급하는 경우 작동물질의 상태변화를 $T-S$선도에 도시하고 성능계수를 구하라.

7.17 체적이 일정한 용기에 담긴 산소 5 kg을 5°C에서 50°C까지 준평형 과정으로 가열하는 경우 산소의 내부에너지 변화와 엔트로피 변화를 구하라. 또 이 과정을 $T-S$선도에 나타내고 가열량을 구하라.

7.18 SSSF 과정의 공기가열기 입구 상태는 200 kPa, 5°C, 출구 상태는 100 kPa, 400°C일 때 공기의 단위질량당 엔탈피 변화와 엔트로피 변화 및 가열량을 구하려고 한다. 다음 두 방법으로 구하고 결과를 비교하라.

a. 비열이 일정하다고 가정하고 상온에서 비열 이용
b. 비열의 변화를 고려한 부록 A.6(p.314) 사용

7.19 600 kPa, 300 K의 산소를 30 MPa까지 SSSF시스템에서 가역단열 압축하는 경우 압축 후의 온도와 압축에 소요되는 축일을 다음 두 경우에 대하여 구하라.

a. 비열이 일정한 것으로 가정하고 상온에서 비열 이용
b. 비열의 변화를 고려한 부록 A.6(p.314) 사용

7.20 공기가 온도는 300 K에서 600 K로 상승하고 체적은 600 m^3에서 300 m^3로 압축됐다. 이 과정에서 검사질량의 엔트로피 변화를 구하라. 이 과정에서 검사질량이 받은 열량 및 행한 일을 구할 수 있는가? 구할 수 없다면 그 이유를 설명하라. 또 열과 일에 상관없이 엔트로피 변화를 구할 수 있는 이유를 설명하라.

7.21 압력 100 kPa인 공기가 준평형 폴리트로프과정으로 온도는 300 K에서 600 K로 상승하고 체적은 600 m^3에서 300 m^3로 압축 됐다. 이 과정에 대하여 역학적에너지의 변화를 무시하고 다음에 답하라.

a. 폴리트로프 지수 n
b. 단위질량당, 내부에너지, 엔탈피, 및 엔트로피의 변화
c. 단위질량당 열량, 경계이동일 및 축일
d. 이 과정의 $P-v$선도와 $T-s$선도

7.22 2.0 MPa, 500°C의 공기가 $Pv^{1.3}$ =일정인 준평형 폴리트로프과정으로 200 kPa까지 팽창하였다. 이 과정에 대하여 역학적에너지의 변화를 무시하고 다음에 답하라.

a. 팽창 후의 온도

b. 단위질량당 내부에너지, 엔탈피, 및 엔트로피의 변화

c. 단위질량당 열량, 경계이동일 및 축일

d. 이 과정의 $P-v$ 선도와 $T-s$ 선도

7.23 100 kPa, 300 K의 산소를 $Pv^{1.2}$ =일정인 준평형 폴리트로프과정에 의하여 600 kPa로 압축할 때 역학적에너지의 변화를 무시하고 다음에 답하라.

a. 압축 후의 온도

b. 단위질량당 내부에너지, 엔탈피, 및 엔트로피의 변화

c. 단위질량당 열량, 경계이동일 및 축일

7.24 100 kPa 하에서 액체의 물을 10°C에서 200°C의 과열증기까지 가열할 때 단위질량당 엔탈피 및 엔트로피 변화를 구하고 과정을 $T-s$ 선도 및 $h-s$ 선도에 도시하라.

7.25 마찰이 없는 피스톤-실린더 시스템에서 100 kPa의 포화증기를 2 MPa까지 가역적으로 단열압축할 때 단위질량당 압축일과 압축 후의 증기 온도를 구하라. 또 이 과정을 $P-v$ 선도 및 $T-s$ 선도에 도시하라.

7.26 2.0 MPa, 400°C의 증기가 터빈으로 들어가서 0.3 MPa로 나간다. 이 과정에서 온도 25°C의 주위로 증기의 단위질량당 0.4 kJ/kg의 열손실이 있다. 총엔트로피증가의 원리를 적용하여 출구 증기가 가질 수 있는 최소온도를 구하라.

7.27 100 m/s 속력으로 운동하던 질량 0.1 kg인 물체가 20°C의 공기 중을 통과하면서 50 m/s로 감속되었다. 이 과정에서 총엔트로피는 얼마나 증가했는가? 단, 물체의 온도 변화는 없다.

7.28 온도 200°C의 습증기 5 kg이 20°C의 공기 중에서 압력이 일정하게 냉각되어 포화액으로 응축되었다. 계의 엔트로피, 주위의 엔트로피 및 총엔트로피의 변화를 구하라.

7.29 20°C, 500 kPa로 압축되어 있던 산소가 단열 상태에서 진공 중으로 자유팽창하여 부피가 3배 늘어났을 때 온도, 압력 및 엔트로피의 변화를 구하라.

7.30 20°C, 500 kPa의 산소 1 m^{3}와 20°C, 1000 kPa의 질소 1 m^{3}를 단열 과정으로 혼합하여 총부피가 3 m^{3}가 되었을 때 혼합 후의 온도와 압력을 구하고 이 과정에서 총엔트로피 변화를 구하라.

7.31 | 그림 P7-1 | 과 같이 SSSF 과정으로 20°C, 500 kPa 공기와 50°C, 300 kPa의 공기를 단열 혼합하여 300 kPa의 공기로 내보낸다. 각각의 유량이 0.2 kg/s, 0.3 kg/s일 때 출구 공기의 온도와 이 과정에서 총엔트로피 변화를 구하라.

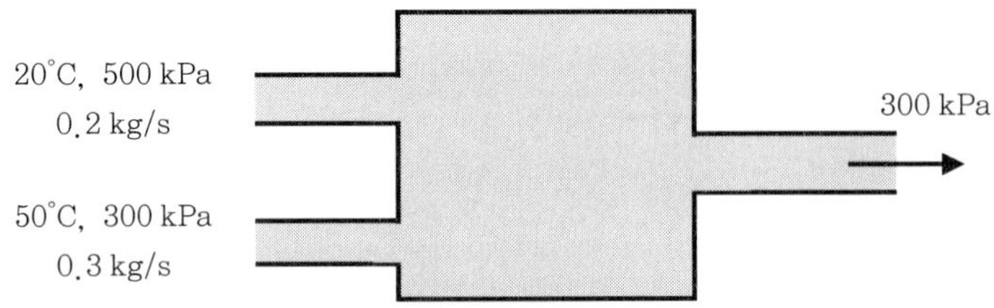

| **그림 P7-1** | 문제 7.31

7.32 문제 7.31에서 공기대신 20°C, 500 kPa의 물과 200°C, 200 kPa의 수증기를 단열 혼합하여 300 kPa의 상태로 내보낸다. 각각의 유량이 5 kg/s, 10 kg/s일 때 출구의 상태와 이 과정에서 총엔트로피 변화를 구하라.

7.33 SSSF 상태의 단열 증기터빈에서 터빈 입구의 압력은 3.0 MPa, 온도는 400°C이며 출구 증기의 압력은 50 kPa이다. 이 터빈의 증기 유량이 5 kg/s이고 터빈효율이 70%일 때 출력을 구하라. 단, 운동에너지의 변화는 무시한다.

7.34 SSSF 상태의 단열 가스터빈에서 터빈 입구의 압력은 2.0 MPa, 온도는 500°C이며 출구 압력은 100 kPa다. 이 터빈의 공기 유량이 2 kg/s이고 터빈효율이 85%일 때 출력을 구하라. 단, 운동에너지의 변화는 무시한다.

7.35 SSSF로 작동하는 공기 압축기의 입구 압력은 100 kPa, 온도는 20°C이며 출구의 압력은 800 kPa, 온도는 300°C이다. 이 압축기의 단열압축효율을 구하라. 단, 운동에너지의 변화는 무시한다.

7.36 SSSF로 작동하는 공기 노즐의 입구 압력은 200 kPa, 온도는 1000 K이며 출구의 압력은 80 kPa이다. 단열효율이 90%일 때 출구 공기 온도와 속도를 구하라. 단, 노즐 입구에서 유속은 무시한다.

7.37 |그림 P7-2| 와 같이 스로틀 장치로 터빈의 부하를 조절하는 시스템에서 주 증기의 상태는 2 MPa, 400°C이고 터빈 출구 압력은 언제나 10 kPa로 일정하며 터빈에서의 과정은 가역단열 과정이다. 전부하일 때 출력과 스로틀 장치로 압력을 500 kPa로 낮출 때의 출력을 구하라. 또 부하 조절의 원리를 $h-s$ 선도로 설명하라.

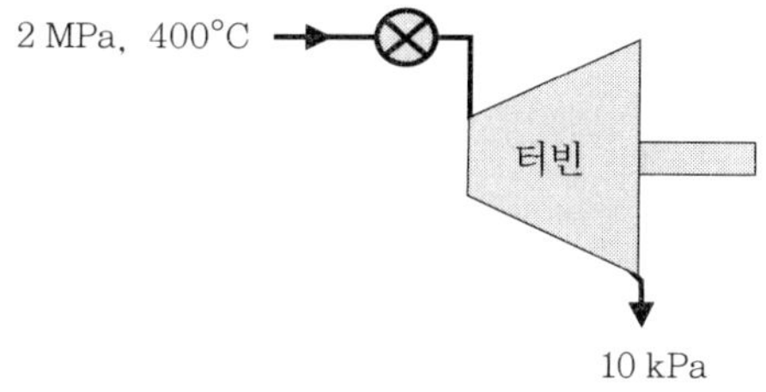

|그림 P7-2| 문제 7.37

7.38 배관 내를 유동하는 공기가 밸브를 통과하면서 압력이 200 kPa에서 150 kPa로 저하되었다. 단열과정으로 보고 생성엔트로피를 구하라.

7.39 500 K인 물체와 300 K인 물체 사이에 금속 막대를 설치하여 10 kJ/s의 열전달이 일어나도록 했다. 이 금속 막대를 통한 생성엔트로피를 구하라. 물체에서 온도는 균일하고 열전도 과정에서 주위로의 열손실은 없는 것으로 가정한다.

Chapter 8

가용에너지와 엑서지

열역학 제2법칙에서 Carnot정리는 주어진 두 열원 사이의 사이클 장치에서 얻을 수 있는 최대일은 가역사이클로 작동하는 경우임을 밝힌다. 이는 주어진 열원과 임의의 두 상태점 사이로 확장될 수 있다. 주어진 환경에서 어떤 시스템의 열에너지로부터 얻을 수 있는 최대일은 그 과정이 가역적인 경우이며 이를 가용에너지(available energy)라고 한다. 시스템이 대기와만 상호작용을 하면서 더 이상 일을 할 수 없는 바닥상태에 이를 때까지 산출하는 가역일을 이 시스템의 엑서지(exergy) 또는 가용성(availability)이라고 한다. 시스템의 실제 일은 가용에너지보다 작으며 그 차이를 비가역성(irreversibility) 또는 손실일(lost work)이라고 한다.

여기서는 먼저 가역일이 최대일임을 밝히고 밀폐계, 개방계 및 사이클계의 가용에너지와 엑서지를 다룬다.

8-1 가역일과 최대일

주어진 열원과 열량에 대하여 가역적인 사이클이 최대일을 발생한다는 것이 Carnot정리다. 이 정리에서 사이클이 아닌 임의의 과정에 대해서도 가역적일 때 일이 최대가 된다는 명제를 도출할 수 있다.

|그림 8-1|과 같이 시스템이 온도 T인 열원에서 열량 Q를 공급받아 주변(온도 T_0인 대기)으로 Q_0를 방열하고, 1에서 2까지 상태변화를 하면서 W의 일을 하는 실제 과정을 생각하자. 또한 동일 열원과 동일 상태점 사이에서 과정이 가역적으로 이루어지는 경우의 일을 W^{rev}, 방열량을 Q_0^{rev}라고 하자. 그러면 각 경우는 다음 에너지 보존식을 만족해야 한다.

$$Q = Q_0 + W = Q_0^{rev} + W^{rev} \tag{8.1}$$

또한 열역학 제2법칙에 따라서 계와 주위를 합한 총엔트로피의 변화인 생성엔트로피는 실제 과정과 가역과정에서

$$S_{gen} = S_2 - S_1 - \frac{Q}{T} + \frac{Q_0}{T_0} \tag{8.2a}$$

$$0 = S_2 - S_1 - \frac{Q}{T} + \frac{Q_0^{rev}}{T_0} \tag{8.2b}$$

여기서 생성엔트로피와 방열량의 관계를 구하면 다음과 같다.

$$Q_0 - Q_0^{rev} = T_0 S_{gen} \tag{8.3}$$

식(8.1)과 식(8.3)에서

$$W^{rev} - W = Q_0 - Q_0^{rev} = T_0 S_{gen} \tag{8.4}$$

위의 식에서 생성엔트로피는 0보다 작을 수 없으므로 실제 일은 언제나 가역일보다 작으며 최대일은 $S_{gen} = 0$일 때, 즉 가역일임을 알 수 있다.

$$W^{\max} = W^{rev} \tag{8.5}$$

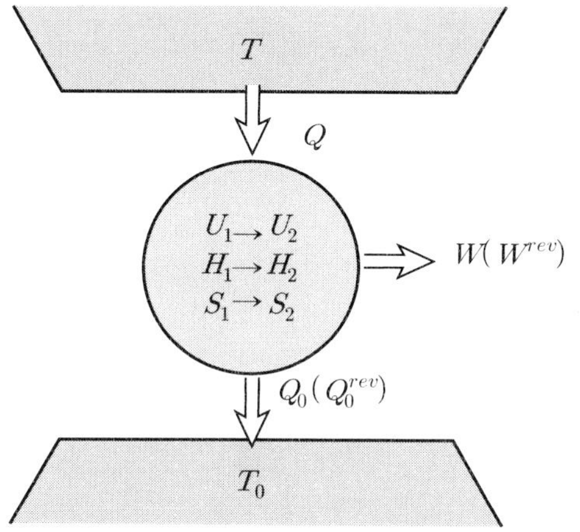

| 그림 8-1 | 임의 과정에서 가역일과 비가역일

사이클이 아닌 임의의 과정에서 가역일이 최대일이라는 점은 주목해야 할 원리이다. 여기서 일은 밀폐계의 일 또는 축일이 될 수 있다. 일은 상태 함수가 아니므로 과정에 따라서 다르지만 동일 열원과 동일한 두 상태점 사이에서 일어나는 모든 가역일은 동일하고 최대일이 된다. 이 때 가역일이란 내부적으로나 외부적으로 모두 가역인 경우를 말한다. 동일한 열원이란 열공급원의 온도와 그 공급 열량이 동일하다는 의미이다. 그러나 주위의 대기와 열교환량은 과정에 따라서 바뀔 수 있다. Carnot정리는 두 열원 사이의 사이클 일에 대한 것이지만 위의 결과는 열원의 수와 관계없이 사이클을 포함한 임의의 상태점 사이에서 가역일이 최대일이 된다는 것을 뜻하는 것이다.

열공급원은 주위와 다른 온도의 열원을 말한다. 열기관인 경우는 고온 열원, 냉동기의 경우는 저온 열원이 될 수 있다. 냉동기의 경우 일은 음의 일이므로 최대일이란 그 크기가 자장 작은 일을 나타낸다. 즉 가역과정일 때 열기관은 최대일을 하고 압축기는 최소일이 소요된다는 것을 의미한다.

가역일과 실제일의 차이를 비가역성(irreversibility)이라고 한다. 식(8.4)에서 비가역성 I는

$$I = W^{rev} - W = Q_0 - Q_0^{rev} = T_0 S_{gen} \tag{8.6}$$

비가역성은 손실일 또는 가용에너지의 손실을 뜻한다. 일로 변환 가능한 가용에너지가 열로 대기 중에 버려진 것과 같다. 생성엔트로피는 이 버려진 에너지를 대기 온도로 나눈 값과 같다. 비가역과정에 의한 생성엔트로피는 가용에너지가 무용에너지로 변환되었음을 나타낸다. 따라서 비가역 과정이란 가용에너지가 무용에너지로의 에너지 변환 과정을 의미한다고 할 수 있다.

8-2 사이클계

먼저 사이클을 이루는 열기관이나 냉동기의 가용에너지에 대하여 생각해보자. 온도 T인 열공급원에서 사이클당 열량 Q를 받아서 할 수 있는 최대일은 이 열로 가역사이클인 Carnot사이클을 구동할 때로서 다음과 같다.

$$W^{\max} = W^{rev} = Q\left(1 - \frac{T_0^{'}}{T}\right) \tag{8.7}$$

여기서 $T_0^{'}$는 열흡수원의 온도를 나타낸다. 가역일은 열량 Q로서 할 수 있는 최대일이며 이것이 열량 Q에 내포된 가용에너지(available energy)이다. 가용에너지를 제외한 에너지인 $QT_0^{'}/T$를 무용에너지(unavailable energy)라고 한다. 가용에너지는 열흡수원의 온도가 낮을수록 커진다. 온도 $T_0^{'}$가 주위온도(일반적으로 공기 온도) T_0와 같을 때의 가용에너지를 엑서시(exergy)라고 한다. 엑서지는 주위와 상호작용하여 얻을 수 있는 최대 가역일이라고 할 수 있다.

|그림 8-2|와 같이 온도 T_k에서 공급열량이 Q_k인 다수의 열원과 대기로의 방열량이 Q_0인 일반적인 사이클에서 일과 생성엔트로피는

$$W = \sum_k Q_k - Q_0 \tag{8.8a}$$

$$S_{gen} = -\sum_k \frac{Q_k}{T_k} + \frac{Q_0}{T_0} \tag{8.8b}$$

위의 두 식에서 Q_0를 소거하고 일에 대하여 나타내면

$$W = \sum_k \left(1 - \frac{T_0}{T_k}\right) Q_k - T_0 S_{gen} \tag{8.8c}$$

따라서 가역일은 식(8.8c)에서 $S_{gen} = 0$일 때인

$$W^{rev} = \sum_k \left(1 - \frac{T_0}{T_k}\right) Q_k \tag{8.9}$$

가역일은 각 열원으로 주위 온도를 수열온도로 한 Carnot 기관을 작동할 때 얻는 일을 합한 것과 같다.

최대일과 실제일의 차이인 비가역성 $I = W^{rev} - W$를 구하면

$$I = T_0 S_{gen} \tag{8.10}$$

로서 식(8.6)과 동일하다.

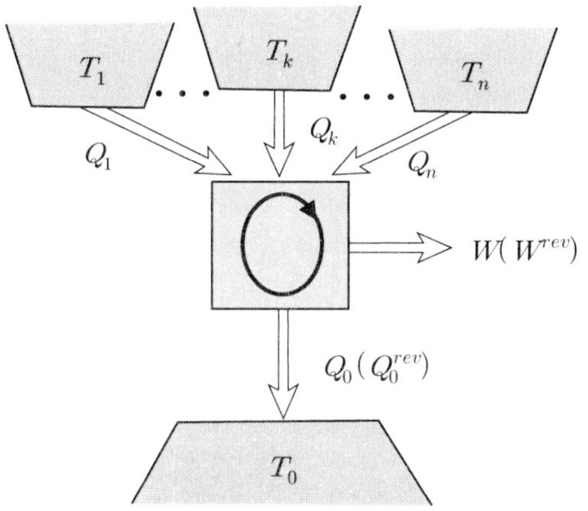

| 그림 8-2 | 다수 열원 및 대기와 상호작용하는 사이클장치(괄호 안은 가역사이클)

냉동시스템의 경우는 열공급원과 열흡수원이 바뀐다. 이 경우에는 열량과 일의 부호만 바뀔 뿐이다. 실제일이 가역일보다 절댓값은 커지지만 여전히 가역일이 더 크므로 비가역성은 언제나 양수가 된다.

예 | 제 | 8-1

900 K의 열저장조에서 공급되는 6000 kJ의 열량이 갖는 엑서지는 얼마인가? 또 이 열로 저온 열원을 400 K로 하는 열기관을 구동할 때 가용에너지는 얼마인가? 단, 주위 공기온도는 300 K이다.

풀이

최대가용에너지인 엑서지는 주위 공기온도를 냉각온도로 하는 가역사이클을 구동할 때 얻을 수 있는 일으므로

$$W^{rev} = Q\left(1 - \frac{T_0}{T}\right) = 6000(1-300/900) = 4000\ \text{kJ}$$

저온 열원의 온도가 $T_0' = 400$ K일 때 가용에너지는

$$W^{rev} = Q\left(1 - \frac{T_0'}{T_H}\right) = 6000(1-400/900) = 3333\ \text{kJ}$$

예제 8-2

−30°C의 저온 물체에서 사이클당 6000 kJ의 열을 받아서 온도 40°C인 고온 물체로 9000 kJ을 방열하는 냉동 사이클의 압축일, 생성엔트로피, 손실일 및 가역일을 구하라. 단, 주위 공기 온도는 20°C이다.

풀이

고온 물체를 1, 저온 물체를 2라고 할 때

압축일은 $W = Q_1 - Q_2 = 6000 - 9000 = -3000$ kJ

생성엔트로피는 $S_{gen} = \dfrac{-Q_1}{T_1} + \dfrac{Q_2}{T_2} = -6000/(-30+273) + 9000/(40+273) = 4.06$ kJ/K

손실일은 $I = T_0 S_{gen} = (273+20) \times 4.06 = 1190$ kJ

가역일은 $W^{rev} = W + I = -3000 + 1190 = -1810$ kJ

실제로 들어간 압축일이 3000 kJ, 가역일 즉 최소 압축일은 1810 kJ임을 뜻한다.

예제 8-3

온도 $T_1 = 800$ K인 열원 1과 온도 $T_2 = 500$ K인 열원 2에서 각각 사이클당 400 kJ 및 200 kJ의 열을 열을 공급받아서 $T_0 = 300$ K인 대기로 360 kJ의 열을 방출하는 열기관의 비가역성과 가역일을 구하라.

풀이

사이클당 생성엔트로피와 일은

$$S_{gen} = \frac{-Q_1}{T_1} - \frac{Q_2}{T_2} + \frac{Q_0}{T_0} = \frac{-400}{800} + \frac{-200}{500} + \frac{360}{300} = 0.3 \text{ kJ/kg K}$$

$W = Q_1 + Q_2 - Q_0 = 400 + 200 - 360 = 240$ kJ

이 사이클의 비가역성은

$I = T_0 S_{gen} = 300 \times 0.3 = 90$ kJ

따라서 가역일은

$W^{rev} = W + I = 240 + 90 = 330$ kJ

8-3 밀폐계

|그림 8-3|과 같이 처음 상태점(U_1, S_1)에서 최종 상태점(U_2, S_2)으로 상태변화를 하는 밀폐계를 생각하자.

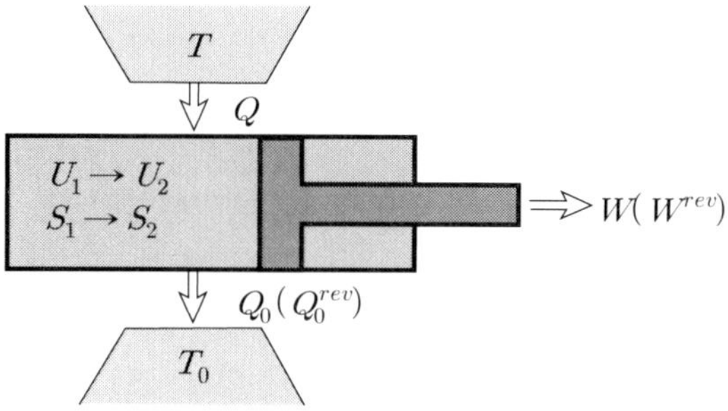

|그림 8-3| 밀폐계의 상태변화와 일

이 과정에서 계는 온도 T인 열원에서 열량 Q를 공급받고 W의 팽창일을 하며 온도 T_0인 주위(대기 상태)로 열량 Q_0를 방열했다고 하자. 그러면 일과 생성엔트로피는 각각

$$W = Q - (U_2 - U_1) - Q_0 \tag{8.11a}$$

$$S_{gen} = (S_2 - S_1) - \frac{Q}{T} + \frac{Q_0}{T_0} \tag{8.11b}$$

Q_0를 소거하면

$$W = U_1 - T_0 S_1 - (U_2 - T_0 S_2) + Q\left(1 - \frac{T_0}{T}\right) - T_0 S_{gen} \tag{8.11c}$$

$S_{gen} = 0$을 대입하면 최대일은 다음과 같다.

$$W^{\max} = W^{rev} = U_1 - T_0 S_1 - (U_2 - T_0 S_2) + Q\left(1 - \frac{T_0}{T}\right) \tag{8.12}$$

비가역성은 역시 식(8.6)과 동일한 것을 알 수 있다.

위의 식(8.12)의 마지막 항은 온도 T인 열원에서 받는 열량 Q에서 얻을 수 있는 최대일이다. 따라서 밀폐계의 가역일은 열원과 차단된 상태에서 주위 공기와만 열교환을 하면서 얻는 가역일과 열원으로부터 열량 Q에 의한 최대 가역일인 엑서지를 합한 것과 같다. 열원이 다수인 경우 마지막 항은 각 열원의 엑서지를 합한 형태 $\sum_k Q_k\left(1-\frac{T_0}{T_k}\right)$로 바꾸면 된다.

어떤 열원과 상태 변화에 대해서도 대기와의 상호작용을 조절하면 가역과정을 만들 수 있다. 따라서 주어진 두 상태점 사이에 임의의 상태점을 통과하여도 가역과정이 될 수 있으므로 가역적인 상태변화의 경로는 유일하지 않다. 즉 주어진 열원과 두 상태점 사이에는 무수한 가역적인 경로가 존재한다. 그러나 그 어떤 가역적인 경로라도 일의 크기는 최대일과 같다.

예제 8-4

온도 100°C의 온수 1 ton이 주위 공기온도 10°C까지 냉각될 때 얻을 수 있는 최대일은 얼마인가?

풀이

$W^{rev}=U_1-T_0S_1-(U_2-T_0S_2)+Q\left(1-\frac{T_0}{T}\right)$에서 $Q=0$이므로

$W^{rev}=U_1-U_2-T_0(S_1-S_2)=mC_v(T_1-T_2)-T_0mC_v\ln\left(\frac{T_1}{T_2}\right)=mC_v[(T_1-T_2)-T_0\ln\left(\frac{T_1}{T_2}\right)$

$=1000\times4.18\times[90-(273+10)\ln(373/283)]=49550\text{ kJ}$

이 일이 이 온수가 보유한 가용에너지다. 또 이는 더 이상 이용할 수 없는 바닥상태인 주위온도와 같아질 때까지 얻을 수 있는 일이므로 최대 가용에너지인 엑서지이다.

이 일은 |그림 8-4|와 같이 부피가 일정한 물질과 주위공기 사이에서 작동하는 가역사이클을 통한 일과 같다. 열원의 온도가 T일 때 가역사이클이 미소 열량 δQ를 공급받으면 $\delta W^{rev}=\delta Q(1-T_0/T)$의 미소 일을 할 수 있다. 사이클로 공급되는 미소 열량은 열원의 내부에너지 감소량과 같으므로 $\delta Q=-mC_vdT$. 따라서 총일은

$$W^{rev}=\int_1^2\delta W^{rev}=\int_1^2\delta Q\left(1-\frac{T_0}{T}\right)=-\int_{T_1}^{T_2}mC_vdT\left(1-\frac{T_0}{T}\right)$$

$$=mC_v\left[(T_1-T_2)-T_0\ln\left(\frac{T_1}{T_2}\right)\right]$$

로서 위와 같은 결과를 얻게 된다.

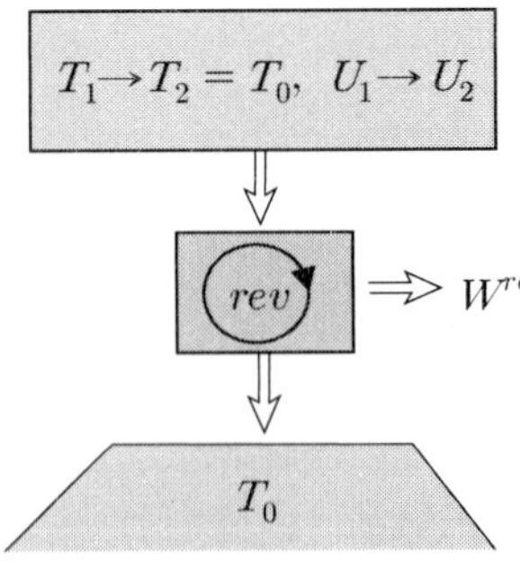

| 그림 8-4 | 대기와만 열교환하는 일정부피 밀폐 열원의 최대일

예 제 8-5

온도 T, 체적 V_1인 상태의 이상기체가 단열상태에서 체적 V_2로 자유팽창 했다. 이 과정에서 비가역성을 구하라.

풀이

진공 중으로의 자유팽창 시 생성엔트로피는

$S_{gen} = mR\ln(V_2/V_1)$

따라서 주위의 대기 온도가 T_0인 경우 비가역성은

$I = T_0 S_{gen} = mRT_0 \ln(V_2/V_1)$

이 경우 $Q_0^{rev} = Q - I$에서 가역적이기 위해서는 대기에서 비가역성에 해당하는 열을 가역적으로 공급받으면서 전 과정이 가역적으로 되어야 한다.

여러 방법이 있을 수 있으나 그 중 하나는 |그림 8-5a|와 같이 기체가 주위 온도 T_0까지 가역단열 팽창 후에 가역등온 팽창한 다음 다시 가역단열 압축으로 최종상태 $T = T_2 = T_1$, $V = V_2$가 되는 것이다.

$$\frac{V_a}{V_1} = \left(\frac{T}{T_0}\right)^{1/(k-1)}, \quad \frac{V_b}{V_2} = \left(\frac{T}{T_0}\right)^{1/(k-1)}$$

따라서 $\dfrac{V_b}{V_a} = \dfrac{V_2}{V_1}$

$${}_1W_2^{rev} = {}_1Q_2 - mC_{v0}(T_2 - T_1) = {}_aQ_b + 0 = mRT_0\ln\left(\frac{V_b}{V_a}\right)$$

따라서

$${}_1W_2^{rev} = mRT_0\ln\left(\frac{V_2}{V_1}\right)$$

실제일은 $W = 0$이므로

$$I = W^{rev} - W = mRT_0\ln\left(\frac{V_2}{V_1}\right)$$

또 다른 방법으로는 |그림 8-5b|와 같이 기체는 가역등온 팽창하게 하고 그 과정에 필요한 열을 공기 측에서 가역 열펌프로 공급하는 것이다.

등온과정에 팽창일과 열량은 같으므로

$$Q^{rev'} = W^{rev'} = mRT\ln\left(\frac{V_2}{V_1}\right)$$

열펌프를 위한 일은

$$W_c^{rev} = \frac{Q^{rev'}}{T/(T - T_0)} = mR(T - T_0)\ln\left(\frac{V_2}{V_1}\right)$$

따라서 순일은

$$W^{rev} = W^{rev'} - W_c^{rev} = mRT_0\ln\left(\frac{V_2}{V_1}\right)$$

흡수열은

$$Q_0^{rev} = Q_0^{rev'} - W_c^{re'} = mRT_0 \ln\left(\frac{V_2}{V_1}\right)$$

결과는 앞의 경우와 같음을 알 수 있다. 즉 동일 상태 점에 이르는 가역적인 방법에는 여러 가지가 있을 수 있으나 어떤 경로든 계의 일은 같다.

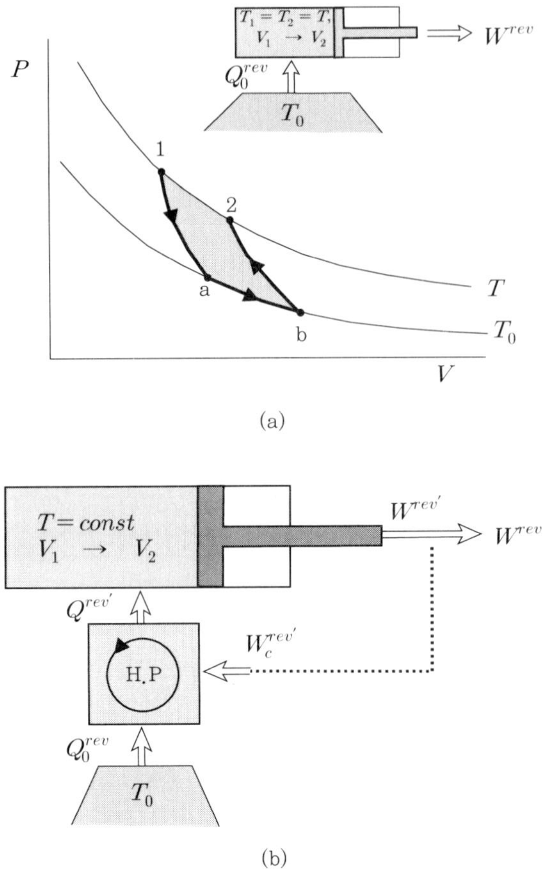

| **그림 8-5** | 진공중 자유팽창을 가역과정으로 만든 모형도

8-4 SSSF계

밀폐계와 같은 방법으로 정상상태 정상유동계의 경우 가용에너지와 최대일을 구해 보자. | 그림 8-6 | 에 표시한 바와 같이 개방계의 입구 상태를 (H_i, S_i), 출구 상태를 (H_e, S_e)라 하고 이 과정에서 온도 T인 열원에서 열량 Q를 공급받고 W_s의 축일을 했다고 하자. 또 이 과정에서 온도 T_0인 주위(대기)로 열량 Q_0를 방열했다고 하자. 그러면 SSSF계에

대한 열역학 제1, 2법칙에 의하여

$$W_s = Q + H_i - H_e - Q_0 \tag{8.13a}$$

$$S_{gen} = (S_e - S_i) - \frac{Q}{T} + \frac{Q_0}{T_0} \tag{8.13b}$$

밀폐계의 경우와 같은 방식으로 Q_0를 소거하면 최대 축일은 가역일로서 다음과 같음을 알 수 있다.

$$W_s^{rev} = H_i - T_0 S_i - (H_e - T_0 S_e) + Q\left(1 - \frac{T_0}{T}\right) \tag{8.14a}$$

$$\dot{W}_s^{rev} = \dot{m}[(h_i - h_e) - T_0(s_i - s_e)] + \dot{Q}\left(1 - \frac{T_0}{T}\right) \tag{8.14b}$$

밀폐계와 마찬가지로 SSSF계에서도 가역일은 계가 대기와만 열교환을 하여 얻는 가역일과 공급열의 엑서지를 합한 것이다.

또한 실제 과정의 비가역성은 역시 식(8.6)과 같으며 이 식은 시스템과 관계없이 적용할 수 있음을 알 수 있다.

이상의 공식은 단일 열원과 단일 입구 및 출구를 갖는 개방시스템에 대한 것이다. 다수의 열원과 유로가 있다면 모두 합하면 된다. 또 운동에너지와 위치에너지를 무시할 수 없는 경우라면 엔탈피에 역학적에너지를 합한 총엔탈피를 적용하면 된다. 따라서 일반적인 경우 최대 축동력은 다음과 같이 표현된다.

$$\dot{W}_s^{rev} = \sum \dot{m}_i(h_{tot,i} - T_0 s_i) - \sum \dot{m}_e(h_{tot,e} - T_0 s_e) + \sum_k \dot{Q}_k\left(1 - \frac{T_0}{T_k}\right) \tag{8.15}$$

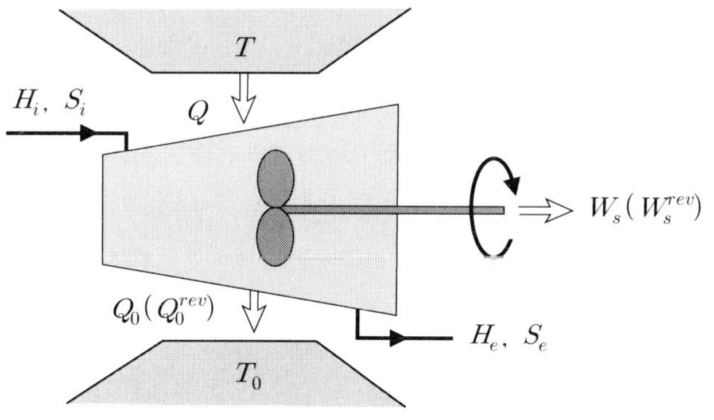

| 그림 8-6 | SSSF계의 최대일

예제 8-6

|그림 8-6| 과 같이 정상상태로 작동하는 스팀터빈 시스템에서 질량유량은 1 kg/s이며 입구 상태는 500°C, 4 MPa, 출구 상태는 40°C, $x=1.0$이다. 또 온도 400°C인 열원에서 900 kW의 열을 공급받고 온도 20°C인 대기로 400 kW의 열을 방출한다. 이 시스템의 축일과 비가역성을 구하라. 또 동일 열원과 열량 및 입출구 상태에 대하여 최대일을 구하고 그 때의 방열량을 구하라.

풀이

입구의 500°C, 4 MPa 과열증기: $h_i = 3445.2$ kJ/kg, $s_i = 7.09$ kJ/kg K

출구의 40°C 포화증기: $h_e = 2574.3$ kJ/kg, $s_e = 8.2569$ kJ/kg K

축일은

$$\dot{W}_s = \dot{m}(h_i - h_e) + \dot{Q} - \dot{Q}_0 = 1(3445.2 - 2574.3) + 900 - 400 = 1371 \text{ kW}$$

총엔트로피 변화(생성엔트로피)는

$$\dot{S}_{gen} = \dot{m}(s_e - s_i) - \frac{\dot{Q}}{T} + \frac{\dot{Q}_0}{T_0} = 1(8.2569 - 7.090) - 900/673 + 400/293 = 1.195 \text{ kJ/Ks}$$

비가역성은 식(8.6)에서

$$\dot{I} = T_0 \dot{S}_{gen} = 293 \times 1.195 = 350 \text{ kJ/s}$$

가역일인 최대일은 $\dot{I} = \dot{W}_s^{rev} - \dot{W}_s$에서

$$\dot{W}_s^{rev} = \dot{I} + \dot{W}_s = 350 + 1371 = 1721 \text{ kW}$$

또는

$$\dot{W}_s^{rev} = \dot{m}[h_i - T_0 s_i - (h_e - T_0 s_e)] + \dot{Q}\left(1 - \frac{T_0}{T}\right) \text{에서}$$

$$\dot{W}_s^{rev} = 1[3445.2 - 2574.3 - 293(7.090 - 8.2569)] + 900\left(1 - \frac{293}{673}\right) = 1721 \text{ kW}$$

8-5 엑서지

주어진 상태의 계가 할 수 있는 최대일은 계가 대기와 열교환하면서 하는 가역일과 열원에서 공급받는 열에 의한 가역일의 합이다. 열원에서 받는 열에 의한 최대일은 사이클계, 밀폐계 및 개방계에 관계없이 식(8.7)과 같다.

대기와만 열교환하는 계의 최대일은 식(8.12) 및 식(8.15)에서 $Q=0$로 놓음으로써 밀폐계와 단일 유동 SSSF계에 대하여 각각 다음과 같이 표현할 수 있다.

$$W^{rev} = m[u_1 - T_0 s_1 - (u_2 - T_0 s_2)] \tag{8.16}$$

$$\dot{W}_s^{rev} = \dot{m}[h_i - T_0 s_i - (h_e - T_0 s_e)] \tag{8.17}$$

밀폐계의 경우 가역일 중에서 대기압 P_0에 대해 한 일을 뺀 일이 이용 가능한 일인 유용일이 된다. 대부분의 경우 대기에 대하여 한 일은 $W_{surr} = mP_0(v_2 - v_1)$이므로 가역유용일은 $W_{use}^{rev} = W^{rev} - W_{surr}$에서

$$W_{use}^{rev} = m[u_1 - T_0 s_1 + P_0 v_1 - (u_2 - T_0 s_2 + P_0 v_2)] \tag{8.18}$$

개방계의 경우는 대기에 대한 일을 생각할 필요가 없으므로 가역일이 곧 가역유용일이다. 주어진 상태의 열에너지에서 최대로 도출할 수 있는 가역유용일은 최종 상태가 더 이상의 일을 할 수 없는 바닥상태인 대기상태로 될 때이다. 이 경우에 계가 할 수 있는 가역유용일이 계의 엑서지가 된다.

따라서 밀폐계와 개방계의 단위질량당 엑서지를 각각 ψ와 ϕ라고 하면 다음과 같다.

$$\psi = u - T_0 s + P_0 v - (u_0 - T_0 s_0 + P_0 v_0) \tag{8.19}$$

$$\phi = h - T_0 s - (h_0 - T_0 s_0) \tag{8.20}$$

엑서지에 역학적에너지인 운동에너지와 위치에너지를 고려한다면 내부에너지나 엔탈피에 이를 더하면 된다. 대기 상태의 유속은 $\boldsymbol{V}_0 = 0$라고 할 수 있으며 위치를 $Z = Z_0$라고 할 때 개방계의 경우 단위질량당 엑서지는 다음과 같다.

$$\phi = h + \frac{\boldsymbol{V}^2}{2} + gZ - T_0 s - (h_0 + gZ_0 - T_0 s_0) \tag{8.21}$$

대기와만 열교환을 하는 과정의 경우는 |그림 8-5|와 같이 엑서지의 차가 곧 가역유용일이 된다. 열원이 있는 경우라면 최대 유용일은 다음과 같다.

$$W_{use}^{rev} = m(\psi_1 - \psi_2) + Q\left(1 - \frac{T_0}{T}\right) \tag{8.22}$$

$$\dot{W}_s^{rev} = \dot{m}(\phi_i - \phi_e) + \dot{Q}\left(1 - \frac{T_0}{T}\right) \tag{8.23}$$

다수의 출입구와 열원이 있다면 모두 합하면 된다.

엑서지는 검사질량의 일할 수 있는 능력이다. 에너지를 일할 수 있는 능력이라고 정의하지만 에너지는 엑서지로 바뀌어야 함을 알 수 있다. 엑서지는 에너지가 많고 엔트로피가 작을 때 크다. 즉 엔트로피가 작은 에너지가 일할 능력이 큰 에너지이다. 엔트로피가 작은 에너지는 무질서도가 낮은 가용성이 큰 에너지인 것이다.

계가 열을 받을 때와 일을 받을 때 모두 내부에너지 또는 엔탈피의 증가가 되므로 열역학 제1법칙의 에너지 관점에서 보면 열과 일의 차이는 없다. 그러나 열역학 제2법칙에서 보면 열을 받을 때 엔트로피는 증가하지만 가역적으로 일을 받을 때 엔트로피의 변화는 없다. 즉 같은 에너지를 받았지만 엔트로피가 다르므로 열과 일은 다른 에너지의 전달 현상이다. 열로 받은 에너지보다 일로 받은 에너지의 엑서지가 더 크다. 내부에너지 또는 엔탈피의 증가는 같더라도 그 에너지의 일할 능력은 일로 받은 에너지가 더 크다. 엔트로피의 증가 없이 일로 받은 에너지는 모두 일로 변환될 수 있지만 엔트로피의 증가를 동반한 열로 받은 에너지는 모두 일로 변환될 수 없다.

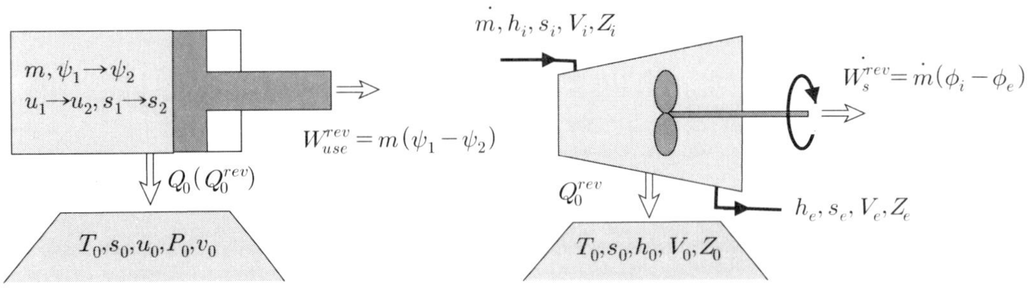

(a) 밀폐계 (b) SSSF계

| 그림 8-7 | 대기와 열교환하는 과정의 엑서지와 가역유용일

| 표 8.1 | 엑서지와 최대일

	단위질량당 엑서지	최대 유용일
밀폐계	$\psi = u - T_0 s + P_0 v - (u_0 - T_0 s_0 + P_0 v_0)$	$W_{use}^{rev} = m(\psi_1 - \psi_2) + Q\left(1 - \frac{T_0}{T}\right)$
SSSF계	$\phi = h + \frac{V^2}{2} + gZ - T_0 s - (h_0 + gZ_0 - T_0 s_0)$	$\dot{W}_s^{rev} = \dot{m}(\phi_i - \phi_e) + \dot{Q}\left(1 - \frac{T_0}{T}\right)$

예제 8-7

피스톤-실린더 시스템에서 500 K, 1000 kPa의 산소가 1.0 m^{3}의 부피를 갖고 있다가 비가역적으로 단열 팽창하여 부피가 2배로 되면서 200 kJ의 일을 하였다. 이 과정에서 엑서지의 변화와 비가역성을 구하라. 단, 대기의 온도, 압력은 T_0=300 K, P_0=100 kPa이다.

풀이

질량을 구하면

$P_1 = 1000\text{ kPa},\ T_1 = 500\text{ K},\ V_1 = 1.0\text{m}^3$에서 $m = \dfrac{P_1 V_1}{RT_1} = \dfrac{1000 \times 1}{0.2598 \times 500} = 7.698\text{ kg}$

$v_1 = 1/7.698 = 0.1299\text{ m}^3/\text{kg}$

대기 상태에서 비체적은

$$v_0 = \frac{RT_0}{P_0} = \frac{0.2598 \times 300}{100} = 0.7794\text{ m}^3/\text{kg}$$

$V_2 = 2.0\text{ m}^3,\ v_2 = 2.0/7.698 = 0.2598\text{ m}^3/\text{kg}$

단열과정이므로

$\Delta U = -\Delta W = 200\text{ kJ} = mC_v(T_2 - T_1)$에서 $T_2 = 500 - 200/(7.698 \times 0.662) = 461\text{ K}$

$$P_2 = \frac{P_1 V_1}{V_2}\frac{T_2}{T_1} = 1000 \times (1/2) \times (461/500) = 461\text{ kPa}$$

$\psi = u - T_0 s + P_0 v - (u_0 - T_0 s_0 + P_0 v_0) = C_v(T - T_0) - T_0(s - s_0) + P_0(v - v_0)$에서

$s - s_0 = C_v \ln(T/T_0) + R\ln(v/v_0)$

$\psi_1 = C_v(T_1 - T_0) - T_0(s_1 - s_0) + P_0(v_1 - v_0)$

$= 0.662 \times (500 - 300) - 300 \times (0.662 \times \ln(500/300) + 0.2598 \times \ln(0.1299/0.7794)) + 100 \times (0.1299 - 0.7794)$

$= 132.4 + 38.2 - 64.95 = 105.7\text{ kJ/kg}$

$\psi_2 = C_v(T_2 - T_0) - T_0(s_2 - s_0) + P_0(v_2 - v_0)$

$= 0.662 \times (461 - 300) - 300 \times (0.662 \times \ln(461/300) + 0.2598 \times \ln(0.2598/0.7794)) + 100 \times (0.2598 - 0.7794)$

$= 106.58 + 0.304 - 51.96 = 54.9\text{ kJ/kg}$

$W_{use}^{rev} = m(\psi_1 - \psi_2) = 7.698 \times (105.7 - 54.9) = 391\text{ kJ}$

실제 유용일은

$W_{use} = W - P_0(V_2 - V_1) = 200 - 100 \times (2-1) = 100\text{ kJ}$

비가역성은

$I = T_0 S_{gen} = mT_0(C_v \ln(T_2/T_1) + R\ln(V_2/V_1)) = 7.698 \times 300 \times (0.662 \times \ln(461/500) + 0.2598 \times \ln(2/1)) = 291\text{ kJ}$

또는 $I = W_{use}^{rev} - W_{use} = 391 - 100 = 291$ kJ로서 위의 결과와 동일함을 알 수 있다.

8-6 제2법칙 효율

6장 열역학 제1법칙에서 정의한 열효율이나 성능계수는 투입 에너지의 효과를 평가하는 것이다. 실제 열기관의 열효율은 50%를 넘지 못하는 매우 낮은 값이다. 그러나 이 효율을 얼마나 더 높일 수 있는지를 알 수 없다. 단순히 열에너지와 일에너지의 크기로만 정의되었기 때문에 그 질적인 측면인 제2법칙의 개념이 반영되지 못한 것이다. 따라서 그렇게 정의된 열효율을 제1법칙 효율이라고 한다.

제2법칙을 통해 구할 수 있게 된 이상적인 일을 기준으로 하여 효율을 정의할 수 있다. 즉 최대일에 대해 실제로 얻은 일의 비율로 효율을 정의한 효율을 제2법칙 효율(second law efficiency)이라고 한다. 열효율은 사이클을 이루는 열기관에 대한 것이나 제2법칙 효율은 임의의 과정에 대하여도 적용할 수 있다.

동력발생장치에 대한 제2법칙 효율 η_{II}은 이상적인 일, 즉 가역일에 대한 실제일의 비로 정의된다. 반면에 냉동기의 경우에는 가역적인 압축일을 실제 압축일로 나눈 값이 된다.

$$\eta_{II}=\frac{W}{W^{rev}}\text{(열기관, 터빈)} \tag{8.24a}$$

$$\eta_{II}=\frac{|W^{rev}|}{|W|}\text{(냉동기, 압축기)} \tag{8.24b}$$

여기서 W는 실제 일이며 W^{rev}는 가역일이다. 이 때 가역일이란 실제일을 도출한 것과 동일한 열원과 열량 및 계의 처음과 끝 상태에 대하여 가역적으로 과정이 진행되는 이상적인 경우의 일을 의미한다. 가역일과 실제일의 차는 손실일이고 이는 생성엔트로피와 주위온도의 곱과 같으므로 $W^{rev}-W=T_0S_{gen}$를 이용하여 나타내면 다음과 같다.

$$\eta_{II}=\frac{W}{W+T_0S_{gen}}\text{(열기관, 터빈)} \tag{8.25a}$$

$$\eta_{II}=\frac{|W+T_0S_{gen}|}{|W|}\text{(냉동기, 압축기)} \tag{8.25b}$$

열기관의 경우, 제2법칙효율을 열효율 η의 함수로 구하면

$$\eta_{II}=\frac{W}{W+T_0S_{gen}}=\frac{\eta Q_H}{\eta Q_H+T_0\left(\frac{-Q_H}{T_H}+\frac{Q_L}{T_L}\right)}=\frac{\eta}{\eta+\frac{T_0}{T_H}\left(-1+\frac{1-\eta}{T_L/T_H}\right)} \tag{8.26}$$

$T_L = T_0$인 경우

$$\eta_{II} = \frac{\eta}{1 - T_0/T_H} \tag{8.27a}$$

로서 분모는 가역 사이클의 열효율 η^{rev}이므로 가역 사이클에 대한 실제 사이클의 열효율의 비와 같다.

$$\eta_{II} = \frac{\eta}{\eta^{rev}} \tag{8.27b}$$

냉동기의 경우, 제2법칙효율을 성능계수 COP의 함수로 구하면

$$\eta_{II} = \frac{|W + T_0 S_{gen}|}{|W|} = \frac{W_c - T_0 S_{gen}}{W_c}$$

$$= \frac{Q_L/\mathrm{COP} - T_0\left(\dfrac{Q_H}{T_H} + \dfrac{-Q_L}{T_L}\right)}{Q_L/\mathrm{COP}} = 1 - \frac{T_0}{T_H} - \left(\frac{T_0}{T_H} - \frac{T_0}{T_L}\right)\mathrm{COP} \tag{8.28}$$

$T_H = T_0$인 경우

$$\eta_{II} = \left(\frac{T_0}{T_L} - 1\right)\mathrm{COP} \tag{8.29a}$$

로서 분모는 가역 사이클의 $\mathrm{COP}^{rev} = \dfrac{T_L}{T_0 - T_L}$임을 고려하면 가역 사이클에 대한 실제 사이클의 성능계수의 비와 같다.

$$\eta_{II} = \mathrm{COP}/\mathrm{COP}^{rev} \tag{8.29b}$$

예 | 제 | 8-8

온도 $T_H = 100^\circ$C인 고온 열저장조와 온도 $T_L = -10^\circ$C인 저온 열저장조 사이에서 작동하는 열기관의 열효율이 $\eta = 10\%$이고 냉동기의 성능계수는 COP $= 1.5$라고 할 때 각각에 대한 제2법칙 효율을 구하라. 단, $T_0 = 10^\circ$C이다.

풀이

$T_H = 273 + 100 = 373$ K, $T_L = 273 - 10 = 263$ K, $T_o = 273 + 10 = 283$ K

열기관의 경우

$\eta = 0.1$

식(8.26/p.216)에서

$$\eta_{II} = \frac{0.1}{0.1 + \frac{283}{373}\left(-1 + \frac{1-0.1}{263/373}\right)} = 0.32 = 32\%$$

냉동기의 경우

COP $= 1.5$

식(8.28)에서

$$\eta_{II} = 1 - \frac{283}{373} - \left(\frac{283}{373} - \frac{283}{263}\right) \times 1.5 = 0.72 = 72\%$$

예 | 제 | 8-9

정상상태로 작동하는 스팀터빈의 입구 상태는 500°C, 4 MPa, 50 m/s, 출구 상태는 40°C, $x = 0.90$, 200 m/s이다. 터빈의 출력이 1000 kJ/kg일 때 이 과정에서 엑서지의 변화와 제2법칙효율 및 터빈효율을 구하라. 단, 대기의 압력과 온도는 100 kPa, 20°C이며 위치에너지는 무시할 수 있다.

풀이

입구의 500°C, 4 MPa 과열증기: $h_i = 3445.2$ kJ/kg, $s_i = 7.090$ kJ/kg K

출구의 40°C 포화증기: $h_f = 167.54$ kJ/kg, $h_g = 2574.3$ kJ/kg, $s_f = 0.5724$ kJ/kg K, $s_g = 8.2569$ kJ/kg K

20°C 포화액: $h_f = 83.94$ kJ/kg, $s_f = 0.2966$ kJ/kg K

$h_e = h_f + x_e(h_g - h_f) = 167.54 + 0.90(2574.3 - 167.54) = 2333.6$ kJ/kg

$s_e = s_f + x_e(s_g - s_f) = 0.5724 + 0.90(8.2569 - 0.5724) = 7.4885$ kJ/kg K

$$\phi_i = h_i + \frac{1}{2}\boldsymbol{V}_i^2 + gZ_i - T_0 s_i - (h_0 + gZ_0 - T_0 s_0)$$

$$= 3445.2 + 2500/2/1000 - 293 \times 7.090 - (83.94 - 293 \times 0.2966) = 1368.8 - 3.0 = 1365.8 \text{ kJ/kg}$$

$$\phi_e = h_e + \frac{1}{2}\boldsymbol{V}_e^2 + gZ_e - T_0 s_e - (h_0 + gZ_0 - T_0 s_0)$$

$$= 2333.6 + 40000/2/1000 - 293 \times 7.4885 - (83.94 - 293 \times 0.2966) = 159.5 - 3.0 = 156.5 \text{ kJ/kg}$$

따라서 엑서지의 감소는

$\phi_i - \phi_e = 1365.8 - 156.5 = 1209$ kJ/kg

제2법칙효율은

$$\eta_{II} = \frac{w_s}{\phi_i - \phi_e} = \frac{1000}{1209} = 0.827 = 82.7\%$$

가역단열 팽창 시 $s_{e,s} = s_i$이므로 출구의 건도와 엔탈피 및 출력은

$$x_{e,s} = \frac{s_{e,s} - s_f}{s_g - s_f} = \frac{7.090 - 0.5724}{8.2569 - 0.5724} = 0.848$$

$$h_{e,s} = h_f + x_{e,s}(h_g - h_f) = 167.54 + 0.848(2574.3 - 167.54) = 2208.5 \text{ kJ/kg}$$

$$w_{s,s}^{rev} = h_i - h_{e,s} + \frac{\boldsymbol{V}_i^2 - \boldsymbol{V}_e^2}{2} = 3445.2 - 2208.5 + \frac{50^2 - 200^2}{2 \times 1000} = 1218 \text{ kJ/kg}$$

터빈효율은

$$\eta_t = \frac{w_s}{w_{s,s}^{rev}} = \frac{1000}{1218} = 0.821 = 82.1\%$$

터빈효율과 제2법칙 효율은 다르다. 제2법칙효율에서 비교대상인 가역일 w_s^{rev}은 실제 과정과 같은 | 그림 8-8 |의 출구 상태점 e까지 대기와 상호작용을 하면서 가역과정으로 과정이 이루어질 때 얻을 수 있는 일이다. 그러나 터빈효율의 기준인 등엔트로피 출력 $w_{s,s}$는 출구의 압력은 실제 과정과 같으나 엔트로피는 입구의 엔트로피와 동일하게 가역단열 팽창할 때 얻는 일이다. 즉 출구 상태점 es는 실제과정의 출구점 e와 압력은 같지만 엔트로피는 다르다. 실제과정의 출구 엔트로피 s_e가 등엔트로피 과정의 엔트로피 s_{es}보다 높게 된다. 주어진 두 상태점 사이의 가역일은 같으므로 w_s^{rev}는 $w_{s,s}$와 es에서 e까지 가역일 $w_{s,es-e}$을 더한 것과 같다.

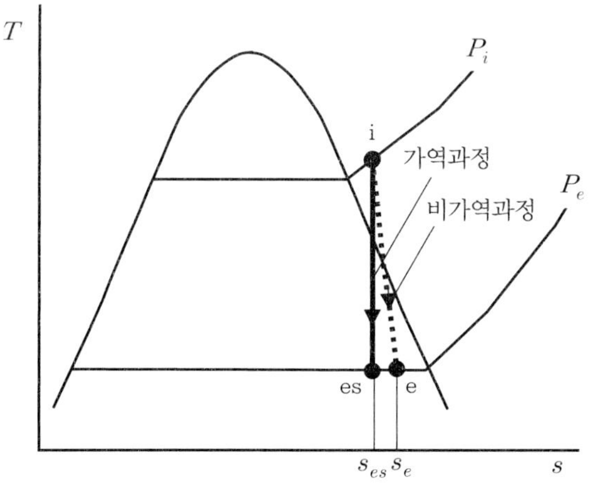

| 그림 8-8 | 터빈에서 가역단열과정과 실제과정

연습문제

8.1 동일 열원과 동일한 두 상태점 사이의 상태 변화에 대하여 그 과정이 가역적일 때 가장 많은 일을 한다. 즉 사이클이 아닌 임의의 상태변화에서 가역일이 최대가 된다는 것을 Carnot정리에서 유추하라.

8.2 에너지의 질을 그 에너지로 할 수 있는 일량으로 평가하는 이유를 설명하라.

8.3 주어진 두 상태점 사이에서 비가역과정이 열원은 그대로 둔 상태로 가역적이 되려면 대기로의 방출 열량을 줄이거나 열을 흡수해야 하는 이유를 설명하라.

8.4 가용에너지, 엑서지, 비가역성, 유용일, 최대일을 설명하라.

8.5 가역일이 최대일이 되는 것은 터빈에서 뿐만 아니라 압축기에서도 성립하는 것을 설명하라.

8.6 엔트로피가 낮은 에너지가 양질의 에너지인 이유를 설명하라.

8.7 온도 500°C인 열원에서 사이클당 1200 kJ의 열을 공급받아서 $T_0=15°C$인 대기로 700 kJ의 열을 방출하는 열기관의 사이클일, 비가역성과 사이클의 가역일을 구하라.

8.8 온도 500°C인 열저장조에서 열을 받아서 70°C인 저온 열저장조로 방열하는 열기관에서 공급하는 열량 20.0 MJ의 가용에너지는 얼마인가? 또 주위공기온도가 20°C인 경우 이 열량의 엑서지는 얼마인가?

8.9 온도 500°C인 열원에서 사이클당 800kJ의 열을 공급받아서 −100°C인 저온 열저장조로 350 kJ의 열을 방출하며 450 kJ의 일을 하는 열기관의 비가역성과 사이클의 가역일을 구하라. 단, 주위 공기 온도는 20°C이다.

8.10 온도 −20°C인 저온 물체에서 사이클당 500 kJ의 열을 공급받아서 $T_0=25°C$인 대기로 720 kJ의 열을 방출하는 냉동 사이클의 비가역성과 사이클의 가역일을 구하라.

8.11 120 kJ의 압축기 일로 온도 25°C인 대기에서 75°C인 실내에 720 kJ의 열을 공급하는 열펌프의 비가역성과 가역적일 때 압축기 일을 구하라.

8.12 온도 T_A =500°C인 열원 A와 온도 T_B=300°C인 열원 B에서 각각 사이클당 400 kJ 및 200 kJ의 열을 공급받아서 T_C=−20°C인 저온 물체로 300 kJ의 열을 방출하는 열기관이 있다. 주위 대기온도가 T_0 =27°C인 경우 비가역성과 가역일을 구하라. 또 가역사이클이 되기 위하여 주위 공기에서 흡수해야 하는 열량을 구하라.

8.13 300 kJ의 압축기 일로 온도 T_A =−23°C인 저온 물체 A와 온도 T_B=−75°C인 저온 물체 B에서 각각 사이클당 500 kJ 및 200 kJ의 열을 흡수하여 T_0 =25°C인 대기로 방출하는 냉동기의 비가역성과 사이클의 가역일을 구하라.

8.14 온도 80°C의 온수 1 ton이 주위 공기온도 20°C까지 냉각될 때 가용에너지의 손실은 얼마인가?

8.15 탱크에 담긴 온도 300°C, 질량 2000 kg인 고온수의 열원에서 200°C로 냉각될 때까지 열을 받아서 기관을 구동하고 배열로 100°C 물을 증발시킨다면 최대일은 얼마인가?

8.16 |그림 P8-1|과 같이 피스톤-실린더 장치 내에 있던 100°C, 2 MPa의 공기 1 m^3가 고정핀이 제거되면서 20°C, 100 kPa의 공기 중에서 평형이 될 때까지 자유 팽창할 때 유용일의 손실은 얼마인가? 피스톤 무게에 의한 압력은 대기압에 비하여 무시할 수 있다.

|그림 P8-1| 문제 8.16

8.17 |그림 P8-1|과 같이 피스톤-실린더 시스템에서 200°C, 1000 kPa의 산소가 1.0 m^3의 부피를 갖고 있다가 고정핀이 제거될 때 비가역 단열 팽창하여 부피가 2배로 되면서 200 kJ의 일을 하였다. 이 과정에서 엑서지의 변화와 비가역성을 구하라. 단, 피스톤의 무게는 무시할 수 있으며 대기의 온도와 압력은 T_0 =10°C, P_0 =100 kPa이다.

8.18 정상상태 단열과정으로 작동하는 증기터빈에서 질량 유동률은 3 kg/s이며 입구 상태는 500°C, 2 MPa, 출구 상태는 40°C, x =1.0이다. 이 터빈의 출력과 비가역율을 구하라. 단, 주위 공기의 온도는 20°C이다.

8.19 |그림 P8-2| 와 같이 정상상태로 작동하는 스팀터빈 시스템에서 질량 유동률은 1 kg/s이며 입구 상태는 500°C, 2 MPa, 출구 상태는 40°C, x=1.0이다. 또 온도 100°C인 열원에서 500 kW의 열을 공급받고 온도 30°C인 대기로 300 kW의 열을 방출한다. 이 시스템의 출력과 비가역율을 구하라. 또 동일 열원과 열량 및 입출구 상태에 대하여 최대일을 구하고 그 때 대기로의 방열량을 구하라.

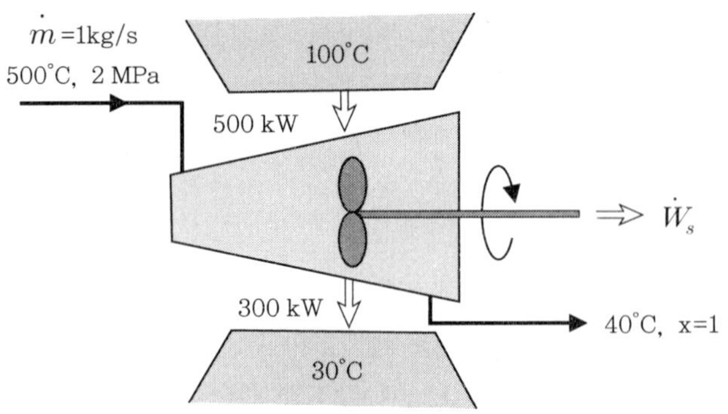

|**그림 P8-2**| 문제 8.19

8.20 |그림 P8-3| 과 같이 SSSF 과정으로 20°C, 500kPa 물과 200°C, 200 kPa의 수증기를 단열 혼합하여 300 kPa의 상태로 내보낸다. 각각의 유량이 $\dot{m}_1$=5 kg/s, $\dot{m}_1$=10 kg/s일 때 이 과정에서 손실일율을 구하라. 단, 대기의 온도는 T_0=10°C이다.

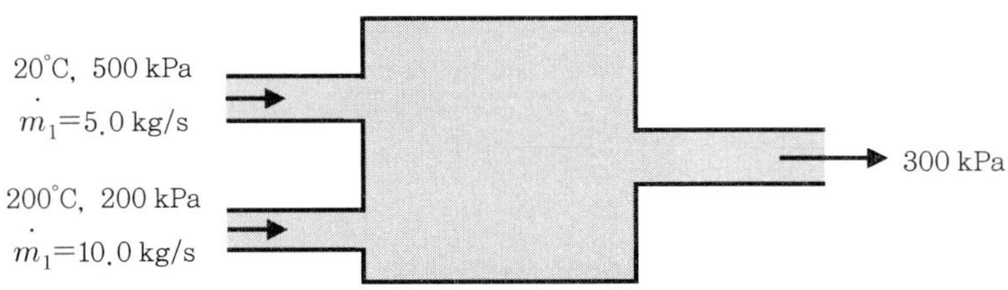

|**그림 P8-3**| 문제 8.20

8.21 정상상태로 작동하는 스팀터빈에서 유량은 1 kg/s이며 입구 상태는 500°C, 1 MPa, 출구 상태는 25°C, x=1.0이며 축일은 800 kW이다. 이 시스템을 통한 엑서지 변화와 비가역율을 구하라. 단, 운동에너지 및 위치에너지의 변화는 무시할 수 있으며 대기의 온도와 압력은 T_0= 10°C, P_0=100 kPa이다.

8.22 |그림 P8-4|와 같이 800°C와 500°C의 두 열원을 갖고 정상상태로 작동하는 가스터빈 시스템에서 질량유량은 1 kg/s이며 입구는 대기 상태인 20°C, 100 kPa, 출구 상태는 200°C, 150 kPa이다. 또 온도 800°C인 열원에서 900 kW의 열을 공급받고 주위 공기에 500 kW의 열을 방출한다. 시스템의 출력이 최대로 되기 위하여 500°C의 열원에서 공급받는 열과 그 때 출력을 구하라. 단, 운동에너지와 위치에너지의 변화는 무시한다.

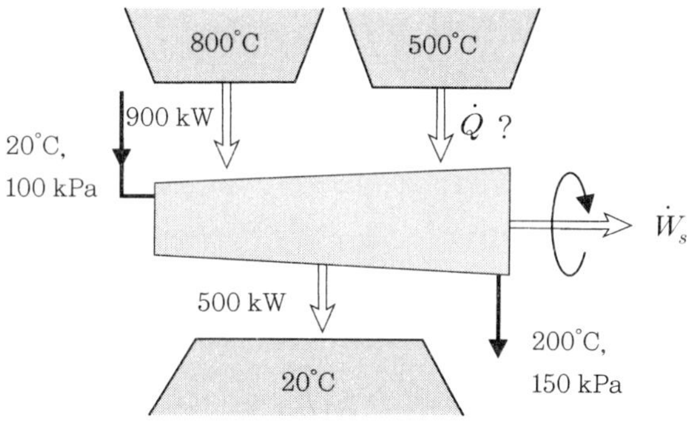

|그림 P8-4| 문제 8.22

8.23 |그림 P8-5|와 같은 공기를 작동물질로 하는 2단 가스터빈 시스템에서 P_1=1600 kPa, T_1=1500 K, $\dot{m}_1$=1kg/s, P_2=400 kPa, $\dot{m}_2$=2 kg/s, P_3=100 kPa이며 운동에너지의 변화를 무시할 수 있는 가역단열 과정으로 볼 수 있을 때 T_2와 출력을 구하라.

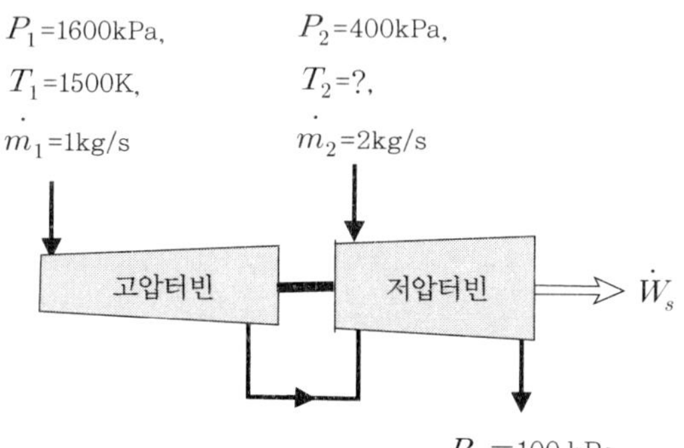

|그림 P8-5| 문제 8.23

8.24 압력 200 kPa, 온도 50°C의 공기가 유동하는 큰 덕트에 진공 용기를 연결하고 충전하는 경우 단위질량당 손실일은 얼마인가? 용기는 단열되어 있으며 압력 평형이 이루어질 때까지 충전하고 밸브를 닫았으며 운동에너지와 위치에너지 변화는 무시한다. 단, 대기의 온도와 압력은 T_0=20°C, P_0=100 kPa이다.

8.25 압력 200 kPa, 온도 50°C의 공기가 유동하는 큰 덕트에 체적 2 m^{3}인 용기를 연결하고 밸브를 열어 충전하는 경우 손실일은 얼마인가? 용기는 단열되어 있으며 초기 압력과 온도는 각각 주위 공기와 같은 100 kPa, 20°C였다. 압력이 평형될 때까지 충전하고 밸브를 닫았으며 공기의 운동에너지와 위치에너지는 무시한다.

8.26 탱크에 담긴 온도 300°C, 질량 2000 kg인 고온수의 열원을 사용하여 온도 25°C의 대기와 열교환을 하는 열기관을 구동할 때 최대일은 얼마인가? 실제일이 200 MJ인 경우 제2법칙 효율은 얼마인가?

8.27 온도 T_H=400°C인 고온 열저장조와 온도 T_L=30°C인 저온 열저장조 사이에서 작동하는 열기관의 열효율이 η=20%인 경우 제2법칙효율은 얼마인가? 단, 주위 공기온도는 15°C이다.

8.28 온도 T_H=40°C인 고온 열저장조와 온도 T_L=−10°C인 저온 열저장조 사이에 냉동기의 COP=3이라고 할 때 제2법칙 효율을 구하라. 단, 주위 공기온도는 15°C이다.

8.29 정상상태로 작동하는 스팀터빈의 입구 상태는 500°C, 5 MPa, 50 m/s, 출구 상태는 50°C, x=0.90, 200 m/s이다. 터빈의 출력이 900 kJ/kg일 때 이 과정에서 엑서지의 변화와 제2법칙효율 및 터빈효율을 구하라. 단, 대기의 압력과 온도는 100 kPa, 20°C이며 위치에너지 변화는 무시할 수 있다.

Chapter 9

증기동력 사이클

증기기관은 1759년 James Watt에 의하여 실용화되기 시작하여 오늘날 화력 발전소나 원자력 발전소와 같은 고정식 대형 원동소(power plant)에 널리 사용되고 있다. 증기는 공기와 달리 연소에 참여할 수 없기 때문에 연소물질과 분리되어 있으므로 증기기관은 외부열원기관 또는 외연기관이라고 한다. 외부열원기관은 어떤 형태의 연료든지 이용 가능하므로 열원의 제한을 받지 않는다. 또 작동유체인 물은 흔하면서도 안전하고 열용량이 크기 때문에 다른 어떤 유체와도 비교할 수 없는 장점이 있다. 물은 기관을 순환하면서 상변화를 하나 조성이 변하지 않기 때문에 밀폐 사이클을 이루어 순환을 반복함으로써 열역학적 사이클을 이루므로 이를 증기동력 사이클이라고 한다. 증기동력 사이클의 기본 사이클을 Rankine사이클이라고 하며 그 개량 사이클로 재열사이클, 재생사이클이 있다. 여기서는 이러한 증기동력 사이클의 작동 원리와 특성 및 열효율을 지금까지 다루어온 열역학 이론을 적용하여 설명하고자 한다.

9-1 Carnot 증기동력 사이클

먼저 이상 사이클인 Carnot 증기동력 사이클을 생각해보자. 외부열원 기관을 피스톤-실린더 모델로 구현하기는 어려우므로 Carnot사이클은 |그림 9-1|과 같은 정상상태 터빈식 모델이 된다. 이 사이클은 압축기(1 → 2)에서 습증기가 가역단열 압축되어 포화액이 되는 과정, 보일러(2 → 3)에서 등온으로 열을 공급받아 증발하는 과정, 터빈(3 → 4)에서 증기가 가역단열 팽창하면서 축일을 하는 과정, 응축기(4 → 1)에서 증기가 등온과정으로 응축되어 압축기로 보내지는 과정으로 구성된다.

이 사이클의 문제점을 살펴보자.

1. 등온으로 열을 받고 버리는 과정이 압축액 상태(2-2′)나 과열증기 상태(3-3′)에서 이루어지기는 대단히 어렵다. 그러나 압력이 일정한 포화상태에서 과정 2 → 3 또는 4 → 1은 실현이 수월한 과정이다. 다만 포화상태에서 이루어지려면 가열 온도가 임계 온도 이하로 되어야 한다. 실제 열원의 온도는 대부분 임계온도를 훨씬 초과하므로 열원과 기관 사이의 전열 과정이 비가역적이 된다.
2. 터빈(3 → 4)에서 습증기의 가역단열 팽창 과정에는 증기의 건도가 저하하므로 응축수가 생성된다. 따라서 습증기의 가역단열 팽창, 즉 등엔트로피 팽창이 어려울 뿐 아니라 응축수는 터빈 날개의 부식과 마모 문제를 일으킨다.
3. 압축기(1 → 2)에서 증기와 액체 혼합물을 가역적으로 압축하기 어렵고 응축과정을 정확히 상태 1에서 끝나게 하는 것도 어렵다.

따라서 Carnot사이클을 증기동력 사이클에 적용하는 것은 비현실적이라고 할 수 있다.

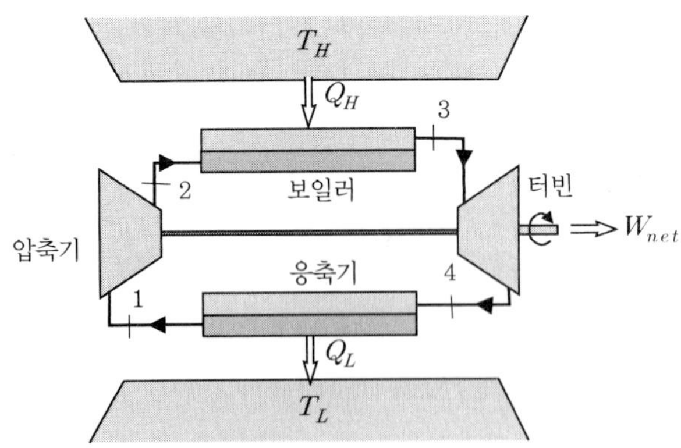

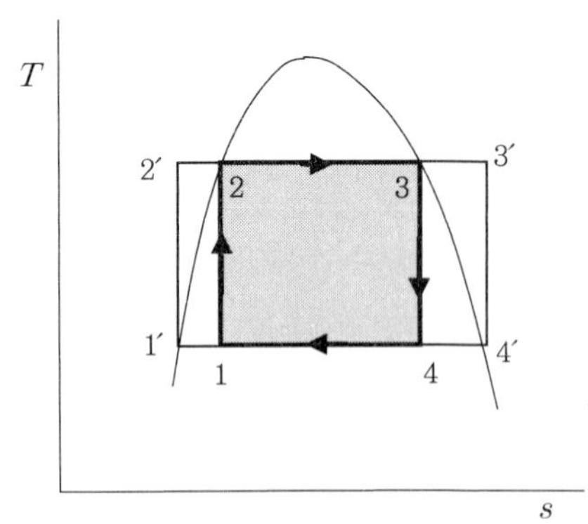

|그림 9-1| Carnot 증기동력 사이클의 $T-s$ 선도

9-2 Rankine사이클

Carnot 증기동력 사이클의 등온가열과정을 정압가열로 바꾸어 터빈 입구의 증기가 과열 상태로 되게 하고 응축기 출구의 상태가 포화액이 되게 하면 Carnot사이클에서 문제점들이 해소될 수 있다. 이렇게 바뀐 이상적인 증기동력 사이클을 Rankine사이클이라고 하며 각 과정은 다음과 같다(|그림 9-2| 참조).

1 → 2: 펌프 - 가역단열 압축($s = c$)
2 → 3: 보일러 - 정압 가열($P = P_H$)
3 → 4: 터빈 - 가역단열 팽창($s = c$)
4 → 1: 응축기 - 정압 냉각($P = P_L$)

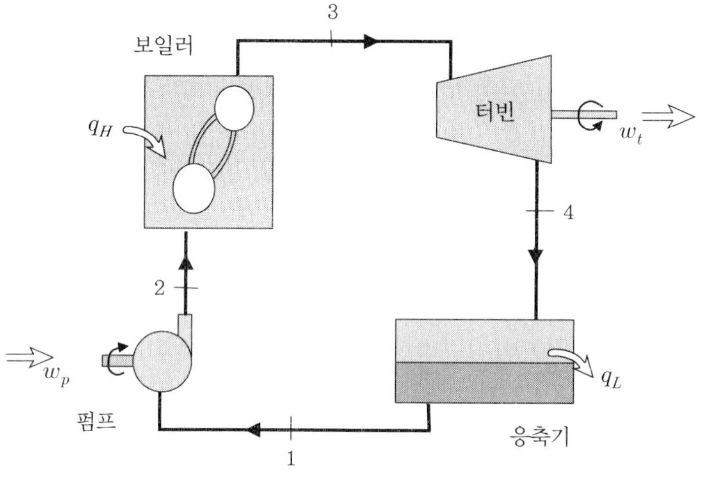

|그림 9-2| Rankine사이클

Rankine사이클의 가열과정에서 작동유체는 압축액체에서부터 과열증기까지 온도가 증가하기 때문에 열원으로부터의 열전달은 비가역적이 된다. 따라서 Rankine사이클은 비가역사이클이다. 그러나 작동유체는 준평형 과정으로 상태변화를 한다고 볼 수 있기 때문에 내부적으로는 가역적이라고 할 수 있다.

Rankine사이클을 상태선도에 도시하면 |그림 9-3|과 같다. $P-v$선도에서 비체적을 척도대로 표시하면 포화액체의 비체적은 거의 v=0인 수직선에 가깝고 포화증기의 비체적은 훨씬 더 크고 기울기는 완만하게 표시된다. 각 과정은 정상유동 과정이므로 축일은 역학적에너지 변화를 무시할 때 $P-v$선도 상에서 압력 축으로 투영된 면적 $-\int vdp$와 같다. 물을 압축할

때 소요되는 펌프 동력(면적12ba1)보다 증기가 팽창할 때 나오는 터빈 출력(면적34ab3)이 매우 큰 것은 증기가 물보다 비체적이 훨씬 크기 때문이다. 보일러에서 물을 증발시키는 이유는 비체적을 키워서 터빈의 출력을 높이기 위함이고, 응축기에서 증기를 액체로 바꾸는 이유는 비체적을 줄여서 펌프의 소요 동력을 낮추기 위함이라고 할 수 있다.

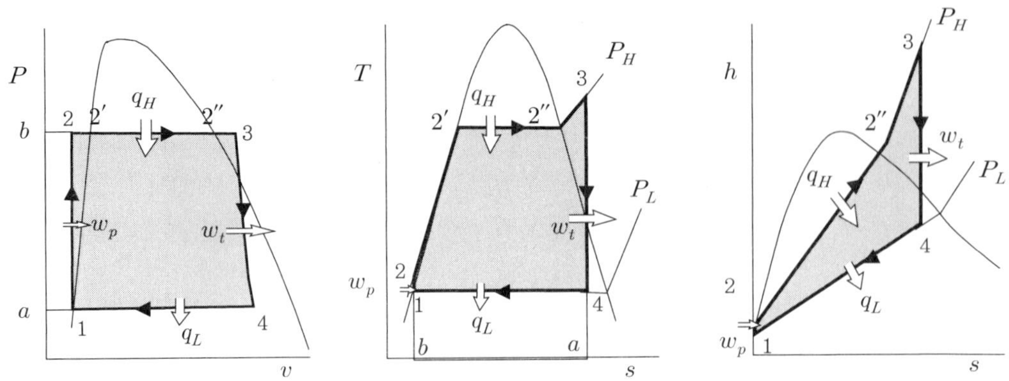

(a) $P-v$선도 (a) $T-s$선도 (c) $h-s$선도

| 그림 9-3 | Rankine사이클의 상태선도

Rankine사이클의 각 위치에서 엔탈피를 이용하여 단위질량당 열량과 축일을 표시하면 다음 식과 같다.

$$w_p = h_2 - h_1 \tag{9.1a}$$

$$q_H = h_3 - h_2 \tag{9.1b}$$

$$w_t = h_3 - h_4 \tag{9.1c}$$

$$q_L = h_4 - h_1 \tag{9.1d}$$

식에서 q_H는 보일러에서 작동유체로 전달된 열량, q_L는 응축기를 통한 냉각열량, w_p는 펌프 입력, w_t는 터빈 출력을 표시한다. 여기서 유체의 운동에너지 및 위치에너지의 변화를 무시할 수 없는 경우라면 엔탈피 대신 총엔탈피를 사용하면 된다.

모든 점에서 엔탈피는 2개의 독립된 강성적 상태량 정보가 주어지면 구할 수 있다. 단 포화상태에 있는 점4와 점1의 엔탈피는 포화압력과 건도에 의하여 구한다. 점4의 건도는 과정3→4가 등엔트로피 과정이므로 엔트로피 $s_4 = s_3$와 응축압력 P_L에서 포화증기의 엔트로피 및 엔탈피를 이용하면 점 4의 건도와 엔탈피를 구할 수 있다.

점 2는 압축액 상태이므로 증기표로 정확한 값을 찾기 쉽지 않다. 펌프의 소요 일은 비압축 유체에 관한 공식(3.20)을 사용하면 비체적과 압력차를 이용하여 다음 식으로 구할 수 있다.

$$w_p = v_1(P_H - P_L) \tag{9.2}$$

따라서 점 2의 엔탈피 h_2는 h_1에 펌프일 w_p을 더한 값으로 구할 수 있다.

$$h_2 = h_1 + w_p \tag{9.3}$$

그런데 펌프일은 매우 작기 때문에 $h-s$ 선도에서 표시는 과장된 것이다. 또한 식(7.16)에서 보듯이 비체적이 일정한 경우 등엔트로피 과정이면 등온과정이므로 $T-s$ 선도에서 압축과정에 대한 온도 표시도 매우 과장된 것이다. Rankin사이클의 역일비인 w_p/w_t는 1~2%에 불과하다.

Rankine사이클의 열효율은 다음과 같이 엔탈피의 함수로 나타낼 수 있다.

$$\eta_{Rankin} = 1 - \frac{q_L}{q_H} = 1 - \frac{h_4 - h_1}{h_3 - h_2} \tag{9.4}$$

| 그림 9-3 | 의 $T-s$ 선도에서 보면 보일러에서 받은 열량은 면적 23ab2, 응축기를 통한 방출 열량은 면적 14ab1이므로 사이클 면적 12341이 순출력을 나타낸다. Rankine사이클의 열효율을 높이려면 평균 수열 온도를 열원의 온도와 가깝도록 높여야 한다. 또한 응축기의 냉각 온도를 주위 냉각 물질의 온도에 가깝게 낮추어야 한다. 보일러에서 평균 수열온도를 높이는 방법에는 동일한 증발 압력으로 과열도를 높이거나 증발압력을 높이는 것이다. 그러나 재료의 내열 한계 이상으로 증기의 온도를 높일 수 없으므로 과열온도는 약 620℃가 한계 온도이다.

오늘날 대부분의 증기원동소에서는 증발 압력을 임계압력(22 MPa)보다 높은 30 MPa 이상으로 올림으로써 증발과정이 없는 초임계 상태의 가열과정이 된다. 이러한 사이클을 초임계사이클(supercritical cycle)이라고 하며 터빈 입구의 온도는 550~600℃ 정도가 된다.

응축기의 냉각 온도는 냉각물질의 온도에 의하여 결정된다. 냉각재로 공기보다는 물을 사용할 때 응축온도를 더 낮출 수 있으므로 화력이나 원자력 발전소는 강가나 바닷가에 위치한다. 일반적으로 응축기에서는 냉각수가 통과하는 관의 표면에서 증기가 응축을 하게 되며, 열전달을 위한 온도차가 작을수록 열효율은 좋아지나 응축기가 커지므로 10℃ 내외로 한다. 냉각수의 온도가 15℃라면 응축온도는 25℃가 되므로, 응축압력은 25℃에 대한 포화압력인 3.2 kPa로서 높은 진공임을 알 수 있다. 진공을 유지할 기술이 없던 과거에는 증기원동소의 열효율이 매우 낮을 수밖에 없었다. 냉각수의 확보가 어렵거나 공해문제 등으로 수랭식 대신 공랭식으로 하면 응축온도가 더 높아지게 되므로 열효율은 낮아지게 된다.

예|제|9-1

수증기를 작동물질로 하는 Rankine사이클에서 터빈 입구의 상태는 5 MPa, 400°C이고 출구의 압력은 20 kPa이다. 보일러, 터빈, 응축기 및 펌프의 열 또는 일을 구하고 사이클의 열효율을 구하라.

풀이

- 펌프(1 → 2): 가역단열 압축과정

  입구의 상태는 20 kPa의 포화수이므로 5 MPa로 압축할 때 일은

  $w_p = h_2 - h_1 = v(P_2 - P_1) = (0.0010)(5000 - 20) = 5.0$ kJ/kg

  $h_1 = h_{f,20kPa} = 251.4$ kJ/kg

  $h_2 = h_1 + w_p = 251.4 + 5.0 = 256.4$ kJ/kg

- 보일러(2 → 3): 정압과정

  5 MPa, 400°C 과열증기의 $h_3 = 3195.6$ kJ/kg, $s_3 = 6.6458$ kJ/kg K

  $q_H = h_3 - h_2 = 3195.6 - 256.4 = 2939$ kJ/kg

- 터빈(3 → 4): 가역단열과정

  20 kPa의 습증기 $P_4 = 20$ kPa와 $s_4 = s_3 = 6.6458$ kJ/kg K에서

  $$x_4 = \frac{6.6458 - 0.8319}{7.0766} = 0.822$$

  $h_4 = h_{f,20kPa} + x_4 h_{fg,20kPa} = 251.4 + 0.822 \times 2358.3 = 2189.9$ kJ/kg K

  $w_t = h_3 - h_4 = 3195.6 - 2189.9 = 1006$ kJ/kg

- 응축기(4 → 1): 정압과정

  $q_L = h_4 - h_1 = 2189.9 - 251.4 = 1938.5$ kJ/kg

- 열효율

  $$\eta_{th} = \frac{w_{net}}{q_H} = \frac{w_t - w_p}{q_H} = \frac{1006 - 5.0}{2939} = 0.341(34.1\%) \text{ 또는}$$

  $$\eta_{th} = 1 - \frac{q_L}{q_H} = 1 - \frac{1938.5}{2939} = 0.340(34.0\%)$$

  여기서 역일비는 $w_p/w_t = 5.0/1006 = 0.005$로서 매우 낮다. 따라서 펌프일이 열효율에 미치는 영향은 무시할 정도로 낮다고 할 수 있다.

9-3 재열사이클

증기가 터빈에서 단열 팽창할 때 압력과 더불어 건도가 저하된다. 건도가 낮을 때 발생하는 응축수는 터빈효율을 저하시키고 터빈 날개의 부식 문제를 초래한다. 따라서 터빈 출구에서의 건도를 90% 이상으로 높게 할 필요가 있다. 그런데 Rankine사이클의 열효율을 높이기 위하여 증발압력을 높일수록 건도문제는 더 커지게 된다. 왜냐하면 최고온도(터빈 입구온도)가 동일할 때 압력이 높을수록 과열도가 낮아지기 때문이다. 또한 응축 온도가 낮을수록 열효율은 증가하지만 터빈 출구의 건도는 더 크게 저하한다.

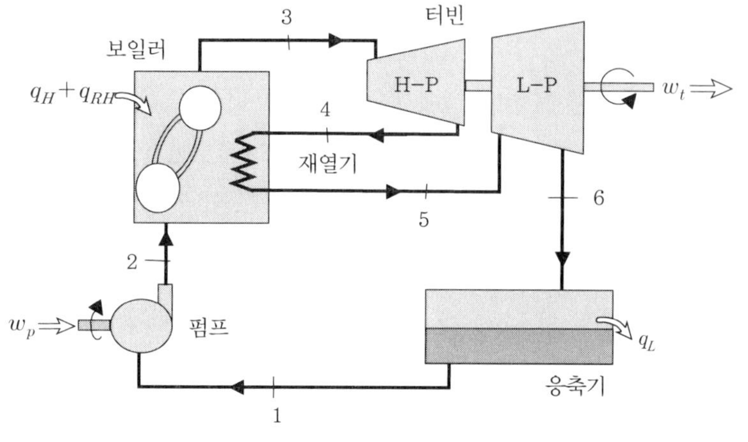

| 그림 9-4 | 재열사이클

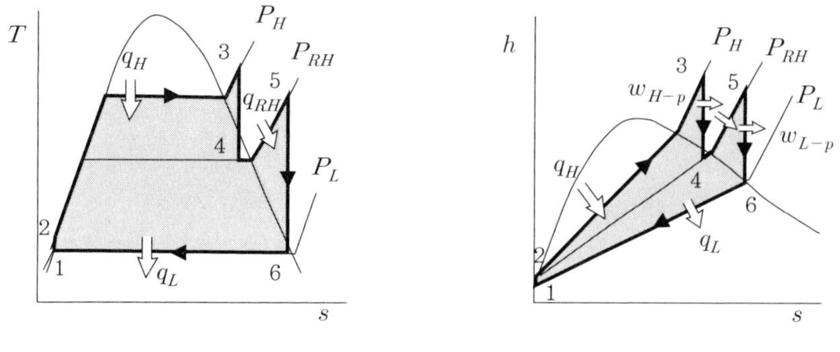

(a) $T-s$ 선도 (b) $h-s$ 선도

| 그림 9-5 | 재열사이클의 $T-s$ 선도 및 $h-s$ 선도

이와 같은 터빈에서 증기의 건도저하 문제를 극복하기 위한 방법으로 등장한 것이 재열사이클이다. 재열(reheat)사이클은 | 그림 9-4 | 와 같이 터빈에서 팽창중인 습증기의 일부를 추출하여 재열기에서 재가열하여 과열증기로 만든 다음 터빈으로 보내어 팽창하게 한 것

이다. 재열사이클의 $T-s$선도 및 $h-s$선도는 |그림 9-5|와 같다.

처음 증기는 고압단 2-3에서 팽창하게 한 다음 추기하여 재열기로 보낸다. 증기는 과정 3-4에서 재열된 후에 중압단이나 저압단 4-5과정에서 팽창을 하도록 한다. |그림 9-5|에서 보듯이 재열사이클로 하면 공급 압력을 높게 하여도 저압단의 증기 건도의 저하를 막을 수 있음을 알 수 있다.

재열사이클의 열효율 $\eta_{th,\ RH}$는 재열량을 포함한 공급열량을 사용하여 다음 식으로 구할 수 있다.

$$\eta_{th,RH} = 1 - \frac{q_L}{q_H + q_{RH}} = 1 - \frac{h_6 - h_1}{h_3 - h_2 + h_5 - h_4} \qquad (9.5)$$

재열사이클의 열효율은 재열압력 P_{RH}에 따라서 다르며 최적의 재열압력은 최대 사이클 압력P_H의 약 1/4일 때이다. 또한 터빈을 여러 단으로 나누어 다수의 재열단을 갖도록 할 수 있다. 재열단의 수가 많을수록 평균 수열온도가 높아지므로 열효율이 향상된다. 그러나 단수가 많을수록 비용 증가로 그 효과는 반감되고, 재료의 내열 한계로 인하여 최고 온도는 제한되며, 저압에서 과열도가 커지면 터빈 출구 상태가 과열증기로 될 위험이 있기 때문에 초임계압력 사이클이 아니면 단일 재열을 한다.

예|제|9-2

예제 9-1의 Rankine사이클에서 터빈에서 팽창중인 500 kPa의 증기를 추출하여 400°C로 재열한 다음 출구 압력 20 kPa까지 팽창시키는 재열사이클의 열효율을 구하라.

풀이

|그림 9-5|의 각 점의 상태는 예제 9-1을 참조하면 다음과 같다.

$h_1 = 251.4$ kJ/kg

$h_2 = 256.4$ kJ/kg

$h_3 = 3195.6$ kJ/kg, $s_3 = 6.6458$ kJ/kg K

$P_4 = 500$ kPa와 $s_4 = s_3 = 6.6458$ kJ/kg K에서

$$x_4 = \frac{6.6458 - 1.8606}{4.9606} = 0.965$$

$h_4 = h_{f,500kPa} + x_4 h_{fg.500kPa} = 640.21 + (0.965)(2108.5) = 2674.9$ kJ/kg

$P_5 = 500$ kPa, $T_5 = 400$°C에서 $h_5 = 3271.8$ kJ/kg, $s_5 = 7.7937$ kJ/kg K

20 kPa의 습증기 $P_6 = 20$ kPa와 $s_6 = s_5 = 7.7937$ kJ/kg K에서

$$x_6 = \frac{7.7937 - 0.8319}{7.0766} = 0.984$$

$h_6 = h_{f,20kPa} + x_6 h_{fg.20kPa} = 251.4 + (0.984)(2358.3) = 2572.0$ kJ/kg

$q_H + q_{RH} = (h_3 - h_2) + (h_5 - h_4)$ =(3195.6 − 256.4) + (3271.8 − 2674.9) = 2939.2 + 596.9 = 3536.1 kJ/kg

$w_t = w_{Hp.t} + w_{Lp.t} = (h_3 - h_4) + (h_5 - h_6)$ = (3195.6 − 2674.9) + (3271.8 − 2572.0)

= 520.7 + 699.8 = 1220.5 kJ/kg

$w_p = h_2 - h_1$ =256.4 − 251.4 = 5.0 kJ/kg

$w_{net} = w_t - w_p$ = 1220.5 − 5.0 = 1215.5 kJ/kg

$q_L = h_6 - h_1$ = 2572.0 − 251.4 = 2320.6 kJ/kg

$$\eta_{th} = \frac{w_{net}}{q_H + q_{RH}} = \frac{1215.5}{3536.1} = 0.344(34.4\%)$$

또는

$$\eta_{th} = 1 - \frac{q_L}{q_H} = 1 - \frac{2320.6}{3536.1} = 0.344(34.4\%)$$

열효율 개선 효과는 매우 미미하지만 터빈 출구에서 증기의 건도는 0.822에서 0.984로 현저하게 개선된 것을 알 수 있다.

9-4 재생사이클

Rankine사이클을 가역사이클에 가깝도록 하여 열효율을 향상시키는 방법은 비가역 요인을 줄이는 것이다. 위에서 언급했듯이 압축액과 포화증기의 가열은 온도가 상승하는 과정으로서 온도가 일정한 열원과 열교환할 때 비가역과정이 될 수밖에 없다. 특히 열원과 온도 차가 가장 큰 급수의 가열과정의 비가역성이 크므로 그 열을 외부 열원에서 받지 않고 내부에서 가역과정으로 받을 수 있다면 비가역성을 최소화할 수 있다.

이상적인 방법은 |그림 9-6|과 같이 터빈의 팽창 과정에 있는 증기로부터 열을 끌어내어 급수 가열에 다시 이용하는 것이다. 즉 $T-s$선도에서 4→5 과정의 방출열(면적 45cd4)을 2→3 과정의 급수가열(면적 23ba2)에 재활용하는 것이다. 이 경우 가열과정 3→4와 냉각과정 5→1은 등온과정이 되므로 Carnot 사이클과 같은 가역 사이클이 된다.

그러나 이상의 방법은 터빈의 구조상 실현이 어려울 뿐아니라 터빈 출구의 건도가 크게 저하되는 문제가 있다. 따라서 |그림 9-7|과 같이 팽창중의 증기를 추출하여 그 응축 잠열을 급수 가열에 활용하는 재생방법이 일반적으로 채택된다. 이와 같이 폐기할 수 있는 열을 다시 이용하는 사이클을 재생(regeneration)사이클이라고 한다. 급수가열을 재생열로 완성하고, 과열을 하지 않는다면 외부 열원과의 열교환 과정 3→4는 등온과정이므로 사이클은 가역사이클이 될 수 있다.

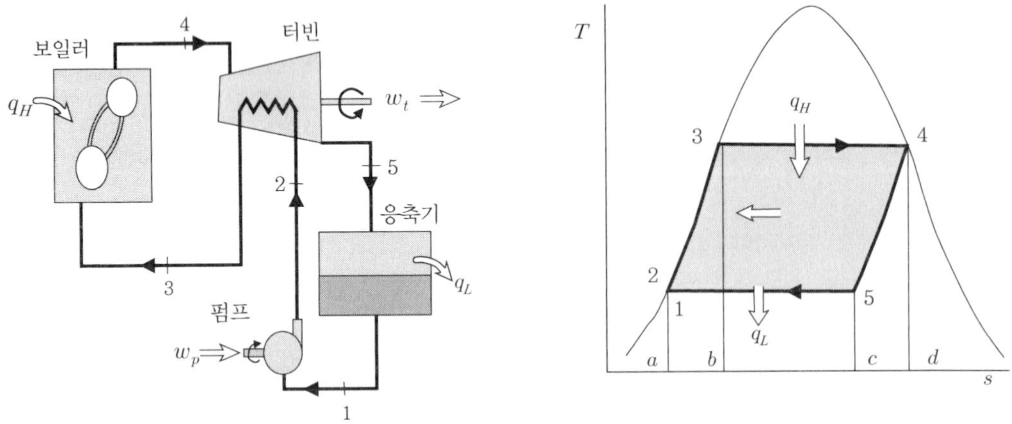

| 그림 9-6 | 이상적인 재생사이클

재생 과정이 가역적이 되려면 추기의 온도와 급수의 온도가 비슷해야 한다. 이를 위해서 팽창 과정을 다수의 단(stage)으로 나누어서 증기를 추출하여 비슷한 온도의 급수를 가열한다. 단의 수가 많을수록 가역사이클에 가깝게 되므로 열효율은 좋아지겠지만 경제성을 고려해야 한다.

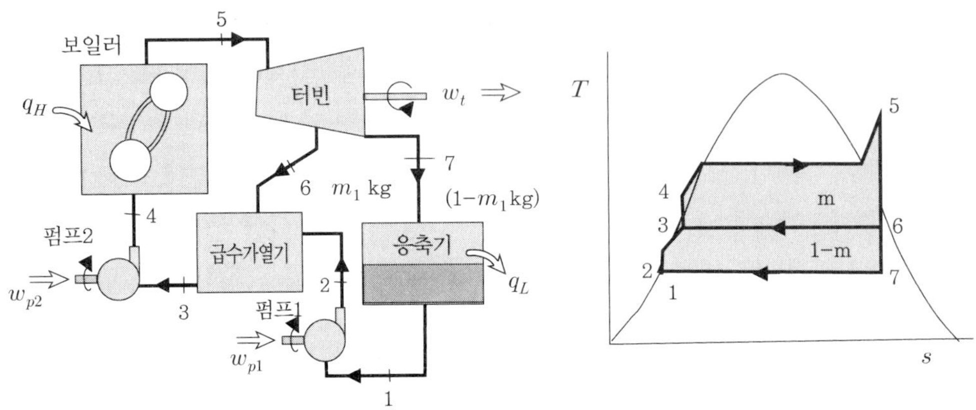

| 그림 9-7 | 재생사이클

급수를 가열하는 방법에는 추기와 급수를 혼합하여 가열하는 방법과 추기로 급수관 외부를 가열하는 표면가열 방식이 있다. 혼합가열을 개방형, 표면가열을 밀폐형 가열이라고도 한다. 혼합가열을 하면 급수에 포함된 공기를 제거하는 탈기작용을 병행할 수 있는 장점도 있다. 그러나 가열기마다 응축수 펌프가 필요하므로 장치가 복잡해지고 동력 소비가 증가할 수 있으므로 주로 | 그림 9-8 | 과 같은 표면가열 방식을 사용한다. 밀폐형 가열기는 응축된 추기를 펌프(drip pump)로 급수라인에 합류시키는 방법(6a → 6b)과 트랩(trap; 응축수만 배수

되게 하는 장치)을 거쳐 저압 급수가열기 또는 응축기에 합류하게 하는 방법(6a → 6c)이 있다. 전자보다는 후자가 가용성을 떨어뜨리긴 하지만 장치가 간단하므로 더 선호된다.

추기의 양은 가열과정에 대한 물질 및 에너지 보존식을 적용하면 결정된다. |그림 9-7| 과 같은 1단 추기 개방형 가열기에 의한 재생사이클의 경우 보일러에서 나오는 단위질량의 증기에 대하여 추기량 m은 다음 식에서 구할 수 있다.

$$mh_6 + (1-m)h_2 = h_3 \tag{9.6}$$

응축기를 통한 냉각열량은

$$q_L = (1-m)(h_7 - h_1) \tag{9.7}$$

따라서 재생사이클의 열효율 $\eta_{th,\,RG}$는 다음 식으로 구할 수 있다.

$$\eta_{th,\ RG} = 1 - \frac{q_L}{q_H} = 1 - (1-m)\frac{h_7 - h_1}{h_5 - h_4} \tag{9.8}$$

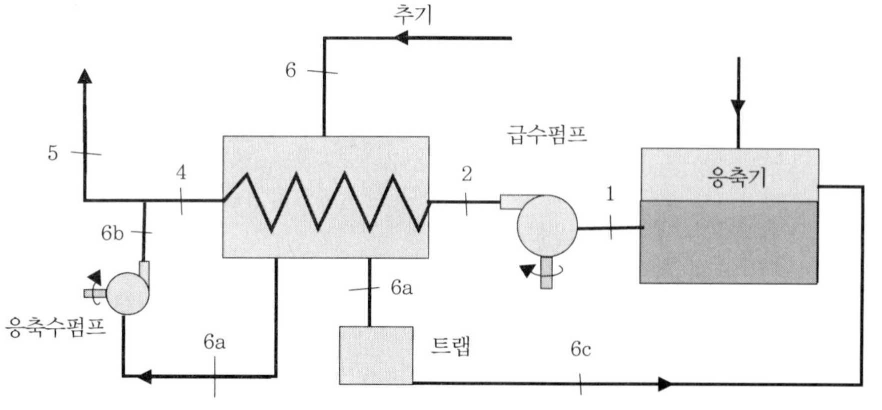

|그림 9-8| 밀폐형 급수가열기

예 제 9-3

예제 9-1의 Rankine사이클에서 터빈에서 팽창중인 500 kPa의 증기 일부를 추출하여 급수가열기에 공급하고 나머지 증기는 20 kPa까지 팽창한다. 급수가열기 출구상태는 500 kPa의 포화 액체로서 압력 손실은 없는 것으로 가정한다. 이 재생사이클의 열효율을 구하라.

풀이

|그림 9-7|의 각 점의 상태는 예제 9-1 및 9-2를 참조하면 다음과 같다.

$h_1 = 251.4$ kJ/kg

$v_1(P_2 - P_1) = 0.001 \times (500 - 20) = 0.5$ kJ/kg

$h_2 = 251.4 + 0.5 = 251.9$ kJ/kg

$h_3 = h_{f,500kPa} = 640.2$ kJ/kg

$w_{p2} = h_4 - h_3 = v(P_4 - P_3) = (0.0010)(5000 - 500) = 4.5$ kJ/kg

$h_4 = h_3 + w_{p2} = 640.2 + 4.5 = 644.7$ kJ/kg

$h_5 = 3195.6$ kJ/kg, $s_5 = 6.6458$ kJ/kg K

$P_6 = 500$kPa와 $s_6 = s_5 = 6.6458$ kJ/kg K에서

$$x_6 = \frac{6.6458 - 1.8606}{4.9606} = 0.965$$

$h_6 = 640.21 + 0.965 \times 2108.5 = 2674.9$ kJ/kg

20 kPa의 습증기 $P_7 = 20$ kPa와 $s_7 = s_5 = 6.6458$ kJ/kg K에서

$x_7 = 0.822$

$h_7 = 2189.9$ kJ/kg K

급수가열기에서 에너지 보존식을 적용하면

$m_1 h_6 + (1 - m_1) h_2 = h_3$에서

$$m_1 = \frac{h_3 - h_2}{h_6 - h_2} = \frac{640.2 - 251.9}{2674.9 - 251.9} = 0.160$$

$w_t = h_5 - h_6 + (1 - m_1)(h_6 - h_7) = 3195.6 - 2674.9 + (1 - 0.160)(2674.9 - 2189.9) = 928.1$ kJ/kg

$w_{p1} = (1 - m_1)(h_2 - h_1) = (1 - 0.160)(251.9 - 251.4) = 0.4$ kJ/kg

따라서

$w_{net} = w_t - (w_{p1} + w_{p2}) = 928.1 - (0.4 + 4.5) = 923.2$ kJ/kg

$q_H = (h_5 - h_4) = (3195.6 - 644.7) = 2550.9$ kJ/kg

$q_L = (1 - m_1)(h_7 - h_1) = (1 - 0.160)(2189.9 - 251.34) = 1628.4$ kJ/kg

$$\eta_{th} = \frac{w_{net}}{q_H} = \frac{923.2}{2550.9} = 0.362(36.2\%)$$

또는 $\eta_{th} = 1 - \frac{q_L}{q_H} = 1 - \frac{1628.4}{2550.9} = 0.362(36.2\%)$

단순 Rankine사이클에 비하여 열효율이 개선된 것을 알 수 있다.

9-5 실제 사이클

실제 증기원동소는 대부분 재열기와 재생기를 모두 갖춘 재열재생사이클로 구성된다. 초임계압에서 작동하는 대형 화력 원동소의 열효율은 50%에 가까우며 안전상 증기의 최대 압력과 온도에 제한을 받는 원자력 원동소의 경우는 약 34%의 열효율을 갖는다.

실제 증기원동소 사이클의 각 구성 요소에서 과정은 이상적인 과정이 될 수 없다. 펌프나 터빈에서의 과정이 가역단열 과정이 되지 않으므로 이상적인 과정에 비하여 펌프의 소요 동력은 증가하고 터빈의 출력은 감소하게 된다. 또한 기타 보조기기의 구동에 소요되는 동력도 손실 요인이 된다. 증기의 누설, 마찰 및 열손실도 출력 저하를 초래한다. 응축기 출구 조건도 포화액보다는 과냉액으로 설계하여 기포 유입에 의한 펌프에서의 공동(cavitation)현상 발생에 대비하므로 이 또한 효율 저하의 요인이 된다.

실제 원동소의 예는 |그림 9-9|에 보인 바와 같다. 이 원동소는 1단재열 7단 추기를 하는 재열재생 사이클이다. 7단 추기 중 6개는 표면가열 방식으로 재생하고 #3은 탈기를 위하여 혼합가열 방식을 채택한다. 각 단에서 발생한 응축수는 트랩을 통하여 저압측 재생기로 보내어 열을 회수함으로써 비가역성을 최소화한다.

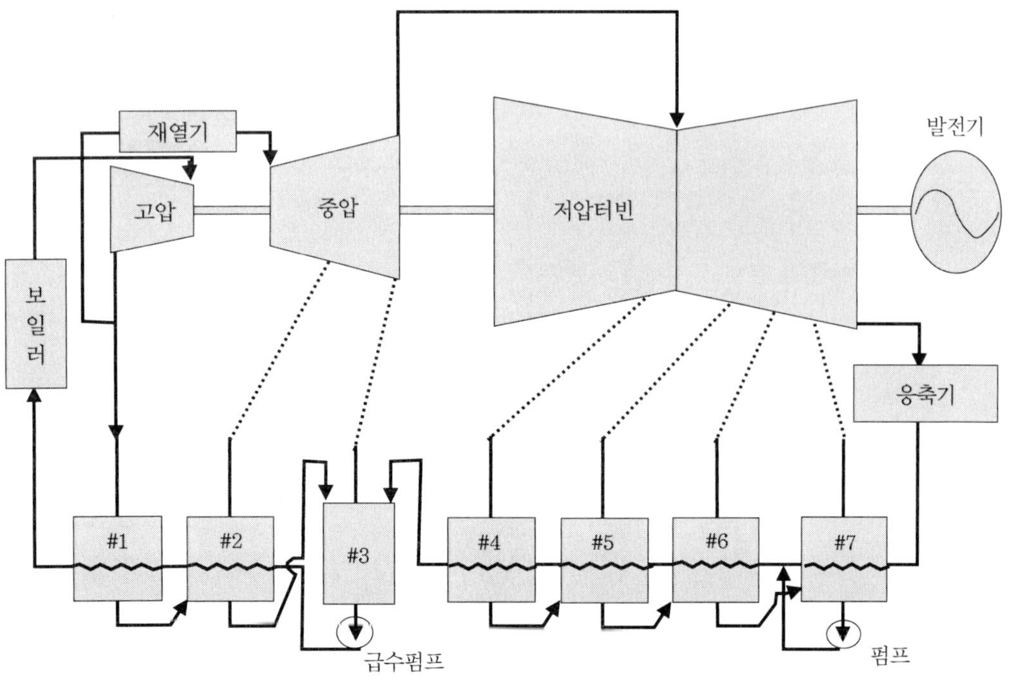

|그림 9-9| 실제 재열재생식 증기원동소의 예

증기동력 사이클의 열원으로 가스터빈의 배기열을 사용한 조합사이클(combined cycle)은 에너지를 보다 효율적으로 활용하는 방안이다. 가스터빈의 배기는 온도가 상당히 높은 가용성이 큰 에너지이므로 그대로 열로만 사용하거나 방열하면 그만큼 가용에너지를 낭비하게 된다. 증기동력 사이클에서 배기열은 온도가 매우 낮아서 거의 무용에너지에 가깝다. 그러나 경우에 따라서 저온 열원으로 재활용될 수 있다. 또는 저압단에서 추기하여 산업용이나 난방용으로 재활용하여 폐열을 최소화할 수 있다.

동력 발생과 열의 사용을 병행하여 에너지의 효율성을 높이는 시스템을 열병합발전(cogeneration)이라고 한다. 전력 생산이 주목적인 경우도 있고 열 생산이 주목적인 경우도 있다. 발전소의 저압단에서 증기를 추출하여 지역난방용 열원으로 사용할 수 있다. 또 필요 이상의 고압 증기를 생산하는 산업용 보일러나, 증기를 활용하지 못하는 폐열 보일러의 경우, 터빈을 장착하여 발전을 할 수도 있다. |그림 9-10|은 열병합발전의 예를 보여준다.

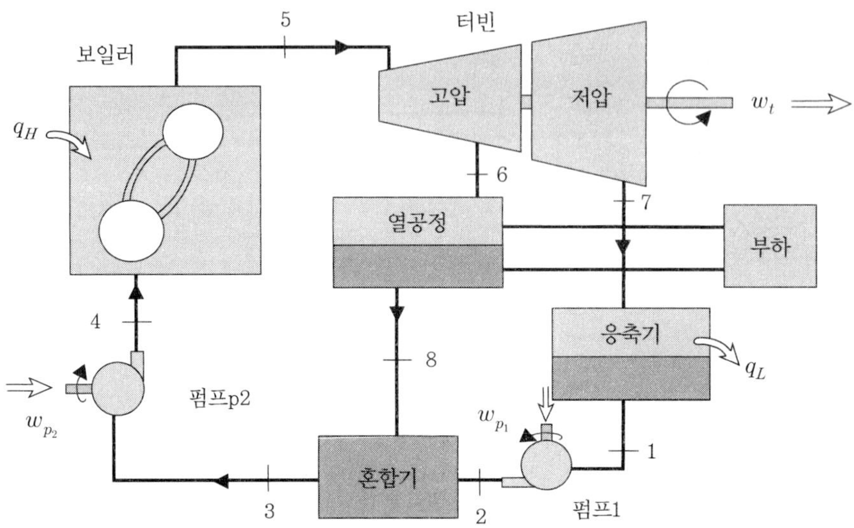

|그림 9-10| 열병합발전

예제 9-4

어떤 증기동력 시스템이 |그림 9-11|에 표시한 바와 같은 사이클을 이룬다. 터빈효율이 85%, 펌프효율이 80%일 때 사이클의 열효율을 구하라.

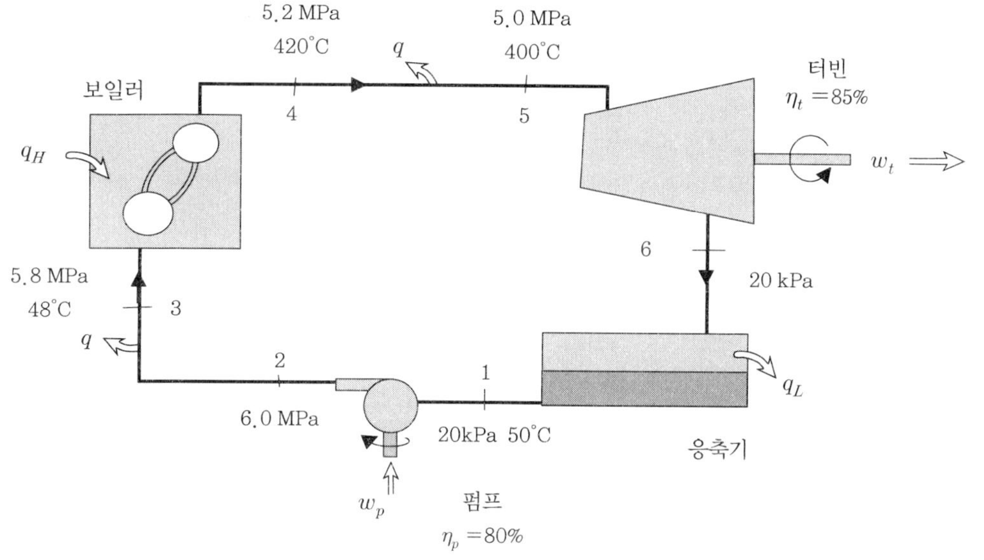

|그림 9-11| 예제 9-4

풀이

운동에너지와 위치에너지의 변화를 무시할 수 있는 SSSF 시스템으로 가정하고 증기표를 이용하여 상태량을 구한다.

- 펌프(1 → 2)

  입구의 20 kPa, 50℃ 의 압축수의 엔탈피는 50°C의 포화수의 엔탈피와 같다고 볼 수 있으므로 h_1 =209.3 kJ/kg

  6 MPa로 압축할 때 압축일은

$$w_p = h_2 - h_1 = \frac{w_{ps}}{\eta_p} = \frac{v(P_2 - P_1)}{\eta_p} = (0.0010)(6000 - 20)/0.8 = 7.5 \text{ kJ/kg}$$

  따라서 h_2 =209.3 + 7.5 = 216.8 kJ/kg

- 배관(2 → 3)

  5.8 MPa,48°C의 압축수의 엔탈피 $h_3 = h_{f,48℃} = 200.9$ kJ/kg

  $q_{2-3} = h_3 - h_2$ =200.9 - 216.8 = -15.9 kJ/kg

- 보일러(3 →4)

  5.2 MPa, 420°C의 과열증기의 엔탈피를 증기표에서 보간법으로 구하면 $h_4 = 3240.4$ kJ/kg

  $q_H = q_{3-4} = h_4 - h_3$ =3240.4 - 200.9 = 3039.5 kJ/kg

- 배관(4 → 5)

  5.0 MPa, 400°C의 과열증기의 h_5 =3195.6 kJ/kg, s_5 = 6.6458 kJ/kg K

  $q_{4-5} = h_5 - h_4$ =3195.6 - 3240.4 = -44.8 kJ/kg

- 터빈(5 → 6)

  P_6 =20 kPa와 가역단열과정일 때 $s_{6s} = s_5$ =6.6458 kJ/kg K에서

  x_{6s} = 0.822

  h_{6s} = 2189.9 kJ/kg K(예제 9-1 참조)

  이상적인 터빈일

  $w_{ts} = h_5 - h_{6s}$ =3195.6 - 2189.9 = 1005.7 kJ/kg

  실제 터빈일

  $w_t = \eta_t w_{ts}$ = 0.85 × 1005.7 = 854.8 kJ/kg

  $h_6 = h_5 - w_t$ = 3195.6 - 854.8 = 2340.8 kJ/kg

- 응축기(6 → 1)

  $q_L = h_6 - h_1$ =2340.8 - 209.31 = 2131.5 kJ/kg

- 따라서 열효율은

$$\eta_{th} = \frac{w_{net}}{q_H} = \frac{w_t - w_p}{q_H} = \frac{854.8 - 7.5}{3039.5} = 0.279(27.9\%)$$

연습문제

9.1 증기동력 기관이 내연기관이 될 수 없는 이유를 설명하라.

9.2 Carnot 증기동력 사이클의 실현을 어렵게 하는 요인들을 설명하라.

9.3 Rankine사이클과 Carnot사이클의 차이와 Rankine사이클이 비가역 사이클인 이유를 설명하라.

9.4 Rankine사이클의 열효율을 높이는 방법과 그 한계에 대하여 설명하라.

9.5 Rankine사이클의 역일비가 매우 낮은 이유를 설명하라.

9.6 터빈에서 증기 건도의 저하가 일으키는 문제를 설명하라.

9.7 재열사이클의 재열 압력이 건도와 열효율에 미치는 영향을 설명하라.

9.8 재생사이클이 가역사이클에 가까운 이유와 추기의 단수가 많을수록 열효율이 좋아지는 이유를 설명하라.

9.9 재생사이클에서 급수가열기의 종류와 그 특성을 설명하라.

9.10 실제 사이클과 Rankine사이클의 차이를 설명하라.

9.11 배관에서 마찰과 열손실이 사이클의 열효율에 미치는 영향을 설명하라.

9.12 응축기에서 공냉식과 수냉식의 차이를 설명하라.

9.13 열병합발전의 장단점을 설명하라.

9.14 수증기를 작동물질로 하는 Rankine사이클에서 터빈 입구의 상태는 5 MPa, 500°C이고 출구의 압력은 10 kPa이다. 사이클의 각 구성 요소를 통한 단위질량당 열과 축일 및 사이클의 열효율을 구하라.

9.15 태양열을 이용하고 물을 작동유체로 한 Rankine사이클이 있다. 태양열 집열판을 나오는 상태는 1500 kPa의 포화 수증기이고 응축기 압력은 10 kPa이다. 열효율을 구하라. 또 이 사이클이 동일한 최고온도와 최저온도 사이에서 Carnot사이클로 작동한다면 열효율은 얼마인가?

9.16 지열 발전을 위한 |그림 P9-1| 과 같은 장치가 있다. 500 kPa, 150°C의 온수가 200 kPa로 교축되어 증발실에 20 kg/s의 율로 흘러들어 간다. 증발실을 나가는 증기의 압력은 200 kPa, 터빈 출구 응축기에서의 압력은 10 kPa이며 응축된 물은 가압 후 다시 지중으로 들어가서 3번 상태의 고온수로 가열된다. 터빈 출구의 건도와 터빈 출력을 구하라. 만약 증발실로 나오는 증기를 천연가스 보일러에 의하여 200°C로 가열하면 건도는 얼마로 개선되나?

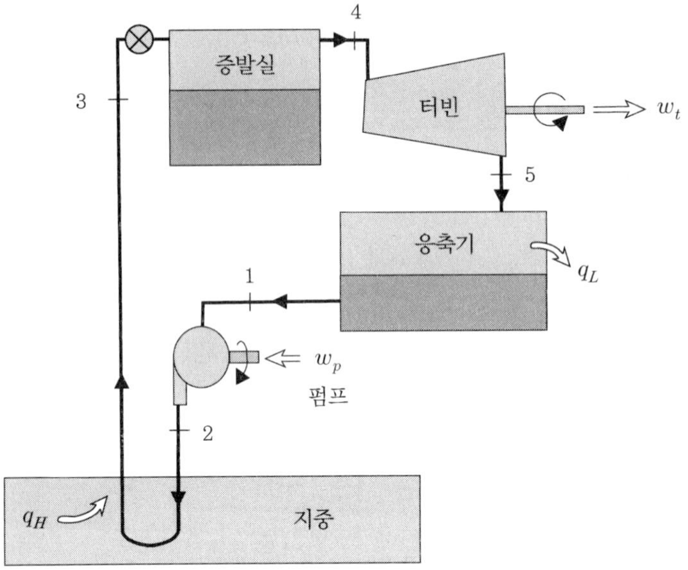

| **그림 P9-1** | 문제 9.15

9.17 석탄 화력발전소의 보일러에서 3 MPa, 600°C의 증기를 15 kg/s의 율로 생산하고 응축기의 출구 온도는 50°C이다. 냉각수로 사용되는 해수의 유입온도는 15°C, 유출온도는 23°C이다. 이 동력사이클을 Rankine사이클로 볼 때 순출력과 해수의 질량유동률을 구하라.

9.18 문제 9.14의 Rankine사이클에서 터빈에서 팽창중인 400 kPa의 증기를 추출하여 400°C로 재열한 다음 출구 압력 10 kPa까지 팽창시키는 재열사이클의 터빈 출구의 건도와 열효율을 구하라.

9.19 문제 9.18의 재열사이클에서 터빈 출구의 건도가 95%로 되게 하려면 몇 °C까지 재열해야 하는가?

9.20 문제 9.14의 Rankine사이클에서 터빈을 팽창중인 증기의 일부는 1000 kPa에서 추출되어 개방형 급수가열기에 공급되고 나머지 증기는 10 kPa까지 팽창한다. 급수가열기 출구상태는 1000 kPa의 포화 액체로서 압력 손실은 없는 것으로 가정한다. 이 재생사이클의 열효율을 구하라. 또 열원의 온도를 1000°C라고 할 때 재생사이클로 함으로써 사이클당 비가역성은 얼마나 감소하는가?

9.21 | 그림 P9-2 | 과 같은 재생사이클에서 개방형 급수가열기로 1 MPa, 200°C의 증기가 들어오고 급수관으로는 1 MPa, 30°C의 물이 들어올 때 증기의 추출율을 구하라.

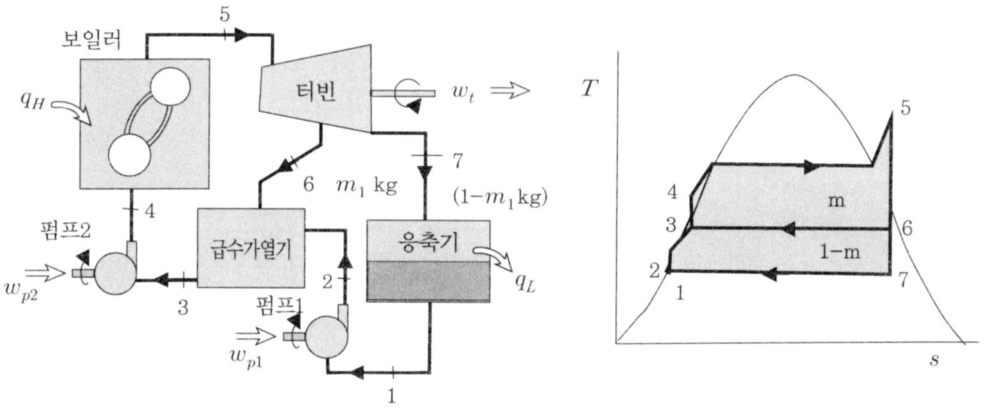

| 그림 P9-2 | 문제 9.21

9.22 어떤 핵발전소에서 원자로의 열은 냉각재인 나트륨에 의하여 증발기로 전달된다. 증발기에서 5 MPa의 증기가 생산되어 외부에 설치된 과열기에 의하여 600°C로 과열된다. 이 과열증기는 터빈을 팽창하는 중 400 kPa에서 개방형 급수가열을 위하여 일부 증기가 추기되고 나머지는 10 kPa에서 응축된다. 10 MW의 순출력을 얻기 위해서는 원자로에서 얼마의 열이 공급되어야 하는가? 또 외부 과열기에서는 얼마의 열이 공급되어야 하는가?

9.23 문제 9.21의 개방형 대신 밀폐형 급수가열기를 사용하고 응축수는 응축기로 들어가게 할 경우 열효율을 구하라.

9.24 증기동력 발전소에서 보일러의 온도는 700°C이고 발생 증기는 5 MPa, 600°C이다. 터빈 효율은 92%이며 응축 온도는 45°C이고 냉각수 온도는 20°C이다. 터빈 이외의 모든 부품에서의 과정은 이상적인 Rankine사이클과 같을 때 열효율을 구하고 각 부품을 통한 단위질량당 열과 축일 및 사이클당 생성엔트로피와 비가역성을 구하라. 단, 주위 온도는 냉각수의 온도와 같은 20°C다.

9.25 |그림 P9-3| 과 같은 열병합발전소에서 보일러는 5 MPa, 600°C의 수증기를 50 kg/s의 율로 생산한다. 응축 압력은 10 kPa이며 500kPa 상태에서 10 kg/s의 율로 추기하여 100 kPa의 포화액체로 되어 8로 돌아간다. 모든 과정이 이상적이라고 하고 펌프 2의 출구 온도, 터빈출력과 난방에 사용한 열전달률을 구하라.

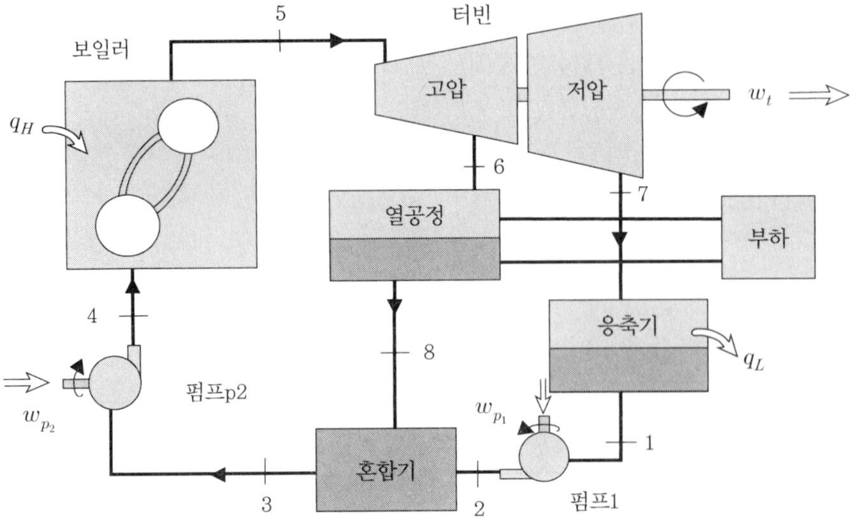

|**그림 P9-3**| 문제 9.25

9.26 |그림 P9-4| 와 같은 열병합발전소의 보일러에서 10 MPa, 450°C의 증기를 20 kg/s율로 공급하고 응축 압력은 10 kPa이다. 1000 kPa에서 증기를 추출하여 개방형 급수가열기에 사용하고 4 kg/s는 공정용으로 사용한다. 같은 양의 보급수를 1000 kPa, 20°C의 상태로 급수가열기로 공급한다. 추기량과 터빈 출력을 구하라. 단, 모든 과정은 이상적이라고 가정하라.

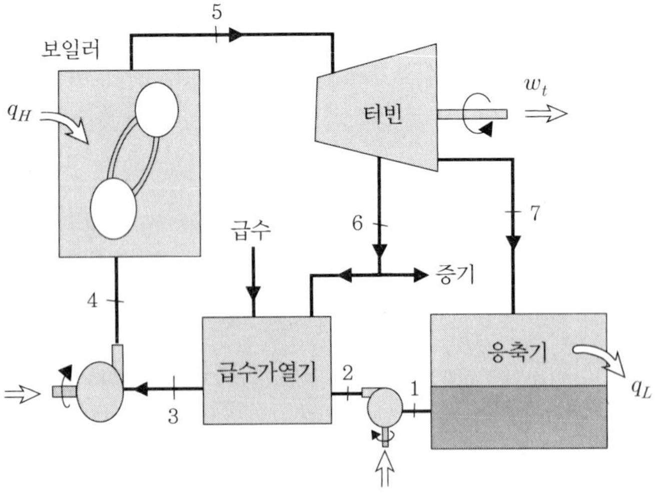

|**그림 P9-4**| 문제 9.25

Chapter 10

기체동력 사이클

가스기관에는 왕복식과 터빈식 기관이 있다. 가솔린 엔진이나 디젤 엔진에서 보듯이 왕복식 기관은 소형이고 출력이 작으므로 자동차 엔진과 같이 이동식 엔진으로 널리 사용된다. 한편 터빈식인 가스터빈은 부피나 무게에 비하여 출력이 크고 응답이 빠르기 때문에 항공기 엔진을 비롯한 군사용 및 비상용 엔진 등으로 사용된다.

가스기관은 내연 또는 외연 기관으로 작동할 수 있으나 실용화되고 있는 대부분의 가스기관은 내연기관이다. 내연기관에서 흡입된 공기는 연소를 통하여 화학적 조성이 바뀌므로 동력을 발생한 후 배기되고 신선한 공기가 흡입되어 과정을 이루기 때문에 이른바 개방사이클이라고 한다. 즉 내연기관은 기계적으로는 사이클을 이루나 열역학적으로는 와전한 사이클을 이룬다고 할 수 없다. 그러나 열역학적 해석의 편의상 가스기관의 연소과정을 외부 열원에 의한 가열 과정으로 치환할 수 있으며, 배기는 냉각되어 흡기로 재순환된다고 가정할 수 있다. 따라서 모든 가스기관을 밀폐사이클로 볼 수 있게 되며, 이와 같이 가정한 가스기관의 열역학적 사이클을 기체동력 사이클이라고 한다.

기체동력 사이클은 기체의 압축일보다 팽창일이 더 크게 하여 순출력을 얻는다. 그런데 팽창과정에서 나오는 출력에 비하여 압축과정에 들어가는 입력, 즉 역일비가 증기기관에 비하여 훨씬 크다. 또 가스기관이 증기기관에 비하여 가열 온도는 훨씬 높일 수 있으나 배기 온도도 높다. 이러한 이유로 일반적으로 가스기관은 증기기관에 비하여 열효율이 더 낮다.

여기서는 각종 기체 동력사이클의 특성과 열역학적 해석을 다룬다.

10-1 공기표준 사이클

기체동력사이클의 실제 과정은 매우 복잡하다. 작동유체는 준평형 과정으로 볼 수 없을 만큼 과정이 빠르게 일어나며, 점성에 의하여 유동에 따라서 압력이 저하되고 온도차에 의한 열손실이 따른다. 또한 내연기관의 경우는 연소 과정을 거치면서 작동유체의 화학적 조성이 바뀌게 된다.

따라서 내연기관의 열역학적 특성을 파악하기 위해서는 복잡한 실제 현상을 단순화 할 필요가 있다. 즉 모든 과정은 마찰 및 열손실이 없는 준평형 과정으로 가정한다. 작동유체는 순수한 공기이며, 연소 과정은 외부 열원에 의한 가열 과정, 배기와 흡기과정은 작동유체의 냉각과정으로 대치하여 열역학적 사이클을 이룬다고 본다.

이상과 같이 이상화된 기체동력 사이클을 공기표준 사이클(air-standard cycle)이라고 한다. 일반적으로 온도에 따른 비열의 변화를 무시하고 상온에서의 값을 사용하기 때문에 냉간 공기표준 사이클이라고도 한다. 공기표준 사이클의 중요한 가정을 요약하면 다음과 같다.

1. 작동유체는 공기이며 열역학적 사이클을 이룬다.
2. 공기는 (흔히 비열이 일정한) 이상기체로 취급한다.
3. 연소 과정은 고온 열원에서 계로 열전달 과정, 흡배기과정은 계에서 열흡수원으로의 열전달 과정으로 대치한다.
4. 사이클은 내부적으로 가역적이며 운동에너지와 위치에너지 변화는 무시한다(노즐이나 디퓨저 제외).

공기표준 사이클은 실제 기관보다 훨씬 더 높은 열효율을 나타낸다. 실제 사이클에서는 흡배기 과정의 손실, 온도 증가에 따른 비열의 증가, 비평형 과정, 불완전 연소, 열손실, 마찰 등이 열효율을 감소시키는 방향으로 작용하기 때문이다. 따라서 공기표준 사이클의 해석은 정량적인 값보다는 정성적인 특성에 의미를 두어야 한다.

10-2 왕복식 내연기관의 공기표준사이클

가솔린엔진이나 디젤엔진과 같이 피스톤-실린더 장치에 의한 왕복식(reciprocating) 내연기관의 개형은 |그림 10-1|과 같다. 피스톤은 하사점(BDC: bottom dead center)에서 상사점(TDC: top dead center)까지 왕복운동을 하며 그 거리를 행정(stroke), 그 체적을 배기체적(displacement volume)이라고 한다. 실린더의 내부 단면적을 보어(bore)라고 하므로 실린더의 배기체적은 행정과 보어의 곱과 같다. 한 사이클 동안의 출력을 배기체적으로 나눈 값을 평균유효압력(MEP: mean effective pressure)이라고 한다. 모든 실린더의 배기체적을 합한 것을 엔진 배기량(engine displacement)이라고 하며 엔진의 용량을 표시하는 척도로 사용한다.

왕복식 내연기관은 실린더 안에서 흡기(intake)밸브를 통하여 유입된 작동유체가 압축-가열-팽창 과정을 거치면서 피스톤을 통하여 출력을 발생한 후 배기(exhaust)밸브를 통하여 배출된다. 증기기관의 펌프, 보일러, 터빈의 기능을 하나의 장치에서 수행하는 것이다. 따라서 내연기관은 장치가 간단하므로 출력이 낮은 기관으로 적합하기 때문에 자동차 엔진을 비롯한 각종 수송기계의 동력원으로 널리 활용된다.

왕복식 내연기관은 가솔린 엔진과 같이 연료-공기 혼합 가스를 전기점화(SI; spark ignition) 방식으로 착화시키는 SI엔진과 고온의 압축공기에 연료를 분사하여 압축점화(CI; compression ignition)로 착화하는 CI엔진으로 나눌 수 있다.

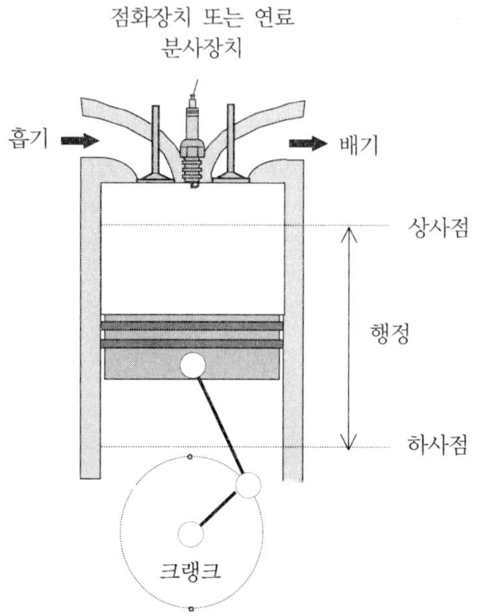

|그림 10-1| 왕복식 내연기관

또한 왕복식 내연기관에는 4행정 기관과 2행정 기관이 있다. 4행정 기관에서 엔진은 흡입-압축-폭발-배기의 4과정을 한 사이클로 하며 사이클당 폭발은 한번이지만 피스톤은 2회 왕복(크랭크샤프트 2회전)한다. 한편 2행정 기관은 흡입과정과 배기과정을 별도로 갖지 않고 흡기구와 배기구를 통하여 흡배기가 이루어지는 기관이다. 2행정 기관은 크랭크샤프트 1회선당 1회 폭발이 일어나므로 4행정 기관보다 더 큰 출력을 낼 수 있는 장점이 있으나 흡배기가 불확실하여 열효율이 낮고 불완전 연소가 되기 쉬운 단점이 있다.

1) Otto사이클

왕복식 기관에서 가솔린 엔진과 같은 SI엔진에 대한 공기표준 사이클을 Otto사이클이라고 한다. 이는 1876년 최초로 4행정 기관을 제작한 독일의 Niklaus A. Otto(1832~1891)의 이름을 딴 것이다.

4행정 SI기관의 $P-v$선도의 개형은 |그림 10-2|와 같다. 연료-공기 혼합가스를 흡기밸브를 열어 피스톤이 하사점에 이를 때까지 흡입(5 → 1)한 후 밸브를 닫고 압축(1 → 2)하여 거의 상사점에 가까이 이르렀을 때 전기 점화를 일으킨다. 혼합가스가 폭발적으로 연소가 되면서 압력이 급격히 상승(2 → 3)한 후 팽창과정(3 → 4)을 거치면 피스톤은 하사점에 이른다. 배기밸브가 열려 연소가스가 압력의 저하 및 배기(4 → 5)되면서 피스톤은 다시 상사점까지 도달하고 밸브가 닫긴다.

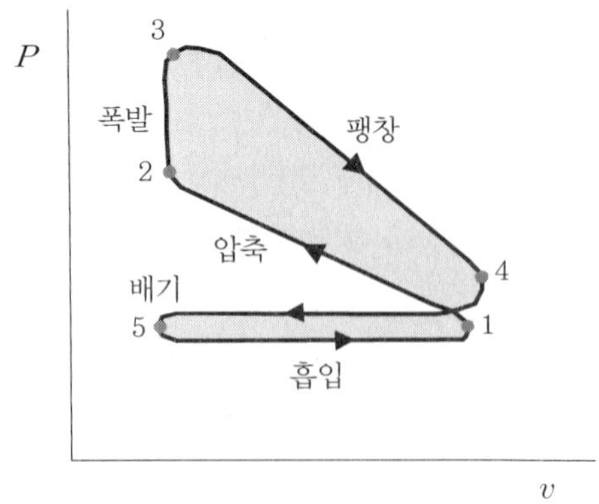

|그림 10-2| 실제 4행정 SI 엔진의 $P-v$선도

배기 과정에서 실린더 내부의 압력은 대기압보다 높고, 흡입 과정에서는 대기압보다 낮으므로 흡배기 과정에 동력이 소모된다. 그러나 이상적인 과정에서는 흡기와 배기과정은 압력차가 없다고 볼 수 있기 때문에 상쇄시킬 수 있다. 이와 같이 흡배기과정(4 → 5 → 1)을 정적 냉각과정(4 → 1)으로 치환하고, 또 폭발과정을 정적 가열과정으로 이상화한 사이클이 Otto사이클이다. 폭발과정이 정적과정이기 때문에 Otto 사이클은 정적 사이클이라고도 한다. Otto사이클의 $P-v$ 및 $T-s$선도를 그리면 |그림 10-3|과 같으며 각 과정은 다음과 같다.

1 → 2: 가역단열 압축($s=c$)
2 → 3: 정적 가열($v=c$)
3 → 4: 가역단열 팽창($s=c$)
4 → 1: 정적 냉각($v=c$)

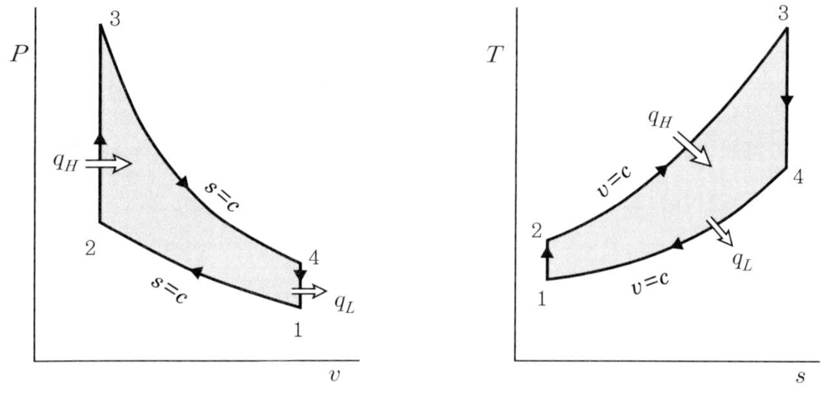

| 그림 10-3 | Otto사이클의 $P-v$선도 및 $T-s$선도

Otto사이클의 $P-v$선도 및 $T-s$선도는 | 그림 10-3 | 과 같다. 사이클에서 실린더의 최대 체적 v_1을 최소 체적인 간극(clearance)체적 v_2로 나눈 체적비를 압축비(compression ratio)라고 한다.

$$\gamma_v \equiv \frac{v_1}{v_2} \tag{10.1}$$

두 단열과정에서 온도비를 압축비의 함수로 나타내면

$$\frac{T_1}{T_2} = \left(\frac{v_2}{v_1}\right)^{k-1} = \frac{1}{\gamma_v^{k-1}}, \quad \frac{T_4}{T_3} = \left(\frac{v_3}{v_4}\right)^{k-1} = \frac{1}{\gamma_v^{k-1}} \tag{10.2}$$

가열량과 냉각열량은 각각 $q_H = C_v(T_3 - T_2)$, $q_L = C_v(T_4 - T_1)$ 이므로 열효율은 $\eta_{th} = 1 - q_L/q_H = 1 - (T_4 - T_1)/(T_3 - T_2)$에서 다음 식과 같은 압축비의 함수가 된다.

$$\eta_{th} = 1 - \frac{1}{\gamma_v^{k-1}} \tag{10.3}$$

Otto사이클의 열효율은 압축비가 클수록 증가한다. 그러나 연소특성 및 제작 상 압축비를 무한히 높일 수는 없다. 압축비가 클수록 압축 후의 기체 온도 T_2가 높아지므로, 이 온도가 연료 스스로 착화되는 자발화(auto ignition) 온도보다 높게 되면 전기점화가 일어나기 전에 스스로 점화된다. 이를 연료의 자발화 또는 조기점화라고 하며 특이한 소음을 내는 엔진노크(engine knok)를 일으켜 엔진의 성능 저하와 손상을 초래하므로 한계치인 약 12이상으로 압축비를 높일 수 없다.

연료의 노크에 대한 저항성의 척도를 옥탄가(octane rating)라고 하며 가솔린에 테트라에칠납(tetraethyle lead)을 첨가하면 저렴하게 옥탄가를 높일 수 있다. 그러나 유연가솔린(leaded gasoline)은 인체에 유해한 환경오염 물질을 배출하기 때문에 오늘날은 무연가솔린만 사용되므로 엔진의 열효율은 다소 감소되었다. 자동차 엔진의 경우 엔진의 효율 개선과 아울러 차체의 중량이나 공기저항을 줄이는 방향으로 기술개발을 함으로써 단위부피의 연료를 사용하여 주행할 수 있는 거리인 연비(fuel economy)를 높여 나가고 있다.

열효율에 영향을 미치는 또 다른 인자는 기체의 비열비로서 비열비가 클수록 열효율이 상승한다. 공기의 비열비는 상온에서 1.4이지만 온도가 상승할수록 감소하며, 실제 기관의 작동온도는 1000K~2000K에 이르므로 비열비는 평균 1.3정도로 볼 수 있다. 따라서 작동유체 온도 상승에 따른 비열비의 감소는 열효율 저하의 한 요인이 된다.

실제 기관에서는 불완전 연소 손실과 흡배기 과정에서의 동력손실이 있고 압축 및 팽창과정에서 열손실도 일어난다. 따라서 실제 기관은 이상 사이클에 비하여 열효율이 낮을 수밖에 없다. 압축비를 10이상으로 올리면 Otto사이클의 열효율은 50% 이상으로 될 수 있으나 실제 기관의 열효율은 약 25~30% 범위에 있다.

열효율과는 별도로 기관의 출력을 높이기 위한 방법으로 엔진의 배기를 이용하여 터빈을 구동하고 그 힘으로 흡입 공기를 압축하는 장치인 터보과급기(turbocharger)를 장착하면 흡기량의 증가로 25%까지 출력을 높일 수 있다.

예제 10-1

공기표준 Otto사이클에서 압축행정이 시작할 때의 압력은 0.1 MPa, 온도는 290 K이다. 압축비가 9이고 사이클당 계가 받은 열량이 2000 kJ/kg일 때, 사이클의 각 상태점의 온도와 압력, 열효율 및 평균유효압력을 구하라.

풀이

공기의 정적비열은 C_v =0.717 kJ/kg K로 일정하다고 보면

- 압축과정(1 → 2)

$$T_2 = T_1\left(\frac{v_1}{v_2}\right)^{k-1} = (290)(9)^{0.4} = 698\ \mathrm{K}$$

$$\frac{P_2 v_2}{T_2} = \frac{P_1 v_1}{T_1} \text{ 에서 } P_2 = \frac{T_2}{T_1}\frac{v_1}{v_2}P_1 = (698/290)(9)(0.1) = 2170\ \mathrm{kPa}$$

- 가열과정(2 → 3)

$$q_H = {}_2q_3 = C_v(T_3 - T_2) \text{ 에서 } T_3 = T_2 + \frac{q_H}{C_v} = 698 + 2000/0.716\,5 = 3487\ \mathrm{K}$$

$$P_3 = \frac{T_3}{T_2}P_2 = (3489/698)(2.17) = 10840\ \mathrm{kPa}$$

- 팽창과정(3 →4)

$T_4 = T_3(\frac{v_3}{v_4})^{k-1}$ =(3487)(1/9)$^{0.4}$= 1448 K

- 배기과정(4 → 1)

$P_4 = \frac{T_4}{T_1}P_1$ =(1449/290)(0.1) = 500 kPa

$q_L = {}_4q_1 = C_v(T_4 - T_1)$ =0.717(1448 - 290) = 830 kJ/kg

- 열효율

$\eta_{th} = 1 - \frac{q_L}{q_H}$=1-830/2000 = 0.585(58.5%)

또는

$\eta_{th} = 1 - \frac{1}{\gamma_v^{k-1}}$=1-(1/9)0.4 = 0.585(58.5%)

- 순출력

$w_{net} = q_H - q_L$ =2000-830 = 1170 kJ/kg

- 단위질량당 행정체적

$\Delta v = v_1 - v_2 = v_1(1 - v_2/v_1) = \frac{RT_1}{P_1}(1 - 1/\gamma_v) = \frac{(0.287)(290)}{(100)}(1 - 1/9)$ =0.740 m^3/kg

- MEP(평균유효압력)

MEP = (1170 kJ/kg)/(0.740 m^3/kg) = 1581 kPa

2) Diesel사이클

왕복식 기관 중 디젤기관과 같은 압축점화(CI; compression ignition)식 내연기관에 대한 공기-표준 사이클을 Diesel사이클이라고 한다. CI엔진은 공기를 자발화온도 이상으로 압축한 후 연료분사 장치로 연료를 분사하여 착화되게 함으로써 노킹문제를 피할 수 있는 엔진이며 1892년 Rudolph Diesel(1853~1913)에 의하여 처음으로 개발되었다. CI엔진은 상사점까지 압축된 고온의 공기에 연료를 분사하면 폭발이 일어나면서 피스톤이 밀려나간다. 연료를 분사하는 기간은 다소 길다고 할 수 있으며 이 과정에서 실린더의 체적은 상당한 팽창을 하는 반면 압력 변화는 그만큼 크지 않기 때문에 정압 가열과정에 가깝다고 생각할 수 있다. 나머지 과정은 Otto사이클과 다르지 않다. 따라서 Diesel사이클은 정압 가열-가역단열 팽창-정적 냉각-가역단열 압축으로 구성되며 정압 사이클이라고도 한다. 이 사이클도 비가역 사이클이지만 내부적으로는 가역적이며 이를 $P-v$선도 및 $T-s$선도로 나타내면 |그림 10-4|와 같다.

Diesel사이클에서 정압 가열과정 전후의 체적비를 차단비(cutoff ratio) r_c라고 한다.

$$r_c \equiv \frac{v_3}{v_2} \tag{10.4}$$

두 단열과정에서 온도 비를 압축비와 차단비의 함수로 나타내면

$$\frac{T_1}{T_2}=\left(\frac{v_2}{v_1}\right)^{k-1}=\frac{1}{\gamma_v^{k-1}} \tag{10.5a}$$

$$\frac{T_4}{T_3}=\left(\frac{v_3}{v_4}\right)^{k-1}=\left(\frac{v_2}{v_4}\frac{v_3}{v_2}\right)^{k-1}=\frac{r_c^{k-1}}{\gamma_v^{k-1}} \tag{10.5b}$$

또한 정압과정 2-3에서

$$\frac{T_3}{T_2}=\frac{v_3}{v_2}=r_c \tag{10.5c}$$

따라서 Diesel 사이클의 열효율은

$$\eta_{th}=1-\frac{q_L}{q_H}=1-\frac{C_v(T_4-T_1)}{C_p(T_3-T_2)}=1-\frac{T_1(T_4/T_1-1)}{kT_2(T_3/T_2-1)} \tag{10.6}$$

식(10.5)를 이용하여 온도비를 압축비 및 차단비의 함수로 나타내면 열효율은

$$\eta_{th}=1-\frac{1}{\gamma_v^{k-1}}\left\{\frac{\gamma_c^k-1}{k(\gamma_c-1)}\right\} \tag{10.7}$$

Diesel사이클의 열효율은 Otto사이클과 같이 압축비 γ_v가 클수록 높아지나 차단비 γ_c는 클수록 낮아진다. 그런데 차단비가 클수록 열효율은 낮아지지만 사이클 면적이 커지므로 출력은 증가한다. 차단비는 연소 전후의 체적비를 나타내므로 차단비가 크면 연료가 많이 들어가서 출력은 증가하고 연소시간 즉 연료의 분사 기간이 길어진다. 그러나 차단비가 클수록 배기 밸브가 열릴 때까지 시간이 상대적으로 짧아지므로 불완전 연소가 될 수 있다.

Diesel사이클의 열효율을 Otto사이클과 비교하여 보자. 같은 압축비라면 |그림 10-4|에서 사이클123″41과 사이클12341 또는 123′4′1를 비교해 보면 Diesel사이클이 불리하다. 그러나 노킹문제가 없는 Diesel사이클은 Otto사이클보다 압축비를 크게 높일 수 있으므로 같은 최대 압력(또는 최고 온도)에서 비교하는 것이 의미가 있다. 이 경우 사이클 12′341과 12341을 비교해 보면 Diesel사이클의 열효율이 Otto사이클보다 더 높은 것을 알 수 있다.

CI엔진은 통상 압축비를 7~10으로 유지하는 Otto사이클보다 훨씬 큰 12~24까지 높일 수 있으며 연소시간을 길게 할 수 있으므로 실린더 체적을 보다 크게 하여 엔진을 대형화하고 저속 회전으로 운전할 수 있다. 따라서 대형 디젤엔진은 100~150 rpm의 낮은 회전속도(가솔린 엔진은 1000~6000 rpm으로 운전)로 수십 MW의 출력을 낼 수 있으며 열효율은 35%에서 40%에 이른다. 또 디젤엔진은 가솔린엔진에 비하여 노킹 염려가 없으므로 연

료의 선택이 자유롭기 때문에 발열량 대비 저가의 연료를 사용하므로 그만큼 경제적일 수 있다. 다만 디젤엔진은 불완전 연소가 일어나기 쉬우므로 배기가스에 의한 대기오염 문제를 고려해야 한다. 이러한 특성으로 디젤엔진은 선박용 엔진으로 널리 사용된다.

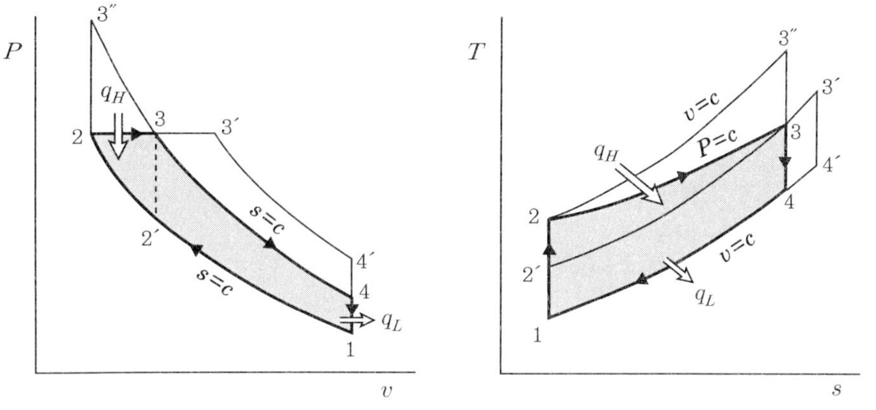

| 그림 10-4 | Diesel사이클의 $P-v$선도 및 $T-s$선도

SI엔진이나 CI엔진의 실제 폭발과정은 단순한 정적과정이나 정압과정과는 상당한 차이가 있다. 폭발 과정을 정적과정과 정압과정의 혼합 과정으로 모델링하면 보다 더 실제 과정에 가까운 해석이 될 수 있다. 이를 이중(dual)사이클이라고 하며 정적과정과 정압과정의 배분에 따라서 정적 사이클에서부터 정압 사이클에 이르는 특성변화를 나타내게 된다.

예제 10-2

공기표준 Diesel사이클에서 압축행정이 시작할 때의 압력은 0.1 MPa, 온도는 290 K이다. 압축비가 18이고 사이클당 계가 받은 열전달량이 2000 kJ/kg일 때, 사이클 각 상태 점의 온도와 압력, 열효율 및 평균유효압력을 구하라.

풀이

공기의 비열은 $C_v = 0.717$ kJ/kg K, $C_p = 1.004$ kJ/kg K로 일정하다고 보고 이상기체로 가정하면

$$v_1 = \frac{RT_1}{P_1} = \frac{(0.287)(290)}{(100)} = 0.8323 \text{ m}^3/\text{kg}$$

• 압축과정(1 → 2)

$$T_2 = T_1\left(\frac{v_1}{v_2}\right)^{k-1} = (290)(18)^{0.4} = 922\text{K}$$

$$v_2 = v_1/\gamma_v = 0.8323/18 = 0.0462 \text{ m}^3/\text{kg}$$

$$P_2 = \frac{RT_2}{v_2} = \frac{(0.287)(922)}{(0.0462)} = 5.73 \text{ MPa}$$

• 가열과정(2 → 3)

$$q_H = {}_2q_3 = C_p(T_3 - T_2) \text{에서} \quad T_3 = T_2 + \frac{q_H}{C_p} = 922 + 2000/1.004 = 2915\ \text{K}$$

$$P_3 = P_2 = 5.73\ \text{MPa}$$

$$v_3 = \frac{RT_3}{P_3} = \frac{(0.287)(2915)}{(5730)} = 0.146\ \text{m}^3/\text{kg}$$

• 팽창과정(3 → 4)

$$T_4 = T_3\left(\frac{v_3}{v_4}\right)^{k-1} = (2915)(0.146/0.8323)^{0.4} = 1453\ \text{K}$$

$$P_4 = \frac{T_4}{T_1}P_1 = (1453/290)(0.1) = 0.50\ \text{MPa}$$

$$q_L = {}_4q_1 = C_v(T_4 - T_1) = 0.717(1453 - 290) = 834\ \text{kJ/kg}$$

• 열효율

$$\eta_{th} = 1 - \frac{q_L}{q_H} = 1 - 834/2000 = 0.583(58.3\%)$$

또는 압축비, 차단비 = 0.146/0.0462 = 3.16을 이용하여 식(10.7)에 대입하면

$$\eta_{th} = 1 - \frac{1}{\gamma_v^{k-1}}\left\{\frac{\gamma_c^k - 1}{k(\gamma_c - 1)}\right\} = 1 - \frac{1}{18^{1.4-1}}\left[\frac{3.16^{1.4} - 1}{1.4(3.16 - 1)}\right] = 0.583(58.3\%)$$

• 순출력

$$w_{net} = q_H - q_L = 2000 - 834 = 1166\ \text{kJ/kg}$$

• 단위질량당 행정체적

$$\Delta v = v_1 - v_2 = v_1(1 - 1/\gamma_v) = (0.8323)(1 - 1/18) = 0.7861\ \text{m}^3/\text{kg}$$

• MEP = (1166 kJ/kg)/(0.7861 m³/kg) = 1484 kPa

10-3 Stirling사이클

Carnot사이클이 외부적으로 가역적이게 하는 미소 온도차를 통한 등온 열전달 과정을 실현하기 어려운 것은 온도차가 작을수록 동일 출력을 위한 열교환 면적이 증가하므로 엔진이 커지기 때문이다. 가스엔진에 Carnot사이클을 적용할 경우 엔진이 커지는 또 다른 이유는 팽창과정에서 나오는 출력에 대하여 압축과정에 들어가는 입력인 역일비가 매우 크다는 점이다. 역일비가 크다는 것은 평균유효압력이 작다는 것을 의미한다. 이는 사이클 일을 작게 함으로써 소정의 순출력을 위해서는 그만큼 장치가 커지게 되는 것을 의미한다. 엔진의 열효율은 높을수록 바람직하지만 그 부피가 너무 크다면 실용성이 떨어지게 된다. 또한 장치가 클수록 동력의 손실도 그만큼 커지게 되어 실제 열효율은 저하한다.

Carnot사이클보다 사이클당 출력을 높이기 위하여 고안된 사이클이 | 그림 10-5 | 와 같은 Stirling사이클과 Ericsson사이클이다. 전자는 Carnot사이클의 단열과정을 정적과정으로, 후자는 정압과정으로 대치한 사이클이다. 이 과정에서 기체는 가열 또는 냉각되면서 온도가 변화하게 되므로 비가역적으로 되고 사이클은 비가역사이클이 된다. 따라서 사이클당 출력은 높일 수 있으나 열효율이 낮아지게 된다. 이의 대책으로 정적과정이나 정압과정에서 냉각과정의 열($T-s$선도의 면적 41cd4)을 가열과정($T-s$선도의 면적 23ba2)에 재이용하도록 하는 재생사이클이 적용되었다. 따라서 두 사이클 모두 정적과정이나 정압과정이 외부에 대해서는 단열이기 때문에 내부적으로 가역이 되도록 하면 가역사이클이 된다. 그러므로 이 사이클의 고온 열원으로부터 수열 온도와 저온 침체체로의 방열 온도를 가각 T_h, T_l이라고 할 때 열효율은 다음과 같다.

$$\eta_{th} = 1 - \frac{T_l}{T_h} \tag{10.8}$$

따라서, 수열온도가 열원의 온도와 같고, $T_h = T_H$, 방열온도가 열침체의 온도와 같다면, $T_\ell = T_L$, 외부적으로도 가역적이 되므로 Carnot 사이클과 열효율이 같게 된다.

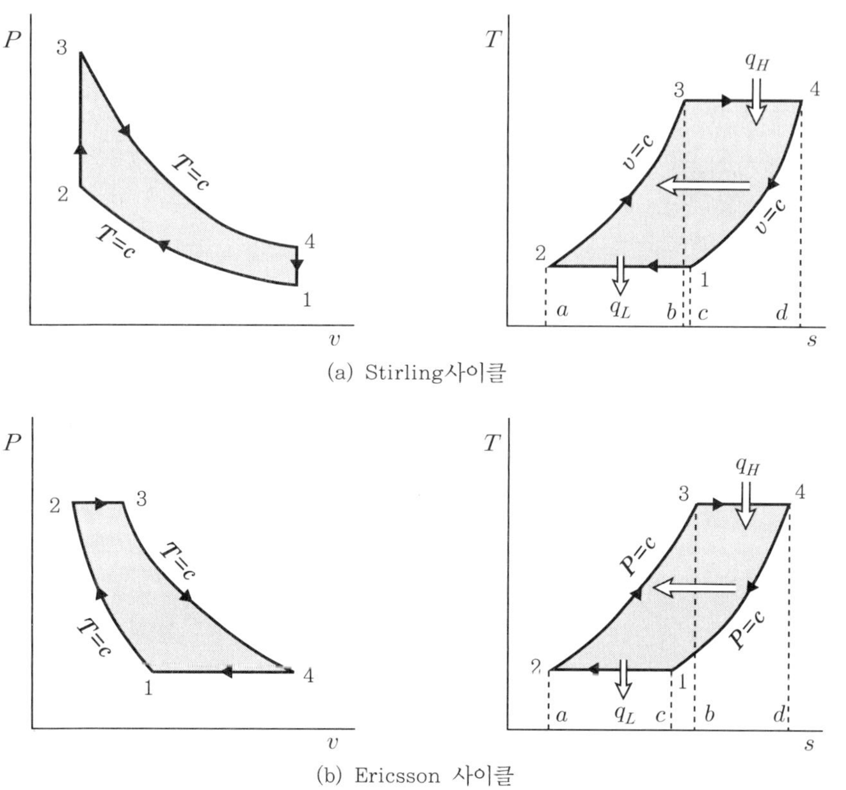

(a) Stirling사이클

(b) Ericsson 사이클

| 그림 10-5 | Stirling 및 Ericsson 사이클의 $P-v$선도 및 $T-s$선도

Stirling사이클로 작동하는 여러 종류의 기관이 고안되었으며 그 중 하나는 |그림 10-6| 과 같이 두 피스톤 사이의 실린더에 밀폐된 일정량의 유체가 외부와 열교환을 하고 내부의 재생기에 축열 또는 방열 하면서 사이클을 이루는 기관이다. 이 기관에서 기체가 최대로 팽창된 상태를 1이라고 할 때 사이클은 다음과 같이 이루어진다.

- 가역등온 압축(1 → 2)
  우측의 저온 기체가 온도 T_L인 저온 열흡수원으로 열을 방출하고, 우측 피스톤이 좌측으로 이동하며 기체를 압축하여, 기체는 일정 온도에서 부피만 감소
- 가역정적(2 → 3)
  좌우 피스톤이 동시에 좌측으로 이동할 때 우측의 차가운 기체가 부피는 일정하게 유지하면서 재생기에서 열을 받고 가열되어 좌측으로 이동
- 가역등온 팽창(3 → 4)
  온도 T_H인 고온 열원에서 기체가 열을 받으면서 좌측 피스톤을 밀어내며 팽창
- 가역정적(4 → 1)
  좌우 피스톤이 동시에 우측으로 이동할 때 좌측의 뜨거운 기체가 재생기에 열을 축열하고 냉각되어 우측으로 이동

이상과 같이 외연기관으로 작동하는 Stirling 기관은 작동유체는 완전히 밀폐 상태에서 작동하므로 유체의 선택이 자유로운 장점이 있으나 고온에서 정적과정으로 작동하는 고효율 열교환기의 구현이 어렵기 때문에 실용화되지 못했다. 최근 내열 재료의 등장과 고효율 열교환기의 개발로, Stirling 기관은 태양열과 같은 외부 열원으로 구동되는 고효율 엔진, 또는 가스 액화 및 저온 냉동 장치로서 새롭게 주목을 받고 있다.

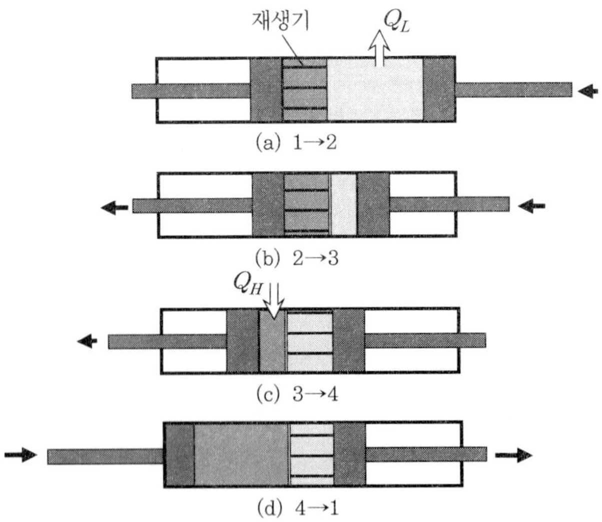

| 그림 10-6 | Stirling 기관의 예

예제 10-3

공기표준 Stirling사이클에서 압축행정이 시작할 때의 압력은 0.1 MPa, 온도는 290 K이다. 최고 온도가 1000 K, 압력이 10.0 MPa일 때, 사이클 각 상태점의 온도와 압력, 열효율 및 평균 유효압력을 구하라. 또 같은 조건에서 작동하는 Carnot사이클과 비교하라.

풀이

공기의 비열은 $C_v = 0.717$ kJ/kg K, $C_p = 1.004$ kJ/kg K이 일정하다고 보면

• Stirling cycle의 경우

$$T_1 = 290\ \text{K}$$

$$P_1 = 0.1\ \text{MPa}$$

$$v_1 = \frac{RT_1}{P_1} = \frac{(0.287)(290)}{(100)} = 0.8323\ \text{m}^3/\text{kg}$$

$$T_2 = T_1 = 290\ \text{K}$$

$$v_2 = v_3 = \frac{RT_3}{P_3} = \frac{(0.287)(1000)}{(10000)} = 0.0287\ \text{m}^3/\text{kg}$$

$$P_2 = \frac{RT_2}{v_2} = \frac{(0.287)(290)}{(0.0287)} = 2900\ \text{kPa}$$

$$T_3 = 1000\ \text{K}$$

$$P_3 = 10.0\ \text{MPa}$$

$$T_4 = T_3 = 1000\ \text{K}$$

$$v_4 = v_1 = 0.8323\ \text{m}^3/\text{kg}$$

$$P_4 = \frac{RT_4}{v_4} = \frac{(0.287)(1000)}{(0.8323)} = 345\ \text{kPa}$$

$$q_L = -({}_1q_2) = -RT_1\ln\left(\frac{v_2}{v_1}\right) = -(0.287)(290)\ln\left(\frac{0.0288}{0.8323}\right) = 280\ \text{kJ/kg}$$

$${}_2q_3 = C_v(T_3 - T_2) = (0.7165)(1000-290) = 509\ \text{kJ/kg} = -{}_4q_1\ (\text{재생})$$

$$q_H = {}_3q_4 = RT_3\ln\left(\frac{v_4}{v_3}\right) = (0.287)(1000)\ln\left(\frac{0.8323}{0.0287}\right) = 966\ \text{kJ/kg}$$

따라서 열효율은

$$\eta_{th} = 1 - \frac{q_L}{q_H} = 1 - \frac{280}{966} = 0.71(71\%)$$

또는

$$\eta_{th} = 1 - \frac{T_l}{T_h} = 1 - \frac{290}{1000} = 0.71(71\%)$$

순출력은

$$w_{net} = q_H - q_L = 966 - 280 = 686\ \text{kJ/kg}$$

평균유효압력은

$$\mathrm{MEP} = \frac{w_{net}}{v_1 - v_2} = \frac{686}{0.8323 - 0.0287} = 854\ \mathrm{kPa}$$

• Carnot사이클의 경우

$$P_a = \left(\frac{T_a}{T_3}\right)^{\frac{k}{k-1}} P_3 = \left(\frac{290}{1000}\right)^{1.4/0.4} (10000) = 131\ \mathrm{kPa}$$

$$P_b = \left(\frac{T_b}{T_1}\right)^{\frac{k}{k-1}} P_1 = \left(\frac{1000}{290}\right)^{1.4/0.4} (100) = 7610\ \mathrm{kPa}$$

$$q_H = RT_3 \ln\left(\frac{v_b}{v_3}\right) \equiv RT_3 \ln\left(\frac{P_3}{P_b}\right) = (0.287)(1000)\ln(10000/7610) = 78.8\ \mathrm{kJ/kg}$$

$$q_L = -RT_3 \ln\left(\frac{v_a}{v_1}\right) \equiv RT_3 \ln\left(\frac{P_a}{P_1}\right) = (0.287)(290)\ln(131/100) = 22.5\ \mathrm{kJ/kg}$$

순출력은

$$w_{net} = q_H - q_L = 78.8 - 22.5 = 56.3\ \mathrm{kJ/kg}$$

$$\eta_{th} = 1 - \frac{q_L}{q_H} = 1 - \frac{22.5}{78.8} = 0.71(71\%)$$

또는

$$\eta_{th} = 1 - \frac{T_L}{T_H} = 1 - \frac{290}{1000} = 0.71(71\%)$$

평균유효압력은

$$\mathrm{mep} = \frac{w_{net}}{v_1 - v_3} = \frac{56.3}{0.8323 - 0.0287} = 70\ \mathrm{kPa}$$

• 동일한 행정체적과 작동 온도 범위에서 Stirling사이클이 열효율은 Carnot사이클과 같으나 평균유효압력, 즉 순일은 전자가 Carnot사이클의 10배 이상이나 큰 것을 알 수 있다.

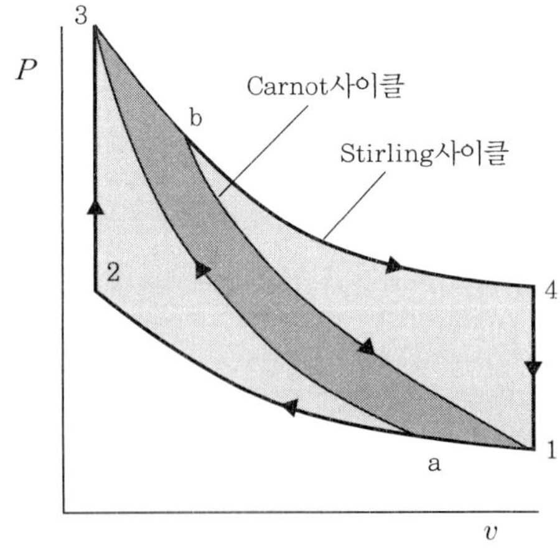

| 그림 10-7 | 예제 10-3

10-4 가스터빈 사이클

가스터빈은 압축기와 연소실 및 터빈으로 구성된다. 압축기에서 압축된 공기는 연소실에서 가열된 후 터빈을 통하여 팽창하면서 일을 하고 배기된다(|그림 10-8a| 참조). 가스터빈은 왕복식 내연기관의 각 과정을 일련의 기기를 순환하면서 정상상태 과정을 통하여 수행하는 내연기관이다. 원자력을 이용하는 가스터빈의 경우는 배기에 의한 방사능 오염을 막기 위하여 외부 가열에 의하여 스팀터빈 사이클과 같은 밀폐사이클로 작동할 수 있다(|그림 10-8b| 참조). 그러나 어느 경우든 공기표준 사이클로 해석하면 차이가 없다.

가스터빈은 증기원동소나 디젤엔진에 비교할 때 크기와 무게에 비하여 큰 동력을 얻을 수 있고, 신뢰성이 높으며 수명이 길고 시동성이 좋은 장점이 있다. 이러한 특성으로 인하여 가스터빈은 항공기 엔진으로 사용되고, 저렴한 비용과 빠른 시동성으로 인하여 비상 발전이나 피크부하용 및 선박용으로 널리 사용된다. 가스터빈은 그 단점인 열효율 개선을 위해서 디젤엔진 또는 증기터빈 사이클과 복합사이클로도 활용된다.

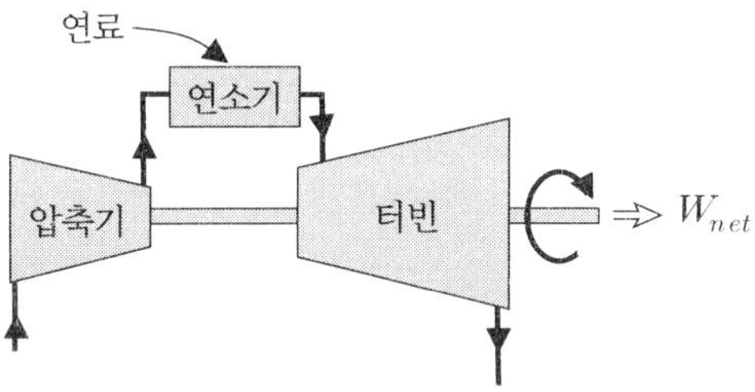

(a) 개방 사이클

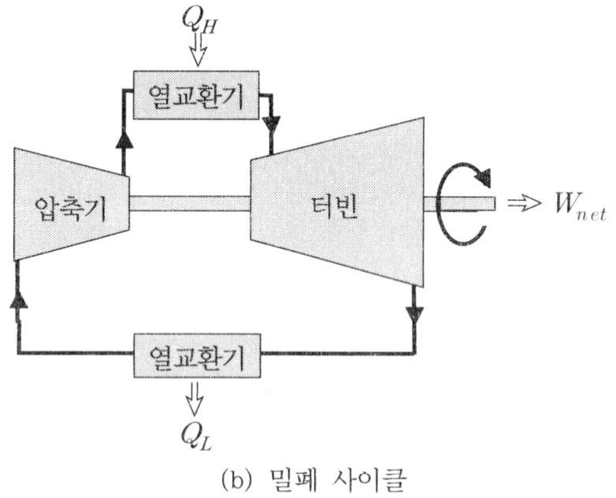

(b) 밀폐 사이클

|그림 10-8| Brayton사이클의 구성

1) Brayton사이클

가스터빈에 대한 공기표준 사이클을 Brayton사이클이라고 한다. Brayton사이클은 Rankine사이클과 같이 가역단열 압축-정압가열-가역단열 팽창-정압냉각 과정으로 구성된 정상유동계로 이루어진다. Rankine사이클은 물을 작동물질로 하여 물의 상변화를 이용하나 Brayton사이클은 작동물질이 상변화를 하지 않는 이상기체인 공기를 사용하는 점이 다르다. Brayton사이클의 $P-v$ 및 $T-s$선도를 그리면 |그림 10-9|와 같으며 각 과정은 다음과 같다.

1 → 2: 압축기 - 가역단열 압축($s = c$)

2 → 3: 열교환기 - 정압 가열($P = c$)

3 → 4: 터빈 - 가역단열 팽창($s = c$)

4 → 1: 열교환기 - 정압 방열($P = c$)

Brayton사이클의 $P-v$선도 및 $T-s$선도는 |그림 10-9|와 같다.

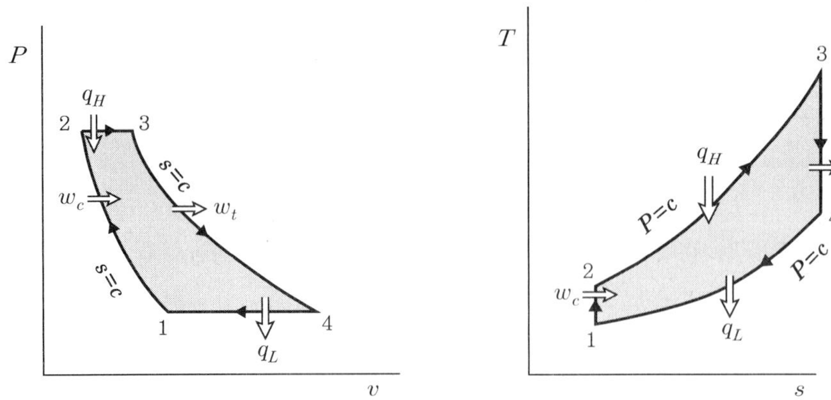

(a) $P-v$선도 (b) $T-s$선도

|그림 10-9| Brayton사이클

Brayton사이클에서 최고압력과 최저압력의 비를 압력비(pressure ratio)라고 한다.

$$\gamma_p \equiv \frac{P_2}{P_1} \tag{10.9}$$

단열 과정에 대한 온도비를 압력비의 함수로 나타내면

$$T_2/T_1 = (P_2/P_1)^{\frac{k-1}{k}} = \gamma_p^{(k-1)k} \tag{10.10a}$$

$$T_3/T_4 = (P_3/P_4)^{\frac{k-1}{k}} = \gamma_p^{(k-1)/k} \tag{10.10b}$$

위의 두 식에서

$$\frac{T_3}{T_4} = \frac{T_2}{T_1} = \gamma_p^{(k-1)/k} \tag{10.10c}$$

따라서 열효율은 $\eta_{th} = 1 - q_L/q_H = 1 - [C_p(T_4 - T_1)[/[C_p(T_3 - T_2)]$에서 식(10.10)을 적용하면 압력비의 함수가 된다.

$$\eta_{th} = 1 - \frac{T_1}{T_2} = 1 - \frac{T_4}{T_3} = 1 - \frac{1}{\gamma_p^{(k-1)/k}} \tag{10.11}$$

식에서 알 수 있듯이 Brayton사이클의 열효율은 압력비가 높을수록 증가한다.

사이클의 최고 온도는 터빈 입구온도 T_3이고, 최소 온도는 압축기의 입구온도 T_1으로서 주변 대기의 온도라고 할 수 있다. 터빈 일에서 압축기 일을 뺀 단위질량당 순출력은 다음과 같이 최고온도와 압력비의 함수가 된다.

$$w_{net} = C_p(T_3 - T_4) - C_p(T_2 - T_1) = C_p(T_1 + T_3 - T_1\gamma_p^{(k-1)/k} - T_3/\gamma_p^{(k-1)/k}) \tag{10.12}$$

최고 온도가 증가할수록 출력은 증가한다. 그러나 같은 최고 온도에 대하여 압력비가 증가할 때 출력이 증가하다가 다음 값에서 최댓값을 갖는다.

$$\gamma_{p,\max} = \left(\frac{T_3}{T_1}\right)^{\frac{k}{2(k-1)}} \tag{10.13}$$

단위유량당 출력의 감소는 같은 출력에 대한 유량 증가를 의미하므로 가능한 한 출력이 높도록 압력비를 맞추게 된다. 경우에 따라서는 열효율보다 출력이 더 중요할 수도 있다. 식(10.13)은 최고온도가 높을수록 최대 출력을 얻는 압력비 $\gamma_{p,\max}$이 커지게 됨을 가리킨다. 실제 가스터빈에서는 압력비를 11~16 범위로 설계한다.

가스터빈 사이클의 압축기는 기체를 압축하므로 터빈일에 대한 압축일의 비인 역일비가 40~80%에 이르는 높은 값이다. 따라서 압축기 및 터빈효율이 매우 중요하며 60% 미만이면 사이클 일은 0이 된다. 이러한 특성은 실제 사이클의 열효율이 낮아지는 요인이 된다.

가스터빈은 터빈 배기 온도가 높으므로 유용에너지의 손실이 크다. 그러나 최고온도인 터빈 입구의 온도를 높임으로써 열효율을 높일 수 있다. 최고온도를 900℃에서 1200℃로 올리면 열효율은 25% 이상, 동력은 70% 이상 증대될 수 있다. 물론 가스터빈에서도 재료의 내열 한계로 인하여 최고온도는 제한된다. 최근 터빈 블레이드를 세라믹으로 코팅하거나 압축기로부터 나오는 찬 공기로 냉각 시키는 등 진보된 기술로 인하여 1400℃ 이상으로 최고온도를 높일 수 있게 됨으로써 30% 이상의 열효율을 얻을 수 있다.

제트추진용 가스터빈의 경우에는 |그림 10-10|과 같이 터빈 출력은 압축기와 기타 기기 구동에 필요한 출력만 얻으면 된다. 공기는 먼저 디퓨저(diffuser)를 통하여 압축(1 → a)된

후 압축기에서 10~25의 높은 압축비로 압축(a → 2)된다. 이 고압의 압축 공기는 연소기를 지나면서 고온의 가스로 된 다음 터빈에서 중간 정도의 압력까지만 팽창(3 → 4)하고 나머지는 노즐을 통한 팽창(4 → 5)으로 고속의 제트를 만들어 추진력을 얻는다. 이러한 엔진을 제트엔진 또는 터보제트(turbojet)엔진이라고 한다. 프로펠러를 구동하여 다량의 기체를 저속으로 가속하는 엔진을 프로펠러구동(propeller-driven)엔진, 터보제트와 프로펠러 제트를 모두 이용하는 엔진을 터보프랍(turboprop) 엔진이라고 한다.

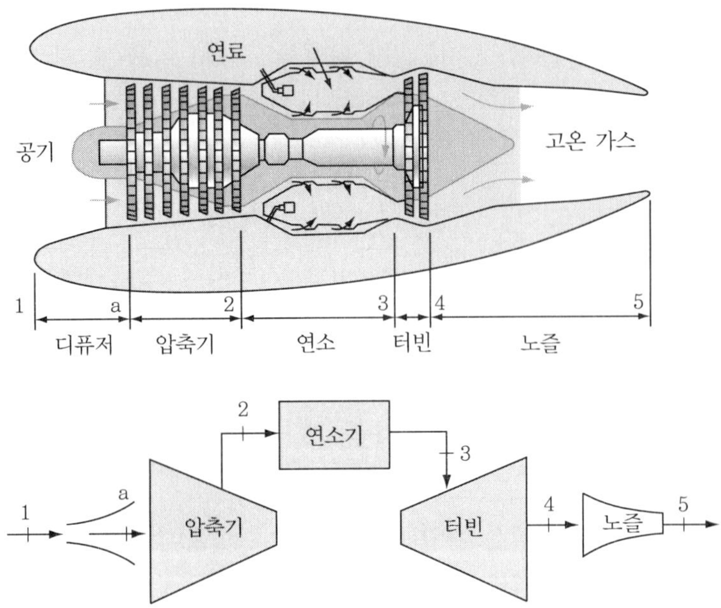

| 그림 10-10 | 제트추진용 가스터빈

예제 10-4

공기표준 Brayton사이클에서 압축기 입구에서 압력은 0.1 MPa, 온도는 290 K이다. 압축기 출구에서 압력이 1.0 MPa이고 최고 온도가 1400 K일 때 사이클 각 상태점의 온도와 압력, 압축기와 터빈의 일 및 열효율을 구하라.

풀이

공기의 정압비열은 $C_p = 1.004$ kJ/kg K로 일정하다고 보면

• 압축 과정(1 → 2)

$T_1 = 290$ K

$P_1 = 0.1$ MPa

$$v_1 = \frac{RT_1}{P_1} = \frac{(0.287)(290)}{(100)} = 0.8323 \text{ m}^3/\text{kg}$$

$P_2 = 1.0\text{ MPa}$

$$T_2 = \left(\frac{P_2}{P_1}\right)^{\frac{k-1}{k}} T_1 = (10)^{0.4/1.4} 290 = 560\text{ K}$$

- 팽창 과정(3 → 4)

$T_3 = 1400\text{ K}$

$P_3 = P_2 = 1.0\text{ MPa}$

$P_4 = P_1 = 0.1\text{ MPa}$

$$T_4 = \left(\frac{P_4}{P_3}\right)^{\frac{k-1}{k}} T_3 = (0.1)^{0.4/1.4}(1400) = 725\text{K}$$

- 압축기 일

$w_c = h_2 - h_1 = C_p(T_2 - T_1) = (1.004)(560 - 290) = 271\text{ kJ/kg}$

- 터빈 일

$w_t = h_3 - h_4 = C_p(T_3 - T_4) = (1.0035)(1400 - 725) = 678\text{ kJ/kg}$

- 역일비

$$\frac{w_c}{w_t} = \frac{271}{678} = 0.40(40\%)$$

- 순출력

$w_{net} = w_t - w_c = 677 - 271 = 407\text{ kJ/kg}$

가열기에서 공급열량

$q_H = h_3 - h_2 = C_p(T_3 - T_2) = (1.004)(1400 - 560) = 843\text{ kJ/kg}$

방열기에서 방열량

$q_L = h_4 - h_1 = C_p(T_4 - T_1) = (1.004)(725 - 290) = 437\text{ kJ/kg}$

- 열효율

$$\eta_{th} = 1 - \frac{q_L}{q_H} = 1 - \frac{437}{843} = 0.48(48\%)$$

또는 $r_p = 1/0.1 = 10$을 식(10.11)에 대입하여

$$\eta_{th} = 1 - \frac{1}{\gamma_p^{(k-1)/k}} = 1 - \frac{1}{10^{(1.4-1)1.4}} = 0.48(48\%)$$

예제 10-5

예제 10-4의 공기표준 Brayton사이클에서 압축기 효율이 80%, 터빈 효율이 85%이며 다른 손실은 무시할 때 열효율을 구하라.

풀이

- 압축 과정($1 \to 2$)

  등엔트로피 과정일 때

  $T_1 = 290\text{ K},\ P_1 = 0.1\text{ MPa}$

  $P_2 = 1.0\text{ MPa}$

  $$T_{2s} = \left(\frac{P_2}{P_1}\right)^{\frac{k-1}{k}} T_1 = (10)^{0.4/1.4}290 = 560\text{ K}$$

  $w_{cs} = C_p(T_{2s} - T_1) = (1.004)(560 - 290) = 271\text{ kJ/kg}$

  실제 압축기 일

  $w_c = w_{cs}/\eta_c = 271/0.8 = 339\text{ kJ/kg}$

  $w_c = C_p(T_2 - T_1)$에서

  $$T_2 = T_1 + \frac{w_c}{C_p} = 290 + \frac{339}{1.004} = 628\text{ K}$$

  $T_3 = 1400\text{ K}$

- 터빈($3 \to 4$)

  등엔트로피 팽창일 때

  $$T_{4s} = \left(\frac{P_4}{P_3}\right)^{\frac{k-1}{k}} T_3 = (0.1)^{0.4/1.4}(1400) = 725\text{ K}$$

  $w_{ts} = h_3 - h_4 = C_p(T_3 - T_{4s}) = (1.004)(1400 - 725) = 678\text{ kJ/kg}$

  실제 터빈 일은

  $w_t = \eta_t w_{ts} = 0.85 \times 678 = 576\text{ kJ/kg}$

- 순출력

  $w_{net} = w_t - w_c = 576 - 339 = 237\text{ kJ/kg}$

  가열기에서 공급열량

  $q_H = C_p(T_3 - T_2) = (1.004)(1400 - 628) = 775\text{ kJ/kg}$

- 열효율

  $$\eta_{th} = \frac{w_{net}}{q_H} = \frac{237}{775} = 0.31(31\%)$$

  압축기와 터빈 효율을 고려한 결과 열효율이 48%(예제 10-4)에서 31%로 저하된 것을 알 수 있다. 여기에 기타손실까지 고려하면 더욱 효율은 낮아진다.

예제 10-6

압축기 입구에서 압력은 0.1 MPa, 온도는 290 K이다. 압축기 출구에서 압력이 1.0 MPa이고 최고 온도가 1400 K이다. 터빈에서 팽창은 압축기를 구동하는데 필요한 만큼만 하고 터빈을 나온 기체는 노즐을 통해서 0.1 MPa까지 팽창할 때 노즐 출구의 공기속도를 구하라. 단, 모든 과정은 이상적으로 이루어지며 압축기와 터빈은 단열과정이라고 가정한다.

풀이

공기의 정압비열은 $C_p = 1.004$ kJ/kg K로 일정하다고 가정하며 터빈 출구를 4, 노즐출구를 5번으로 놓는다.

예제 10-4에서 압축기 일은 271 kJ/kg

터빈 일은 $w_t = h_3 - h_4 = C_p(T_3 - T_4) = (1.004)(1400 - T_4) = 271$ kJ/kg에서

$T_4 = 1130$ K

$$P_4 = P_3\left(\frac{T_4}{T_3}\right)^{\frac{k}{k-1}} = (1000)\left(\frac{1130}{1400}\right)^{1.4/0.4} = 472 \text{ kPa}$$

노즐입구의 유속을 무시하면

$$h_4 = h_5 + \frac{\boldsymbol{V}_5^2}{2}$$

에서 $T_5 = 725$ K(예제 10-4의 T_4와 동일함)를 이용하여 노즐출구 속도를 구하면

$$\boldsymbol{V}_5 = \sqrt{2C_p(T_4 - T_5)} = \sqrt{2(1004)(1130 - 725)} = 902 \text{ m/s}$$

2) 가스터빈 사이클의 열효율을 높이는 방법

가스터빈 사이클의 열효율을 향상시키는 방법은 증기동력 사이클에서와 같이 사이클을 가역사이클에 가깝도록 하는 것이다.

Brayton사이클이 Carnot사이클과 다른 점은 가열과정과 냉각과정이 정압과정으로 진행되면서 외부적으로 비가역적이 된다는 것이다. 이 과정의 비가역성을 줄이려면 방열하는 열의 일부를 재생기를 통하여 가열과정에 재활용하는 것이다. 증기기관의 재생사이클과 같이 터빈에서 나오는 배기가스와 압축기에서 연소기로 들어가는 공기 사이에 열교환기를 설치하여 공기를 가열한 후 연소가 일어나게 하는 것이다. 배기 온도가 압축 공기보다 높은 범위에서만 가열이 가능하므로 배기열의 일부만 재생에 활용할 수 있다. |그림 10-11|의 면적 y4dcy에 해당하는 방열량이 면적 2xba2에 해당하는 가열량으로 재활용된다. 이 때 열원에 의한 가열 과정은 x에서 3까지이고 주위로의 방열 과정은 y에서 1까지가 된다. 평균 가열온도는 상승하고 냉각온도는 내려가는 효과를 내기 때문에 사이클 효율은 증가하게 된다. 이상적인 재생기는 $T_x = T_{x'}(= T_4)$, $T_y = T_{y'}(= T_2)$인 경우다. 이 때 가열량과 냉각열량을 구하면

$$q_H = C_p(T_3 - T_{x'}) = C_p(T_3 - T_4) \tag{10.14a}$$

$$q_L = C_p(T_{y'} - T_1) = C_p(T_2 - T_1) \tag{10.14b}$$

따라서 열효율은

$$\eta_{th} = 1 - \frac{q_L}{q_H} = 1 - \frac{T_2 - T_1}{T_3 - T_4} = 1 - \frac{T_1}{T_3}\frac{[(P_2/P_1)^{(k-1)/k} - 1]}{[1 - (P_1/P_2)^{(k-1)/k}]} = 1 - \frac{T_1}{T_3}\gamma_p^{(k-1)/k} \tag{10.15}$$

재생기를 갖는 Brayton사이클의 열효율은 압력비가 높을수록 낮아지고 최고온도와 최저온도의 비가 클수록 높아짐을 알 수 있다.

이상의 결과는 다음 식으로 정의된 재생기 효율 η_{reg}이 100%임을 전제로 한 것이다.

$$\eta_{reg} = \frac{h_x - h_2}{h_{x'} - h_2} = \frac{T_x - T_2}{T_{x'} - T_2} \tag{10.16}$$

실제로 T_x는 $T_{x'}$보다 낮고 T_y는 $T_{y'}$보다 높으므로 재생기 효율이 100%에 못미치고 열효율은 식(10.15)보다 낮아진다. 재생기의 효율을 높이려면 열교환기가 커야 하므로 유동저항의 증가로 압력 손실도 커진다.

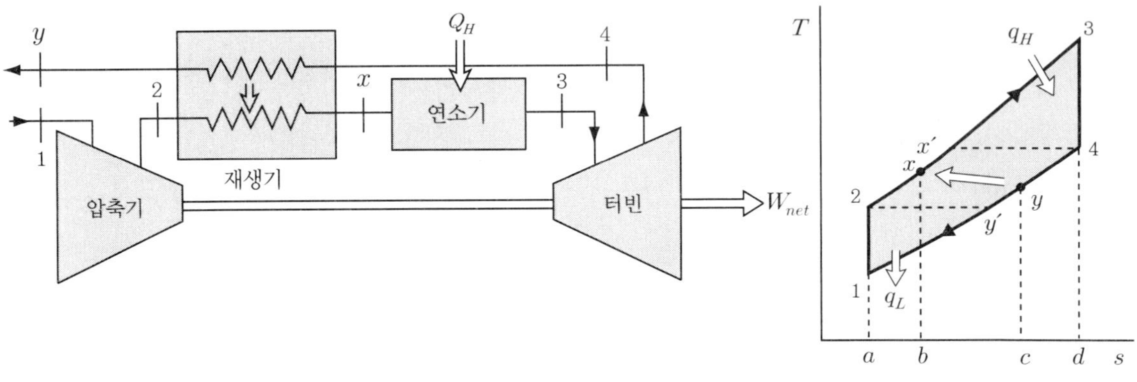

| 그림 10-11 | 재생기를 갖는 Brayton사이클

또 Brayton사이클에서 단열과정을 등온과정으로 바꿀 수 있다면 Ericsson사이클에 가깝도록 할 수 있다. 단열과정을 등온과정에 가깝게 하려면 압축시키면서 냉각을 하고, 팽창시키면서 가열을 해야 한다. 압축과 냉각 또는 팽창과 가열을 병행하는 것보다는 단계적으로 하는 것이 용이하다. 즉 중간 냉각기를 갖는 다단압축이나 재열기를 갖는 다단팽창으로 하는 것이다. 2단 압축 및 2단 팽창일 때 이 사이클의 $T-s$선도는 |그림 10-12|와 같다.

재생기의 효율이 100%로 정압 냉각과 정압 가열 열량이 동일하게 된다면, 이 사이클은 Ericsson 사이클에 근접한 가역사이클이 되므로 최고 열효율을 얻을 수 있다. 경제성을 고려한 실제 사이클에서 단의 수는 2~3단으로 제한된다. 실제 사이클에서는 압축기손실, 터빈손실, 배관손실 등이 고려되어야 한다.

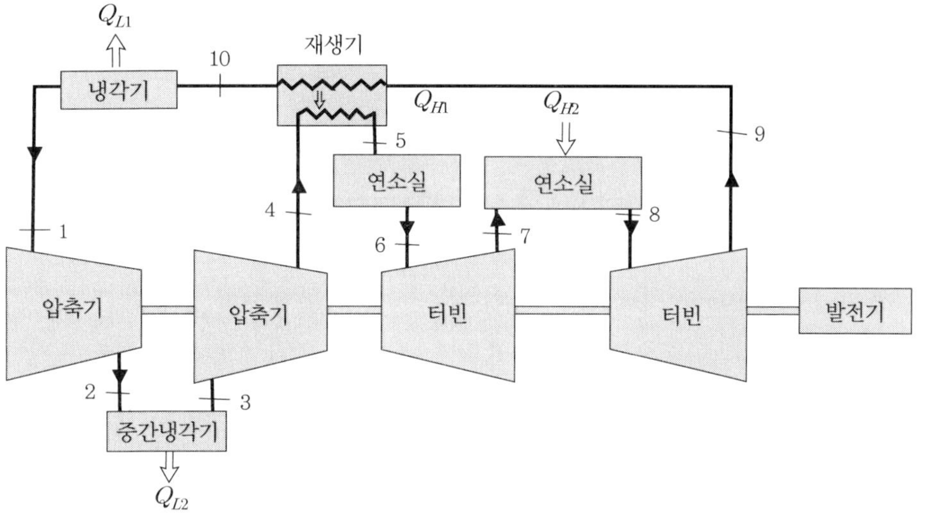

(a) 구성

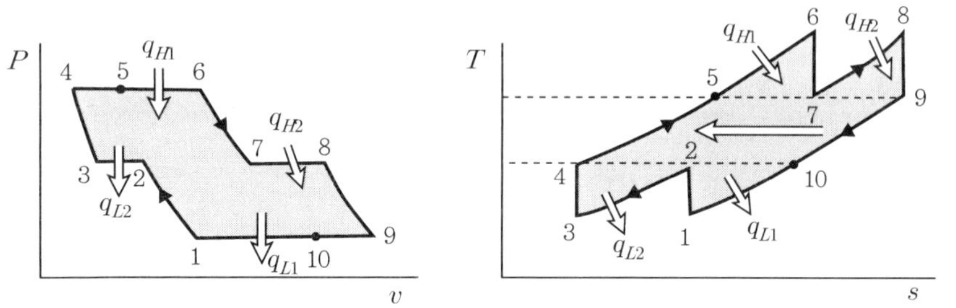

(b) $P-v$ 및 $T-s$선도

| 그림 10-12 | 재열 및 재생기를 갖는 Brayton사이클

가스터빈의 가용성이 큰 배기열을 재활용하는 방법은 이 열로 증기동력 사이클을 구동하는 것이다. 증기동력 사이클은 가스동력 사이클에 비하여 작동온도가 낮기 때문이다. 외연기관인 증기기관은 금속을 통하여 열전달이 일어나므로 금속의 내열 온도 이상의 온도로 작동유체 온도를 올릴 수 없다. 그러나 내연기관인 가스 기관은 가스의 온도를 견딜 수 있도록 금속을 냉각시키고 내열온도가 높은 재료를 선택하면 작동 온도를 크게 높일 수 있다.

따라서 |그림 10-13|과 같이 고온 측에 가스기관을 작동하고 그 배기열로 증기관을 구동하는 병합사이클로 하면 에너지의 가용성을 높일 수 있다.

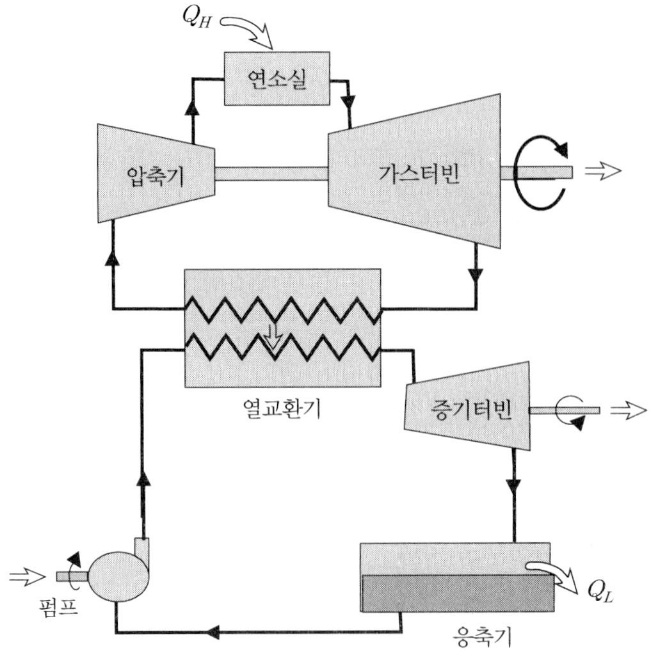

|그림 10-13| Brayton/Rankine 병합사이클 동력시스템

예|제|10-7

예제 10-4의 Brayton사이클에서 이상적인 재생기를 설치하는 경우 열효율을 구하라.

풀이

모든 상태는 그대로이나 가열 및 냉각열량만 달라진다. 재생기 출구의 최고 온도는 $T_x = T_4$이고 이상적인 재생기의 경우는 $T_{x'} = T_x$이므로

가열량은

$q_H = C_p(T_3 - T_{x'}) = C_p(T_3 - T_4) = (1.004)(1400 - 725) = 678$ kJ/kg

순출력은 변함없이

$w_{net} = 407$ kJ/kg

따라서 열효율은

$$\eta_{th} = \frac{w_{net}}{q_H} = \frac{407}{678} = 0.60 = 60\%$$

재생기에 의하여 열효율이 48%에서 60%로 개선된 것을 알 수 있다.

연습문제

10.1 내연기관이 열역학적 사이클을 이루지 못하는 이유를 설명하라.

10.2 공기표준 사이클과 실제 사이클의 차이를 설명하라.

10.3 왕복식 기관과 가스터빈 기관의 장단점을 설명하라.

10.4 Otto 또는 Diesel사이클에는 흡기 또는 배기 과정은 제외되어 있다. 이 과정의 영향을 설명하라.

10.5 Otto사이클의 열효율에 비열이 미치는 영향을 설명하라.

10.6 SI기관과 CI기관의 차이를 설명하라.

10.7 실제 SI기관에서 압축비를 크게 높일 수 없는 이유를 설명하라.

10.8 Diesel사이클에서 차단비가 열효율에 미치는 영향을 설명하라.

10.9 Otto사이클과 Diesel사이클의 열효율을 비교하라.

10.10 Otto, Diesel 및 Brayton사이클이 비가역사이클인 이유를 설명하라.

10.11 Stirling사이클과 Ericsson사이클을 Carnot사이클과 비교하여 설명하라.

10.12 Stirling사이클과 Ericsson 사이클이 가역사이클이 될 조건을 설명하라.

10.13 기체동력 사이클에서 역일비가 증기동력 사이클에 비하여 큰 이유를 설명하라.

10.14 가스터빈 기관의 압력비를 최대출력을 얻을 수 있는 값으로 조정하는 이유를 설명하라.

10.15 가스터빈의 최고온도는 높을수록 또 배기온도는 낮을수록 열효율이 좋아진다. 최고온도를 높이는 방법과 배기온도를 낮추는 방법을 설명하라.

10.16 압축기의 입력을 최소화하는 방법에 대하여 설명하라.

10.17 터보제트(Turbojet)엔진, 프로펠러구동(Propeller-Driven)엔진, 터보프랍(turboprop) 엔진을 구분하여 설명하라.

10.18 공기표준 Otto사이클에서 압축행정이 시작할 때의 압력은 0.1 MPa, 온도는 290 K이다. 압축비가 10이고 사이클당 계가 받은 열전달량이 2000 kJ/kg일 때, 사이클 각 상태점의 온도와 압력, 열효율 및 평균유효압력을 구하라. 또 열원의 온도가 사이클의 최고 온도와 같고, 열 흡수원이 대기(20°C)인 경우 이 사이클의 비가역성을 구하라.

10.19 공기표준 Otto사이클에서 압축행정이 시작할 때의 압력은 0.1 MPa, 온도는 17°C이다. 압축비가 8이고 사이클당 계가 받은 열전달량이 800 kJ/kg일 때, 사이클 최고 온도와 압력, 평균유효압력과 열효율, 엔진 배기량이 2000 cc일 때 3000 rpm에서 출력을 구하라.

10.20 가솔린 기관에서 압축 전의 상태는 280 K, 85 kPa이고 최고 압력이 5500 kPa일 때 최고 온도, 배기 온도 및 연소에 의한 열공급량을 구하라.

10.21 가솔린기관에서 290 K, 90 kPa의 공기를 압축한 다음 1000 kJ/kg의 열을 가한 후의 온도는 2050 K이다. 냉간 공기표준 Otto사이클로 해석하여 압축비, 압축일 및 최고 압력을 구하라.

10.22 공기표준 Diesel사이클에서 압축행정이 시작할 때의 압력은 0.1 MPa, 온도는 290 K이다. 압축비가 20이고 사이클당 계가 받은 열전달량이 2000 kJ/kg일 때, 사이클 각 상태점의 온도와 압력, 열효율 및 평균유효압력을 구하라.

10.23 공기표준 Diesel사이클에서 압축행정이 시작할 때의 압력은 0.1 MPa, 온도는 290 K이다. 압축비가 20이고 차단비가 2일 때, 사이클의 최고 온도와 압력, 열효율 및 평균유효압력을 구하라.

10.24 Diesel엔진에서 압축되기 전의 공기 상태는 95 kPa, 290 K이며 최고 압력이 6000 kPa, 최고 온도가 2400 K이다. 공기표를 사용하여 압축비와 열효율을 구하라.

10.25 보어가 0.1 m, 행정이 0.11 m, 압축비가 19인 디젤엔진의 크랭크축이 2000 RPM으로 운전되고 있다. 한 사이클당 2회전하며 평균유효압력이 1400 kPa이다. 이 엔진이 6기통이라고 할 때 엔진의 출력을 구하라.

10.26 공기표준 Stirling사이클에서 압축행정이 시작할 때의 압력은 0.1 MPa, 온도는 290 K이다. 최고 온도가 900 K, 압력이 9.0 MPa일 때, 사이클 각 상태 점의 온도와 압력, 열효율 및 평균유효압력을 구하라. 또 같은 조건에서 작동하는 Carnot사이클과 비교하라.

10.27 공기표준 Stirling사이클에서 압축 초기의 압력과 온도가 각각 0.1 MPa, 300 K이고 압축비가 8, 공급 열원으로부터 수열량이 1200 kJ/kg이다. 재생과정을 적용하지 않을 경우 각 상태점의 압력과 온도, 열효율 및 평균유효압력을 구하라. 또 이상적인 재생과정을 적용할 때 열효율을 구하라.

10.28 공기표준 Ericsson사이클에서 등온 압축이 시작될 때의 압력은 0.1 MPa, 온도는 290 K이다. 최고 온도가 900 K, 압력이 9.0 MPa일 때, 사이클 각 상태점의 온도와 압력, 열효율 및 평균유효압력을 구하라. 또 같은 조건에서 작동하는 Carnot사이클과 비교하라.

10.29 공기표준 Brayton사이클에서 압축기 입구에서 압력은 0.1 MPa, 온도는 15°C이다. 압축기 출구에서 압력이 1.0 MPa이고 최고 온도가 1100°C일 때 압축기 출구의 온도와 단위질량당 터빈일 및 열효율을 구하라.

10.30 문제 10.29의 공기표준 Brayton사이클에서 압축기 효율이 80%, 터빈 효율이 85%이며 다른 손실은 무시할 때 열효율을 구하라.

10.31 문제 10.29의 Brayton사이클에서 이상적인 재생기를 설치하는 경우 열효율을 구하라.

10.32 공기표준 기본 Brayton사이클에서 압축 초기의 압력과 온도가 각각 100 kPa, 300 K이고 압축기의 압력비가 5, 최고온도가 1100 K인 경우 열효율을 구하라. 또 압축기와 터빈의 등엔트로피효율이 각각 80%와 85%일 때 사이클의 열효율을 구하라.

10.33 공기표준 Brayton사이클에서 압축기 입구 상태는 0.1 MPa, 300 K이다. 사이클 A의 압력비와 최고온도는 각각 5, 1100 K이며 사이클 B는 15, 1500 K이다. 각 사이클의 열효율을 구하라. 또 효율 100%의 재생기를 사용한 재생사이클을 이룰 때 각 사이클의 열효율을 구하고 그 효과를 비교하라.

10.34 Brayton사이클에서 압축기 입구 상태는 100 kPa, 300 K이고 압축비는 8이며 터빈 입구 온도는 1300 K이다. 냉간 공기표준 사이클로 보고 열효율을 구하라. 여기에 효율 80%인 재생기를 사용할 때 열효율을 구하라.

10.35 압축기 입구에서 압력은 0.1 MPa, 온도는 15°C이고 압축기 출구에서 압력이 1.0 MPa이고 최고 온도가 1100°C인 공기표준 제트추진 사이클이 있다. 터빈 일과 압축기 일이 같도록 하고 터빈을 나온 공기가 노즐에서 0.1 MPa까지 가역단열 팽창한다면 노즐 출구의 공기 속도는 얼마인가?

Chapter 11

냉동 사이클

열기관과 반대로 저온 측에서 열을 끌어올려 고온 측으로 보내는 장치를 냉동기라고 하며 그 열역학적 사이클을 냉동 사이클이라고 한다. 냉동기는 온도가 낮은 곳에서 온도가 높은 곳으로 열을 보내는 장치이므로 열역학 제2법칙에 따라서 기계적 또는 전기적인 일을 필요로 한다. 마치 중력장에서 낮은 곳의 물을 높은 곳으로 옮기려면 펌프로 일을 해야 하는 것과 같은 원리라고 할 수 있다. 냉동 방식에는 기계적 방법으로 증기압축식, 흡수식, 가스 압축식 등이 있고, 전기적 방법인 열전식(thermo-electric) 등이 있으나 대부분 기계식이 활용되므로 여기서는 기계식을 대상으로 살펴보고자 한다.

냉동기가 열을 흡수하는 쪽의 냉각을 목적으로 하면 냉동기이지만 열을 방출하는 쪽의 가열을 목적으로 하면 열펌프라고 한다. 그러나 열펌프와 냉동기는 동일한 장치를 사용할 수 있고 어느 쪽에 관심을 두는가의 차이밖에 없으므로 열펌프 사이클도 냉동 사이클이라고 한다.

냉동기는 저온 저장을 위한 냉장고 또는 냉동고, 쾌적한 공기를 만들기 위한 공기조화기(air conditioner), 얼음을 생산하기 위한 제빙기 등 다양한 용도로 사용된다. 또한 열펌프는 주로 난방용 또는 냉난방 겸용으로 사용된다.

11-1 Carnot사이클 냉동기

가역사이클인 Carnot 열기관 사이클을 역으로 운전하면 냉동 사이클이 된다. 냉동기는 냉매가 등온과정으로 저온의 열을 흡수한 다음 단열 압축으로 고온이 된 후 등온과정으로 열을 방출하고 다시 단열 팽창으로 저온이 되도록 한 과정을 반복하도록 한 사이클이다. Carnot 냉동 사이클의 $T-s$선도는 |그림 11-1|과 같으며 그림에서 포화선은 증기를 냉매로 하는 경우에 대한 것이다. 그림에서 각 과정은 다음과 같다.

1→2: 가역단열 압축($s=c$)
2→3: 가역등온 방열($T=T_H$)
3→4: 가역단열 팽창($s=c$)
4→1: 가역등온 흡열($T=T_L$)

고온 열저장조의 온도가 T_H, 저온 열저장조의 온도가 T_L인 경우 가역사이클로 작동하는 냉동기의 성능계수는 식(6.20)에서

$$\mathrm{COP}_{\mathrm{R}}^{\mathrm{rev}}=\frac{T_L}{T_H-T_L} \tag{11.1}$$

식에서 알 수 있듯이 성능계수는 냉동기와 상관없이 열저장조의 온도만으로 결정된다. 그러나 실제 사이클은 비가역사이클이므로 이 값은 주어진 열저장조 사이에서 작동하는 냉동기 성능계수의 이론적인 한계치라고 할 수 있다.

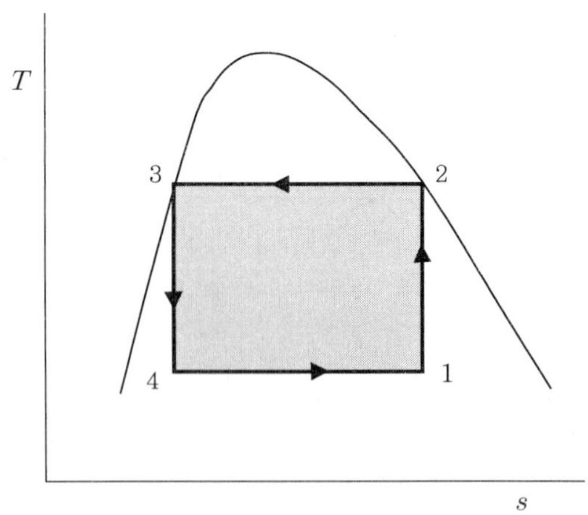

|그림 11-1| Carnot 냉동 사이클

가역사이클이 되기 위해서는 과정이 내부적으로나 외부적으로 모두 가역적이 되어야 한다. 이상기체를 냉매로 하는 가스압축식인 경우 등온 과정은 내부에너지의 변화가 없는 과정이므로 냉매가 받는 열과 하는 일이 같도록 제어해야 한다. 그러나 이러한 과정의 구현은 거의 불가능하다. 반면에 증기압축식인 경우는 |그림 11-2|와 같이 열의 흡수 및 방열이 포화상태인 등온과정에서 일어나게 할 수 있다. 그러나 포화액을 가역단열 팽창시키거나 습증기를 가역단열 압축시키는 것은 거의 불가능하다. 또한 외부적으로 가역적이 되려면 열전달이 가역적이 되도록 냉매와 주위 사이의 온도차가 무한히 작아야 하므로 열교환 면적은 무한히 커야 한다. 따라서 가역사이클로 작동하는 냉동기는 불가능하다.

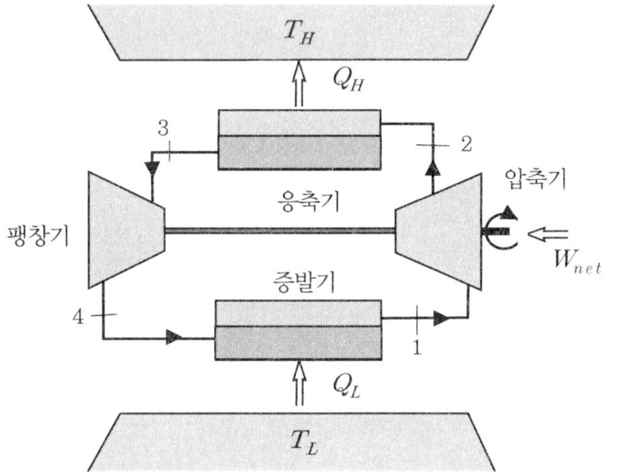

|그림 11-2| 증기압축식 Carnot 냉동 사이클

11-2 증기압축식 냉동 사이클

증기를 냉매로 한 증기압축식 냉동기는 1850년 Alexander Twinging에 의하여 처음으로 설계가 이루어졌으며, 에칠에테르를 냉매로 하고 증기기관으로 구동되는 압축기를 이용하여 제빙용에 사용되었다. 오늘날 대부분의 냉동기는 증기압축식이 사용된다.

냉동톤

냉동기의 냉동능력은 저온 물체에서 단위시간당 흡수하는 열량으로 표시하며 흔히 하루에 물 몇 톤을 얼음으로 만들 수 있는가를 뜻하는 냉동톤(ton of refrigeration)으로 표시한다. 1냉동톤(USRT)은 200 Btu/min 또는 3.52 kW에 해당한다.

1) 이상 사이클

증기압축식 냉동 사이클은 |그림 11-3|과 같이 압축기, 응축기, 팽창밸브(또는 모세관) 및 증발기로 구성된다. $T-s$선도와 $P-h$선도로 도시하면 |그림 11-4|와 같다. 이상사이클의 각 과정은 다음과 같다.

1→2: 압축기 - 가역단열 압축($s_1 = s_2$)

2→3: 응축기 - 정압 방열($P = P_H$)

3→4: 팽창밸브 - 스로틀과정($h_3 = h_4$)

4→1: 증발기 - 정압 흡열($P = P_L$)

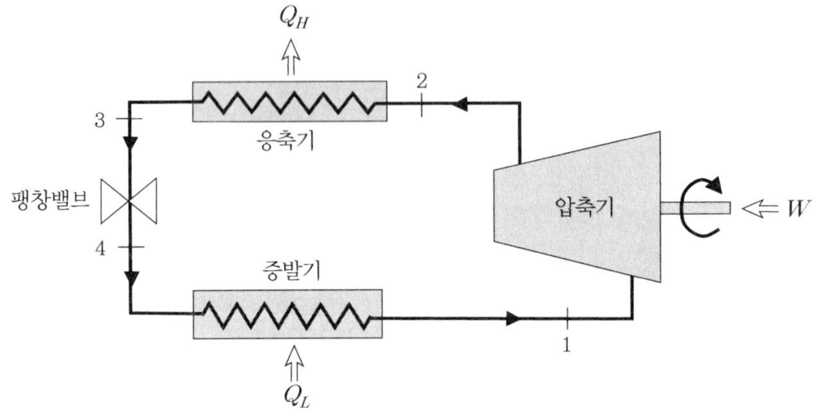

|그림 11-3| 증기압축식 냉동기의 구성

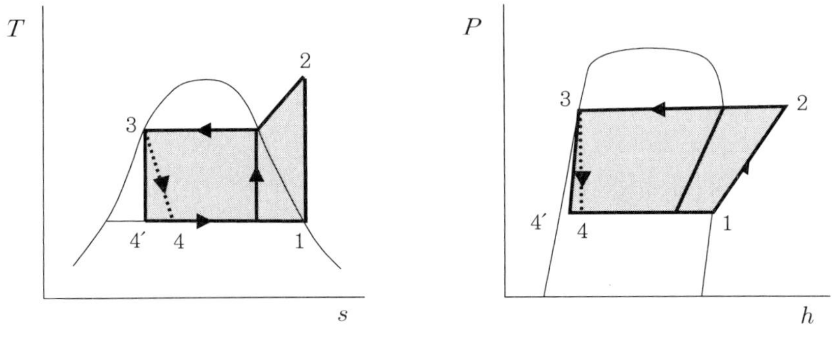

|그림 11-4| 이상적인 증기압축식 냉동 사이클

이 사이클은 Carnot사이클로 실현이 어려웠던 포화상태에서 압축 과정을 과열증기 상태에서 이루어지게 하며, 가역팽창 과정을 비가역적인 스로틀 과정으로 바꾼 것이다.

압축기는 증발기를 나오는 포화증기 상태의 냉매를 등엔트로피과정으로 압축하고 냉매는 고온 고압의 과열증기가 된다. 이 과열증기는 응축기로 들어가서 정압 과정으로 방열한다. 응축기에서 과열증기는 포화증기로 된 다음 응축하여 포화액으로 된다. 이 고압의 포화액은 팽창밸브를 통하여 압력이 저하되면서 외부와 열전달 없이 내부적인 증발로 인하여 온도가 급격히 떨어진다. 냉매는 저온 저압의 습증기 상태로 증발기에 유입되어 외부에서 열을 흡수하여 증발한다. 이 과정에서 냉동효과를 내고 포화증기 상태로 된 다음 압축기로 유입된다.

냉동 사이클을 흔히 냉매의 Mollier선도라고 하는 $P-h$선도에 표시하는 이유는 정압과정과 스로틀과정이 직선으로 표시되어 전체적으로 에너지 관계를 이해하기 쉽기 때문이다. 압축기 소요일 w_c, 증발기의 흡수 열 q_L 및 응축기의 방출 열 q_H는 다음 식으로 구할 수 있다.

$$w_c = h_2 - h_1 \tag{11.2a}$$

$$q_L = h_1 - h_4 \tag{11.2b}$$

$$q_H = h_2 - h_3 \tag{11.2c}$$

냉동 사이클은 비가역 사이클일 뿐 아니라 팽창밸브에 의한 스로틀(throtlling)과정이 비가역 과정이므로 내부적으로도 비가역이다. 스로틀과정은 비가역단열과정이므로 엔트로피가 증가하는 과정이며 이 과정을 가역적으로 되게 하면 식(8.6)으로부터 다음과 같은 축일을 얻을 수 있다.

$$w_s^{rev} = T_0(s_4 - s_3) \tag{11.3}$$

이 때 증발기 입구 상태는 $T-s$선도에서 4에서 4′로 이동하므로 증발기에서 흡수열이 그만큼 증가하게 된다. 따라서 스로틀 장치 대신 터빈을 설치하면 출력을 얻는 동시에 냉동효과를 높일 수 있다. 그러나 3-4 과정의 습증기는 건도가 극히 낮으므로 실제 터빈을 제작하기가 어렵고 그 효율이 낮아서 얻을 수 있는 일량이 크지 않으므로 실용성이 없다.

냉동기의 성능계수는 냉동효과를 압축일로 나눈 다음 식과 같다.

$$\mathrm{COP}_R = \frac{q_L}{w_c} = \frac{h_1 - h_4}{h_2 - h_1} \tag{11.4}$$

만약 이 냉동기가 열펌프로 사용된다면 성능계수는

$$\mathrm{COP}_H = \frac{q_H}{w_c} = \frac{h_2 - h_3}{h_2 - h_1} \tag{11.5}$$

증기압축식 냉동기의 성능계수를 높이려면 냉매의 증발온도를 높이고 응축온도를 낮추어야 한다. 냉매의 증발온도가 높을수록 압축일은 작아지고 냉동효과는 증가하므로 성능계수가 높아지게 된다. 증발온도를 높게 하려면 증발기에서 열전달이 잘 일어나도록 하여 냉매 온도와 주위 냉동실의 온도 차가 최소화 되게 하는 것이다. 열펌프의 성능계수가 공기열원보다 수열원이 높게되는 것은 열원의 온도 영향 뿐 아니라 증발기에서 열전달 성능의 차에 의한 것이다. 마찬가지로 응축온도를 낮게 하려면 응축기에서 열전달이 잘 되도록 해야 한다. 공랭식보다 수냉식으로 하면 응축 온도를 낮출 수 있으므로 냉동기 성능은 향상된다.

예제 11-1

냉매로 R-134a를 사용하는 증기압축 냉동 사이클의 응축온도는 40°C, 증발온도 -10°C로 작동되고 있다. 냉매의 유량이 0.3 kg/s일 때 냉동기 성능계수와 냉동 용량을 구하라.

풀이

SSSF 시스템으로 보고 부록의 R-134a 증기표를 참조한다.

포화온도 -10°C의 포화증기 : $h_g = 392.3$ kJ/kg, $s_g = 1.732$ kJ/kg K

포화온도 40°C의 포화증기표 : $P = 1017$ kPa, $h_f = 256.5$ kJ/kg

따라서 $h_1 = h_{g,-10℃} = 392.3$ kJ/kg

$P_2 = 1017$ kPa, $s_2 = s_1 = s_{g,-10℃} = 1.732$ kJ/kg K인 과열증기: $h_2 = 426$ kJ/kg(보간법 사용)

$h_3 = h_{f,40℃} = 256.5$ kJ/kg K

$h_4 = h_3 = 256.5$ kJ/kg

$q_L = h_1 - h_4 = 392.3 - 256.5 = 135.8$ kJ/kg

$q_H = h_2 - h_3 = 426 - 256.5 = 169.5$ kJ/kg

$w_c = h_2 - h_1 = 426 - 392.3 = 33.7$ kJ/kg

성능계수

$$\mathrm{COP_R} = \frac{q_L}{w_c} = \frac{135.8}{33.7} = 4.03$$

냉동 용량

$\dot{Q}_L = \dot{m} q_L = 0.3 \times 135.8 = 40.7$ kW $= 10.6$ USRT

2) 실제 사이클

실제 사이클에서는 증발기에서 냉매가 포화상태 이상으로 과열되어 압축기로 유입된다. 액적이 유입된 뒤 증발하면 과도한 압력 상승의 위험이 있기 때문이다. 냉매가 과열될 때 냉동효과는 커지나 비체적의 증가로 압축기 소요 동력이 커지기 때문에 성능계수는 오히려 저하될 수 있다. 압축과정은 가역단열과정이라기보다 약간의 열손실이 따르는 비가역 과정이다. 응축과정에서 냉매는 포화온도 이하로 과냉되므로 냉동효과가 좋아지고 성능계수도 높아진다. 또 냉매는 배관 내를 유동할 때 압력이 저하되므로 이상사이클과는 상이하게 된다(| 그림 11-5 | 참조). 실제 증기압축식 냉동기의 COP는 냉방용은 3~5, 난방용 공기열원 열펌프의 경우는 3~4정도이다.

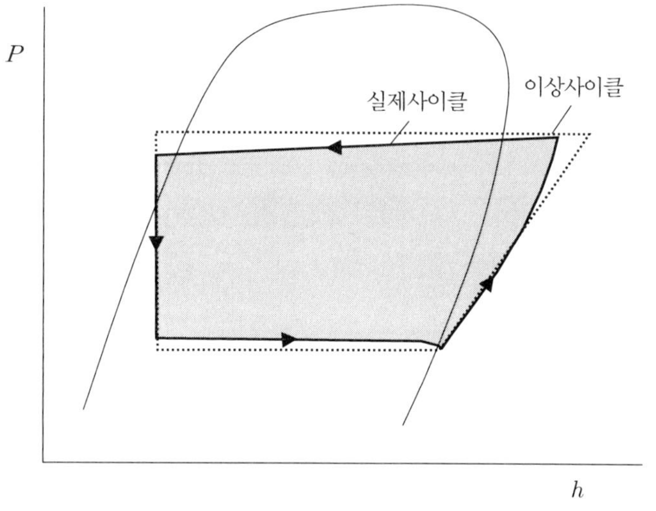

| 그림 11-5 | 증기압축식 냉동 사이클의 실제사이클

3) 냉매

증기압축식 냉동기의 성능은 같은 운전 조건이라도 냉매의 영향을 받는다. 냉매는 응고점 이하의 낮은 온도와 임계점 이상의 높은 온도에서 작동할 수 없으므로 냉매에 따라서 작동 온도 범위가 다르다. 또 냉매의 증발 및 응축 잠열이 클수록, 비체적이 작을수록, 증발기와 응축기에서의 포화압력 비가 작을수록 냉동능력은 증가하고 압축기의 소요 동력은 감소하게 된다. 이는 곧 COP의 상승을 뜻한다. 비체적이 작고 압력 비가 큰 경우에는 왕복식 압축기가 적합하고, 압력비가 낮고 비체적이 큰 경우는 원심식 압축기가 적합하다.

또한 냉매는 열전달 특성이 우수하고, 배관 유동에 따른 압력 손실이 작아야 하며, 증발압력이 대기압보다 높은 것이 공기의 유입을 막는데 유리하다. 그밖에 냉매는 화학적으로 안정되며, 안전하고, 가격이 싸며 누설 감지가 쉬워야 한다.

이상의 냉매 특성을 가장 잘 만족하는 냉매로서 에테인(ethane)의 수소가 불소(F) 또는 염소(Cl)로 치환된 불화탄소(CFC)계 기체가 널리 사용되었으나 오존층을 파괴하는 공해물질이기 때문에 사용이 금지되었다. 오존층 파괴의 원인인 염소를 포함하지 않는 HFC계열로 대치되어야 하나 이 또한 지구온난화를 초래하는 온실가스이기 때문에 할로겐 원소가 포함되지 않은 HC계열 또는 암모니아나 탄산가스 등 기타 물질로 바뀌어야 한다.

11-3 흡수식 냉동 사이클

증기압축식 냉동기의 압축일이 큰 이유는 증기의 비체적이 크기 때문이다. 흡수식 냉동기는 압축기 대신 흡수액을 사용하여 냉매 가스를 흡수한 후 액체 상태로 압축한다. 기본적인 흡수식 냉동기의 구성은 |그림 11-6|과 같다.

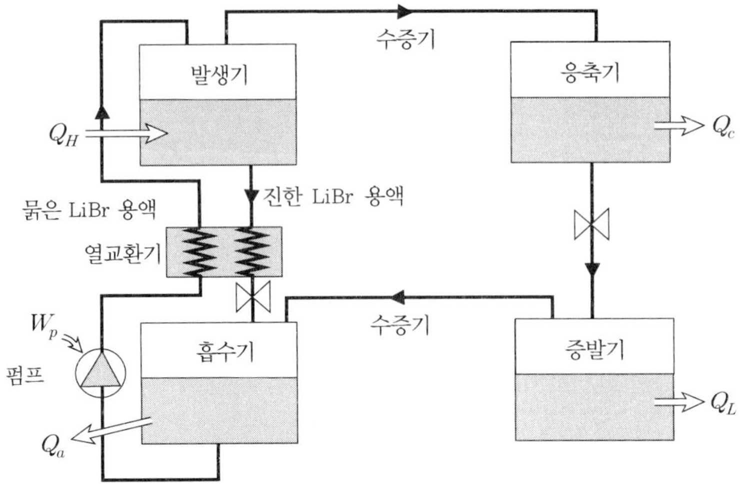

| 그림 11-6 | 흡수식 냉동 사이클

흡수기(absorber)에서 진한 흡수액이, 증발기에서 나온 저온 저압의 냉매 증기를 흡수하여 묽은 용액 상태로 된 다음, 펌프에 의하여 가압된 후 발생기에 이송된다. 발생기(generator)에서 묽은 용액이 가열될 때 발생하는 고온 고압의 냉매증기는 응축기로 보내진다. 응축기에서 냉매증기가 응축되어 스로틀 과정을 거쳐 증발기로 유입되어 냉동효과를 내는 것은 증기압축식 냉동기와 다름이 없다. 발생기에서 수증기를 발생시킨 진한 흡수액은 다시 흡수기로 돌아가서 흡수작용을 하게 된다. 열을 공급하는 곳은 발생기이고 냉동효과를 내는 곳은 증발기이다. 흡수기에서는 응축기와 마찬가지로 냉매 증기의 응축열을 방출한다. 고온의 진한 흡수액이 갖는 열에너지는 흡수기로 유입되기 전 열교환기를 통하

여 저온의 묽은 흡수액으로 회수된다.

흡수식 냉동기에서 가장 널리 사용되는 냉매는 물이며 흡수재는 리튬브로마이드(LiBr) 수용액이다. 냉매가 물이기 때문에 증발 온도는 빙점 이하로 될 수 없다. 따라서 흡수식 냉동기는 냉동보다는 공기조화용 공기냉각 장치로 널리 사용된다. 암모니아를 냉매로 하고 물을 흡수재로 하면 냉동용으로도 사용할 수 있으나 암모니아의 유독성으로 인하여 널리 사용되지는 못하고 있다.

흡수식 냉동기의 COP는 증발기에서 냉매의 단위질량당 흡수한 열에너지 Q_L을 발생기에서 공급한 열 Q_H와 펌프 일 W_p를 합한 총투입에너지로 나눈 값으로 정의하며 펌프일은 발생기 공급열에 비하여 무시할 수 있으므로 다음 식으로 구할 수 있다.

$$\mathrm{COP}_{abs} = \frac{Q_L}{Q_H + W_p} \approx \frac{Q_L}{Q_H} \tag{11.6}$$

먼저 이상적인 흡수식 냉동 사이클의 성능계수를 구하기 위하여 발생기의 열공급 온도를 T_H, 증발기에서 열을 흡수하는 저온 열저장조의 온도를 T_L이라고 하자. 또 흡수기와 응축기에서 열을 흡수하는 냉각재의 온도를 각각 T_a 및 T_c라고 하고, 흡수 열량을 각각 Q_a 및 Q_c라고 하자. 열역학 제1법칙에 의하여

$$Q_H + Q_L + W_p - Q_a - Q_c = 0 \tag{11.7a}$$

열역학 제2법칙에 의하여 사이클당 총엔트로피의 증가량은, 사이클을 이루는 계의 엔트로피 변화는 없으므로, 주위의 엔트로피 변화와 같고 이는 생성엔트로피를 나타내므로

$$-\frac{Q_H}{T_H} - \frac{Q_L}{T_L} + \frac{Q_a}{T_a} + \frac{Q_c}{T_c} \geq 0 \tag{11.7b}$$

식에서 W_p를 무시하고 식(11.7b)에서 흡수기 및 응축기의 열흡수원의 온도 T_a, T_c를 대기온도 T_o와 같다고 하면

$$\mathrm{COP}_{abs} \cong \frac{Q_L}{Q_H} \leq \left(1 - \frac{T_o}{T_H}\right)\left(\frac{T_L}{T_o - T_L}\right) \tag{11.8}$$

식에서 우변은 성능계수의 최댓값으로서 가역사이클로 작동할 경우에 대한 것이다. 식에서 $\left(1 - \frac{T_o}{T_H}\right)$는 발생기와 흡수기 사이에 작동하는 Carnot사이클의 열효율이고, $\left(\frac{T_L}{T_o - T_L}\right)$는 응축기와 증발기 사이의 Carnot사이클로 작동하는 냉동기의 성능계수임을 알 수 있다. 즉 발생기와 흡수기에 의하여 동력을 생성하고 그 동력으로 압축기를 구동하여 응축기와

증발기를 연결한 냉동기를 돌리는 가역사이클의 성능을 나타낸다. 식에서 발생기의 열공급 온도는 높을수록, 흡수기의 냉각온도는 낮을수록, 증발기로 열을 공급하는 열저장조의 온도는 높을수록, 응축기의 냉각온도는 낮을수록 성능계수는 높아지는 것을 알 수 있다.

실제 사이클에서 열전달은 비가역적이고 내부적으로도 팽창밸브 등에서 비가역과정이 일어나기 때문에 성능계수는 가역사이클에 비하여 크게 낮아진다. 실제 흡수식 냉동기의 COP_{abs}는 0.5~1.5로서 증기압축식 냉동기의 COP보다 훨씬 낮다. 그러나 흡수식 냉동기는 2차 에너지인 전력을 거의 사용하지 않고 1차 에너지인 가스나 증기를 발생기의 열원으로 사용하기 때문에 냉방이나 난방에 의한 과도한 전력 수요를 억제하는데 기여할 수 있다. 또 열원의 온도는 100~200℃이지만 100℃ 이하로 낮아도 되기 때문에 태양열이나 폐열 등을 활용할 수 있는 장점이 있다.

11-4 가스압축식 냉동 사이클

이상기체를 냉매로 하는 Carnot 냉동기는 앞에서 언급한 바와 같이 실현이 어렵다. 실현 가능한 가스압축식 냉동 사이클로는 Brayton사이클의 역사이클이 가장 적합하며 이를 공기표준 냉동 사이클이라고 한다. 공기표준 냉동 사이클은 |그림 11-7| 과 같은 사이클로서 각 과정은 다음과 같다.

1→2: 압축기 - 가역단열 압축과정($s_1 = s_2$)

3→3: 열교환기 - 정압 방열과정($P = P_H$)

3→4: 팽창기 - 가역단열 팽창과정($s_3 = s_4$)

4→1: 열교환기 - 정압 흡열과정($P = P_L$)

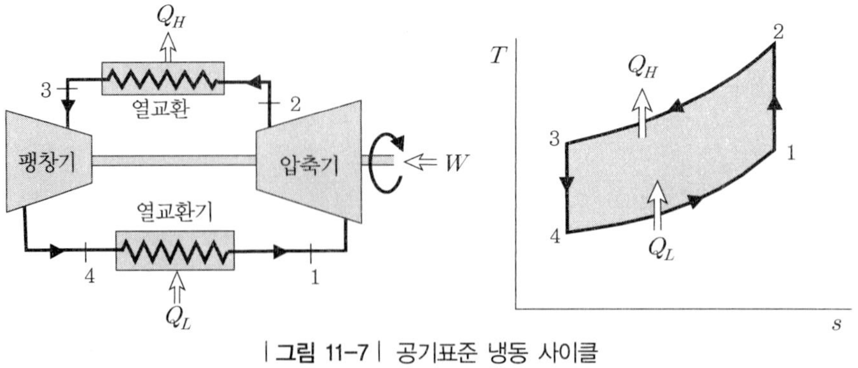

|그림 11-7| 공기표준 냉동 사이클

이 사이클의 투입되는 순일은 압축기 일에 터빈(팽창기) 일을 뺀 것이며 가스터빈에서와 같이 압축 및 터빈 효율이 실제 투입 일에 상당한 영향을 미친다. 따라서 등엔트로피 과정을 가정한 경우의 성능계수에 비하여 실제 사이클의 성능계수는 크게 저하될 수 있다. 또한 이 사이클에서 수수열은 온도의 증감과 관련되는 현열하기 때문에, 잠열을 이용하는 증기압축식에 비하여, 단위유량에 의한 사이클당 냉동효과가 매우 낮다. 따라서 대량의 냉매 순환을 필요로 하기 때문에 장치는 커지고 실제 성능은 떨어지게 된다. 그럼에도 이 사이클은 그 특성상 |그림 11-8|과 같이 개방 사이클로 작동할 수 있기 때문에 항공기 냉방과 같이 특수 용도로 활용된다. 냉매 역할을 하는 팽창 공기는 직접 냉방 작용을 하는 장점이 있기 때문이다.

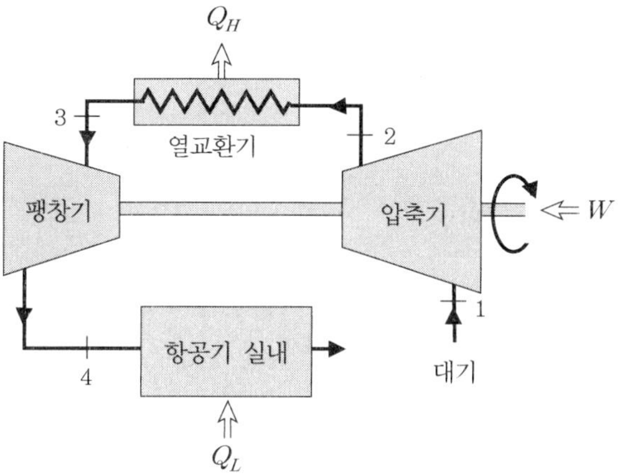

|그림 11-8| 항공기 냉방용 공기 냉동 사이클

Brayton사이클에서 재생기를 적용하여 열효율을 개선할 수 있었듯이 |그림 11-9|와 같이 냉동 사이클에도 열교환기로 폐기되는 저온의 기체에 의하여 압축기로 유입되는 고온의 기체를 냉각하면 냉동기의 COP를 크게 개선할 수 있다. 이러한 냉동 사이클은 매우 낮은 온도를 얻을 수 있기 때문에 공기나 헬륨의 액화기로 활용된다.

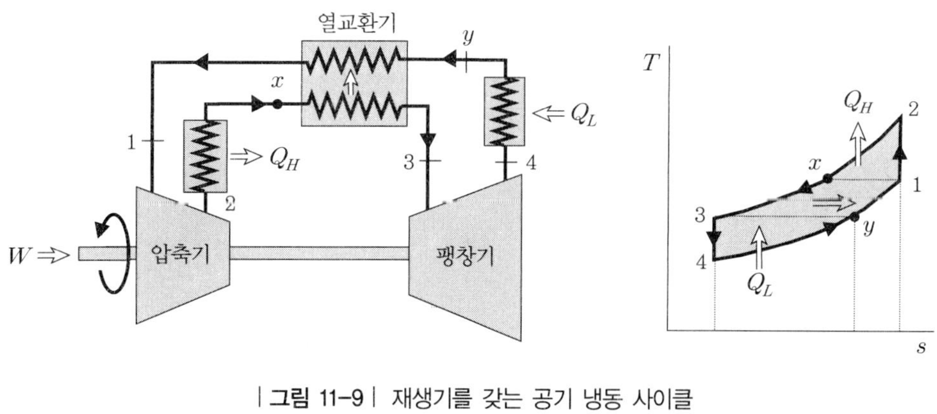

|그림 11-9| 재생기를 갖는 공기 냉동 사이클

예 제 11-2

공기표준 냉동 사이클의 압축기 입구의 상태는 −20°C, 0.1 MPa, 출구의 압력은 0.5 MPa이며 팽창기 입구의 온도는 15°C로 작동되고 있다. 사이클의 성능계수와 1 kW의 냉동능력을 내기 위하여 필요한 공기의 유량을 구하라.

풀이

작동유체인 공기는 비열(300 K에서의 값)이 일정한 이상기체로 가정한다.

압축기의 과정은 가역단열 과정이므로

$T_1 = -20°\text{C} = 253\ \text{K}$

$$\frac{T_2}{T_1} = \left(\frac{P_2}{P_1}\right)^{(k-1)/k} = (5)^{(0.4/1.4)} = 1.584,\quad T_2 = 401\ \text{K}$$

팽창기에서 역시 가역단열 과정이므로

$T_3 = 15°\text{C} = 288\ \text{K}$

$$\frac{T_3}{T_4} = \left(\frac{P_3}{P_4}\right)^{(k-1)/k} = (5)^{(0.4/1.4)} = 1.584,\quad T_4 = 182\ \text{K}$$

방열량은

$q_H = h_2 - h_3 = C_p(T_2 - T_3) = 1.004(401 - 288) = 113\ \text{kJ/kg}$

냉동효과는

$q_L = h_1 - h_4 = C_p(T_1 - T_4) = 1.004(253 - 182) = 71.3\ \text{kJ/kg}$

순입력일은

$w_{net} = w_c - w_t = h_2 - h_1 - (h_3 - h_4) = C_p(T_2 - T_1) - C_p(T_3 - T_4)$

$= 1.004(401 - 253) - 1.004(288 - 182) = 148.6 - 106.4 = 42.2\ \text{kJ/kg}$

따라서

$$\text{COP} = \frac{q_L}{w_{net}} = \frac{71.3}{42.2} = 1.69$$

1 kW의 냉동 용량을 위해서 필요한 유량

$$\dot{m} = \frac{\dot{Q}_L}{q_L} = 1/71.3 = 0.014\ \text{kg/s}$$

연습문제

11.1 Carnot사이클로 작동하는 냉동기를 실현하기 어려운 이유를 설명하라.

11.2 증기압축식 냉동기의 이상사이클이 내부적으로도 비가역사이클인 이유를 설명하라.

11.3 증기압축식 냉동기의 성능을 향상시키는 방안을 설명하라.

11.4 공기열원 열펌프의 성능계수가 수열원이나 지열원 열펌프에 비하여 낮은 이유를 설명하라.

11.5 증기압축식 냉동기의 스로틀 과정을 가역적이게 하는 방법을 설명하라.

11.6 증기압축식 냉동기의 실제 사이클과 이상 사이클의 차이를 설명하라.

11.7 캐스캐이드(Cascade) 냉동시스템을 설명하라.

11.8 이상적인 냉매의 조건과 환경문제에 대하여 설명하라.

11.9 흡수식 냉동기의 작동원리와 장단점을 증기압축식 냉동기와 비교하여 설명하라.

11.10 흡수식 냉동기의 이상적인 성능과 실제 성능을 설명하라.

11.11 가스압축식 냉동 사이클의 구성과 성능 및 항공기용으로 활용되는 까닭을 설명하라.

11.12 에어컨의 냉방능력이 8000 kcal/h, 소비전력이 3.1 kW라면 이 냉방기의 능력은 몇 USRT인가? 또 성능계수(COP)는 얼마인가?

11.13 R-134a를 냉매로 하는 가정용 냉장고에서 저압측 및 고압측 냉매 압력이 각각 160 kPa, 800 kPa이고 냉매 유량이 0.06 kg/s일 때 증발기에서 흡수하는 열량, 압축기 동력 및 성능계수를 구하라.

11.14 냉매로 R-134a를 사용하는 증기압축 냉동 사이클의 응축온도 50°C, 증발온도 −15°C로 작동되고 있다. 냉매의 유량이 0.3 kg/s일 때 냉동기 성능계수와 냉동 용량은 몇 kcal/h인가?

11.15 문제 11.14에서 냉매를 R−22를 사용하는 경우 성능계수와 냉동 용량을 구하라.

11.16 공기표준 냉동 사이클의 압축기 입구의 상태는 −20°C, 50 kPa, 출구의 압력은 0.5 MPa이며 팽창기 입구의 온도는 20°C로 작동되고 있다. 사이클의 성능계수와 1 kW의 냉동 능력을 내기 위하여 필요한 공기의 유량을 구하라.

11.17 흡수식 냉동기의 발생기온도와 증발기 온도는 각각 150°C, 5°C이며 흡수기와 응축기 온도는 20°C라고 할 때 이상적인 가역사이클로 작동하는 경우 성능계수는 얼마인가? 이 때 10 kW의 냉동효과를 위해 발생기에 공급해야 할 열공급률은 얼마인가?

Chapter 12

혼합기체와 습공기

지금까지는 순수물질을 대상으로 열역학적 해석을 수행해 왔다. 공기의 경우에도 그 조성에 변화가 없는 것으로 보고 순수물질로 가정했다. 이와 같이 혼합물임에도 순수물질처럼 다루는 혼합기체의 상태량에 대하여 알아보자. 또 습공기의 상태량 및 상태변화를 알아보도록 하자. 습공기는 기체상으로만 존재하는 건공기와 상변화를 하는 수증기의 혼합 물질로 볼 수 있다. 습공기의 열역학적 이해는 공기조화(air conditioning) 이론의 핵심이라고 할 수 있다.

12-1 이상기체 혼합물

1) 혼합기체 상태방정식

질량 m, 몰수 n인 혼합기체가 부피 V, 온도 T, 압력 P인 상태에 있다고 하자. 이 기체가 k개의 성분 기체로 구성되고 성분 기체 i의 질량을 m_i, 몰수를 n_i라고 할 때 질량분율(mass fraction) f_i와 몰분율(mol fraction) x_i는 다음과 같이 정의된다.

$$f_i = \frac{m_i}{m}, \quad m = \sum_{i=1}^{k} m_i \tag{12.1}$$

$$x_i = \frac{n_i}{n}, \quad n = \sum_{i=1}^{k} n_i \tag{12.2}$$

혼합 기체의 상당분자량은 $M_m = m/n$이므로 성분 기체의 몰분율로 다음과 같이 구할 수 있고

$$M_m = \sum_{i}^{k} x_i M_i \tag{12.3}$$

이를 이용하면 혼합 기체의 상당기체상수를 다음 식으로 구할 수 있다.

$$R_m = \frac{\overline{R}}{M_m} \tag{12.4}$$

성분기체로부터 이 혼합 기체를 만드는 방법으로 두 가지를 생각할 수 있다. 하나는 |그림 12-1|과 같이 부피와 온도가 같고 압력이 P_i인 성분 기체를 같은 부피와 온도 하에서 혼합하는 방법이다. 각 성분기체에 대하여 이상기체상태방정식을 적용하면

$$P_i V = n_i \overline{R} T, \quad PV = n \overline{R} T \tag{12.5}$$

따라서 성분 기체의 압력과 전체 압력의 관계는 다음과 같다.

$$\frac{P_i}{P} = \frac{n_i}{n} = x_i, \quad \sum_{i=1}^{k} P_i = P \tag{12.6}$$

P_i를 성분기체 i의 분압이라고 한다. 혼합 기체의 압력은 성분 기체 분압의 합과 같으며 이를 'Dalton의 법칙'이라고 한다. 분압이란 혼합기체와 동일한 온도와 체적에 성분 기체만 있을 때 압력으로 생각할 수 있다.

같은 방법으로 온도와 압력이 같고 체적이 V_i인 각 성분 기체를 같은 온도와 압력 하에서 혼합하는 경우 전체 체적 V와 성분 기체의 체적 사이의 관계는 다음과 같다.

$$\frac{V_i}{V} = \frac{n_i}{n} = x_i, \quad \sum_{i=1}^{k} V_i = V \tag{12.7}$$

V_i를 성분 기체 i의 분체적이라고 한다.

| 그림 12-1 | 같은 온도와 체적에서 이상기체의 혼합

예제 12-1

건조 공기를 몰분율이 질소(N) 78.2%, 산소(O) 20.9%, 아르곤(Ar) 0.9%인 혼합 기체로 볼 때 건조 공기의 상당분자량, 상당기체상수 및 표준 대기압 하에서 질소와 산소의 분압을 구하라. 또한 성분 기체의 질량분율을 구하라.

풀이

몰당 성분 기체의 질량을 구하면 $m_i = x_i M_i$에서

질소질량 $m_{N_2} = x_{N_2} M_{N_2} = 0.782 \times 28.013 = 21.906$ kg/kmol

산소질량 $m_{O_2} = x_{O_2} M_{O_2} = 0.209 \times 31.999 = 6.688$ kg/kmol

아르곤질량 $m_{Ar} = x_{Ar} M_{Ar} = 0.009 \times 39.948 = 0.360$ kg/kmol

따라서 건조 공기의

상당분자량은 $M_{air} = 21.906 + 6.688 + 0.360 = 28.95$ kg/kmol

상당기체상수는 $R_{air} = \overline{R} / M_{air} = 8.31441/28.95 = 0.287$ kJ/kgK

분압은

$P_{N_2} = x_{N_2} P = 0.782 \times 101.3\text{ kPa} = 79.2\text{ kPa}$, $P_{O_2} = 0.209 \times 101.3\text{ kPa} = 21.2\text{ kPa}$

성분 기체의 질량분율은 $f_i = m_i / m$에서 $m = M_{air}$이므로

$f_{N_2} = m_{N_2} / M_{air} = 21.906/28.95 = 0.757$

$f_{O_2} = m_{O_2} / M_{air} = 6.688/28.95 = 0.231$

$f_{Ar} = m_{Ar} / M_{air} = 0.360/28.95 = 0.012$

2) 혼합기체의 상태량과 상태변화

혼합기체의 종량성 상태량은 각 성분 기체의 값을 합하면 구할 수 있다. 따라서 혼합기체의 내부에너지, 엔탈피 및 엔트로피는

$$U_m = \sum_{i=1}^{k} m_i u_i = \sum_{i=1}^{k} n_i \overline{u_i} \tag{12.8a}$$

$$H_m = \sum_{i=1}^{k} m_i h_i = \sum_{i=1}^{k} n_i \overline{h_i} \tag{12.8b}$$

$$S_m = \sum_{i=1}^{k} m_i s_i = \sum_{i=1}^{k} n_i \overline{s_i} \tag{12.8c}$$

내부에너지나 엔탈피는 이상기체의 경우 온도만의 함수이므로, 성분 기체의 그 변화량은 혼합과 관계없이 온도만 알면 구할 수 있다. 즉 혼합 전과 후의 온도 T_{i1}, T_2가 주어지고 비열이 일정할 때

$$\Delta u_i = C_{vi}(T_2 - T_{i1}) \tag{12.9a}$$

$$\Delta h_i = C_{Pi}(T_2 - T_{i1}) \tag{12.9b}$$

그러나 엔트로피 변화는 식(7.13)에서

$$\Delta s_i = C_{Pi} \ln \frac{T_2}{T_{i1}} - R_i \ln \frac{P_{i2}}{P_{i1}} \tag{12.9c}$$

이므로 온도 변화뿐 아니라 분압 변화의 영향을 받는다.

예제 12-2

산소와 질소가 정상유동 과정으로 단열 혼합된다. 산소(200 kPa, 200°C)는 유량 1 kg/s로 유입되고 질소(300 kPa, 100°C)는 유량 2 kg/s로 유입되어 혼합된 후 압력은 100 kPa로 되어 유출된다. 혼합 후의 온도와 혼합 과정에서 엔트로피 생성률을 구하라.

풀이

산소와 질소를 비열이 일정한 이상기체로 가정한다. 정상상태 단열 혼합과정이므로 운동에너지의 변화를 무시하면 총엔탈피는 보존된다. 따라서

$\Delta \dot{H} = \dot{m}_{O_2} C_{PO_2}(T_2 - T_{1O_2}) + \dot{m}_{N_2} C_{PN_2}(T_2 - T_{1N_2}) = 0$

$$T_2 = \frac{\dot{m}_{O_2} C_{P.O_2} T_{1O_2} + \dot{m}_{N_2} C_{P.N_2} T_{1N_2}}{\dot{m}_{O_2} C_{P.O_2} + \dot{m}_{N_2} C_{P.N_2}} = \frac{1\times 0.922\times 200 + 2\times 1.042\times 100}{1\times 0.922 + 2\times 1.042} = 131^\circ\text{C}$$

산소의 몰분율 $x_{O_2} = \dfrac{1/32}{1/32 + 2/28} = 0.30$

출구에서 산소의 분압 $P_{O_2} = x_{O_2} P_2 = 0.30\times 100 = 30$ kPa, 질소의 분압 $P_{N_{2_2}} = 100 - 30 = 70$ kPa

따라서

$$\dot{S}_{gen} = \Delta \dot{S}_{O_2} + \Delta \dot{S}_{N_2} = (\dot{m}\Delta s)_{O_2} + (\dot{m}\Delta s)_{N_2}$$

$$= 1\left[0.922\ln\left(\frac{131+273}{200+273}\right) - 0.2598\ln\frac{30}{200}\right] + 2\left[0.1042\ln\left(\frac{131+273}{100+273}\right) - 0.2968\ln\frac{70}{300}\right]$$

$$= 0.3478 + 0.8806 = 1.228 \text{ kJ/Ks}$$

일정한 조성을 갖고 온도가 T_1에서 T_2로 변할 때 혼합기체의 내부에너지의 변화는 $\Delta u_i = C_{vi}(T_2 - T_1)$, $\Delta U = \sum_{i=1}^{k} m_i \Delta u_i$이다. 혼합 기체의 정적비열을 C_{vm}이라고 하면

$$\Delta U = (\sum_{i=1}^{k} m_i C_{vi})(T_2 - T_1) = m C_{vm}(T_2 - T_1) \tag{12.10a}$$

마찬가지로 정압비열을 C_{pm}이라고 하면 엔탈피는

$$\Delta H = (\sum_{i=1}^{k} m_i C_{pi})(T_2 - T_1) = m C_{pm}(T_2 - T_1) \tag{12.10b}$$

따라서 혼합 기체의 비열과 성분 기체의 비열의 관계는

$$C_{vm} = \sum_{i=1}^{k} f_i C_{vi}, \qquad C_{pm} = \sum_{i=1}^{k} f_i C_{pi} \tag{12.10c}$$

마찬가지 방법으로 몰비열을 구하면

$$\overline{C_{vm}} = \sum_{i=1}^{k} x_i \overline{C_{vi}}, \quad \overline{C_{pm}} = \sum_{i=1}^{k} x_i \overline{C_{\pi}} \tag{12.11}$$

예 | 제 | 12-3

건조 공기의 조성이 예제 12-1과 같은 경우 비열을 구하라.

풀이

$C_{v\ Air} = f_{N_2} C_{v,N_2} + f_{O_2} C_{v,O_2} + f_{Ar} C_{v,Ar} = 0.757\times 0.745 + 0.231\times 0.662 + 0.012\times 0.312 = 0.721$ kJ/kgK

$C_{p\ Air} = f_{N_2} C_{p,N_2} + f_{O_2} C_{p,O_2} + f_{Ar} C_{p,Ar} = 0.757\times 1.042 + 0.232\times 0.922 + 0.012\times 0.520 = 1.009$ kJ/kgK

12-2 습공기의 상태량

공기는 | 그림 12-2 | 와 같이 건공기와 수증기의 혼합 기체이다. 건공기(또는 건조 공기)는 수증기가 없는 건조한 공기를 말하며 질소, 산소, 아르곤 및 기타 물질이 혼합된 기체이나 그 혼합비가 일정하게 거동하는 한 순수물질처럼 다룰 수 있다. 습공기는 수증기를 포함한 공기를 말하며, 수증기는 함량이 수시로 변하면서 상변화를 하기 때문에 습공기는 혼합물질로 다루어야 한다. 공기 중 수증기는 소량이지만 잠열이 크기 때문에 공기의 열적 성질에 큰 연향을 미치게 된다. 습공기에 대한 이해는 공기조화 이론의 기초가 되므로 여기서 습공기의 상태량, 공기선도 및 상태변화에 대하여 살펴보도록 한다.

공기의 조성

공기는 질소, 산소, 아르곤, 이산화탄소, 수증기 등 다양한 성분으로 구성되나 일반적으로 건공기는 산소와 질소가 몰분율 0.21:0.89, 질량분율 0.23:0.77로 구성된 것으로 가정한다. 또 화학반응이나 상변화가 없으면 상당분자량 $M = 28.97$ kg/kmol, 기체상수 $R = 0.287$ kJ/kgK인 순수기체로 취급한다.

1) 습도

습공기를 이루는 건공기 1 kg에 대한 수증기의 양을 습도(humidity) 또는 절대습도라고 하며 ω로 표시한다.

$$\omega \equiv \frac{\text{수증기 질량}}{\text{건공기 질량}} \tag{12.12}$$

일반적으로 습공기의 질량이란 수증기를 제외한 건공기 질량을 말한다. 습도 ω인 공기는 건공기 1 kg당 수증기 ω kg을 포함한 습공기를 뜻하며, 공기의 압력(대기압) P는 건공기의 분압과 수증기의 분압을 합한 것이므로 수증기의 분압을 P_w라 할 때 건공기 분압은 $P - P_w$가 된다.

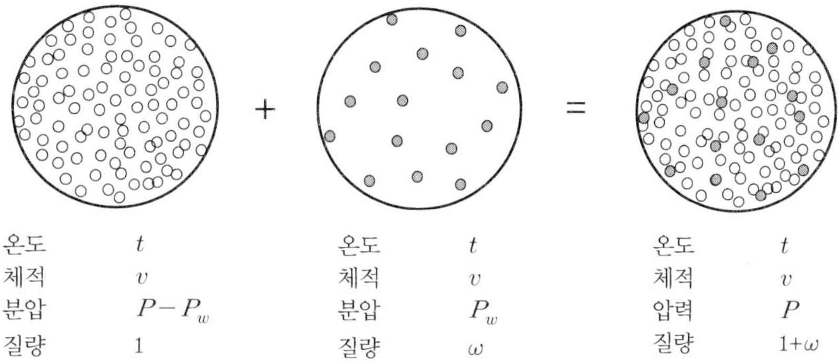

(a) 건공기　　(b) 수증기　　(c) 습공기

| 그림 12-2 | 건공기와 습공기

수증기는 분압이 매우 낮은 기체 상태로 존재하므로 건공기와 마찬가지로 이상기체로 다룰 수 있다. 건공기 질량이 1 kg이고 절대온도 T인 습공기의 건공기와 수증기 각각에 대하여 이상기체 상태방정식을 적용하면

$$(P-P_w)v = R_a T \qquad (12.13a)$$

$$p_w v = \omega R_w T \qquad (12.13b)$$

식에서 R_a는 건공기의 기체상수(R_a=0.287 kJ/kgK), R_v는 수증기의 기체상수(R_v = 0.462 kJ/kgK)를 나타낸다. 따라서 수증기 분압과 습도 사이의 관계는 다음과 같다.

$$\omega = \frac{R_a}{R_w}\frac{P_w}{P-P_w} = 0.622\frac{P_w}{P-P_w} \qquad (12.13c)$$

주어진 온도에서 공기가 포함할 수 있는 수증기의 양에는 한계가 있다. 식 (12.13c)에서 알 수 있듯이 습도가 증가하면 수증기의 분압도 같이 증가한다. 그러나 분압이 그 온도에 대한 포화압력P_s에 도달하면 더 이상의 수증기를 포함할 수 없게 된다. 상대습도(relative humidity)는 현재 수증기 분압 P_w의 포화압력 P_s에 대한 비율로 정의한다.

$$\phi = \frac{P_w}{P_s} \times 100\% \qquad (12.14)$$

인체가 느끼는 습도는 절대습도보다 상대습도에 더 민감하다. 상대습도가 높으면 습하다고 느끼며 상대습도가 낮으면 건조하다고 느끼게 된다.

2) 엔탈피

습공기의 비엔탈피는 건공기 1kg의 엔탈피와 수증기 ωkg의 엔탈피의 합으로 구할 수 있다. 통상 기체의 내부에너지나 엔트로피의 기준점은 삼중점이며, 수증기는 삼중점의 물을 기준으로 하므로 기준점의 엔탈피 역시 약 0으로 볼 수 있다. 이상기체의 엔탈피는 온도만의 함수이고 삼중점의 온도를 0℃ 라고 보고 비열의 변화를 무시하면 건공기 및 수증기의 비엔탈피 h_a와 h_w는

$$h_a = C_{p,a}t,\ \ h_w = r + C_{p,w}t \tag{12.15}$$

여기서 $C_{p,a}$, $C_{p,w}$는 건공기 및 수증기의 정압비열($C_{p,a}$= 1.004 kJ/kgK, $C_{p,w}$= 1.972 kJ/kgK), r은 0℃ 물의 증발잠열(2501 kJ/kg), t는 섭씨온도를 나타낸다. 건공기가 갖는 열에너지는 온도변화에 의한 것이므로 현열이라고 하며 수증기가 갖는 열에너지는 주로 증발잠열에 의한 것이므로 잠열이라고 한다. 따라서 습공기의 엔탈피는 다음 식으로 나타낼 수 있으며

$$h = h_a + \omega h_w = C_{p,a}t + (r + C_{p,w}t)\omega \tag{12.16}$$

습공기의 엔탈피는 건공기의 현열과 수증기의 잠열을 합한 전열이라고 할 수 있다.

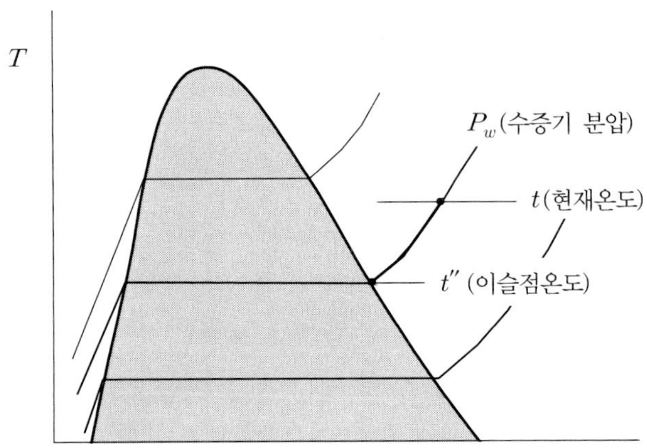

| 그림 12-3 | 이슬점온도

3) 이슬점온도

이슬점(dew point)온도 t''는 현재의 대기압과 절대습도 하에서 공기가 냉각되어 포화상태로 되어 응축이 시작될 때의 온도이다. 대기압이 일정하면 수증기의 분압도 일정하므로

과열수증기가 일정 압력 하에서 온도가 저하하여 포화상태에 도달하는 현상으로 이 때의 온도 t''가 이슬점(또는 노점) 온도이다(| 그림 12-2 | 참조). 이슬점온도 이하가 되면 수증기가 응축되어 안개가 되거나 고체 면에는 이슬이 맺히는 결로현상이 나타난다. 이슬점온도가 빙점보다 낮으면 이슬은 성에나 서리가 된다. 공기에 접한 물의 온도가 공기의 이슬점온도 이상이면 물은 증발하고, 그 이하이면 수증기가 응축한다. 표준 대기압 하에서 물이 100℃ 에서 증발한다는 것은 보일러와 같이 수면에 수증기만 접한 상태에서의 현상이다. 물의 증기압과 물에 작용하는 수증기의 분압을 비교하여 증기압이 크면 증발, 분압이 크면 응축이 일어난다.

예 | 제 | 12-4

건구온도 25°C, 상대습도 45%일 때 절대습도, 엔탈피, 비체적 및 이슬점온도를 구하라.

풀이

물의 포화증기표에서 온도 25°C에서 포화증기압은 $P_s = 3.169$ kPa

$p_w = \phi/100 \times P_s = 0.45 \times 3.169 = 1.43$ kPa

$\omega = 0.622\, P_w/(P - P_w) = 0.622 \times 1.43/(101.3 - 1.43) = 0.00891$

$h = C_p t + r\omega = (1.004 + 1.805 \times 0.00891) \times 25 + 2501 \times 0.00891 = 47.8$ kJ/kg

$v = RT/P - P_w = 0.287 \times (273 + 25)/(101.3 - 1.43) = 0.856$ m^3/kg

$P_w = 1.43$ kPa에 대한 포화온도를 포화증기표에서 구하면 1.2°C. 따라서 이슬점온도는 $t'' = 12.2$°C

4) 단열포화와 습구온도

단열포화는 | 그림 12-4 | 에서 보듯이 외부와 단열상태에서 내부에서 순환하는 물을 노즐로 분무하여 포화공기가 되도록 가습하는 것이다.

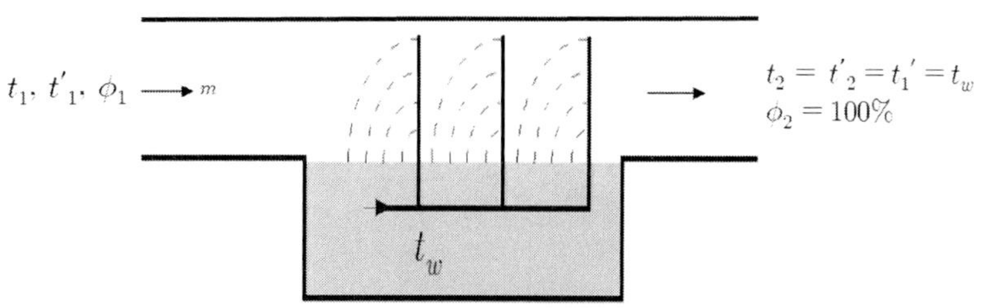

| 그림 12-4 | 단열포하

물이 공기의 온도보다 낮을 때 공기에서 물로 전달된 열은 물의 증발에 필요한 열로 사용된다. 전달된 열과 증발에 필요한 열이 일치하는 상태에 이르면 재순환하는 물의 온도는 평형상태에 이르게 된다. 이 평형상태의 수온을 공기의 열역학적 습구온도 t'라고 한다. 따

라서 공기가 분무 열을 통과할 때 온도는 내려가고 습도는 증가하나 물의 온도인 습구온도는 변함이 없다. 열수가 충분히 많으면 공기온도가 수온, 즉 습구온도와 같아지고 상대습도는 100%가 되는 포화상태에 이르게 된다. 이러한 가습 과정을 단열포화라고 하며 습구온도가 일정한 과정이다.

$$t_1' = t_w = t_2', \quad t_2 = t_2', \quad \phi_2 = 100\% \tag{12.17}$$

단열포화온도 t_w를 측정하는 일은 매우 번거로운 일이므로 간략히 습구온도를 측정하는 온도계를 습구온도계라고 한다. |그림 12-5|와 같이 온도계에 벌브를 거즈 등으로 감싸고 물에 담근 후 공기가 통하게 하여 열전달 및 물질전달이 평형 상태에 이르렀을 때의 온도가 습구온도이다.

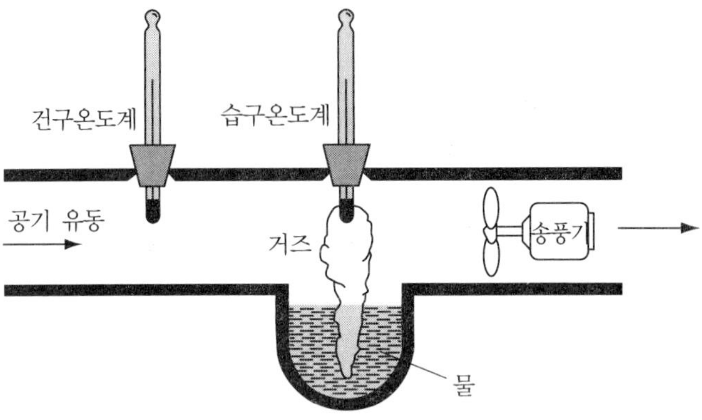

|그림 12-5| 습구온도와 건구온도의 측정

5) 습공기 선도

습공기는 건공기와 수증기의 2성분 혼합물이지만 대기압을 일정하게 놓으면 2개의 독립된 상태량을 갖게 된다. 따라서 평면 상에 선도로 습공기의 모든 상태량들을 나타낼 수 있으며, 이를 공기선도라고 한다. 공기선도에 2개의 기준 값을 정하면 다른 상태량들은 그 둘의 함수로 결정되기 때문에 두 축의 변수를 무엇으로 하는가에 따라서 여러 종류가 있을 수 있다. 가장 널리 사용되는 공기선도(psychrometric chart)는 |그림 12-6|과 같이 구성되며 |그림 12-7|과 같다. 선도에서 포화선은 수증기의 포화상태를 나타내므로 온도와 압력 관계가 물의 증기압 곡선과 같다.

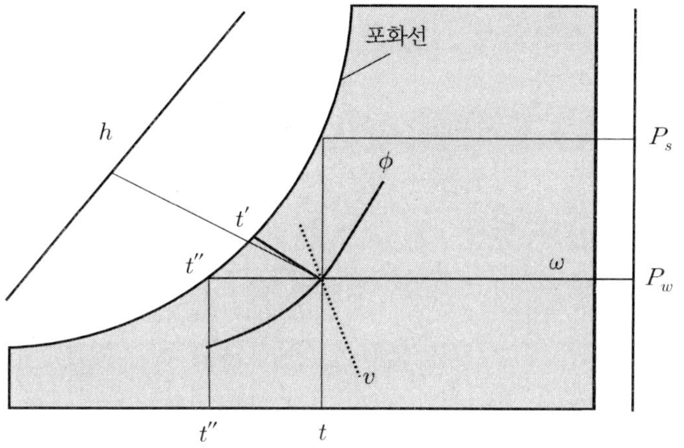

| 그림 12-6 | 습공기 선도의 구성

예제 12-5

예제 12-4의 공기에 대하여 습구온도 t', 이슬점온도 t'', 절대습도 ω, 엔탈피 h, 비체적 v를 공기선도에서 구하라.

풀이

공기선도에서

$t' = 17.1°C$, $t'' = 12.3°C$, $\omega = 0.0089$, $h = 48$ kJ/kg, $v = 0.857$ m^3/kg

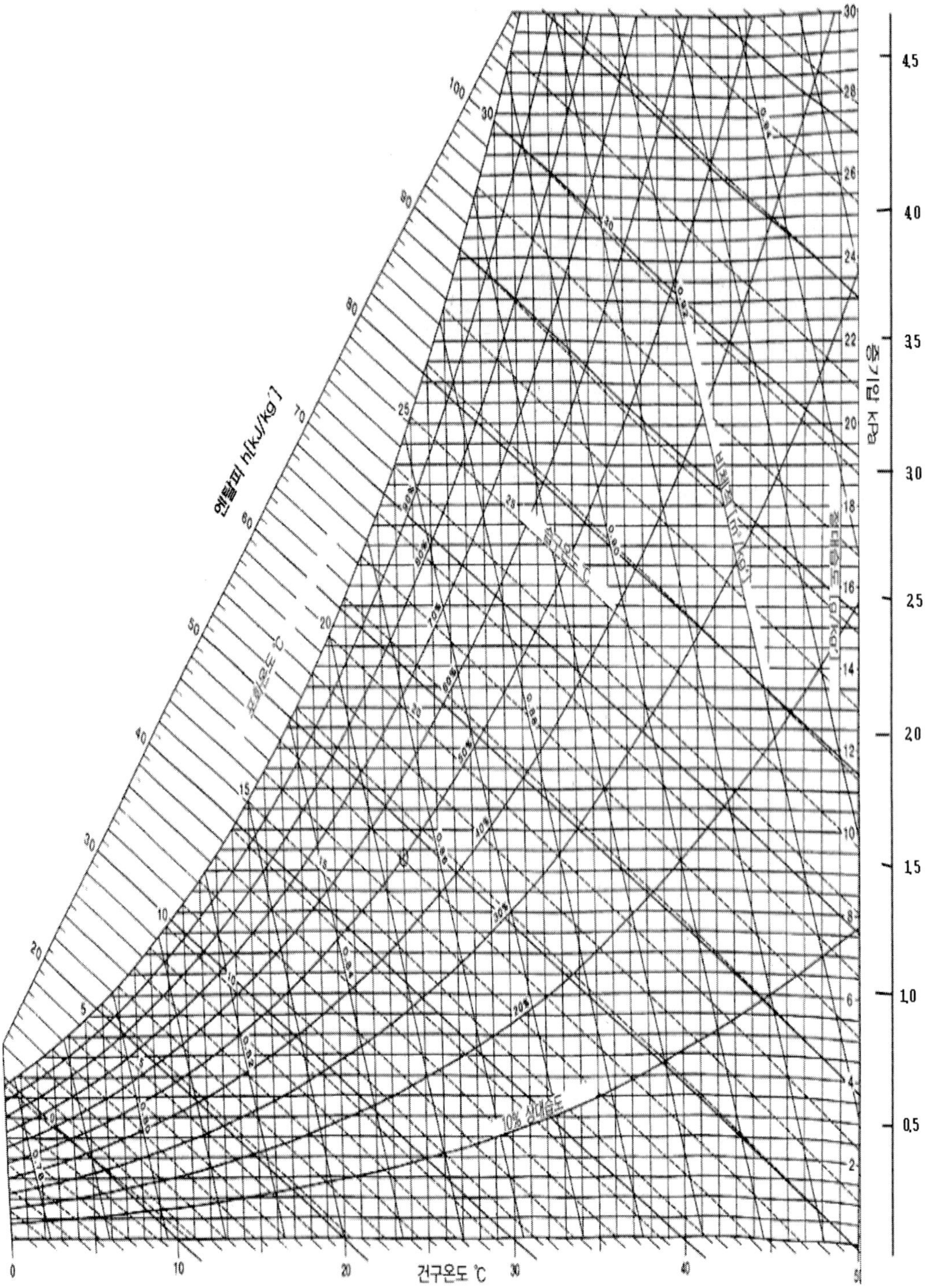

| 그림 12-7 | 습공기선도(대기압 101.3 kPa)

12-3 습공기의 상태변화

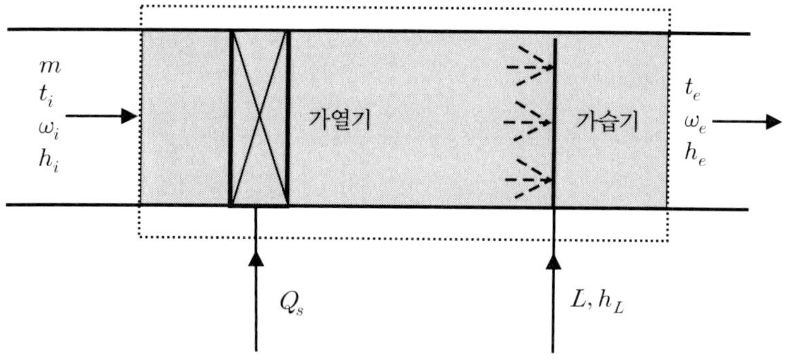

| 그림 12-8 | 공기의 가열 및 가습

공기의 가열 및 가습은 | 그림 12-8 | 과 같이 도시할 수 있다. 건공기의 질량유량은 m으로 변함이 없으나 가열 및 가습에 의하여 온도, 습도, 엔탈피 등은 바뀐다. 현열 가열량을 Q_s, 가습량은 L이며 가습물질(물 또는 증기)의 엔탈피를 h_L라고 할 때 이 과정에서 수증기에 대한 질량 보존식과 계의 에너지 보존식을 적용하면 다음과 같다.

$$m(\omega_e - \omega_i) = L \tag{12.18}$$

$$m(h_e - h_i) = Q_s + Lh_L \tag{12.19}$$

1) 단순 가열 및 냉각

절대습도가 일정한 상태에서 가열 또는 냉각하는 경우 L=0이므로 습도는 변함없이 $\omega_e = \omega_i$이고, 열량은 식(12.19)에서

$$Q_s = m(h_e - h_i) \tag{12.20}$$

로서 공기선도 상에서는 수평으로 상태변화가 일어난다(| 그림 12-9 | 참조). 가열하면 건구온도의 상승과 더불어 상대습도는 낮아지고 냉각하면 건구온도 감소에 따라서 상대습도는 증가한다.

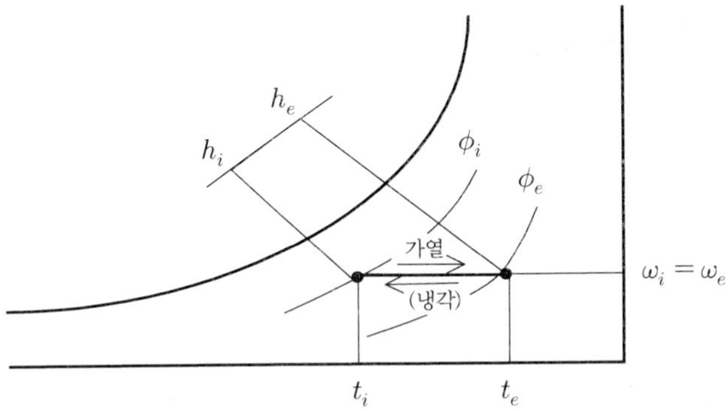

| 그림 12-9 | 공기의 단순 가열 또는 냉각

식(12.20)에 엔탈피에 관한 식(12.16)을 대입하여 다음 식으로도 열량을 구할 수 있다.

$$Q_s = m(C_{p,a} + \omega C_{p,w})(t_e - t_i) \tag{12.21}$$

2) 가습 및 제습

난방 시 가열만 하면 상대습도가 저하되므로 가습을 하여 습도를 높여주어야 한다. 가습하는 방법에는 증기나 소량의 물을 분무하여 공기 중에서 흡수 또는 증발하도록 하는 방법이 있다. 초음파 가습기는 소량의 물을 분무하는 경우에 속하며 물이 증발할 때 공기 중의 열을 빼앗으므로 습도 상승과 더불어 공기 온도는 저하하게 된다.

공기를 이슬점 온도 이하인 냉각코일(cooling coil)을 통과시키면 냉각과 더불어 제습(dehumidification)을 할 수 있다. 공기는 처음엔 냉각만 되다가 습도가 90%이상 될 때 결로가 되면서 제습이 일어나게 된다. 코일면에 접한 공기는 포화상태에서 제습이 되지만 코일면에서 먼 곳을 지나치는 공기는 포화 상태에 도달하지 못하므로 전체적으로는 불포화 상태로 통과되기 때문이다. 제습이 안 일어나는 코일을 건코일, 일어나는 코일을 습코일이라고 하며 도시하면 |그림 12-10|과 같다. 코일의 열수가 충분하면 공기는 코일 온도와 같은 온도에서 포화가 될 것이나 실제는 상대습도 95%정도로 배출된다.

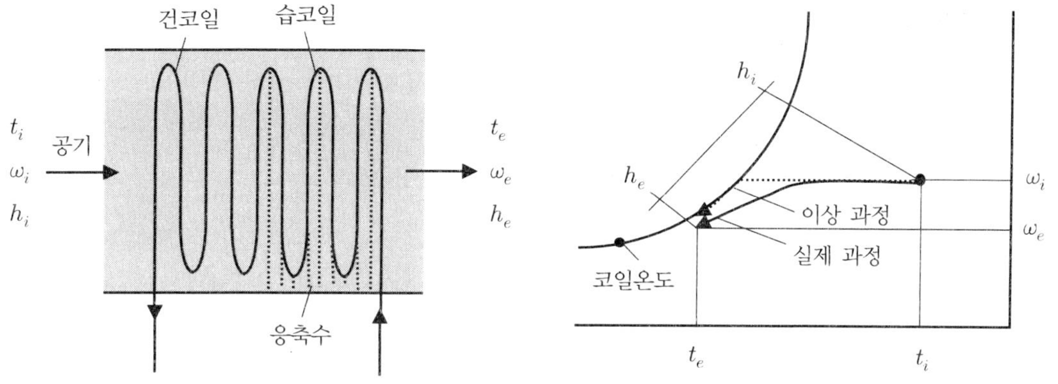

| 그림 12-10 | 냉각코일과 공기의 상태변화

다량의 분무수를 공기가 통과하게 하여 분진의 제거 및 온습도를 제어하는 장치를 공기 세정기(air washer)라고 한다(| 그림 12-11 | 참조). 물의 온도가 공기의 이슬점 온도 이하 $(t_w < t_i)$인 경우에 공기는 냉각 및 제습이 된다. 수온이 이슬점 온도 이상이고 공기 온도 이하$(t'' < t_w < t_i)$면 공기는 냉각되면서 가습이 된다. 또 수온이 공기 온도 이상$(t_w > t_i)$이면 공기는 가열되면서 가습이 된다. 이 경우에도 분무의 열수가 충분하면 공기의 온도는 물의 온도와 같아지고 상대습도는 100%에 이를 것이지만 그 정도로 공기와 물이 접촉하기는 어렵다.

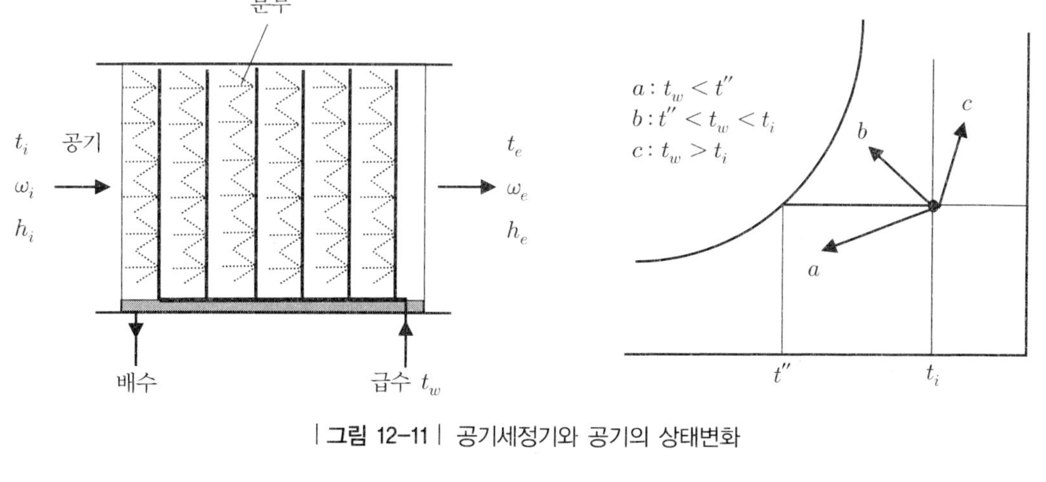

| 그림 12-11 | 공기세정기와 공기의 상태변화

예|제|12-6

3500 kg/h로 덕트를 유동하는 15°C의 공기를 25°C로 가열하였더니 상대습도가 45%로 되었다. 필요한 열량은 얼마인가? 또 이 공기를 다시 수증기로 가습하여 온도는 변함없으나 상대습도가 80%로 되었다면 이때 공급해야 할 수증기 양을 구하여라.

풀이

25°C공기의 포화증기압은 포화증기표에서 $P_{s2}(25°C) = 3.169$ kPa

$\phi_2 = 45\%$이므로 $P_{w2} = 0.45 \times 3.169 = 1.426$ kPa

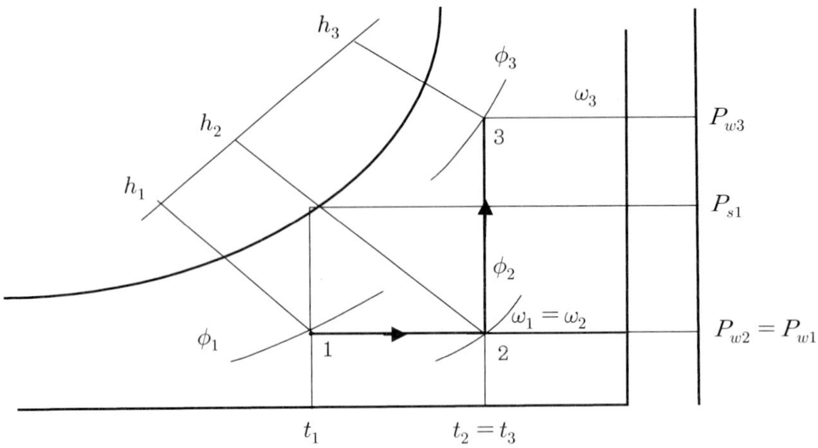

|그림 12-12| 예제 12-6

처음에 습도가 일정한 상태변화이므로 (|그림 12-12| 참조)

$\omega_1 = \omega_2 = 0.622P_{w2}/(P - P_{w2}) = 0.622 \times 1.426/(101.3 - 1.426) = 0.0089$

$h_1 = C_{p,a}t_1 + (r + C_{p,w}t_1)\omega_1 = 1.004 \times 15 + (2501 + 1.805 \times 15) \times 0.0089 = 37.6$ kJ/kg

$h_2 = C_{p,a}t_2 + (r + C_{p,w}t_2)\omega_2 = 1.004 \times 25 + (2501 + 1.805 \times 25) \times 0.0089 = 47.8$ kJ/kg

따라서 ${}_1Q_2 = m(h_2 - h_1) = 3500 \times (47.8 - 37.6) = 35700$ kJ/h $= 9.92$ kW

다음에 가습 과정에서 가습 후의 상태는 $t_3 = t_2 = 25°C$, $\phi_3 = 80\%$이므로

$P_{w3} = 0.80 \times 3.169 = 2.535$ kPa

$\omega_3 = 0.622 \times 2.535/(101.3 - 2.535) = 0.016$

따라서 $L = m(\omega_3 - \omega_2) = 3500 \times (0.016 - 0.0089) = 25$ kg/h

예 제 12-7

유량 5840 kg/h, 온도 25°C, 습도 45%인 공기를 가습하려고 한다.

a. 30°C 온수를 15 kg/h의 비율로 분무하면 온도와 상대습도는 어떻게 되는가?

b. 온수 대신 120°C 증기를 같은 비율로 분무하면 어떻게 되는가?

풀이

25°C, 45% 공기의 $\omega_1 = 0.00891$, $h_1 = 47.8$ kJ/kg

먼저 질량보존식에서 가습 후의 습도를 구한다.

$m(\omega_2 - \omega_1) = L$, $\omega_2 = \omega_1 + L/m = 0.00891 + 15/5850 = 0.0115$

a. 30°C의 물분무의 경우

$m(h_2 - h_1) = Lh_L$에서 $h_2 = h_1 + Lh_L/m$

30°C 온수의 엔탈피 $h_L = C_p t = 4.19 \times 30 = 126$ kJ/kg

$h_2 = 47.8 + 15 \times 126/5840 = 48.1$ kJ/kg

식(12.16)에서 $t_2 = (h_2 - 2501w_2)/(1.004 + 1.806w_2)$이므로

$t_2 = (48.1 - 2501 \times 0.0115)/(1.004 + 1.806 \times 0.0115) = 18.8$°C

$t_2 = 18.8$°C일 때 $P_{s2} = 2.19$ kPa

식(12.13c)에서 $P_w = \dfrac{\omega}{\omega + 0.622} P$이므로 $P_{w2} = 0.0115 \times 101.3/(0.0115 + 0.622) = 1.84$ kPa

$$\phi_2 = \frac{P_{w2}}{P_{s2}} = 0.84 = 84\%$$

b. 120°C 증기분무의 경우

120°C 증기의 엔탈피

$h_L = r + C_{pw} t = 2501 + 1.806 \times 120 = 2720$ kJ/kg

$h_2 = h_1 + Lh_L/m = 47.8 + 15 \times 2720/5840 = 54.8$ kJ/kg

$t_2 = (h_2 - r\omega_2)/C_{p,a} = (54.8 - 2501 \times 0.0115)/1.004 = 25.9$℃

$t_2 = 25.9$°C일 때 $P_{s2} = 3.36$ kPa

$P_{w2} = 1.84$ kPa이므로

$$\phi_2 = \frac{P_{w2}}{P_{s2}} = 1.84/3.36 = 0.55 = 55\%$$

연습문제

12.1 다음 용어를 설명하라.

a. 분압법칙

b. 습공기의 포화상태

c. 절대습도와 상대습도

d. 단열포화온도와 습구온도

12.2 공기 중 수증기의 양은 작지만 환경에 미치는 영향이 큰 이유를 설명하라.

12.3 습구온도와 건구온도가 같아지는 경우는 언제인가?

12.4 호수에서 물이 증발하는 조건과 수증기가 응축하는 조건을 설명하라.

12.5 냉각코일에 의한 제습의 원리를 설명하라.

12.6 초음파가습기의 가습원리를 설명하라.

12.7 공기세정기에 의한 공기의 온도와 습도 조절에 대하여 설명하라.

12.8 습공기 선도를 이용하여 ϕ, ω, t, t'를 구하라.

a. $t = 25^\circ C$, $\phi = 80\%$

b. $t = 15^\circ C$, $\phi = 100\%$

c. $t = 20^\circ C$, $\omega = 0.008$

d. $t = 25^\circ C$, $t' = 23^\circ C$

12.9 어떤 기체 혼합물의 체적 분석 결과는 다음과 같다.

CO_2	12.0%
O_2	4.0%
N_2	82.0%
CO	2.0%

이 혼합기체의 몰분율, 질량분율, 기체상수 및 분자량을 구하라.

12.10 6×5×3 m 크기의 실내에 들어 있는 건공기와 수증기의 양을 다음 두 경우에 대하여 구하라.

a. 25°C, 75%

b. 10°C, 30%

12.11 실내 상태가 20°C, 75%일 때 창문에 김이 서렸다면 그 온도는 얼마 이하겠는가?

12.12 0.1 MPa, 35°C, 상대습도 70%인 습공기의 절대습도, 이슬점온도, 비체적과 엔탈피를 구하라.

12.13 문제 12.12의 공기를 일정 압력 하에서 5°C로 냉각시킬 때 응축되는 수증기의 양과 냉각 열량을 구하라.

12.14 체적 10 m^3의 강체 용기에 45°C, 40%, 100 kPa의 습공기가 채워져 있다. 용기를 5°C로 냉각하여 응축수는 배출시킬 때 최종 압력, 수증기의 질량과 냉각열량을 구하라.

12.15 아래 | 그림 P12-1 | 에서 1000 kg/h로 덕트를 유동하는 5°C, 상대습도 95%의 공기와 2000 kg/h로 덕트를 유동하는 55°C, 상대습도 80%의 공기를 단열 상태에서 혼합할 때 출구 공기의 온도와 상대습도를 구하라.

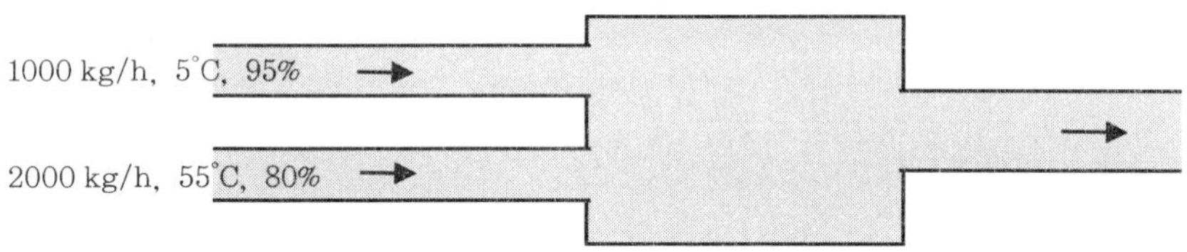

| 그림 P12-1 |

12.16 공기 가습 장치에 80°C의 건공기가 16 kg/s의 율로 들어가고 같은 온도의 물이 0.2 kg/s의 율로 유입되어 출구 상태는 40°C의 습공기가 되었다. 습공기의 습도와 가열량을 구하라.

12.17 발전소 용 냉각탑에서 냉각수를 45°C에서 30°C로 냉각시킨다. 냉각탑에 유입되는 공기의 상태는 19.5°C, 30%, 100 kPa이고 유출 공기의 상태는 25°C, 70%이다. 냉각 열량이 1 MW일 때 유입되는 공기의 질량유량과 물의 증발량을 구하라.

12.18 105 kPa, 30°C, 80%인 습공기를 냉각코일로 냉각, 제습하여 100 kPa, 15 °C, 95%가 되도록 한다. 운동에너지의 변화를 무시할 때 냉각열량을 구하라. 단 응축수의 온도는 15°C이다.

12.19 100 kPa, 30°C인 습공기를 단열포화장치를 통과시켰더니 20°C가 되었다. 유입되는 습공기의 절대습도와 상대습도를 구하라.

Appendix A

단위환산과 단상 물질의 성질

A.1 단위환산표

(1) 길이

m	mm	in	ft
1	1000	39.3701	3.28084
0.001	1	0.0393701	3.28084×10^{-3}
0.0254	25.4	1	0.0833333
0.3048	304.8	12	1

(2) 질량

kg	t(톤 : SI)	lb(파운드)
1	0.001	2.20462
1000	1	2204.62
0.453592	4.53592×10^{-4}	1

(3) 힘

N	kgf	lbf
1	0.101972	0.224809
9.80665	1	2.20462
4.44822	0.453592	1

(4) 압력

Pa	at=kgf/cm^2	psi=lbf/in^2	atm	mmHg	mAq
1	1.01972×10^{-5}	1.45038×10^{-4}	9.86923×10^{-6}	7.50062×10^{-3}	1.01972×10^{-4}
98066.5	1	14.2233	0.967841	735.559	10
6894.76	0.0703070	1	0.0680460	51.7149	0.703070
1.01325×10^{5}	1.03323	14.6959	1	760	10.3345
133.322	1.35951×10^{-3}	0.0193368	1.31579×10^{-3}	1	0.0135951
9806.65	0.1	1.42233	0.0967841	73.5559	1

(5) 열, 에너지 및 일

J	kgf · m	lbf · ft	kWh	PSh	kcal	Btu
1	0.101972	0.737562	2.77778×10^{-7}	3.77673×10^{-7}	2.38846×10^{-4}	9.47817×10^{-4}
9.80665	1	7.23301	2.72407×10^{-6}	3.70370×10^{-6}	2.34228×10^{-3}	9.29491×10^{-3}
1.35582	0.138255	1	3.76616×10^{-7}	5.12055×10^{-7}	3.23832×10^{-4}	1.28507×10^{-3}
3.6×10^{6}	3.67098×10^{5}	2.65522×10^{6}	1	1.35962	859.845	3412.14
2.64780×10^{6}	2.7×10^{5}	1.95291×10^{6}	0.735499	1	632.415	2509.63
2.68452×10^{6}	2.7375×10^{5}	1.98×10^{6}	0.745700	1.01387	641.186	2544.43
4186.8	426.935	3088.03	1.163×10^{-3}	1.58124×10^{-3}	1	3.96832
1055.06	107.586	778.169	2.93071×10^{-4}	3.98466×10^{-4}	0.251996	1

(6) 동력

W	kW	HP(영마력)	PS(프랑스마력)	kgf m/s	lbf ft/s
1	0.001	1.34102×10^{-3}	1.35962×10^{-3}	0.101972	0.737562
1000	1	1.34102	1.35962	101.972	737.562
745.700	0.745700	1	1.01387	76.0402	550
735.499	0.735499	0.986320	1	75	542.476
9.80665	9.80665×10^{-3}	0.0131509	0.0133333	1	7.23301
1.35582	1.35582×10^{-3}	1.81818×10^{-3}	1.84340×10^{-3}	0.138255	1

1 PS(SI) = 75 kgf · m/s = 735.49875 W, 1 PS(한국) = 735.5 W, 1 HP(SI) = 550 ft · 1 bf/s = 745.699872 W, 1 HP(한국) = 746 W

1 USRT = 12,000 Btu/h = 3.519 kW

1일본냉동톤 = 3320 kcal/h = 3.86 kW

(7) 열전도계수

W/m K	kcal/ms℃	kcal/m h℃	Btu/ft h°F	Btu/in h°F
1	2.38846×10^{-4}	0.859845	0.577789	0.0481491
4186.8	1	3600	2419.09	201.591
1.163	2.77778×10^{-4}	1	0.671969	0.0559974
1.73073	4.13379×10^{-4}	1.48816	1	0.0833333
20.7688	4.96055×10^{-3}	17.8580	12	1

(8) 열전달계수

W/m^2 K	$kcal/m^2$ s℃	$kcal/m^2$ h℃	Btu/ft^2 h°F	Btu/in^2 h°F
1	2.38846×10^{-4}	0.859845	0.176110	1.22299×10^{-3}
4186.8	1	3600	737.338	5.12040
1.163	2.77778×10^{-4}	1	0.204816	1.42233×10^{-3}
5.67826	1.35623×10^{-3}	4.88243	1	6.94444×10^{-3}
817.670	0.195297	703.070	144	1

(9) 열유속

W/m^2	$kcal/m^2h$	Btu/ft^2 h
1	0.859845	0.316998
1.163	1	0.368669
3.15459	2.71246	1

A.2 임계상수

물질	분자식	분자량, M	T_c, K	P_c, MPa	v_c, m^3/kg
Ammonia	NH_3	17.031	405.50	11.35	0.00426
Argon	Ar	39.948	150.80	4.87	0.00188
Bromine	Br_2	159.808	588.00	10.30	0.00080
Carbondioxide	CO_2	44.01	304.10	7.38	0.00212
Carbonmonoxide	CO	28.010	132.90	3.50	0.00333
Chlorine	Cl_2	70.906	416.90	7.98	0.00175
Fluorine	F_2	37.997	144.30	5.22	0.00174
Helium	He	4.003	5.19	0.23	0.01430
Hydrogen(normal)	H_2	2.016	33.20	1.30	0.03230
Krypton	Kr	83.800	209.40	5.50	0.00109
Neon	Ne	20.183	44.40	2.76	0.00206
Nitricoxide	NO	30.006	180.00	6.48	0.00192
Nitrogen	N_2	28.013	126.20	3.39	0.00320
Nitrogendioxide	NO_2	46.006	431.00	10.10	0.00365
Nitrousoxide	N_2O	44.013	309.60	7.24	0.00221
Oxygen	O_2	31.999	154.60	5.04	0.00229
Sulfurdioxide	SO_2	64.063	430.80	7.88	0.00191
Water	H_2O	18.015	647.30	22.12	0.00317
Xenon	Xe	131.300	289.70	5.84	0.00090
Acetylene	C_2H_2	26.038	308.30	6.14	0.00433
Benzene	C_6H_6	78.114	562.20	4.89	0.00332
n-Butane	C_4H_{10}	58.124	425.20	3.80	0.00439
Chlorodifluoroethane (142b)	CH_3CClF_2	100.495	410.30	4.25	0.00230
Chlorodifluoromethane(22)	$CHClF_2$	86.469	369.30	4.97	0.00191
Dichlorofluoroethane(141)	CH_3CCl_2F	116.950	481.50	4.54	0.00215
Dichlorotrifluoroethane(123)	$CHCl_2CF$	152.930	456.90	3.66	0.00182
Difluoroethane(152a)	CHF_2CH_3	66.050	386.40	4.52	0.00272
Difiuoromethane(32)	CF_2H_2	52.024	351.30	5.78	0.00236
Ethane	C_2H_6	30.070	305.40	4.88	0.00493
Ethylalcohol	C_2H_5OH	46.069	513.90	6.14	0.00363
Ethylene	C_2H_4	28.054	282.40	5.04	0.00465
n-Heptane	C_7H_{16}	100.205	540.30	2.74	0.00431
n-Hexane	C_7H_{14}	86.178	507.50	3.01	0.00429
Methane	CH_4	16.043	190.40	4.60	0.00615
Methylalcohol	CH_3OH	32.042	512.60	8.09	0.00368
n-Octane	C_8H_{18}	114.232	568.80	2.49	0.00431
Pentafiuoroethane(125)	CHF_2CF_3	120.022	339.20	3.62	0.00176
n-Pentane	C_5H_{12}	72.151	469.70	3.37	0.00421
Propane	C_3H_8	44.094	369.80	4.25	0.00454
Propene	C_3H_6	42.081	364.90	4.60	0.00430
Tetrafiuoroethane(134a)	CF_3CH_2F	102.030	374.20	4.06	0.00197

A.3 상온에서의 비열

A.3.1 고체

물질	ρ, kg/m^3	C_p, kJ/kgK
Asphalt	2120	0.92
Brick,common	1800	0.84
Carbon,diamond	3250	0.51
Carbon,graphite	2000-2500	0.61
Coal	1200-1500	1.26
Concrete	2200	0.88
Glass,plate	2500	0.80
Glass,wool	20	0.66
Granite	2750	0.89
Ice(0°C)	917	2.04
Paper	700	1.20
Plexiglass	1180	1.44
Polystyrene	920	2.30
Polyvinylchloride	1380	0.96
Rubber,soft	1100	1.67
Sand,dry	1500	0.80
Salt,rock	2100-2500	0.92
Silicon	2330	0.70
Snow,firm	560	2.10
Wood,hard(oak)	720	1.26
Wood.soft(pine)	510	1.38
Wool	100	1.72

A.3.3 액체

물질	ρ, kg/m^3	C_p, kJ/kgK
Ammonia	604	4.84
Benzene	879	1.72
Butane	556	2.47
CCl_4	1584	0.83
CO_2	680	2.90
Ethanol	783	2.46
Gasoline	750	2.08
Glycerine	1260	2.42
Kerosene	815	2.00
Methanol	787	2.55
n-octane	692	2.23
Oilengine	885	1.90
Oillight	910	1.80
Propane	510	2.54
R-12	1310	0.97
R-22	1190	1.26
R-32	961	1.94
R-125	1191	1.41
R-134a	1206	1.43
Water	997	4.18

A.3.2 금속

물질	ρ, kg/m^3	C_p, kJ/kgK
Aluminum	2700	0.90
Brass,60-40	8400	0.38
Copper.commercial	8300	0.42
Gold	19300	0.13
Iron,cast	7272	0.42
Iron,304StSteel	7820	0.46
Lead	11340	0.13
Magnesium,2%Mn	1778	1.00
Nickel,10%Cr	8666	0.44
Silver,99.9%Ag	10524	0.24
Sodium	971	1.21
Tin	7304	0.22
Tungsten	19300	0.13
Zinc	7144	0.39

A.3.4 액체금속

물질	ρ, kg/m^3	C_p, kJ/kgK
Bismuth, Bi	10040	0.14
Lead. Pb	10660	0.16
Mercury, Hg	13580	0.14
NaK(56/44)	887	1.13
Potassium, K	828	0.81
Sodium. Na	929	1.38
Tin. Sn	6950	0.24
Zinc, Zn	6570	0.50

A.4 25℃, 100 kPa에서 각종 이상기체의 상태량*(SI 단위)

기체	분자식	M	R, kJ/kgK	ρ, kg/m^3	C_{p0}, kJ/kgK	C_{v0}, kJ/kgK	$k=C_{P0}/C_{v0}$
Steam	H_2O	18.015	0.46150	0.0231	1.872	1.410	1.327
Acetylene	C_2H_2	26.038	0.31930	1.0500	1.699	1.380	1.231
Air	-	28.970	0.28700	1.1690	1.004	0.717	1.400
Ammonia	NH_3	17.031	0.48820	0.6940	2.130	1.642	1.297
Argon	Ar	39.948	0.20810	1.6130	0.520	0.312	1.667
Butane	C_4H_{10}	58.124	0.14300	2.4070	1.716	1.573	1.091
Carbondioxide	CO_2	44.010	0.18890	1.7750	0.842	0.653	1.289
Carbonmonoxide	CO	28.010	0.29680	1.1300	1.041	0.744	1.399
Ethane	C_2H_6	30.070	0.27650	1.2220	1.766	1.490	1.186
Ethanol	C_2H_5OH	46.069	0.18050	1.8830	1.427	1.246	1.145
Ethylene	C_2H_4	28.054	0.29640	1.1380	1.548	1.252	1.237
Helium	He	4.003	2.07710	0.1615	5.193	3.116	1.667
Hydrogen	H_2	2.016	4.12430	0.0813	14.209	10.085	1.409
Methane	CH_4	16.043	0.51830	0.6480	2.254	1.736	1.299
Methanol	CH_3OH	32.042	0.25950	1.3100	1.405	1.146	1.227
Neon	Ne	20.183	0.41200	0.8140	1.030	0.618	1.667
Nitric oxide	NO	30.006	0.27710	1.2100	0.993	0.716	1.387
Nitrogen	N_2	28.013	0.29680	1.1300	1.042	0.745	1.400
Nitrous oxide	N_2O	44.013	0.18890	1.7750	0.879	0.690	1.274
n-octane	C_8H_{18}	114.230	0.07279	0.0920	1.711	1.638	1.044
Oxygen	O_2	31.999	0.25980	1.2920	0.922	0.662	1.393
Propane	C_3H_8	44.094	0.18860	1.8080	1.679	1.490	1.126
R-12	CCl_2F_2	120.914	0.06876	4.9800	0.616	0.547	1.126
R-22	$CHClF_2$	86.469	0.09616	3.5400	0.658	0.562	1.171
R-32	CH_2H_2	52.024	0.15980	2.1250	0.822	0.662	1.242
R-125	CHF_2CF_3	120.022	0.06927	4.9180	0.791	0.722	1.097
R-134a	CH_3CH_2F	102.030	0.08149	4.2000	0.852	0.771	1.106
Sulfur dioxide	SO_2	64.059	0.12980	2.6180	0.624	0.494	1.263
Sulfur trioxide	SO_3	80.053	0.10386	3.2720	0.635	0.531	1.196

*포화압력이 100 kPa 이하인 경우는 포화압력에서

A.5 각종 이상기체의 정압비열

$C_{P_0} = C_0 + C_1\theta + C_2\theta^2 + C_3\theta^3$, kJ/kgK, $\theta = T/1000$ (25 K–1200 K 사이에서 유효)

기체	분자식	C_0	C_1	C_2	C_3
Steam	H_2O	1.790	0.10700	0.586	-0.200
Acetylene	C_2H_2	1.030	2.91000	-1.920	0.540
Air	-	1.050	-0.36500	0.850	-0.390
Ammonia	NH_3	1.600	1.40000	1.000	-0.700
Argon	Ar	0.520	0.00000	0.000	0.000
Butane	C_4H_{10}	0.163	5.70000	-1.906	-0.049
Carbondioxide	CO_2	0.450	1.67000	-1.270	0.390
Carbonmonoxide	CO	1.100	-0.46000	1.000	-0.454
Ethane	C_2H_6	0.180	5.92000	-2.310	0.290
Ethanol	C_2H_5OH	0.200	-4.65000	-1.820	0.030
Ethylene	C_2H_4	1.036	5.58000	-3.000	0.630
Helium	He	5.193	0.00000	0.000	0.000
Hydrogen	H_2	13.460	4.60000	-6.850	3.790
Methane	CH_4	1.200	3.25000	0.750	-0.710
Methanol	CH_3OH	0.660	2.21000	0.810	-0.890
Neon	Ne	1.030	0.00000	0.000	0.000
Nitric oxide	NO	0.980	-0.03100	0.325	-0.140
Nitrogen	N_2	1.110	-0.48000	0.960	-0.420
Nitrous oxide	N_2O	0.490	1.65000	-1.310	0.420
n-octane	C_8H_{18}	-0.053	6.75000	-3.670	0.775
Oxygen	O_2	0.880	-0.00010	0.540	-0.330
Propane	C_3H_8	-0.096	6.95000	-3.600	0.730
R-12*	CCl_2F_2	0.260	1.47000	-1.250	0.360
R-22*	$CHClF_2$	0.200	1.87000	-1.350	0.350
R-32*	CF_2H_2	0.227	2.27000	-0.930	0.041
R-125*	CHF_2CF_3	0.305	1.68000	-0.284	0.000
R-134a*	CH_3CH_2F	0.165	2.81000	-2.230	1.110
Sulfur dioxide	SO_2	0.370	1.05000	-0.770	0.210
Sulfur trioxide	SO_3	0.240	1.70000	-1.500	0.460

* 최고 500 K 이하에서 유효

A.6 각종 이상기체의 100 kPa에서 엔탈피와 표준엔트로피

A.6.1 공기

T, K	u, kJ/kg	h, kJ/kg	s^0_T, kJ/kgK	T, K	u, kJ/kg	h, kJ/kg	s^0_T,kJ/kgK
200	142.8	200.2	6.4626	1100	845.5	1161	8.2445
220	157.1	220.2	6.5581	1150	889.3	1219	8.2962
240	171.4	240.3	6.6453	1200	933.4	1278	8.346
260	185.7	260.3	6.7256	1250	977.9	1337	8.394
280	200	280.4	6.8	1300	1023	1396	8.4405
290	207.2	290.4	6.8352	1350	1068	1455	8.4854
298.1	213.1	298.6	6.863	1400	1113	1515	8.5289
300	214.4	300.5	6.8693	1450	1159	1575	8.5711
320	228.7	320.6	6.9341	1500	1205	1636	8.6121
340	243.1	340.7	6.9952	1550	1252	1696	8.6518
360	257.5	360.9	7.0528	1600	1298	1757	8.6905
380	272	381.1	7.1073	1650	1345	1818	8.7281
400	286.5	401.3	7.1593	1700	1392	1880	8.7647
420	301	421.6	7.2087	1750	1439	1941	8.8004
440	315.6	441.9	7.2561	1800	1486	2003	8.8352
460	330.3	462.3	7.3014	1850	1534	2065	8.8691
480	345	482.8	7.345	1900	1582	2127	8.9022
500	359.9	503.4	7.3869	1950	1630	2189	8.9345
520	374.7	524	7.4274	2000	1678	2252	8.9661
540	389.7	544.7	7.4664	2050	1726	2314	8.997
560	404.7	565.5	7.5042	2100	1774	2377	9.0272
580	419.9	586.3	7.5408	2150	1823	2440	9.0568
600	435.1	607.3	7.5764	2200	1871	2503	9.0857
620	450.4	628.4	7.6109	2250	1920	2566	9.1141
640	465.9	649.5	7.6445	2300	1969	2629	9.1419
660	481.4	670.8	7.6772	2350	2018	2692	9.1691
680	497	692.1	7.709	2400	2067	2756	9.1959
700	512.7	713.6	7.7401	2450	2116	2819	9.2221
720	528.5	735.1	7.7704	2500	2166	2883	9.2478
740	544.3	756.7	7.8001	2550	2215	2947	9.2731
760	560.3	778.5	7.8291	2600	2265	3011	9.2979
780	576.4	800.3	7.8574	2650	2314	3075	9.3223
800	592.6	822.2	7.8851	2700	2364	3139	9.3462
850	633.5	877.4	7.9521	2750	2414	3203	9.3698
900	674.9	933.2	8.0158	2800	2464	3267	9.393
950	716.8	989.4	8.0767	2850	2514	3332	9.4158
1000	759.2	1046	8.1349	2900	2564	3396	9.4382
1050	802.1	1103	8.1908	2950	2614	3461	9.4602
1100	845.5	1161	8.2445	3000	2664	3525	9.482

A.6.2 기타 이상기체

	N_2		O_2		CO_2		H_2O	
T, K	h, kJ/kg	s_T^0, kJ/kgK	h, kJ/kg	s_T^0, kJ/kgK	h, kJ/kg	s_T^0, kJ/kgK	h, kJ/kg	s_T^0, kJ/kgK
200	207.75	6.4250	181.81	6.0466	135.28	4.5439	368.69	9.7412
250	259.70	6.6568	227.37	6.2499	173.44	4.7139	461.36	10.1547
300	311.67	6.8463	273.15	6.4168	214.38	4.8631	554.32	10.4936
350	363.68	7.0067	319.31	6.5590	257.90	4.9972	647.90	10.7821
400	415.81	7.1459	366.03	6.6838	303.76	5.1196	742.40	11.0345
450	468.13	7.2692	413.45	6.7954	351.70	5.2325	838.09	11.2600
500	520.75	7.3800	461.63	6.8969	401.52	5.3375	935.12	11.4644
550	573.76	7.4811	510.61	6.9903	453.03	5.4356	1033.63	11.6522
600	627.24	7.5741	560.36	7.0768	506.07	5.5279	1133.67	11.8263
650	681.26	7.6606	610.86	7.1577	560.51	5.6151	1235.30	11.9890
700	735.86	7.7415	662.06	7.2336	616.22	5.6976	1338.56	12.1421
750	791.05	7.8176	713.90	7.3051	673.09	5.7761	1443.49	12.2868
800	846.85	7.8897	766.33	7.3728	731.02	5.8508	1550.13	12.4244
850	903.26	7.9581	819.30	7.4370	789.93	5.9223	1658.49	12.5558
900	960.25	8.0232	872.75	7.4981	849.72	5.9906	1768.60	12.6817
950	1017.81	8.0855	926.65	7.5564	910.33	6.0561	1880.48	12.8026
1000	1075.91	8.1451	980.95	7.6121	971.67	6.1190	1994.13	12.9192
1100	1193.62	8.2572	1090.62	7.7166	1096.36	6.2379	2226.73	13.1408
1200	1313.16	8.3612	1201.53	7.8131	1223.34	6.3483	2466.25	13.3492
1300	1434.31	8.4582	1313.51	7.9027	1352.28	6.4515	2712.46	13.5462
1400	1556.87	8.5490	1426.44	7.9864	1482.87	6.5483	2965.03	13.7334
1500	1680.70	8.6345	1540.23	8.0649	1614.88	6.6394	3223.57	13.9117
1600	1805.60	8.7151	1654.83	8.1389	1748.12	6.7254	3487.69	14.0822
1700	1931.45	8.7914	1770.21	8.2088	1882.43	6.8068	3756.95	14.2454
1800	2058.15	8.8638	1886.33	8.2752	2017.67	6.8841	4030.92	14.4020
1900	2185.58	8.9327	2003.19	8.3384	2153.73	6.9577	4309.18	14.5524
2000	2313.68	8.9984	2120.77	8.3987	2290.51	7.0278	4591.30	14.6971
2100	2442.36	9.0612	2239.07	8.4564	2427.95	7.0949	4877.29	14.8366
2200	2571.58	9.1213	2358.08	8.5117	2565.97	7.1591	5166.64	14.9712
2300	2701.28	9.1789	2477.79	8.5650	2704.52	7.2206	5459.08	15.1012
2400	2831.41	9.2343	2598.20	8.6162	2843.55	7.2798	5754.37	15.2269
2500	2961.93	9.2876	2719.30	8.6656	2983.04	7.3368	6052.31	15.3485
2600	3092.81	9.3389	2841.07	8.7134	3122.93	7.3917	6352.70	15.4663
2700	3224.03	9.3884	2963.49	8.7596	3263.19	7.4446	6655.36	15.5805
2800	3355.54	9.4363	3086.55	8.8044	3403.79	7.4957	6960.13	15.6914
2900	3487.34	9.4825	3210.22	8.8478	3544.71	7.5452	7266.87	15.7990
3000	3619.41	9.5273	3334.48	8.8899	3685.95	7.5931	7575.44	15.9036

Appendix B

열역학표

B.1 물의 열역학적 상태량

B.1.1 물의 포화 증기표(온도 기준)

T, ℃	P, kPa	v_f, m³/kg	v_{fg}, m³/kg	v_g, m³/kg	u_f, kJ/kg	u_{fg}, kJ/kg	u_g, kJ/kg	h_f, kJ/kg	h_{fg}, kJ/kg	h_g, kJ/kg	s_f, kJ/kgK	s_{fg}, kJ/kgK	s_g, kJ/kgK
0.01	0.6113	0.001000	206.13	206.130	0	2375.3	2375.3	0.000611	2501.3	2501.3	0	9.1562	9.1562
5	0.8721	0.001000	147.12	147.120	20.970	2361.3	2382.2	20.971	2489.6	2510.5	0.0761	8.9496	9.0257
10	1.2276	0.001000	106.38	106.380	41.990	2347.2	2389.1	41.991	2477.7	2519.7	0.1510	8.7498	8.9008
15	1.705	0.001001	77.924	77.9250	62.980	2333.1	2396.0	62.982	2465.9	2528.9	0.2245	8.5569	8.7814
20	2.339	0.001002	57.789	57.7900	83.940	2319.0	2402.9	83.942	2454.1	2538.1	0.2966	8.3706	8.6672
25	3.169	0.001003	43.358	43.3590	104.86	2304.9	2409.8	104.86	2442.3	2547.2	0.3673	8.1905	8.5578
30	4.246	0.001004	32.892	32.8930	125.77	2290.8	2416.6	125.77	2430.5	2556.2	0.4369	8.0164	8.4533
35	5.628	0.001006	25.215	25.2160	146.65	2276.7	2423.4	146.66	2418.6	2565.3	0.5052	7.8478	8.3530
40	7.384	0.001008	19.522	19.5230	167.53	2262.6	2430.1	167.54	2406.7	2574.3	0.5724	7.6845	8.2569
45	9.593	0.001010	15.257	15.2580	188.41	2248.4	2436.8	188.42	2394.8	2583.2	0.6386	7.5261	8.1647
50	12.35	0.001012	12.031	12.0320	209.30	2234.2	2443.5	209.31	2382.8	2592.1	0.7037	7.3725	8.0762
55	15.758	0.001015	9.5673	9.56840	230.19	2219.9	2450.1	230.21	2370.7	2600.9	0.7679	7.2234	7.9913
60	19.941	0.001017	7.6697	7.67070	251.09	2205.5	2456.6	251.11	2358.5	2609.6	0.8311	7.0784	7.9095
65	25.03	0.001020	6.1955	6.19660	272.00	2191.1	2463.1	272.03	2346.2	2618.2	0.8934	6.9375	7.8309
70	31.19	0.001023	5.0411	5.04220	292.93	2176.6	2469.6	292.96	2333.9	2626.8	0.9548	6.8004	7.7552
75	38.58	0.001026	4.1302	4.13120	313.87	2162.0	2475.9	313.91	2321.4	2635.3	1.0154	6.6670	7.6824
80	47.39	0.001029	3.4061	3.40710	334.84	2147.4	2482.2	334.89	2308.8	2643.7	1.0752	6.5369	7.6121
85	57.83	0.001032	2.8265	2.82760	355.82	2132.6	2488.4	355.88	2296.0	2651.9	1.1342	6.4102	7.5444
90	70.14	0.001036	2.3595	2.36060	376.82	2117.7	2494.5	376.89	2283.2	2660.1	1.1924	6.2866	7.4790
95	84.55	0.001040	1.9808	1.98190	397.86	2102.7	2500.6	397.95	2270.2	2668.1	1.2500	6.1659	7.4159
100	101.3	0.001044	1.6718	1.67290	418.91	2087.6	2506.5	419.02	2256.9	2676.0	1.3068	6.0480	7.3548
105	120.8	0.001047	1.4183	1.41940	440.00	2072.3	2512.3	440.13	2243.7	2683.8	1.3629	5.9328	7.2957
110	143.3	0.001052	1.2091	1.21010	461.12	2057.0	2518.1	461.27	2230.2	2691.5	1.4184	5.8202	7.2386
115	169.1	0.001056	1.03550	1.03660	482.28	2041.4	2523.7	482.46	2216.5	2699.0	1.4733	5.7100	7.1833
120	198.5	0.001060	0.8908	0.89186	503.48	2025.8	2529.2	503.69	2202.6	2706.3	1.5275	5.6020	7.1295
125	232.1	0.001065	0.76953	0.77060	524.72	2009.9	2534.6	524.97	2188.5	2713.5	1.5812	5.4962	7.0774
130	270.1	0.001070	0.66744	0.66851	546.00	1993.9	2539.9	546.29	2174.2	2720.5	1.6343	5.3725	7.0068
135	313	0.001075	0.58110	0.58218	567.34	1977.7	2545.0	567.68	2159.6	2727.3	1.6869	5.2907	6.9776
140	361.3	0.001080	0.50777	0.50885	588.72	1961.3	2550.0	589.11	2144.8	2733.9	1.7390	5.1908	6.9298
145	415.4	0.001085	0.44524	0.44633	610.16	1944.7	2554.8	610.61	2129.6	2740.3	1.7906	5.0926	6.8832
150	475.9	0.001090	0.39169	0.39278	631.66	1927.9	2559.5	632.18	2114.3	2746.5	1.8417	4.9960	6.8377
155	543.1	0.001096	0.34566	0.34676	653.23	1910.8	2564.0	653.83	2098.5	2752.4	1.8924	4.9010	6.7934
160	617.8	0.001102	0.30596	0.30706	674.85	1893.5	2568.4	675.53	2082.5	2758.1	1.9426	4.8075	6.7501
165	700.5	0.001108	0.27158	0.27269	696.55	1876.0	2572.5	697.33	2066.2	2763.5	1.9924	4.7153	6.7077
170	791.7	0.001114	0.24171	0.24282	718.31	1858.1	2576.4	719.19	2049.5	2768.7	2.0418	4.6244	6.6662
175	892.0	0.001121	0.21568	0.2168	740.16	1840.0	2580.2	741.16	2032.4	2773.6	2.0909	4.5348	6.6257

T, ℃	P, kPa	v_f, m³/kg	v_{fg}, m³/kg	v_g, m³/kg	u_f, kJ/kg	u_{fg}, kJ/kg	u_g, kJ/kg	h_f, kJ/kg	h_{fg}, kJ/kg	h_g, kJ/kg	s_f, kJ/kgK	s_{fg}, kJ/kgK	s_g, kJ/kgK
180	1002.2	0.001127	0.19292	0.19405	762.08	1821.6	2583.7	763.21	2015.0	2778.2	2.1395	4.4461	6.5856
185	1122.7	0.001134	0.17295	0.17408	784.08	1802.9	2587.0	785.35	1997.1	2782.4	2.1878	4.3586	6.5464
190	1254.4	0.001141	0.15539	0.15653	806.17	1783.8	2590.0	807.60	1978.8	2786.4	2.2358	4.2720	6.5078
195	1397.8	0.001149	0.13990	0.14105	828.36	1764.4	2592.8	829.97	1960.0	2789.9	2.2835	4.1863	6.4698
200	1553.8	0.001156	0.12620	0.12736	850.64	1744.7	2595.3	852.44	1940.7	2793.2	2.3308	4.1014	6.4322
205	1723.0	0.001164	0.11405	0.11521	873.02	1724.5	2597.5	875.03	1921.0	2796	2.3779	4.0172	6.3951
210	1906.3	0.001173	0.10324	0.10441	895.51	1703.9	2589.4	897.75	1890.7	2788.4	2.4247	3.9337	6.3584
215	2104.2	0.001181	0.09361	0.094791	918.12	1682.9	2601.1	920.61	1879.9	2800.5	2.4713	3.8507	6.3220
220	2317.8	0.001190	0.08500	0.08619	940.85	1661.5	2602.3	943.61	1858.5	2802.1	2.5177	3.7683	6.2860
225	2547.7	0.001199	0.07729	0.078489	963.72	1639.6	2603.3	966.77	1836.5	2803.3	2.5639	3.6863	6.2502
230	2794.9	0.001209	0.07037	0.071579	986.72	1617.2	2603.9	990.10	1813.8	2803.9	2.6099	3.6047	6.2146
235	3060.1	0.001219	0.06415	0.065369	1009.9	1594.2	2604.1	1013.6	1790.5	2804.2	2.6557	3.5233	6.1790
240	3344.2	0.001229	0.05853	0.059759	1033.2	1570.8	2604.0	1037.3	1766.6	2803.9	2.7015	3.4422	6.1437
245	3648.2	0.001240	0.05346	0.054700	1056.7	1546.7	2603.4	1061.2	1741.7	2802.9	2.7471	3.3612	6.1083
250	3973.0	0.001251	0.04887	0.050121	1080.4	1522.0	2602.4	1085.3	1716.2	2801.5	2.7927	3.2802	6.0729
255	4319.5	0.001263	0.04471	0.045973	1104.3	1496.7	2600.9	1109.7	1689.8	2799.5	2.8382	3.1992	6.0374
260	4688.6	0.001276	0.04093	0.042206	1128.4	1470.6	2599.0	1134.4	1662.5	2796.9	2.8837	3.1181	6.0018
265	5081.3	0.001289	0.03748	0.038769	1152.8	1443.9	2596.7	1159.4	1634.3	2793.7	2.9293	3.0368	5.9661
270	5498.7	0.001302	0.03434	0.035642	1177.3	1416.3	2593.7	1184.5	1605.2	2789.6	2.975	2.9551	5.9301
275	5941.8	0.001317	0.03147	0.032787	1202.2	1387.9	2590.2	1210.1	1574.9	2785.0	3.0208	2.8730	5.8938
280	6411.7	0.001332	0.02884	0.030172	1227.4	1358.7	2586.1	1236.0	1543.6	2779.5	3.0667	2.7903	5.8570
285	6909.4	0.001347	0.02642	0.027767	1253.0	1328.4	2581.4	1262.3	1511.0	2773.2	3.1129	2.7069	5.8198
290	7436.0	0.001366	0.0242	0.025566	1278.9	1297.1	2576.0	1289.0	1477.1	2766.1	3.1593	2.6227	5.7820
295	7992.8	0.001384	0.02216	0.023544	1305.2	1264.7	2569.9	1316.3	1441.8	2758.1	3.2061	2.5375	5.7436
300	8581.0	0.001404	0.02027	0.021674	1332.0	1231.0	2563.0	1344.0	1404.9	2748.9	3.2533	2.4511	5.7044
305	9201.8	0.001425	0.01852	0.019945	1359.2	1195.9	2555.2	1372.3	1366.4	2738.7	3.3009	2.3633	5.6642
310	9856.6	0.001447	0.0169	0.018347	1387.0	1159.4	2546.4	1401.3	1325.9	2727.2	3.3492	2.2737	5.6229
315	10547	0.001482	0.01539	0.016872	1415.4	1121.1	2536.5	1431.1	1283.4	2714.5	3.3981	2.1821	5.5802
320	11274	0.001499	0.01399	0.015489	1444.6	1080.9	2525.5	1461.4	1238.7	2700.1	3.4479	2.0882	5.5361
325	12040	0.001528	0.01267	0.014198	1474.4	1038.6	2513.0	1492.8	1191.1	26840	3.4987	1.9913	5.4900
330	12845	0.001561	0.01144	0.013001	1505.2	993.66	2498.9	1525.3	1140.6	2665.9	3.5506	1.8909	5.4415
335	13694	0.001597	0.01027	0.011867	1537.1	945.77	2482.9	1559.0	1086.4	2645.4	3.6040	1.7863	5.3903
340	14586	0.001638	0.00916	0.010798	1570.3	894.23	2464.5	1594.2	1027.8	26220	3.6593	1.6763	5.3356
345	15525	0.001685	0.0081	0.009785	1605.0	838.29	2443.3	1631.2	964.04	2595.2	3.7169	1.5594	5.2763
350	16541	0.00174	0.00707	0.00881	1641.8	776.58	2418.4	1670.6	893.53	2564.1	3.7776	1.4336	5.2112
355	17554	0.001807	0.00607	0.007877	1681.4	707.11	2388.5	1713.1	813.66	2526.8	3.8427	1.2951	5.1378
360	18654	0.001892	0.00505	0.006942	1725.2	626.29	2351.5	1760.5	720.49	2481.0	3.9146	1.1379	5.0525
365	19807	0.002011	0.00398	0.005991	1776.1	526.54	2302.7	1816.0	605.37	2421.3	3.9983	0.9487	4.947
370	21028	0.002213	0.00271	0.004923	1843.8	384.69	2228.5	1890.4	441.68	2332.1	4.1104	0.6868	4.7972
374.1	22089	0.003155	0	0.003155	2029.6	0	2029.6	2099.3	0	2099.3	4.4297	0	4.4297

B.1.2 물의 포화 증기표(압력 기준)

P, kPa	T, ℃	v_f, m³/kg	v_{fg}, m³/kg	v_g, m³/kg	u_f, kJ/kg	u_{fg}, kJ/kg	u_g, kJ/kg	h_f, kJ/kg	h_{fg}, kJ/kg	h_g, kJ/kg	s_f, kJ/kgK	s_{fg}, kJ/kgK	s_g, kJ/kgK
0.611	0.010	0.001	206.13	206.13	0	2375.3	2375.3	0.00061	2501.3	2501.3	0	9.1562	9.1562
1	6.980	0.001	129.21	129.21	29.29	2355.7	2385.0	29.291	2484.9	2514.2	0.1059	8.8697	8.9756
1.5	13.03	0.001001	87.979	87.980	54.70	2338.6	2393.3	54.702	2470.6	2525.3	0.1956	8.6322	8.8278
2	17.50	0.001001	67.003	67.004	73.47	2326.0	2399.5	73.472	2460.0	2533.5	0.2607	8.4629	8.7236
2.5	21.08	0.001002	54.253	54.254	88.47	2315.9	2404.4	88.473	2451.6	2540.0	0.3120	8.3311	8.6431
3	24.08	0.001003	45.664	45.665	101.03	2307.5	2408.5	101.03	2444.5	2545.5	0.3545	8.2231	8.5776
4	28.96	0.001004	34.799	34.800	121.44	2293.7	2415.2	121.44	2432.9	2554.4	0.4226	8.0520	8.4746
5	32.88	0.001005	28.191	28.193	137.79	2282.7	2420.5	137.80	2423.7	2561.5	0.4763	7.9187	8.3950
7.5	40.29	0.001008	19.237	19.238	168.76	2261.7	2430.5	168.77	2406.0	2574.8	0.5763	7.6751	8.2514
10	45.81	0.001010	14.673	14.674	191.79	2246.1	2437.9	191.80	2392.8	2584.6	0.6492	7.5010	8.1502
15	53.97	0.001014	10.021	10.022	225.90	2222.8	2448.7	225.92	2373.1	2599.1	0.7548	7.2536	8.0084
20	60.06	0.001017	7.6483	7.6494	251.35	2205.4	2456.7	251.37	2358.3	2609.7	0.8319	7.0766	7.9085
25	64.97	0.001020	6.2032	6.2042	271.88	2191.2	2463.1	271.91	2346.3	2618.2	0.8930	6.9383	7.8313
30	69.10	0.001022	5.2282	5.2292	289.18	2179.2	2468.4	289.21	2336.1	2625.3	0.9439	6.8247	7.7686
40	75.87	0.001026	3.9924	3.9935	317.51	2159.5	2477.0	317.55	2319.2	2636.7	1.0258	6.6441	7.6699
50	81.33	0.001030	3.2393	3.2403	340.42	2143.4	2483.8	340.47	2305.4	2645.9	1.0910	6.5029	7.5939
75	91.77	0.001037	2.2161	2.2171	394.29	2112.4	2506.7	394.37	2278.6	2673.0	1.2129	6.2434	7.4563
100	99.62	0.001043	1.6930	1.6940	417.33	2088.7	2506.1	417.43	2258.0	2675.5	1.3025	6.0568	7.3593
125	105.99	0.001048	1.3738	1.3749	444.16	2069.3	2513.5	444.29	2241.1	2685.3	1.3739	5.9104	7.2843
150	111.37	0.001053	1.1583	1.1593	466.92	2052.7	2519.6	467.08	2226.5	2693.5	1.4335	5.7897	7.2232
175	116.06	0.001057	1.0026	1.0036	486.78	2038.1	2524.9	486.96	2213.6	2700.5	1.4848	5.6868	7.1716
200	120.23	0.001061	0.88467	0.88573	504.47	2025.0	2529.5	504.68	2202.0	2706.6	1.5300	5.5970	7.1270
225	124.00	0.001064	0.79219	0.79325	520.45	2013.1	2533.6	520.69	2191.3	2712.0	1.5705	5.5173	7.0878
250	127.43	0.001067	0.71765	0.71872	535.08	2002.1	2537.2	535.35	2181.6	2716.9	1.6072	5.4455	7.0527
275	130.60	0.001070	0.65624	0.65731	548.57	1991.9	2540.5	548.86	2172.4	2721.3	1.6407	5.3801	7.0208
300	133.55	0.001073	0.60475	0.60582	561.13	1982.4	2543.6	561.45	2163.9	2725.3	1.6717	5.3201	6.9918
325	136.30	0.001076	0.56093	0.56201	573.88	1973.5	2547.3	574.23	2155.8	2730.0	1.7005	5.2646	6.9651
350	138.88	0.001079	0.52317	0.52425	583.93	1965.0	2548.9	584.31	2148.1	2732.4	1.7274	5.2130	6.9404
375	141.32	0.001081	0.49029	0.49137	594.38	1956.9	2551.3	594.79	2140.8	2735.6	1.7527	5.1647	6.9174
400	143.63	0.001084	0.46138	0.46246	604.29	1949.3	2553.6	604.72	2133.8	2738.5	1.7766	5.1193	6.8959
450	147.93	0.001088	0.41289	0.41398	622.75	1934.9	2557.6	623.24	2120.7	2743.9	1.8206	5.0359	6.8565
500	151.86	0.001093	0.37380	0.37489	639.66	1921.6	2561.2	640.21	2108.5	2748.7	1.8606	4.9606	6.8212
550	155.48	0.001097	0.34159	0.34269	655.30	1909.2	2564.5	655.90	2097.0	2752.9	1.8972	4.8920	6.7892
600	158.85	0.001101	0.31457	0.31567	669.88	1897.5	2567.4	670.54	2086.3	2756.8	1.9311	4.8289	6.7600
650	162.01	0.001104	0.29158	0.29268	683.55	1886.5	2570.1	684.27	20760	2760.3	1.9627	4.7704	6.7331
700	164.97	0.001108	0.27176	0.27287	696.43	1876.1	2572.5	697.21	2066.3	2763.5	1.9922	4.7158	6.7080
750	167.77	0.001111	0.25449	0.25560	708.62	1866.1	2574.7	709.45	2057.0	2766.4	2.0199	4.6647	6.6846
800	170.43	0.001115	0.23931	0.24042	720.20	1856.6	2576.8	721.09	2048.0	2769.1	2.0461	4.6166	6.6627
850	172.96	0.001118	0.22586	0.22698	731.25	1847.4	2578.7	732.20	2039.4	2771.6	2.0709	4.5711	6.6420

P, kPa	T, ℃	v_f, m³/kg	v_{fg}, m³/kg	v_g, m³/kg	u_f, kJ/kg	u_{fg}, kJ/kg	u_g, kJ/kg	h_f, kJ/kg	h_{fg}, kJ/kg	h_g, kJ/kg	s_f, kJ/kgK	s_{fg}, kJ/kgK	s_g, kJ/kgK
900	175.38	0.001121	0.21385	0.21497	741.81	1838.7	2580.5	742.82	2031.1	2773.9	2.0946	4.5280	6.6226
950	177.69	0.001124	0.20306	0.20418	751.94	1830.2	2582.1	753.01	2023.1	2776.1	2.1171	4.4869	6.6040
1000	179.91	0.001127	0.19332	0.19445	761.67	1822.0	2583.6	762.80	2015.3	2778.1	2.1386	4.4478	6.5864
1100	184.09	0.001133	0.17639	0.17752	780.08	1806.3	2586.4	781.33	2000.3	2781.7	2.1791	4.3744	6.5535
1200	187.99	0.001139	0.16220	0.16334	797.27	1791.6	2588.8	798.64	1986.2	2784.8	2.2165	4.3067	6.5232
1300	191.64	0.001144	0.15011	0.15125	813.42	1777.5	2590.9	814.91	1972.7	2787.6	2.2514	4.2438	6.4952
1400	195.07	0.001149	0.13969	0.14084	828.68	1764.2	2592.8	830.29	1959.7	2790.0	2.2842	4.1850	6.4692
1500	198.32	0.001154	0.13062	0.13177	843.14	1751.3	2594.4	844.87	1947.2	2792.1	2.3150	4.1298	6.4448
1750	205.76	0.001166	0.11232	0.11349	876.44	1721.4	2597.8	878.48	1918.0	2796.4	2.3851	4.0044	6.3895
2000	212.42	0.001177	0.09845	0.099627	906.42	1693.8	2600.3	908.77	1890.7	2799.5	2.4473	3.8935	6.3408
2250	218.45	0.001187	0.08756	0.088747	933.81	1668.2	2602.0	936.48	1865.2	2801.7	2.5034	3.7938	6.2972
2500	223.99	0.001197	0.07878	0.079977	959.09	1644.0	2603.1	962.08	1841.0	2803.1	2.5546	3.7028	6.2574
2750	229.12	0.001207	0.07154	0.072747	982.65	1621.2	2603.8	985.97	1817.9	2803.9	2.6018	3.6190	6.2208
3000	233.90	0.001216	0.06546	0.066676	1004.8	1599.3	2604.1	1008.4	1795.7	2804.1	2.6456	3.5412	6.1868
3250	238.38	0.001226	0.06029	0.061516	1025.6	1578.4	2604.1	1029.6	1774.4	2804.0	2.6866	3.4685	6.1551
3500	242.60	0.001235	0.05583	0.057065	1045.4	1558.3	2603.7	1049.7	1753.7	2803.4	2.7252	3.4000	6.1252
4000	250.40	0.001282	0.04853	0.049812	1082.3	1520.0	2602.3	1087.4	1714.1	2801.5	2.7963	3.2737	6.0700
5000	263.99	0.001286	0.03815	0.039436	1147.8	1449.3	2597.1	1154.2	1640.1	2794.3	2.9201	3.0532	5.9733
6000	275.64	0.001319	0.03112	0.032439	1205.4	1384.3	2589.7	1213.3	1571.0	2784.3	3.0266	2.8625	5.8891
7000	285.88	0.001351	0.02602	0.027371	1257.5	1323.0	2580.5	1267.0	1505.1	2772.1	3.1210	2.6922	5.8132
8000	295.06	0.001384	0.02213	0.023514	1305.5	1264.3	2569.8	1316.6	1441.3	2757.9	3.2067	2.5365	5.7432
9000	303.40	0.001418	0.01907	0.020488	1350.5	1207.3	2557.7	1363.2	1378.9	2742.1	3.2857	2.3915	5.6772
10000	311.06	0.001452	0.01657	0.018022	1393.0	1151.4	2544.4	1407.5	1317.1	2724.6	3.3595	2.2545	5.6140
11000	318.15	0.001489	0.01450	0.015989	1433.7	1096.1	2529.7	1450.1	1255.6	2705.6	3.4294	2.1233	5.5527
12000	324.75	0.001527	0.01274	0.014267	1472.9	1040.8	2513.7	1491.2	1193.6	2684.9	3.4961	1.9962	5.4923
13000	330.93	0.001567	0.01121	0.012777	1511.1	984.99	2496.1	1531.5	1130.7	2662.2	3.5604	1.8718	5.4322
14000	336.75	0.001611	0.00987	0.011481	1548.5	928.23	2476.8	1571.1	1066.4	2637.5	3.6231	1.7485	5.3716
15000	342.24	0.001658	0.00868	0.010338	1585.6	869.85	2455.4	1610.4	1000.1	2610.5	3.6847	1.6250	5.3097
16000	347.43	0.001711	0.00760	0.009311	1622.6	809.07	2431.7	1650.0	930.67	2580.7	3.7460	1.4995	5.2455
17000	352.37	0.001770	0.00659	0.008360	1660.2	744.80	2405.0	1690.3	856.83	2547.1	3.8078	1.3698	5.1776
18000	357.06	0.001840	0.00565	0.007490	1698.9	675.42	2374.3	1732.0	777.12	2509.1	3.8713	1.2330	5.1043
19000	361.54	0.001924	0.00473	0.006654	1739.9	598.18	2338.1	1776.4	688.05	2464.5	3.9387	1.0841	5.0228
20000	365.81	0.002035	0.00380	0.005835	1785.5	507.58	2293.1	1826.2	583.58	2409.7	4.0137	0.9132	4.9269
21000	369.89	0.002206	0.00275	0.004956	1842.0	388.74	2230.7	1888.3	446.49	2334.8	4.1073	0.6942	4.8015
22000	373.8	0.002808	0.00072	0.003528	1973.2	108.24	2081.4	2034.9	124.08	2159	4.3307	0.1917	4.5224
22089	374.14	0.003155	0	0.003155	2029.6	0	2029.6	2099.3	0	2099.3	4.4297	0	4.4297

B.1.3 물의 과열 증기표

T, ℃	10 kPa(45.81℃)				50 kPa(81.33℃)				100 kPa(99.62℃)			
	v, m³/kg	u, kJ/kg	h, kJ/kg	s, kJ/kgK	v, m³/kg	u, kJ/kg	h, kJ/kg	s, kJ/kgK	v, m³/kg	u, kJ/kg	h, kJ/kg	s, kJ/kgK
sat	14.674	2437.9	2584.6	8.1501	3.2403	2483.9	2645.9	7.5939	1.6940	2506.1	2675.5	7.3593
50	14.869	2443.9	2592.6	8.1749								
100	17.196	2515.5	2687.5	8.4479	3.4183	2511.6	2682.5	7.6947				
150	19.513	2587.9	2783.0	8.6881	3.8894	2585.6	2780.1	7.9400	1.9364	2582.7	2776.4	7.6133
200	21.825	2661.3	2879.5	8.9037	4.3559	2659.8	2877.6	8.1579	2.1723	2658.0	2875.3	7.8342
250	24.136	2736.0	2977.3	9.1002	4.8204	2735.0	2976.0	8.3555	2.4060	2733.7	2974.3	8.0332
300	26.445	2812.1	3076.5	9.2812	5.2839	2811.3	3075.5	8.5372	2.6388	2810.4	3074.3	8.2157
400	31.063	2968.9	3279.5	9.6076	6.2093	2968.4	3278.9	8.8641	3.1026	2967.8	3278.1	8.5434
500	35.679	3132.3	3489.1	9.8977	7.1336	3131.9	3488.6	9.1545	3.5655	3131.5	3488.1	8.8341
600	40.295	3302.5	3705.4	10.161	8.0575	3302.2	3705.1	9.4177	4.0278	3301.9	3704.7	9.0975
700	44.911	3479.6	3928.7	10.403	8.9810	3479.5	3928.5	9.6599	4.4899	3479.2	3928.2	9.3398
800	49.526	3663.8	4159.1	10.628	9.9044	3663.7	4158.9	9.8852	4.9517	3663.5	4158.7	9.5652
900	54.141	3855.0	4396.4	10.840	10.828	3854.9	4396.3	10.097	5.4135	3854.8	4396.1	9.7767
1000	58.757	4053.0	4640.6	11.039	11.751	4052.9	4640.5	10.296	5.8753	4052.8	4640.3	9.9764
1100	63.372	4257.5	4891.2	11.229	12.674	4257.4	4891.1	10.486	6.3370	4257.3	4891.0	10.166
1200	67.987	4467.9	5147.8	11.409	13.597	4467.8	5147.7	10.666	6.7986	4467.7	5147.6	10.346
1300	72.603	4683.7	5409.7	11.581	14.521	4683.6	5409.6	10.838	7.2603	4683.5	5409.5	10.518

T, ℃	200 kPa(120.22℃)				300 kPa(133.55℃)				400 kPa(143.63℃)			
	v, m³/kg	u, kJ/kg	h, kJ/kg	s, kJ/kgK	v, m³/kg	u, kJ/kg	h, kJ/kg	s, kJ/kgK	v, m³/kg	u, kJ/kg	h, kJ/kg	s, kJ/kgK
sat	0.88573	2529.5	2706.6	7.1271	0.60582	2543.6	2725.3	6.9918	0.46246	2553.5	2738.5	6.8958
150	0.95964	2576.9	2768.8	7.2795	0.63388	2570.8	2760.9	7.0778	0.47084	2564.5	2752.8	6.9299
200	1.0803	2654.4	2870.5	7.5066	0.71629	2650.7	2865.5	7.3115	0.53422	2646.8	2860.5	7.1706
250	1.1988	2731.2	2971.0	7.7085	0.79636	2728.7	2967.6	7.5165	0.59512	2726.1	2964.2	7.3788
300	1.3162	2808.6	3071.8	7.8926	0.87529	2806.7	3069.3	7.7022	0.65484	2804.8	3066.7	7.5661
400	1.5493	2966.7	3276.6	8.2217	1.0315	2965.5	3275.0	8.0329	0.77262	2964.4	3273.4	7.8984
500	1.7814	3130.8	3487.0	8.5132	1.1867	3130.0	3486.0	8.3250	0.88934	3129.2	3484.9	8.1912
600	2.0130	3301.4	3704.0	8.7769	1.3414	3300.8	3703.2	8.5892	1.0056	3300.2	3702.4	8.4557
700	2.2443	3478.8	3927.7	9.0194	1.4957	3478.4	3927.1	8.8319	1.1215	3477.9	3926.5	8.6987
800	2.4754	3663.2	4158.3	9.2450	1.6499	3662.8	4157.8	9.0575	1.2372	3662.5	4157.4	8.9244
900	2.7064	3854.5	4395.8	9.4565	1.8041	3854.2	4395.4	9.2691	1.3529	3853.9	4395.1	9.1361
1000	2.9374	4052.5	4640.0	9.6563	1.9581	4052.3	4639.7	9.4689	1.4685	4052.0	4639.4	9.3360
1100	3.1683	4257.0	4890.7	9.8458	2.1121	4256.8	4890.4	9.6585	1.5840	4256.5	4890.1	9.5255
1200	3.3993	4467.5	5147.3	10.026	2.2661	4467.2	5147.1	9.8389	1.6996	4467.0	5146.8	9.7059
1300	3.6302	4683.2	5409.3	10.198	2.4201	4683.0	5409.0	10.011	1.8151	4682.8	5408.8	9.8780

T, ℃	500 kPa(151.86℃)				600 kPa(158.85℃)				800 kPa(170.43℃)			
	v, m³/kg	u, kJ/kg	h, kJ/kg	s, kJ/kgK	v, m³/kg	u, kJ/kg	h, kJ/kg	s, kJ/kgK	v, m³/kg	u, kJ/kg	h, kJ/kg	s, kJ/kgK
sat	0.37489	2561.2	2748.7	6.8212	0.31567	2567.4	2756.8	6.7600	0.24043	2576.8	2769.1	6.6627
200	0.42492	2642.9	2855.4	7.0592	0.35202	2638.9	2850.1	6.9665	0.26080	2630.6	2839.3	6.8158
250	0.47436	2723.5	2960.7	7.2708	0.39383	2720.9	2957.2	7.1816	0.29314	2715.5	2950.0	7.0384
300	0.52256	2802.9	3064.2	7.4598	0.43437	2801.0	3061.6	7.3723	0.32411	2797.1	3056.4	7.2327
350	0.57012	2882.6	3167.6	7.6328	0.47424	2881.1	3165.7	7.5463	0.35439	2878.2	3161.7	7.4088
400	0.61728	2963.2	3271.8	7.7937	0.51372	2962.0	3270.2	7.7078	0.38426	2959.7	3267.1	7.5715
500	0.71093	3128.4	3483.8	8.0872	0.59199	3127.6	3482.8	8.0020	0.44331	3126.0	3480.6	7.8672
600	0.80406	3299.6	3701.7	8.3521	0.66974	3299.1	3700.9	8.2673	0.50184	3297.9	3699.4	8.1332
700	0.89691	3477.5	3926.0	8.5952	0.74720	3477.1	3925.4	8.5107	0.56007	3476.2	3924.3	8.377
800	0.98959	3662.2	4157.0	8.8211	0.82450	3661.8	4156.5	8.7367	0.61813	3661.1	4155.6	8.6033
900	1.0822	3853.6	4394.7	9.0329	0.90169	3853.3	4394.4	8.9485	0.67610	3852.8	4393.6	8.8153
1000	1.1747	4051.8	4639.1	9.2328	0.97883	4051.5	4638.8	9.1484	0.73401	4051.0	4638.2	9.0153
1100	1.2672	4256.3	4889.9	9.4224	1.05590	4256.0	4889.6	9.3381	0.79188	4255.6	4889.1	9.2049

1200	1.3596	4466.8	5146.6	9.6028	1.13300	4466.5	5146.3	9.5185	0.84974	4466.1	5145.9	9.3854
1300	1.4521	4682.5	5408.6	9.7749	1.21010	4682.3	5408.3	9.6906	0.90758	4681.8	5407.9	9.5575

	1.0 MPa(179.91℃)				1.2 MPa(187.99℃)				1.4 MPa(195.07℃)			
T, ℃	v, m³/kg	u, kJ/kg	h, kJ/kg	s, kJ/kgK	v, m³/kg	u, kJ/kg	h, kJ/kg	s, kJ/kgK	v, m³/kg	u, kJ/kg	h, kJ/kg	s, kJ/kgK
sat	0.19444	2583.6	2778.1	6.5864	0.16333	2588.8	2784.8	6.5233	0.14084	2592.8	27900	6.4692
200	0.20596	2621.9	2827.9	6.6939	0.1693.0	2612.7	2815.9	6.5895	0.14302	2603.1	2803.3	6.4975
250	0.23268	2709.9	2942.6	6.9246	0.19235	2704.2	2935.0	6.8293	0.16350	2698.3	2927.2	6.7467
300	0.25794	2793.2	3051.1	7.1228	0.21382	2789.2	3045.8	7.0316	0.18228	2755.2	3010.4	6.9533
350	0.28247	2875.2	3157.6	7.3010	0.23452	2872.2	3153.6	7.2120	0.20026	2869.1	3149.5	7.1359
400	0.30659	2957.3	3263.9	7.4650	0.2548.0	2954.9	3260.7	7.3773	0.21780	2952.5	3257.4	7.3025
500	0.35411	3124.3	3478.4	7.7621	0.29463	3122.7	3476.3	7.6758	0.25215	3121.1	3474.1	7.6026
600	0.40109	3296.8	3697.9	8.0289	0.33393	3295.6	3696.3	7.9434	0.28596	3294.4	3694.8	7.8710
700	0.44779	3475.3	3923.1	8.2731	0.37294	3474.5	3922.0	8.1881	0.31947	3473.6	3920.9	8.1160
800	0.49432	3660.5	4154.8	8.4996	0.41177	3659.8	4153.9	8.4149	0.35281	3659.1	41530	8.3431
900	0.54075	3852.2	4392.9	8.7118	0.45051	3851.6	4392.2	8.6272	0.38606	38510	4391.5	8.5555
1000	0.58712	4050.5	4637.6	8.9119	0.48919	4050	4637.0	8.8274	0.41924	4049.5	4636.4	8.7558
1100	0.63345	4255.1	4888.5	9.1016	0.52783	4254.6	4888.0	9.0171	0.45239	4254.1	4887.5	8.9456
1200	0.67977	4465.6	5145.4	9.2821	0.56646	4465.1	5144.9	9.1977	0.48552	4464.7	5144.4	9.1262
1300	0.72608	4681.3	5407.4	9.4542	0.60507	4680.9	5407.0	9.3698	0.51864	4680.4	5406.5	9.2983

	1.6 MPa(201.4℃)				1.8 MPa(207.15℃)				2.0 MPa(212.42℃)			
T, ℃	v, m³/kg	u, kJ/kg	h, kJ/kg	s, kJ/kgK	v, m³/kg	u, kJ/kg	h, kJ/kg	s, kJ/kgK	v, m³/kg	u, T, kJ/kg	h, kJ/kg	s, kJ/kgK
sat	0.1238	2595.9	2794.0	6.4217	0.11042	2598.4	2797.1	6.3793	0.09963	2600.2	2799.5	6.3408
250	0.14184	2692.3	2919.2	6.6732	0.12497	2686.0	2911.0	6.6066	0.11144	2679.6	2902.5	6.5452
300	0.15862	2781.0	3034.8	6.8844	0.14021	2776.8	3029.2	6.8226	0.12847	2766.6	3023.5	6.7663
350	0.17456	2865.9	3145.2	7.0693	0.15457	2863.0	3141.2	7.0099	0.13857	2859.8	3137.0	6.9562
400	0.19005	2950.1	3254.2	7.2373	0.16847	2947.7	3250.9	7.1793	0.15120	2945.2	3247.6	7.1270
500	0.22029	3119.5	3471.9	7.5389	0.19550	3117.9	3469.8	7.4824	0.17568	3116.2	3467.6	7.4316
600	0.24998	3293.3	3693.2	7.8080	0.22199	3292.1	3691.7	7.7523	0.19960	3290.9	3690.1	7.7023
700	0.27937	3472.7	3919.7	8.0535	0.24818	3471.9	3918.6	7.9983	0.22323	3471.0	3917.4	7.9487
800	0.30859	3658.4	4152.1	8.2808	0.27420	3657.7	4151.3	8.2258	0.24668	3657.0	4150.4	8.1766
900	0.33772	3850.5	4390.8	8.4934	0.30012	3849.9	4390.1	8.4386	0.27004	3849.3	4389.4	8.3895
1000	0.36678	4049.0	4635.8	8.6938	0.32598	4048.4	4635.2	8.6390	0.29333	4047.9	4634.6	8.5900
1100	0.39581	4253.7	4887.0	8.8837	0.35180	4253.2	4886.4	8.8290	0.31659	4252.7	4885.9	8.7800
1200	0.42482	4464.2	5143.9	9.0642	0.37761	4463.7	5143.4	9.0096	0.33984	4463.2	5142.9	8.9606
1300	0.45382	4679.9	5406.0	9.2364	0.40340	4679.4	5405.6	9.1817	0.36306	4679	5405.1	9.1328

	2.5 MPa(223.90℃)				3.0 MPa(233.9℃)				4.0 MPa(250.4℃)			
T, ℃	v, m³/kg	u, kJ/kg	h, kJ/kg	s, kJ/kgK	v, m³/kg	u, kJ/kg	h, kJ/kg	s, kJ/kgK	v, m³/kg	u, kJ/kg	h, kJ/kg	s, kJ/kgK
sat	0.07998	2603.1	2803.1	6.2574	0.06668	2604.1	2804.1	6.1869	0.04978	2602.3	2801.4	6.07
250	0.08700	2662.6	2880.1	6.4084	0.07058	2644.0	2855.7	6.2871				
300	0.09890	2761.6	3008.8	6.6437	0.08114	2750.1	2993.5	6.5389	0.05884	2725.3	2960.7	6.3614
350	0.10976	2851.8	3126.2	6.8402	0.09053	2843.7	3115.2	6.7427	0.06645	2826.6	3092.4	6.582
400	0.12010	2939.0	3239.3	7.0147	0.09936	2932.7	3230.8	6.9211	0.07341	2919.9	3213.5	6.7689
450	0.13014	3025.4	3350.8	7.1745	0.10787	3020.4	3344.0	7.0833	0.08003	3011.1	3331.2	6.9362
500	0.13998	3112.1	3462.0	7.3233	0.11619	3107.9	3456.5	7.2337	0.08643	3099.5	3445.2	7.0900
600	0.15930	3288.0	3686.2	7.596	0.13243	3285.1	3682.3	7.5084	0.09885	3279.0	3674.4	7.3688
700	0.17832	3468.8	3914.6	7.8435	0.14838	3466.6	3911.7	7.7571	0.11095	3462.1	3905.9	7.6198
800	0.19716	3655.3	4148.2	8.072	0.16414	3653.6	4146.0	7.9862	0.12287	3650.1	4141.6	7.8502
900	0.21590	3847.9	4387.6	8.2853	0.1798	3846.5	4385.9	8.1999	0.13469	3843.6	4382.3	8.0647
1000	0.23458	4046.7	4633.1	8.486	0.19541	4045.4	4631.6	8.4009	0.14645	4042.8	4628.6	8.2661
1100	0.25322	4251.5	4884.6	8.6761	0.21098	4250.3	4883.3	8.5911	0.15817	4247.9	4880.6	8.4566
1200	0.27185	4462.1	5141.7	8.8569	0.22652	4460.9	5140.5	8.7719	0.16987	4458.6	5138.1	8.6376
1300	0.29046	4677.8	5404.0	9.0291	0.24206	4676.6	5402.8	8.9442	0.18156	4674.3	5400.5	8.8099

T, ℃	5.0 MPa(263.99℃)				6.0 MPa(275.64℃)				8.0 MPa(295.06℃)			
	v, m³/kg	u, kJ/kg	h, kJ/kg	s, kJ/kgK	v, m³/kg	u, kJ/kg	h, kJ/kg	s, kJ/kgK	v, m³/kg	u, kJ/kg	h, kJ/kg	s, kJ/kgK
sat	0.03944	2597.1	2794.3	5.9733	0.03244	2589.7	2784.3	5.8891	0.02352	2569.8	2757.9	5.7431
300	0.04532	2697.9	2924.5	6.2083	0.03616	2667.2	2884.2	6.0673	0.02426	2590.9	2785.0	5.7905
350	0.05194	2808.7	3068.4	6.4492	0.04223	2789.6	3043	6.3334	0.02995	2747.7	2987.3	6.1300
400	0.05781	2906.6	3195.6	6.6458	0.04739	2892.8	3177.2	6.5407	0.03432	2863.7	3138.3	6.3633
450	0.06330	2999.6	3316.1	6.8185	0.05214	2988.9	3301.8	6.7192	0.03817	2966.6	3272.0	6.5550
500	0.06857	3090.9	3433.8	6.9758	0.05665	3082.2	3422.1	6.8802	0.04175	3064.3	3398.3	6.7239
550	0.07368	3181.8	3550.2	7.1217	0.06101	3174.6	3540.6	7.0287	0.04516	3159.7	3521.0	6.8778
600	0.07869	3273.0	3666.5	7.2588	0.06525	3266.9	3658.4	7.1676	0.04845	3254.4	3642.0	7.0205
700	0.08849	3457.7	3900.1	7.5122	0.07352	3453.2	3894.3	7.4234	0.05481	3444.0	3882.5	7.2812
800	0.09811	3646.6	4137.2	7.744	0.08160	3643.1	4132.7	7.6566	0.06097	3636.1	4123.8	7.5173
900	0.10762	3840.7	4378.8	7.9593	0.08958	3837.8	4375.3	7.8727	0.06702	3832.1	4368.3	7.7350
1000	0.11707	4040.3	4625.7	8.1612	0.09749	4037.8	4622.7	8.0751	0.07301	4032.8	4616.9	7.9384
1100	0.12648	4245.6	4878	8.3519	0.10536	4243.3	4875.4	8.2661	0.07896	4238.6	4870.3	8.1299
1200	0.13587	4456.3	5135.7	8.533	0.11321	4454.0	5133.3	8.4473	0.08489	4449.4	5128.5	8.3115
1300	0.14526	4671.9	5398.2	8.7055	0.12106	4669.6	5396	8.6199	0.0908	4665.1	5391.5	8.4842

T, ℃	10 MPa(311.06℃)				15 MPa(342.24℃)				20 MPa(365.81℃)			
	v m³/kg	u kJ/kg	h kJ/kg	s kJ/kgK	v m³/kg	u kJ/kg	h kJ/kg	s, kJ/kgK	v, m³/kg	u, kJ/kg	h, kJ/kg	s, kJ/kgK
sat	0.01803	2544.4	2724.7	5.6140	0.01034	2455.4	2610.5	5.3097	0.00583	2293.1	2409.7	4.9269
350	0.02242	2699.2	2923.4	5.9442	0.01147	2520.4	2692.4	5.4420				
400	0.02641	2832.4	3096.5	6.2119	0.01565	2740.7	2975.4	5.8810	0.01270	2619.3	2818.1	5.5539
450	0.02975	2943.3	3240.8	6.4189	0.01845	2879.4	3156.1	6.1403	0.01477	2806.1	3060.1	5.9016
500	0.03279	3045.7	3373.6	6.5965	0.0208	2996.5	3308.5	6.3442	0.01656	2942.8	3238.2	6.1400
550	0.03564	3144.5	3500.9	6.7561	0.02293	3104.7	3448.6	6.5198	0.01818	3062.3	3393.4	6.3347
600	0.03837	3241.6	3625.3	6.9028	0.02491	3208.7	3582.3	6.6775	0.01969	3174.0	3537.6	6.5048
700	0.04358	3434.7	3870.5	7.1687	0.02861	3411.0	3840.1	6.9572	0.02113	3281.5	3675.3	6.6582
800	0.04859	3629.0	4114.9	7.4077	0.03210	3610.9	4092.4	7.2040	0.02385	3592.8	4069.8	7.0544
900	0.05349	3826.3	4361.2	7.6272	0.03546	3811.9	4343.7	7.4279	0.02645	3797.4	4326.4	7.2830
1000	0.05832	4027.8	4611.0	7.8315	0.03875	4015.4	4596.6	7.6347	0.02897	4003.1	4582.5	7.4925
1100	0.06312	4233.9	4865.1	8.0236	0.04200	4222.6	4852.6	7.8282	0.03145	4211.2	4840.2	7.6874
1200	0.06789	4444.9	5123.8	8.2054	0.04523	4433.8	5112.3	8.0108	0.03391	4422.8	5101.0	7.8706
1300	0.07265	4660.5	5387.0	8.3783	0.04845	4649.2	5375.9	8.1839	0.03636	4637.9	5365.1	8.0441

T, ℃	30 MPa				40 MPa				50 MPa			
	v, m³/kg	u, kJ/kg	h, kJ/kg	s, kJ/kgK	v, m³/kg	u, kJ/kg	h, kJ/kg	s, kJ/kgK	v, m³/kg	u, kJ/kg	h, kJ/kg	s, kJ/kgK
375	0.001789	1737.8	1791.4	3.9303	0.001641	1677.1	1742.7	3.8289	0.001559	1638.6	1716.5	3.7639
400	0.00279	2067.3	2151.0	4.4728	0.001908	1854.5	1930.8	4.1134	0.001731	1788.1	1874.7	4.0031
425	0.005304	2455.0	2614.2	5.1503	0.002532	2096.8	2198.1	4.5028	0.002007	1959.7	2060.1	4.2734
450	0.006735	2619.3	2821.4	5.4423	0.003693	2365.1	2512.8	4.9459	0.002486	2159.6	2283.9	4.5884
500	0.008679	2820.7	3081.0	5.7904	0.005623	2678.3	2903.3	5.4699	0.003892	2525.5	2720.1	5.1726
550	0.010168	2970.3	3275.4	6.0342	0.006984	2869.7	3149.1	5.7784	0.005118	2763.6	3019.5	5.5485
600	0.011446	3100.5	3443.9	6.2330	0.008094	3022.6	3346.4	6.0113	0.006112	2942.0	3247.6	5.8178
650	0.012596	3221.1	3598.9	6.4057	0.009064	3158.0	3520.6	6.2054	0.006966	3093.5	3441.8	6.0342
700	0.013661	3335.8	3745.7	6.5606	0.009942	3283.6	3681.3	6.3750	0.007727	3230.5	3616.9	6.2189
800	0.015623	3555.6	4024.3	6.8332	0.011523	3517.9	3978.8	6.6662	0.009076	3479.8	3933.6	6.5290
900	0.017448	3768.5	4291.9	7.0717	0.012963	3739.4	4257.9	6.9150	0.010283	3710.3	4224.5	6.7882
1000	0.019196	3978.8	4554.7	7.2867	0.014324	3954.6	4527.6	7.1356	0.011411	3930.5	4501.0	7.0146
1100	0.020903	4189.2	4816.3	7.4845	0.015643	4167.4	4793.1	7.3364	0.012496	4145.7	4770.5	7.2184
1200	0.022589	4401.3	5079.0	7.6691	0.01694	4380.1	5057.7	7.5224	0.013561	4359.1	5037.1	7.4058
1300	0.024266	4616.0	5344.0	7.8432	0.018229	4594.3	5323.5	7.6969	0.014616	4572.8	5303.6	7.5808

B.1.4 물의 압축액표

T, ℃	500 kPa(151.86℃)			2000 kPa(212.42℃)			10000 kPa(263.99℃)		
	v, m^3/kg	h, kJ/kg	s, kJ/kgK	v, m^3/kg	h, kJ/kg	s, kJ/kgK	v, m^3/kg	h, kJ/kg	s, kJ/kgK
sat	0.001093	640.21	1.8606	0.001177	908.77	2.4473	0.001452	1407.53	3.3595
0.01	0.000999	0.510	0.0000	0.000999	2.03	0.0001	0.000995	10.05	0.0003
20	0.001002	84.41	0.2965	0.001001	85.82	0.2962	0.000997	93.32	0.2945
40	0.001008	167.98	0.5722	0.001007	169.30	0.5716	0.001003	176.36	0.5685
60	0.001017	251.51	0.8308	0.001016	252.77	0.8300	0.001013	259.47	0.8258
80	0.001029	335.24	1.0749	0.001028	336.44	1.0739	0.001025	342.81	1.0687
100	0.001043	419.32	1.3065	0.001043	420.45	1.3053	0.001039	426.48	1.2992
120	0.001060	503.90	1.5273	0.001059	504.96	1.5259	0.001055	510.61	1.5188
140	0.001080	589.20	1.7389	0.001079	590.18	1.7373	0.001074	595.40	1.7291
160				0.001101	676.34	1.9410	0.001195	681.07	1.9316
180				0.001127	763.71	2.1382	0.001120	767.83	2.1274
200				0.001156	852.61	2.3301	0.001148	855.97	2.3178
220							0.001181	945.88	2.5038
240							0.001219	1038.13	2.6872
260							0.001265	1133.68	2.8698
280							0.001322	1234.11	3.0547
300							0.001397	1342.31	3.2468

T, ℃	15 MPa(342.24℃)			30 MPa			50 Ma		
	v, m^3/kg	h, kJ/kg	s, kJ/kgK	v, m^3/kg	h, kJ/kg	s, kJ/kgK	v, m^3/kg	h, kJ/kg	s, kJ/kgK
sat	0.001658	1610.45	3.6847						
0.01	0.000993	15.04	0.0004	0.000986	29.82	0.0001	0.000977	49.03	-0.0014
20	0.000995	97.97	0.2934	0.000989	111.82	0.2898	0.000980	130.00	0.2847
40	0.001001	180.75	0.5665	0.000995	193.87	0.5606	0.000987	211.20	0.5526
60	0.001011	263.65	0.8231	0.001004	276.16	0.8153	0.000996	292.77	0.8051
80	0.001022	346.79	1.0655	0.001016	358.75	1.0561	0.001007	374.68	1.0439
100	0.001036	430.26	1.2954	0.001029	441.63	1.2844	0.001020	456.87	1.2703
120	0.001052	514.17	1.5144	0.001044	524.91	1.5017	0.001035	539.37	1.4857
140	0.001071	598.70	1.7241	0.001062	608.73	1.7097	0.001052	622.33	1.6915
160	0.001092	684.07	1.9259	0.001082	693.27	1.9095	0.001070	705.91	1.8890
180	0.001116	770.48	2.1209	0.001105	778.71	2.1024	0.001091	790.24	2.0793
200	0.001143	858.18	2.3103	0.001130	865.24	2.2892	0.001115	875.46	2.2634
220	0.001175	947.52	2.4952	0.001159	953.09	2.4710	0.001141	961.71	2.4419
240	0.001211	1038.99	2.6770	0.001192	1042.60	2.6489	0.001170	1049.20	2.6158
260	0.001255	1133.41	2.8575	0.001230	1134.29	2.8242	0.001203	1138.23	2.7860
280	0.001308	1232.09	3.0392	0.001275	1228.96	2.9985	0.001242	1229.26	2.9536
300	0.001377	1337.23	3.2259	0.001330	1327.80	3.1740	0.001286	1322.95	3.1200
320	0.001472	1453.13	3.4246	0.001400	1432.63	3.3538	0.001339	1420.17	3.2867
340	0.001631	1591.88	3.6545	0.001492	1546.47	3.5425	0.001403	1522.07	3.4556

B.1.5 물의 포화고체-증기표

T, ℃	P, kPa	v_i, m³/kg	v_{ig}, m³/kg	v_g, m³/kg	h_i, kJ/kg	h_{ig}, kJ/kg	h_g, kJ/kg	s_i, kJ/kgK	s_{ig}, kJ/kgK	s_g, kJ/kgK
0.01	0.61130	0.0010908	206.152	206.153	-333.40	2834.7	2501.3	-1.2210	10.3772	9.1562
0	0.61080	0.0010908	206.314	206.315	-333.42	2834.8	2501.4	-1.2211	10.3776	9.1565
-2	0.51770	0.0010905	241.662	241.663	-337.61	2835.3	2497.7	-1.2369	10.4562	9.2193
-4	0.43760	0.0010901	283.798	283.799	-341.78	2835.7	2493.9	-1.2526	10.5358	9.2832
-6	0.36890	0.0010898	334.138	334.139	-345.91	2836.2	2490.3	-1.2683	10.6165	9.3482
-8	0.31020	0.0010894	394.413	394.414	-350.02	2836.6	2486.6	-1.2839	10.6982	9.4143
-10	0.26010	0.0010891	466.756	466.757	-354.09	2837.0	2482.9	-1.2995	10.7809	9.4814
-12	0.21760	0.0010888	553.802	553.803	-358.14	2837.3	2479.2	-1.3150	10.8648	9.5498
-14	0.18150	0.0010884	658.824	658.825	-362.16	2837.6	2475.4	-1.3306	10.9498	9.6192
-16	0.15100	0.0010881	785.906	785.907	-366.14	2837.9	2471.8	-1.3461	11.0359	9.6898
-18	0.12520	0.0010878	940.182	940.183	-370.10	2838.2	2468.1	-1.3617	11.1233	9.7616
-20	0.10355	0.0010874	1128.112	1128.113	-374.03	2838.4	2464.4	-1.3772	11.2120	9.8348
-22	0.08535	0.0010871	1357.863	1357.864	-377.93	2838.6	2460.7	-1.3928	11.3020	9.9092
-24	0.07012	0.0010868	1639.752	1639.753	-381.80	2838.7	2456.9	-1.4083	11.3935	9.9852
-26	0.05741	0.0010864	1986.775	1986.776	-385.64	2838.9	2453.3	-1.4239	11.4864	10.0625
-28	0.04684	0.0010861	2415.200	2415.201	-389.45	2839.0	2449.6	-1.4394	11.5808	10.1414
-30	0.03810	0.0010858	2945.227	2945.228	-393.23	2839.0	2445.8	-1.4550	11.6765	10.2215
-32	0.03090	0.0010854	3601.822	3601.823	-396.98	2839.1	2442.1	-1.4705	11.7733	10.3028
-34	0.02499	0.0010851	4416.252	4416.253	-400.71	2839.1	2438.4	-1.4860	11.8713	10.3853
-36	0.02016	0.0010848	5430.115	5430.116	-404.40	2839.1	2434.7	-1.5014	11.9704	10.4690
-38	0.01618	0.0010844	6707.021	6707.022	-408.06	2839.0	2430.9	-1.5168	12.0714	10.5546
-40	0.01286	0.0010841	8366.395	8366.396	-411.70	2838.9	2427.2	-1.5321	12.1768	10.6447

B.2 R-22의 열역학적 상태량

B.2.1 R-22의 포화 증기표(온도 기준)

T, ℃	P, kPa	v_f, m³/kg	$v_g v_f$, m³/kg	h_f, kJ/kg	h_g, kJ/kg	s_f, kJ/kgK	s_g, kJ/kgK
-70	20.5	0.00067	0.94094	-30.61	218.82	-0.1401	1.0876
-65	28.0	0.000676	0.705476	-25.66	221.27	-0.1161	1.0701
-60	37.5	0.000682	0.597152	-20.65	223.7	-0.0924	1.0539
-55	49.5	0.000689	0.414829	-15.59	226.11	-0.0689	1.0390
-50	64.4	0.000695	0.324555	-10.46	228.5	-0.0457	1.0251
-45	82.7	0.000702	0.256992	-5.26	230.87	-0.0227	1.0122
-40.8	101.3	0.000708	0.212618	-0.8	232.85	-0.0034	1.0019
-40	104.9	0.000709	0.205749	0	233.2	0	1.0002
-35	131.7	0.000717	0.166397	5.33	235.49	0.0225	0.9889
-30	163.5	0.000725	0.135845	10.73	237.73	0.0449	0.9784
-25	201.0	0.000733	0.111863	16.19	239.92	0.0670	0.9685
-20	244.8	0.000741	0.092841	21.73	242.06	0.0890	0.9593
-15	295.7	0.000750	0.077630	27.33	244.13	0.1107	0.9505
-10	354.3	0.000759	0.065339	33.01	246.14	0.1324	0.9423
-5	421.3	0.000768	0.055338	38.76	248.08	0.1538	0.9344
0	497.6	0.000778	0.047138	44.59	249.95	0.1751	0.9269
5	583.8	0.000789	0.040359	50.49	251.74	0.1963	0.9198
10	680.7	0.000800	0.034710	56.46	253.42	0.2173	0.9129
15	789.1	0.000812	0.029992	62.52	255.01	0.2382	0.9062
20	909.9	0.000824	0.026004	68.67	256.51	0.2590	0.8997
25	1043.9	0.000838	0.022628	74.91	257.88	0.2797	0.8934
30	1191.9	0.000852	0.019742	81.25	259.12	0.3004	0.8871
35	1354.8	0.000867	0.017267	87.70	260.22	0.3210	0.8808
40	1533.5	0.000884	0.015134	94.27	261.15	0.3417	0.8746
45	1729.0	0.000902	0.013282	100.98	261.89	0.3624	0.8682
50	1942.3	0.000922	0.011672	107.85	262.43	0.3832	0.8615
55	2174.4	0.000944	0.010254	114.91	262.71	0.4042	0.8546
60	2426.6	0.000969	0.008999	122.18	262.68	0.4255	0.8472
65	2699.9	0.000997	0.007887	129.73	262.28	0.4472	0.8392
70	2995.9	0.001030	0.006890	137.63	261.40	0.4695	0.8302
75	3316.1	0.001069	0.005979	145.99	259.89	0.4927	0.8199
80	1662.3	0.001118	0.005148	155.01	257.48	0.5173	0.8075
85	4036.8	0.001183	0.004353	165.09	253.69	0.5445	0.7919
90	4442.5	0.001282	0.003562	177.20	247.24	0.5767	0.7696
95	4883.5	0.001521	0.002551	196.36	231.29	0.6273	0.7222
96	4969.0	0.001906	0.001906	212.54	212.54	0.6708	0.6708

B.2.2 R-22의 과열 증기표

	5 0kPa(-54.8℃)			100 kPa(-41.03℃)			150 kPa(-30.02℃)		
T, ℃	v, m^3/kg	h, kJ/kg	s, kJ/kg-K	v, m^3/kg	h, kJ/kg	s, kJ/kg-K	v, m^3/kg	h, kJ/kg	s, kJ/kg-K
sat	0.41077	226.21	1.0384	0.21525	232.72	1.0026	0.14727	236.83	0.9826
-40	0.44063	234.72	1.0762	0.21633	233.34	1.0052			
-30	0.46064	240.60	1.1008	0.22675	239.36	1.0305			
-20	0.48054	246.59	1.1250	0.23706	245.47	1.0551	0.15585	244.32	1.0129
-10	0.50036	252.68	1.1485	0.24728	251.67	1.0791	0.16288	250.63	1.0373
0	0.52010	258.87	1.1717	0.25742	257.96	1.1026	0.16982	257.02	1.0612
10	0.53977	265.18	1.1943	0.26748	264.35	1.1256	0.17670	263.50	1.0844
20	0.55939	271.59	1.2166	0.27750	270.83	1.1481	0.18352	270.06	1.1072
30	0.57897	278.12	1.2385	0.28747	277.42	1.1702	0.19028	276.71	1.1295
40	0.59851	284.74	1.2600	0.29739	284.10	1.1919	0.19701	283.45	1.1514
50	0.61801	291.48	1.2811	0.30729	290.89	1.2132	0.20370	290.29	1.1729
60	0.63749	298.32	1.3020	0.31715	297.77	1.2342	0.21036	297.22	1.1940
70	0.65694	305.26	1.3225	0.32699	304.76	1.2548	0.21700	304.25	1.2148
80	0.67636	312.31	1.3428	0.33680	311.84	1.2752	0.22361	311.37	1.2353
90	0.69577	319.47	1.3627	0.34660	319.03	1.2952	0.23020	318.58	1.2554
100	0.71516	326.72	1.3824	0.35637	326.31	1.3150	0.23678	325.90	1.2530
110	0.73454	334.07	1.4019	0.36614	333.69	1.3345	0.24333	333.30	1.2948

	200 kPa(-25.12℃)			300 kPa(-14.61℃)			400 kPa(-6.52℃)		
T, ℃	v, m^3/kg	h, kJ/kg	s, kJ/kg-K	v, m^3/kg	h, kJ/kg	s, kJ/kg-K	v, m^3/kg	h, kJ/kg	s, kJ/kg-K
sat	0.11237	239.87	0.9688	0.07657	244.29	0.9499	0.05817	247.5	0.9367
-20	0.1152	243.14	0.9818						
-10	0.12065	249.57	1.0068	0.07834	247.38	0.9617			
0	0.126	256.07	1.0310	0.08213	254.10	0.9868	0.06013	252.05	0.9536
10	0.13129	262.63	1.0546	0.08583	260.86	1.0111	0.06306	259.02	0.9787
20	0.13651	269.27	1.0776	0.08947	267.67	1.0347	0.06591	266.01	1.0029
30	0.14168	275.99	1.1002	0.09305	274.53	1.0577	0.06871	273.03	1.0265
40	0.14681	282.80	1.1222	0.09659	281.46	1.0802	0.07146	280.09	0.0494
50	0.1519	289.69	1.1439	0.10009	288.46	1.1022	0.07416	287.21	1.0717
60	0.15696	296.66	1.1652	0.10355	295.54	1.1238	0.07683	294.39	1.0936
70	0.162	303.73	1.1861	0.10699	302.69	1.1449	0.07947	301.63	1.1150
80	0.16701	310.89	1.2066	0.1104	309.92	1.1657	0.08209	308.94	1.1361
90	0.172	318.14	1.2269	0.11379	317.24	1.1861	0.08468	316.33	1.1567
100	0.17697	325.48	1.2468	0.11716	324.64	1.2062	0.08725	323.80	1.177
110	0.1193	332.91	1.2665	0.12052	332.13	1.226	0.08981	331.34	1.1969
120	0.18688	340.44	1.2858	0.12387	339.70	1.2455	0.09236	338.96	1.2165
130	0.19181	348.05	1.3050	0.12720	347.36	1.2648	0.09489	346.66	1.2359

	500 kPa(-0.15℃)			600 kPa(-5.88℃)			800 kPa(15.47℃)		
T, ℃	v, m^3/kg	h, kJ/kg	s, kJ/kgK	v, m^3/kg	h, kJ/kg	s, kJ/kgK	v, m^3/kg	h, kJ/kg	s, kJ/kgK
sat	0.04692	250.00	0.9267	0.03929	252.04	0.9185	0.02958	255.16	0.9056
10	0.04936	257.11	0.9522	0.04018	255.11	0.9295			
20	0.05175	264.30	0.9772	0.04228	262.52	0.9552	0.03037	258.74	0.9179
30	0.05408	271.48	1.0013	0.04431	269.89	0.9799	0.03203	266.53	0.9440
40	0.05636	278.69	1.0247	0.04628	277.25	1.0038	0.03363	274.24	0.9690
50	0.05859	285.93	1.0474	0.04820	284.62	1.0270	0.03518	281.91	0.9931

60	0.06079	293.22	0.0696	0.05008	292.02	1.0495	0.03667	289.55	1.0164
70	0.06295	300.55	1.0913	0.05193	299.46	1.0715	0.03814	297.20	1.0391
80	0.06509	307.95	1.1126	0.05375	306.94	1.0930	0.03957	304.87	1.0611
90	0.06721	315.41	1.1334	0.05555	314.48	1.1140	0.04097	312.57	1.0826
100	0.0693	322.94	1.1539	0.05733	322.07	1.1347	0.04236	320.30	1.1036
110	0.07138	330.54	1.1740	0.05909	329.73	1.1549	0.04373	328.09	1.1242
120	0.07345	338.21	1.1937	0.06084	337.46	1.1748	0.04508	335.93	1.1444
130	0.0755	345.96	1.2132	0.06258	345.26	1.1944	0.04641	343.82	1.1642
140	0.07755	353.79	1.2324	0.0643	353.12	1.2137	0.04774	351.78	1.1837
150	0.07958	361.69	1.2513	0.06601	361.07	1.2327	0.04905	359.80	1.2029
160	0.0816	369.67	1.2699	0.06772	369.08	1.2514	0.05036	367.89	1.2218

	1200 kPa(30.26℃)			1400 kPa(36.31℃)			1600 kPa(41.75℃)		
T, ℃	v, m³/kg	h, kJ/kg	s, kJ/kgK	v, m³/kg	h, kJ/kg	s, kJ/kgK	v, m³/kg	h, kJ/kg	s, kJ/kgK
sat	0.0196	259.18	0.8868	0.01668	260.48	0.8792	0.01446	261.43	0.8724
40	0.02085	267.60	0.9141	0.01712	263.86	0.8901			
50	0.02205	276.01	0.9405	0.01825	272.77	0.9181	0.01535	269.26	0.8969
60	0.02319	284.26	0.9657	0.01930	281.40	0.9444	0.01635	278.36	0.9246
70	0.02428	292.42	0.9898	0.02029	289.86	0.9694	0.01728	287.17	0.9507
80	0.02534	300.51	1.0131	0.02125	298.20	0.9934	0.01817	295.80	0.9755
90	0.02636	308.57	1.0356	0.02217	306.47	1.0165	0.01901	304.30	0.9992
100	0.02736	316.62	1.0574	0.02306	314.70	1.0388	0.01983	312.73	1.0221
110	0.02833	324.68	1.0788	0.02393	322.92	1.0606	0.02061	321.10	1.0442
120	0.02929	332.76	1.0996	0.02477	331.13	1.0817	0.02138	329.46	1.0658
130	0.03024	340.87	1.1199	0.02561	339.35	1.1024	0.02213	337.81	1.0867
140	0.03117	349.02	1.1399	0.02643	347.6	1.1226	0.02287	346.16	1.1072
150	0.03208	357.21	1.1595	0.02723	355.89	1.1424	0.02359	354.54	1.1272
160	0.03299	365.45	1.1787	0.02803	364.21	1.1618	0.02430	362.95	1.1469
170	0.03389	373.74	1.1977	0.02882	372.57	1.1809	0.02501	371.39	1.1661
180	0.03479	382.09	1.2163	0.02960	380.99	1.1997	0.02570	379.87	1.1851
190	0.03567	390.50	1.2346	0.03037	389.45	1.2182	0.02639	388.4	1.2037

	2000 kPa(51.28℃)			3000 kPa(70.9℃)			4000 kPa(84.53℃)		
T, ℃	v, m³/kg	h, kJ/kg	s, J/kgK	v, m³/kg	h, kJ/kg	s, kJ/kgK	v, m³/kg	h, kJ/kg	s, kJ/kgK
sat	0.01129	262.53	0.8598	0.00688	261.38	0.8300	0.00443	254.13	0.7935
60	0.01213	271.56	0.8873						
70	0.01301	281.31	0.9161						
80	0.01381	290.64	0.9429	0.00775	274.53	0.8678			
90	0.01456	299.70	0.9682	0.00847	286.04	0.9000	0.00504	265.63	0.8254
100	0.01528	308.57	0.9923	0.00910	296.66	0.9288	0.00580	281.00	0.8672
110	0.01596	317.32	1.0155	0.00967	306.74	0.9555	0.00641	293.75	0.9009
120	0.01662	325.99	1.0378	0.01021	316.47	0.9805	0.00692	305.27	0.9306
130	0.01726	334.61	1.0594	0.01072	325.96	1.0044	0.00739	316.08	0.9578
140	0.01788	343.20	1.0805	0.01120	335.27	1.0272	0.00782	326.42	0.9831
150	0.01849	351.78	1.1010	0.01166	344.47	1.0492	0.00823	336.45	1.0071
160	0.01909	360.37	1.1211	0.01211	353.58	1.0705	0.00861	346.25	1.0300
170	0.01967	368.97	1.1407	0.01255	362.65	1.0912	0.00898	355.89	1.0520
180	0.02025	377.60	1.1600	0.01298	371.68	1.1113	0.00933	365.41	1.0732
190	0.02082	386.25	1.1788	0.01339	380.70	1.1310	0.00968	374.85	1.0939
200	0.02138	394.94	1.1974	0.01380	389.71	1.1502	0.01001	384.24	1.1139

B.3 R-134a의 열역학적 상태량

B.3.1 R-134a의포화 증기표(온도 기준)

T, ℃	P, kPa	v_f, m^3/kg	v_g, m^3/kg	h_f, kJ/kg	h_g, kJ/kg	s_f, kJ/kgK	s_g, kJ/kgK
-70	8.30	0.000675	1.972745	119.47	354.62	0.6645	1.822
-65	11.7	0.000679	1.429829	123.18	357.73	0.6825	1.8093
-60	16.3	0.000684	1.052674	127.53	360.86	0.7031	1.7978
-55	22.2	0.000689	0.786779	132.37	364.00	0.7256	1.7874
-50	29.9	0.000695	0.596565	137.62	367.16	0.7493	1.7779
-45	39.6	0.000701	0.458531	143.18	370.32	0.7740	1.7696
-40	51.8	0.000708	0.356958	148.98	373.48	0.7991	1.7620
-35	66.8	0.000715	0.281225	154.98	376.65	0.8245	1.7553
-30	85.1	0.000722	0.224022	161.12	379.80	0.8499	1.7493
-26.3	101.3	0.000728	0.190198	165.80	382.16	0.8690	1.7453
-25	107.2	0.000730	0.180300	167.38	382.95	0.8754	1.7441
-20	133.7	0.000738	0.146498	173.74	386.08	0.9007	1.7395
-15	165.0	0.000746	0.120066	180.19	389.19	0.9258	1.7354
-10	201.7	0.000755	0.099205	186.72	392.28	0.9507	1.7319
-5	244.5	0.000764	0.088634	193.32	395.34	0.9755	1.7289
0	294.0	0.000773	0.069193	200.00	398.36	1.0000	1.7262
5	350.9	0.000783	0.058333	206.75	401.32	1.0243	1.7238
10	415.8	0.000794	0.049454	213.58	404.23	1.0485	1.7218
15	189.5	0.000805	0.042135	220.49	407.07	1.0725	1.7200
20	572.8	0.000817	0.036057	227.49	409.84	1.0963	1.7183
25	666.3	0.000829	0.030979	234.59	412.51	1.1201	1.7168
30	771.0	0.000843	0.026713	241.79	415.08	1.1437	1.7153
35	887.6	0.000857	0.023097	249.10	417.52	1.1673	1.7138
40	1017.0	0.000873	0.020023	256.54	419.82	1.1909	1.7123
45	1160.2	0.000890	0.017390	264.11	421.96	1.2145	1.7107
50	1318.1	0.000908	0.015128	271.83	423.91	1.2381	1.7087
55	1497.6	0.000928	0.013168	279.72	425.65	1.2619	1.7066
60	1681.8	0.000951	0.011461	287.79	427.12	1.2857	1.7039
65	1889.9	0.000976	0.009966	296.09	428.3	1.3099	1.7009
70	2117.0	0.001005	0.008655	304.64	429.11	1.3343	1.6970
75	2364.4	0.001038	0.007488	313.51	429.45	1.3592	1.6922
80	2633.6	0.001078	0.006448	322.79	429.19	1.3849	1.6862
85	2926.2	0.001128	0.005498	332.65	428.10	1.4117	1.6782
90	3244.5	0.001195	0.004605	343.38	425.69	1.4404	1.6671
95	3591.5	0.001297	0.003727	355.83	420.81	1.4733	1.6498
100	3973.2	0.001557	0.002637	374.74	407.21	1.5228	1.6098
101.2	4064	0.001969	0.001969	390.98	390.98	1.5658	1.5658

B.3.2 R-134a의 과열 증기표

T, ℃	50 kPa(-46.67℃)			100 kPa(-26.54℃)			150 kPa(-17.29℃)		
T, ℃	v, m³/kg	h, kJ/kg	s, kJ/kgK	v, m³/kg	h, kJ/kg	s, kJ/kgK	v, m³/kg	h, kJ/kg	s, kJ/kgK
sat	0.36889	373.06	1.7629	0.19257	381.98	1.7456	0.13139	387.77	1.7372
-20	0.40507	388.82	1.8279	0.19860	387.22	1.7665			
-10	0.42222	396.64	1.8582	0.20765	395.27	1.7978	0.13602	393.84	1.7606
0	0.43921	404.59	1.8878	0.21652	403.41	1.8281	0.14222	402.19	1.7917
10	0.45608	412.70	1.9170	0.22527	411.67	1.8578	0.14828	410.60	1.8220
20	0.47287	420.96	1.9456	0.23392	420.05	1.8869	0.15424	419.11	1.8515
30	0.48958	429.38	1.9739	0.24250	428.56	1.9155	0.16011	427.73	1.8804
40	0.50623	437.96	2.0017	0.25101	437.22	1.9436	0.16592	436.47	1.9088
50	0.52284	446.70	2.0292	0.25948	446.03	1.9712	0.17168	445.35	1.9367
60	0.53941	455.60	2.0563	0.26791	454.99	1.9985	0.17740	454.37	1.9642
70	0.55595	464.66	2.0831	0.27631	464.10	2.0255	0.18308	463.53	1.9913
80	0.57247	473.88	2.1096	0.28468	473.36	2.0521	0.18874	472.83	2.0180
90	0.58896	483.26	2.1358	0.29302	482.78	2.0784	0.19437	482.28	2.0444
100	0.60544	492.81	2.1617	0.30135	492.35	2.1044	0.19999	491.89	2.0705
110	0.62190	502.50	2.1874	0.30967	502.07	2.1301	0.20559	501.64	2.0963
120	0.63835	512.36	2.2128	0.31797	511.95	2.1555	0.21117	511.54	2.1218
130	0.65479	522.37	2.2379	0.32626	521.98	2.1807	0.21675	521.60	2.1470

T, ℃	200 kPa(-10.22℃)			300 kPa(0.56℃)			400 kPa (8.84℃)		
T, ℃	v, m³/kg	h, kJ/kg	s, kJ/kgK	v, m³/kg	h, kJ/kg	s, kJ/kgK	v, m³/kg	h, kJ/kg	s, kJ/kgK
sat	0.10002	392.15	1.7320	0.06787	398.69	1.7259	0.05136	403.56	1.7223
-10	0.10013	392.34	1.7328						
0	0.10501	400.91	1.7647						
10	0.10974	409.50	1.7956	0.07111	407.17	1.7564	0.05168	404.65	1.7261
20	0.11436	418.15	1.8256	0.07441	416.12	1.7874	0.05436	413.97	1.7584
30	0.11889	426.87	1.8549	0.07762	425.10	1.8175	0.05693	423.22	1.7895
40	0.12335	435.71	1.8836	0.08075	434.12	1.8468	0.05940	432.46	1.8195
50	0.12776	444.66	1.9117	0.08382	443.23	1.8755	0.06181	441.75	1.8487
60	0.13213	453.74	1.9394	0.08684	452.44	1.9035	0.06417	451.10	1.8772
70	0.13646	462.95	1.9666	0.08982	461.76	1.9311	0.06648	460.55	1.9051
80	0.14076	472.30	1.9935	0.09277	471.21	1.9582	0.06877	470.09	1.9325
90	0.14504	481.79	2.0200	0.09570	480.78	1.9850	0.07102	479.75	1.9595
100	0.14930	491.42	2.0461	0.09861	490.48	2.0113	0.07325	489.52	1.986
110	0.15355	501.21	2.0720	0.10150	500.32	2.0373	0.07547	499.43	2.0122
120	0.15777	511.13	2.0976	0.10437	510.30	2.0631	0.07767	509.46	2.0381
130	0.16199	521.21	2.1229	0.10723	520.43	2.0885	0.07985	519.63	2.0636
140	0.16620	531.43	2.1479	0.11008	530.69	2.1136	0.08202	529.94	2.0889

T, ℃	500 kPa(15.66℃)			600 kPa(21.52℃)			800 kPa(31.3℃)		
T, ℃	v, m³/kg	h, kJ/kg	s, kJ/kgK	v, m³/kg	h, kJ/kg	s, kJ/kgK	v, m³/kg	h, kJ/kg	s, kJ/kgK
sat	0.04126	407.45	1.7198	0.03442	410.66	1.7179	0.02571	415.72	1.7150
20	0.04226	411.65	1.7342						
30	0.04446	421.22	1.7663	0.03609	419.09	1.7461			
40	0.04656	430.72	1.7971	0.03796	428.88	1.7779	0.02711	424.86	1.7446
50	0.04858	440.20	1.8270	0.03974	438.59	1.8084	0.02861	435.11	1.7768
60	0.05055	449.72	1.8560	0.04145	448.28	1.8379	0.03002	445.22	1.8076
70	0.05247	459.29	1.8843	0.04311	457.99	1.8666	0.03137	455.27	1.8373
80	0.05435	468.94	1.9120	0.04473	467.76	1.8947	0.03268	465.31	1.8662
90	0.05620	478.69	1.9392	0.04632	477.61	1.9222	0.03394	475.38	1.8943
100	0.05804	488.55	1.9660	0.04788	487.55	1.9492	0.03518	485.50	1.9218
110	0.05985	498.52	1.9924	0.04943	497.59	1.9758	0.03639	495.70	1.9487

120	0.06164	508.61	2.0184	0.05095	507.75	2.0019	0.03758	505.99	1.9753
130	0.06342	518.83	2.0440	0.05246	518.03	2.0277	0.03876	516.38	2.0014
140	0.06518	529.19	2.0694	0.05396	528.43	2.0532	0.03992	526.88	2.0271
150	0.06694	539.67	2.0945	0.55440	538.95	2.0784	0.04107	537.50	2.0525
160	0.06869	550.29	2.1193	0.05692	549.61	2.1033	0.04221	548.23	2.0775
170	0.07043	561.04	2.1438	0.05839	560.40	2.1279	0.04334	559.09	2.1023

	1000 kPa(39.37℃)			1200 kPa(46.31℃)			1400 kPa(52.42℃)		
T, ℃	v, m^3/kg	h, kJ/kg	s, kJ/kgK	v, m^3/kg	h, kJ/kg	s, kJ/kgK	v, m^3/kg	h, kJ/kg	s, kJ/kgK
sat	0.02038	419.54	1.7125	0.01676	422.49	1.7102	0.01414	424.78	1.7077
40	0.02047	420.25	1.7148						
50	0.02185	431.24	1.7494	0.01724	426.84	1.7237			
60	0.02311	441.89	1.7818	0.01844	438.21	1.7584	0.01503	434.08	1.7360
70	0.02429	452.34	1.8127	0.01953	449.18	1.7908	0.01608	445.72	1.7704
80	0.02542	462.70	1.8425	0.02055	459.92	1.8217	0.01704	456.94	1.8026
90	0.02650	473.03	1.8713	0.02151	470.55	1.8514	0.01793	467.93	1.8333
100	0.02754	483.36	1.8994	0.02244	481.13	1.8801	0.01878	478.79	1.8628
110	0.02856	493.74	1.9268	0.02333	491.7	1.9081	0.01958	489.59	1.8914
120	0.02956	504.17	1.9537	0.02420	502.31	1.9354	0.02036	500.38	1.9192
130	0.03053	514.69	1.9801	0.02504	512.97	1.9621	0.02112	511.19	1.9463
140	0.03150	525.30	2.0061	0.02587	523.7	1.9884	0.02186	522.05	1.9730
150	0.03244	536.02	2.0318	0.02669	534.51	2.0143	0.02258	532.98	1.9991
160	0.03338	546.84	2.0570	0.02750	545.43	2.0398	0.02329	543.99	2.0248
170	0.03431	557.77	2.0820	0.02829	556.44	2.0649	0.02399	555.10	2.0502
180	0.03523	568.83	2.1067	0.02907	567.57	2.0898	0.02468	566.30	2.0752

	1600 kPa(57.9℃)			2000 kPa(67.48℃)			3000 kPa(86.2℃)		
T, ℃	v, m^3/kg	h, kJ/kg	s, kJ/kgK	v, m^3/kg	h, kJ/kg	s, kJ/kgK	v, m^3/kg	h, kJ/kg	s, kJ/kgK
sat	0.01215	426.54	1.7051	0.00930	428.75	1.6991	0.00528	427.67	1.6759
60	0.01239	429.32	1.7135						
70	0.01345	441.89	1.7507	0.00958	432.53	1.7101			
80	0.01438	453.72	1.7847	0.01055	446.30	1.7497			
90	0.01522	465.15	1.8166	0.01137	458.95	1.7850	0.00575	436.19	1.6995
100	0.01601	476.33	1.8469	0.01211	471.00	1.8177	0.00665	453.73	1.7472
110	0.01676	487.39	1.8762	0.01279	482.69	1.8487	0.00734	468.50	1.7862
120	0.01748	498.39	1.9045	0.01342	494.19	1.8783	0.00792	482.04	1.8211
130	0.01817	509.37	1.9321	0.01403	505.57	1.9069	0.00845	494.91	1.8535
140	0.01884	520.38	1.9591	0.01461	516.90	1.9346	0.00893	507.39	1.8840
150	0.01949	531.43	1.9855	0.01517	528.22	1.9617	0.00937	519.62	1.9133
160	0.02013	542.54	2.0115	0.01571	539.57	1.9882	0.00980	531.70	1.9415
170	0.02076	553.73	2.0370	0.01624	550.96	2.0142	0.01021	543.71	1.9689
180	0.02138	565.02	2.0622	0.01676	562.42	2.0398	0.01060	555.69	1.9956

	4000 kPa(100.33℃)			6000 kPa			10000 kPa		
T, ℃	v, m^3/kg	h, kJ/kg	s, kJ/kgK	v, m^3/kg	h, kJ/kg	s, kJ/kgK	v, m^3/kg	h, kJ/kg	s, kJ/kgK
sat	0.00252	394.86	1.6036						
110	0.00428	429.75	1.7148	0.001307	375.9	1.5184	0.001100	363.73	1.4744
120	0.00500	445.97	1.7648	0.001698	406.78	1.5979	0.001175	381.44	1.5200
130	0.00556	459.63	1.8040	0.002396	441.18	1.6843	0.001272	400.16	1.5670
140	0.00603	472.19	1.8394	0.002985	466.25	1.7458	0.001400	419.98	1.6155
150	0.00644	484.15	1.8720	0.003439	485.82	1.7926	0.001564	440.63	1.6649
160	0.00683	495.77	1.9027	0.003814	502.77	1.8322	0.001758	461.34	1.7133
170	0.00718	507.19	1.9320	0.004141	518.3	1.8676	0.001956	481.30	1.7589
180	0.00752	518.51	1.9603	0.004435	532.96	1.9004	0.002172	500.12	1.8009

모범답안

Chapter 1

1.11 670
1.13 188180 J
1.15 물 1000 kg, 공기 1.3 kg
1.17 33.5 kPa
1.19 5.39 kPa, 106.4 kPa
1.21 34 m
1.23 392 N
1.25 2460 kPa
1.27 15000 Btu

Chapter 2

2.11 69.1°C
2.13 증발, 결로
2.15 a. 압축수
b. 습증기
c. 과열증기
2.17 액체
2.19 증기질량 5.34 kg, 부피 0.495 m^3
2.21 12981 kPa, 380.8°C, 8677 kPa
2.23 35.7 kg
2.25 a. Z=0.99
b. Z=0.98
c. 압축수
d. 압축수
2.27 204 kPa

Chapter 3

3.17 37.8 kW
3.19 43000 kcal, 50 kWh
3.21 0.12 m
3.23 75 N, 5.63 J
3.25 a. −50.5 kJ
b. −54.9 kJ
3.27 319 kJ
3.29 40.5 kJ
3.31 −177 kJ
3.33 145 kJ
3.35 197.3 kW, 943 Nm
3.37 13.9 kW
3.39 8.06 m
3.41 5600 W
3.43 100°C
3.45 −7.6 kW
3.47 43°C

Chapter 4

4.9 11 ft/s, 50.8°F/h
4.11 100 kJ
4.13 1133 kPa, 3020 kJ
4.15 일 12400 kJ, 열 110700 kJ
4.17 일 −221 kJ, 열 −1671 kJ
4.19 54°C
4.21 14.8°F
4.23 449°C, 378 kJ
4.25 81°C, 894 kJ, −222 kJ
4.27 a. −210 kJ
b. −361 kJ
c. −464 kJ
4.29 6.75 kJ
4.31 −177 kJ, −3210 kJ
4.33 0.09 m^3, 758°C, 70 kJ
4.35 40 kJ, 34 kJ

Chapter 5

5.9 1.37 m^3/s, 6.42 kg/s
5.12 1490 kW
5.13 15 kW
5.15 100 kPa, 182°C, 0.639 kg
5.17 61500 kJ/s
5.19 2030 kW, 2390 kw
5.21 238 kJ/kg, 169 kJ/kg
5.23 77 kJ/kg, −77 kJ/kg
5.25 3.73 kg/s
5.27 775 K, 631 m/s
5.29 0.295
5.31 0.62 kg/s, 4.2 m^3/s
5.33 45385 kW
5.35 a. 0.31
b. 30.5 kW
c. −0.4 kW

Chapter 6

6.17 80 MW, 40%
6.19 350 W, 1.75
6.21 72.7%, 145 MW
6.23 491.67R
6.25 35 kW, 70%
6.27 450 K
6.31 0.71 kW, 0.20 kW
6.33 7.1 kWh
6.37 56%

Chapter 7

7.15 71%
7.17 149 kJ, 0.497 kJ/K, 149 kJ
7.18 a. 420 kJ/kg, 0.916 kJ/kgK
b. 433.2 kJ/kg, 0.9401 lJ/kgK
7.21 a. 2
b. 215 kJ/kg, 300 kJ/kg, 0.298 kJ/kgK
c. 129 kJ/kg, −86.1 kJ/kg, −172 kJ/kg
7.23 a. 404 K
b. 68.8 kJ/kg, 95.9 kJ/kg, −0.191 kJ/kgK
c. −66.2 kJ/kg, −135 kJ/kg, −162 kJ/kg
7.25 399 kJ/kg, 476°C
7.27 1.28 kJ/K
7.29 20°C, 167 kPa, 0.285 kJ/kgK
7.30 312 K, 499 kPa, 5.28 kJ/K
7.31 311 K, 0.0895 kJ/K
7.33 2860 kW
7.35 85%
7.37 998 kJ/kg, 783 kJ/kg
7.39 0.0133 kJ/K s

Chapter 8

8.7 500 kJ, 253 kJ, 753 kJ
8.9 290 kJ, 740 kJ
8.11 16.55 kJ, −103 kJ
8.13 103 kJ, −197 kJ
8.15 239000 kJ
8.17 390 kJ, 290 kJ
8.19 144 kW, 156 kW
8.21 −1156 kJ/kg, 356 kW
8.23 538K, 390 kW
8.25 41 kJ
8.27 38%
8.29 1250 kJ/kg, 72.3%, 71.4%

Chapter 9

9.15 29%, 32%
9.17 19100 kW, 983 kg/s
9.18 0.966, 38.1%
9.19 363°C
9.20 50.4%
9.21 0.236
9.22 17150 kJ/s, 6847 kJ/s
9.23 38.3%
9.24 s_{gen} =4.00 kJ/kgK, i=1170 kJ/kg
9.25 58°C, 61295 kW, 25820 kW
9.26 8.72 kg/s, 18300 kW

Chapter 10

10.19 1363 K, 3760 kPa, 393 kPa, 56.6%, 39.3 kW
10.21 7.67, 262 kJ/kg, 4883 kPa
10.23 1922 K, 6629 kPa, 64.5%, 784 kPa
10.25 121 kW
10.27 w_{net}=999.6 kJ/kg, mep=327MPa, η_{th}=42%,
η_{th}=84.8%
10.28 556 K, 662 kJ/kg, 48.2%
10.30 60%
10.32 w_c=351.6 kJ/kg, w_t=810.9 kJ/kg,
η_{th}=53.9%, η_{th}=37.2%
10.33 η_A=36.9%, η_B=53.9%, 재생사이클의 경우
η_A=56.8%, η_B=56.6%
10.35 888m/s

Chapter 11

11.13 8.64 kW, 2.09 kW, 4.14
11.15 2.76, 35170 kW
11.17 5.69, 1.76 kW

Chapter 12

12.9 0.12, 0.04, 0.82, 0.02, 30.08 kg/k mol
12.12 0.0255 kg/kg, 28.6°C,
0.92 m^3/kg,100 kJ/kg
12.14 0.086 kg, 84.95 kPa, −740.8 kJ
12.16 0.0125, −195 kW
12.18 41.76 kJ/kg

찾아보기

ㄱ

ㄴ

ㄷ

저자 약력

권영필

- 서울대학교 기계공학 학사
- KAIST 기계공학 석 · 박사
- 숭실대학교 기계공학과 교수

[저서] 건축기계설비, 대가

[공저] 열전달, 두양사

[공역] Sonntag, Borgnakke 원저, 공업열역학 2판, 인터비전
Holman 원저, 열전달 8판, 경문사

기본 열역학

발 행 일 · 2015년 6월 30일

저 자 · 권 영 필
발 행 자 · 최 봉 조
발 행 처 · 진샘미디어
주 소 · 서울시 은평구 연서로 5길 28 부호아파트 102동 상가5호
전 화 · 02)353-4421 / FAX 02)353-4431
홈 페 이 지 · www.jinsaem.co.kr

신 고 번 호 · 제311-2005-000025호
I S B N · 979-11-85504-38-4 93550

정가 20,000원